移动操作系统原理与实践
——基于 Java 语言的 Android 应用开发

关东升　编著

清華大學出版社
北　京

内 容 简 介

本书系统论述了Android操作系统的原理、架构及应用开发：首先介绍了移动操作系统的概念及理论，然后介绍了Android应用开发技术，最后给出了一个Android课程设计参考的综合案例，并介绍了如何将应用发布到Google Play应用商店。

全书共包括23章及3个附录，分别介绍了如下内容：移动操作系统概论；Android开发环境搭建；第一个Android应用程序；调试Android应用程序；Android界面编程；Android界面布局；Android简单控件；Android高级控件；活动；碎片；意图；数据存储；使用内容提供者共享数据；Android多线程开发；服务；广播接收器；多媒体开发；网络通信技术；百度地图与定位服务；Android 2D图形与动画技术；手机功能开发；分层架构设计与重构健康助手应用；内容提供者重构健康助手应用；课程设计参考——Android播放器应用开发；把应用发布到Google Play应用商店；练习题参考答案。

为便于读者高效学习，快速掌握本书内容，作者精心制作了完整的教学课件，提供完整的源代码，赠送一套完整的Android视频教程(超过1300分钟)及一本畅销的Java电子书，并提供在线答疑服务等内容。

图书在版编目(CIP)数据

移动操作系统原理与实践：基于Java语言的Android应用开发/关东升编著. —北京：清华大学出版社，2018 (2023.1重印)

ISBN 978-7-302-50519-8

Ⅰ. ①移…　Ⅱ. ①关…　Ⅲ. ①Java语言—程序设计　Ⅳ. ①TP312.8

中国版本图书馆CIP数据核字(2018)第139431号

责任编辑：盛东亮
封面设计：李召霞
责任校对：李建庄
责任印制：朱雨萌

出版发行：清华大学出版社

网　　址：http://www.tup.com.cn，http://www.wqbook.com
地　　址：北京清华大学学研大厦A座　　**邮　　编**：100084
社 总 机：010-83470000　　**邮　　购**：010-62786544
投稿与读者服务：010-62776969，c-service@tup.tsinghua.edu.cn
质量反馈：010-62772015，zhiliang@tup.tsinghua.edu.cn
课件下载：http://www.tup.com.cn，010-83470236

印 装 者：三河市君旺印务有限公司
经　　销：全国新华书店
开　　本：185mm×260mm　　**印　　张**：28　　**字　　数**：680千字
版　　次：2018年8月第1版　　**印　　次**：2023年1月第5次印刷
定　　价：79.00元

产品编号：079590-01

前言

PREFACE

2008年，谷歌公司推出了Android操作系统。Android作为一款为移动终端打造的开源移动操作系统平台，引领了突破垄断技术、降低开发成本的潮流。因此，Android移动操作系统对于中国的IT产业发展有着深远的影响。我有幸在2009年开始接触Android，并被其深深吸引。从2010年起，我开始从事Android教学与培训工作，并主持开发了一些Android项目。为满足广大高校教师的要求，应清华大学出版社盛东亮编辑之邀，笔者决定出版一套Android应用开发方面的教材（配套视频课程、教学课件等）。

本书优点

本书介绍的Android应用开发基于大家熟悉的Java语言，初学者能够很快入门，特别适合高校学生学习Android应用开发。书中首先介绍了移动操作系统和原理，然后展开介绍了Android应用开发技术，附录中还介绍了一个综合案例，以及如何将应用发布到Google Play应用商店。为了更好地消化吸收书中内容，在每章后都有同步练习，并在附录中给出参考答案。另外，我们还为购买本书的高校教师提供配套教学课件、素材、源代码和赠送视频。

适用读者

本书虽然主要是为高校编写，以满足高校师生学习Android应用开发，但也适合对Android应用开发技术感兴趣的读者。

本书服务网址

为了更好地为广大读者提供服务，我们专门为本书建立了一个服务网址www.zhijieketang.com/group/7，读者可以了解书中内容、下载源代码、下载课件等，并对本书内容发表评论，提出宝贵意见。

勘误与支持

为了及时地把书中的勘误反馈给广大读者，我们专门在www.zhijieketang.com/group/7中建立了一个勘误专区。如果您发现了问题，可以在网上留言，也可以发送电子邮件到eorient@sina.com，我们会在第一时间回复您。您也可以通过新浪微博（@tony_关东升）或微信（q270258799）联系我们。

致谢

本书主要由关东升编写。此外，智捷课堂团队的赵大羽、赵志荣、关锦华、赵浩丞、刘佳笑、王馨然、关秀华和闫婷娇也参与了部分内容的写作。感谢赵大羽老师手绘了书中全部草图，并从专业的角度修改书中图片，力求更加真实完美地奉献给广大读者。在此感谢清华大学出版社的盛东亮编辑给我们提供了宝贵的意见。感谢我的家人对我的关心和照顾，使我能抽出这么多时间，专心编写本书。

关东升

2018 年 6 月

本书配套资源

一、源代码及教学课件

（1）所有购买本书的读者均可获取完整的配书源代码。

（2）所有购买本书的教师均可获取配套教学课件（下载地址为 www.zhijieketang.com/group/7），教师交流 QQ 群号码为 199541552。

二、赠送学习视频课程

所有购买本书的读者均可获赠约 22 小时（超过 1300 分钟）的“Android 应用开发入门与提高”视频课程。

课时 1：Android 第一次亲密接触——62 分钟

课时 2：Android 对话框和 Toast——53 分钟

课时 3：Android 用户界面技术（布局）——33 分钟

课时 4：Android 用户界面技术（常用控件）——45 分钟

课时 5：Android 用户界面技术（对话框）——35 分钟

课时 6：Android 用户界面技术（事件处理）——41 分钟

课时 7：数据存储 ContentProvider_sqlite1——59 分钟

课时 8：数据存储 ContentProvider_sqlite2——64 分钟

课时 9：数据存储 ContentProvider_sqlite3——25 分钟

课时 10：数据存储 ContentProvider_sqlite4——29 分钟

课时 11：数据存储 SharedPreferences——52 分钟

课时 12：数据存储 sqlite1——38 分钟

课时 13：数据存储 sqlite2——54 分钟

课时 14：数据存储 sqlite3——53 分钟

课时 15：数据存储：自定义 CursorAdapter——64 分钟

课时 16：服务 Service——46 分钟

课时 17：广播 BroadcastReceivers1——29 分钟

课时 18：广播 BroadcastReceivers2——30 分钟

课时 19：通知 Notifications——32 分钟

课时 20：云端应用——49 分钟

课时 21：googlemap1——62 分钟

课时 22：googlemap2——27 分钟

课时 23：gps——72 分钟

课时 24：多媒体 video3——1 分钟

课时 25：媒体播放器 1——53 分钟

课时 26：媒体播放器 2——9 分钟

课时 27：framebyframe 动画——14 分钟

课时 28：trween 动画——47 分钟

课时 29：基本图形绘制——74 分钟

课时 30：surfaceview——70 分钟

说明：请到智捷课堂视频平台(www.zhijieketang.com)注册并登录，免费学习视频课程 http://www.zhijieketang.com/course/65。

三、赠送在线电子书

《Java 从小白到大牛(精简版)》电子书地址如下：

(1) 百度阅读电子书：https://yuedu.baidu.com/ebook/7dc7b9b9aff8941ea76e58f-afab069dc51224750。

(2) 图灵社区电子书：http://www.ituring.com.cn/book/2484。

四、推荐学习资源

Android 应用开发需要 Java 或 Kotlin 语言基础。对于缺乏这些编程语言基础的读者，可以参考作者在清华大学出版社出版的《Java 从小白到大牛》和《Kotlin 从小白到大牛》；如果想进一步学习，可以参考作者录制的视频教程“Java 从小白到大牛全集”(视频网址 http://www.zhijieketang.com/classroom/6/courses)和“Kotlin 从小白到大牛全集”(视频网址 http://www.zhijieketang.com/classroom/9/courses)。

目录
CONTENTS

基 础 篇

第 1 章 移动操作系统概论 …… 2

1.1 操作系统的原理与概念 …… 2

1.1.1 隐藏硬件细节 …… 2

1.1.2 资源管理 …… 3

1.1.3 操作系统的历史 …… 3

1.2 操作系统的分类 …… 4

1.2.1 批处理操作系统 …… 5

1.2.2 分时操作系统 …… 5

1.2.3 实时操作系统 …… 6

1.2.4 个人计算机操作系统 …… 6

1.2.5 网络操作系统 …… 6

1.2.6 分布式操作系统 …… 6

1.2.7 嵌入式操作系统 …… 7

1.3 移动操作系统 …… 7

1.3.1 移动设备的特征 …… 7

1.3.2 主要的移动操作系统 …… 8

1.3.3 移动操作系统的应用和发展 …… 9

1.4 Android 移动操作系统概述 …… 10

1.4.1 Android 历史介绍 …… 10

1.4.2 Android 架构 …… 10

1.4.3 Android 平台介绍 …… 12

本章练习题 …… 13

第 2 章 Android 开发环境搭建 …… 14

2.1 JDK 安装与配置 …… 14

2.2 安装 Android Studio …… 16

2.3 安装 Android SDK …… 18

2.4 创建 Android 模拟器 …… 21

本章总结 …… 24
本章练习题 …… 24

第3章 第一个 Android 应用程序 …… 25

3.1 使用 Android Studio 工具创建项目 …… 25
3.2 Android 工程剖析 …… 29
3.2.1 Android 工程目录结构 …… 29
3.2.2 R.java 文件 …… 30
3.2.3 MainActivity.java 文件 …… 31
3.2.4 activity_main.xml 布局文件 …… 31
3.2.5 AndroidManifest.xml 文件 …… 33
3.3 运行工程 …… 34
3.4 学会使用 Android 开发者社区帮助 …… 34
3.4.1 在线帮助文档 …… 34
3.4.2 Android SDK API 文档 …… 34
3.4.3 Android SDK 开发指南 …… 36
3.4.4 使用 Android SDK 案例 …… 36
本章总结 …… 38
本章练习题 …… 38

第4章 调试 Android 应用程序 …… 39

4.1 使用 DDMS 帮助调试程序 …… 39
4.1.1 设备列表 …… 40
4.1.2 文件浏览器 …… 40
4.1.3 LogCat …… 41
4.2 使用 Android Studio 调试 …… 44
4.3 使用 ADB 帮助调试程序 …… 47
4.3.1 查询模拟器实例和设备 …… 47
4.3.2 进入 shell …… 48
4.3.3 导入导出文件 …… 48
本章总结 …… 50
本章练习题 …… 50

第5章 Android 界面编程 …… 51

5.1 Android 界面组成 …… 51
5.1.1 视图 …… 51
5.1.2 视图组 …… 51
5.2 界面构建 …… 52
5.2.1 使用 Android Studio 界面设计工具 …… 52

5.2.2 实例：标签和按钮 …… 52
5.3 事件处理模型 …… 56
5.3.1 活动作为事件监听器 …… 56
5.3.2 内部类事件监听器 …… 58
5.3.3 匿名内部类事件监听器 …… 59
5.4 屏幕上的事件处理 …… 60
5.4.1 触摸事件 …… 60
5.4.2 实例：屏幕触摸事件 …… 60
5.4.3 键盘事件 …… 61
5.4.4 实例：改变图片的透明度 …… 62
本章总结 …… 64
本章练习题 …… 64

第6章 Android 界面布局 …… 65

6.1 Android 界面布局设计模式 …… 65
6.1.1 表单布局模式 …… 65
6.1.2 列表布局模式 …… 66
6.1.3 网格布局模式 …… 66
6.2 布局管理 …… 67
6.2.1 帧布局 …… 67
6.2.2 实例：使用帧布局 …… 67
6.2.3 线性布局 …… 69
6.2.4 实例：使用线性布局实现登录界面 …… 69
6.2.5 相对布局 …… 72
6.2.6 实例：使用相对布局实现查询功能界面 …… 72
6.2.7 网格布局 …… 74
6.2.8 实例1：使用网格布局实现计算器界面 …… 74
6.2.9 实例2：布局嵌套实现登录界面 …… 76
6.3 屏幕旋转问题 …… 78
6.3.1 解决方案 …… 78
6.3.2 实例：加载不同布局文件 …… 79
本章总结 …… 81
本章练习题 …… 81

第7章 Android 简单控件 …… 82

7.1 按钮 …… 82
7.1.1 Button …… 82
7.1.2 ImageButton …… 82
7.1.3 ToggleButton …… 83

7.1.4 实例：ButtonSample …… 83
7.2 标签 …… 85
7.3 文本框 …… 86
7.3.1 文本框相关属性 …… 87
7.3.2 实例1：用户登录 …… 87
7.3.3 实例2：文本框输入控制 …… 89
7.4 单选按钮 …… 91
7.4.1 RadioButton …… 91
7.4.2 RadioGroup …… 92
7.4.3 实例：使用单选按钮 …… 92
7.5 复选框 …… 94
7.5.1 CheckBox …… 94
7.5.2 实例：使用复选框 …… 95
7.6 进度栏 …… 97
7.6.1 进度栏相关属性和方法 …… 97
7.6.2 实例1：水平条状进度栏 …… 98
7.6.3 实例2：圆形进度栏 …… 101
7.7 拖动栏 …… 103
7.7.1 SeekBar …… 103
7.7.2 实例：使用拖动栏 …… 104
本章总结 …… 106
本章练习题 …… 106

第8章 Android高级控件 …… 107

8.1 列表类控件 …… 107
8.1.1 适配器 …… 107
8.1.2 Spinner …… 107
8.1.3 实例：使用Spinner进行选择 …… 109
8.1.4 ListView …… 111
8.1.5 实例1：使用ListView实现选择文本 …… 111
8.1.6 实例2：使用ListView实现选择文本+图片 …… 112
8.2 Toast …… 116
8.2.1 实例1：文本类型Toast …… 116
8.2.2 实例2：图片类型Toast …… 117
8.2.3 实例3：文本+图片Toast …… 118
8.3 对话框 …… 119
8.3.1 实例1：显示文本信息对话框 …… 120
8.3.2 实例2：简单列表项对话框 …… 122
8.3.3 实例3：单选列表对话框 …… 123

8.3.4　实例4：复选列表项对话框 …… 125
8.3.5　实例5：复杂布局对话框 …… 127
8.4　操作栏和菜单 …… 129
8.4.1　操作栏 …… 129
8.4.2　菜单编程 …… 130
8.4.3　实例：文本菜单 …… 130
8.4.4　实例：操作表按钮 …… 132
本章总结 …… 133
本章练习题 …… 133

第9章　活动 …… 134

9.1　活动概述 …… 134
9.1.1　创建活动 …… 134
9.1.2　活动的生命周期 …… 135
9.1.3　实例：Back和Home按钮的区别 …… 137
9.2　多活动之间跳转 …… 139
9.2.1　登录案例介绍 …… 139
9.2.2　启动下一个活动 …… 140
9.2.3　参数传递 …… 141
9.2.4　返回上一个活动 …… 142
9.3　活动任务与返回栈 …… 144
本章总结 …… 145
本章练习题 …… 145

第10章　碎片 …… 146

10.1　界面重用问题 …… 146
10.2　碎片技术 …… 147
10.3　碎片的生命周期 …… 147
10.3.1　三种状态 …… 147
10.3.2　11种方法 …… 147
10.4　使用碎片开发 …… 149
10.4.1　碎片相关类 …… 149
10.4.2　创建碎片 …… 150
10.4.3　静态添加碎片到活动 …… 151
10.4.4　动态添加碎片到活动 …… 152
10.4.5　管理碎片事务 …… 153
10.4.6　碎片与活动之间的通信 …… 154
10.5　案例：比赛项目 …… 154
10.5.1　创建两个碎片 …… 155

10.5.2 创建 MainActivity 活动 …… 158
10.5.3 单击 Master 碎片列表项 …… 160
10.5.4 数据访问对象 …… 163
本章总结 …… 165
本章练习题 …… 165

第 11 章 意图 …… 166

11.1 什么是意图 …… 166
11.1.1 意图与目标组件间的通信 …… 166
11.1.2 意图包含内容 …… 167
11.2 意图类型 …… 167
11.2.1 显式意图 …… 167
11.2.2 隐式意图 …… 168
11.3 匹配组件 …… 169
11.3.1 动作 …… 170
11.3.2 数据 …… 171
11.3.3 类别 …… 172
11.4 实例：Android 系统内置意图 …… 173
本章总结 …… 175
本章练习题 …… 175

第 12 章 数据存储 …… 176

12.1 Android 数据存储概述 …… 176
12.2 健康助手应用 …… 176
12.2.1 需求分析 …… 177
12.2.2 原型设计 …… 177
12.2.3 UI 设计 …… 177
12.2.4 数据库设计 …… 178
12.3 本地文件 …… 179
12.3.1 沙箱目录设计 …… 179
12.3.2 访问应用程序 files 目录 …… 180
12.3.3 实例：访问 CSV 文件 …… 180
12.4 SQLite 数据库 …… 183
12.4.1 SQLite 数据类型 …… 183
12.4.2 Android 平台下管理 SQLite 数据库 …… 184
12.5 案例：SQLite 实现健康助手数据存储 …… 186
12.5.1 SQLiteOpenHelper 帮助类 …… 186
12.5.2 数据插入 …… 187
12.5.3 数据删除 …… 189

12.5.4　数据修改 …… 189
12.5.5　数据查询 …… 191
12.6　使用 SharedPreferences …… 193
12.6.1　实例：写入 SharedPreferences …… 193
12.6.2　实例：读取 SharedPreferences …… 195
本章总结 …… 196
本章练习题 …… 196

第 13 章　使用内容提供者共享数据 …… 197

13.1　内容提供者概述 …… 197
13.2　Content URI …… 198
13.2.1　Content URI 概述 …… 198
13.2.2　内置 Content URI …… 199
13.3　实例：访问联系人信息 …… 200
13.3.1　查询联系人 …… 201
13.3.2　普通权限和运行时权限 …… 204
13.3.3　通过联系人 id 查询联系人的 Email …… 206
13.3.4　查询联系人的电话 …… 209
13.4　实例：访问通话记录 …… 209
13.5　实例：访问短信记录 …… 215
本章总结 …… 219
本章练习题 …… 219

进　阶　篇

第 14 章　Android 多线程开发 …… 222

14.1　线程概念 …… 222
14.1.1　进程概念 …… 222
14.1.2　线程概念 …… 222
14.2　计时器案例介绍 …… 223
14.3　Java 中的线程 …… 224
14.3.1　Thread 类实现线程体 …… 224
14.3.2　Runnable 接口实现线程体 …… 227
14.3.3　匿名内部类实现线程体 …… 228
14.4　Android 中的多线程 …… 230
14.4.1　主线程之外更新 UI 问题 …… 230
14.4.2　Android 异步消息处理机制 …… 231
14.4.3　Handler 发送消息方法 …… 232
14.4.4　计时器案例：异步消息机制实现 …… 233

本章总结 …… 235
本章练习题 …… 235

第 15 章 服务 …… 236

15.1 服务概述 …… 236
15.1.1 创建服务 …… 236
15.1.2 服务的分类 …… 237
15.2 启动类型服务 …… 238
15.2.1 启动服务生命周期 …… 238
15.2.2 实例：启动类型服务 …… 239
15.3 绑定类型服务 …… 240
15.3.1 绑定服务生命周期 …… 240
15.3.2 实例：绑定类型服务 …… 241
15.4 IntentService …… 244
15.4.1 IntentService 优势 …… 244
15.4.2 实例：IntentService 与 Service 比较 …… 244
本章总结 …… 246
本章练习题 …… 246

第 16 章 广播接收器 …… 247

16.1 广播概述 …… 247
16.2 广播接收器概述 …… 247
16.2.1 编写广播接收器 …… 248
16.2.2 注册广播接收器 …… 248
16.2.3 实例：发送广播 …… 250
16.3 系统广播 …… 251
16.3.1 系统广播动作 …… 252
16.3.2 实例：Downloader …… 252
16.4 本地广播 …… 255
16.4.1 本地广播 API …… 255
16.4.2 实例：发送本地广播 …… 255
16.5 通知 …… 257
16.5.1 实例：普通通知 …… 257
16.5.2 其他形式的 Notification …… 259
本章总结 …… 260
本章练习题 …… 260

第 17 章 多媒体开发 …… 261

17.1 多媒体文件介绍 …… 261

17.1.1　音频多媒体文件介绍 …… 261
17.1.2　视频多媒体文件介绍 …… 262
17.2　Android 音频/视频播放 API …… 262
17.2.1　核心 API——MediaPlayer 类 …… 263
17.2.2　播放状态 …… 263
17.3　实例：音频播放 …… 265
17.3.1　资源音频文件播放 …… 265
17.3.2　本地音频文件播放 …… 269
17.4　Android 音频/视频录制 API …… 271
17.5　实例：音频录制 …… 272
17.6　视频播放 …… 275
17.6.1　VideoView 控件 …… 275
17.6.2　实例：VideoView 播放视频 …… 275
本章总结 …… 277
本章练习题 …… 277

第 18 章　网络通信技术 …… 278

18.1　网络通信技术介绍 …… 278
18.1.1　Socket 通信 …… 278
18.1.2　HTTP 协议 …… 278
18.1.3　HTTPS 协议 …… 279
18.1.4　Web 服务 …… 279
18.2　案例：MyNotes …… 279
18.3　发送网络请求 …… 280
18.3.1　使用 java.net.URL …… 281
18.3.2　使用 HttpURLConnection 发送 GET 请求 …… 284
18.3.3　使用 HttpURLConnection 发送 POST 请求 …… 285
18.3.4　实例：Downloader …… 286
18.4　数据交换格式 …… 288
18.4.1　XML 文档结构 …… 290
18.4.2　解析 XML 文档 …… 291
18.4.3　实例：DOM 解析 XML 文档 …… 292
18.4.4　JSON 文档结构 …… 296
18.4.5　JSON 数据编码和解码 …… 298
18.4.6　实例：解码 JOSN 数据 …… 299
本章总结 …… 301
本章练习题 …… 302

第19章 百度地图与定位服务 …… 303

19.1 使用百度地图 …… 303
19.1.1 申请 API Key …… 303
19.1.2 获得 Android 签名证书中的 SHA1 值 …… 303
19.1.3 搭建和配置环境 …… 306
19.1.4 实例：显示地图 …… 309
19.1.5 实例：设置地图状态 …… 312
19.1.6 实例：地图覆盖物 …… 313
19.2 定位服务 …… 314
19.2.1 定位服务授权 …… 314
19.2.2 位置信息提供者 …… 316
19.2.3 管理定位服务 …… 317
19.2.4 实例：MyLocation …… 318
19.2.5 测试定位服务 …… 321
19.3 定位服务与地图结合实例：WhereAMI …… 324
本章总结 …… 326
本章练习题 …… 326

第20章 Android 2D 图形与动画技术 …… 327

20.1 Android 2D 绘图技术 …… 327
20.1.1 画布和画笔 …… 327
20.1.2 实例：绘制点和线 …… 328
20.1.3 实例：绘制矩形 …… 329
20.1.4 实例：绘制弧线 …… 331
20.1.5 实例：绘制位图 …… 332
20.2 位图变换 …… 333
20.2.1 矩阵 …… 333
20.2.2 实例：位图变换 …… 334
20.3 调用 Android 照相机获取图片 …… 336
20.3.1 调用 Android 照相机 …… 336
20.3.2 实例：调用 Android 照相机 …… 336
20.4 Android 动画技术 …… 338
20.4.1 渐变动画 …… 338
20.4.2 实例：渐变动画 …… 339
20.4.3 动画插值器 …… 342
20.4.4 使用动画集 …… 343
20.4.5 帧动画 …… 344
本章总结 …… 346

本章练习题 …… 346

第 21 章 手机功能开发 …… 347

21.1 电话应用开发 …… 347
21.1.1 拨打电话功能 …… 347
21.1.2 实例：拨打电话 …… 348
21.1.3 呼入电话状态 …… 350
21.1.4 实例：电话黑名单 …… 351
21.2 短信和彩信应用开发 …… 354
21.2.1 发送短信功能 …… 354
21.2.2 发送彩信功能 …… 354
本章总结 …… 356
本章练习题 …… 356

实 战 篇

第 22 章 分层架构设计与重构健康助手应用 …… 358

22.1 分层架构设计 …… 358
22.1.1 低耦合企业级系统架构设计 …… 358
22.1.2 Android 平台分层架构设计 …… 359
22.2 健康助手应用架构设计 …… 359
22.3 重构健康助手数据持久层 …… 360
22.3.1 DAO 设计模式 …… 361
22.3.2 工厂设计模式 …… 365
22.4 表示层开发 …… 367
22.4.1 Health 列表界面 …… 367
22.4.2 Health 添加界面 …… 371
22.4.3 Health 修改界面 …… 374
本章总结 …… 375
本章练习题 …… 376

第 23 章 内容提供者重构健康助手应用 …… 377

23.1 分层架构与内容提供者 …… 377
23.2 自定义内容提供者访问数据库 …… 377
23.2.1 编写内容提供者 …… 377
23.2.2 注册内容提供者 …… 384
23.3 重构健康助手数据持久层 …… 385
本章总结 …… 387
本章练习题 …… 387

附录 A　课程设计参考——Android 播放器应用开发 …… 388

A.1　应用分析与设计 …… 388
A.1.1　应用概述 …… 388
A.1.2　需求分析 …… 388
A.1.3　原型设计 …… 389
A.1.4　界面设计 …… 389
A.1.5　架构设计 …… 390
A.2　任务1：创建工程 …… 391
A.3　任务2：音频列表功能 …… 391
A.3.1　任务2.1：界面布局 …… 391
A.3.2　任务2.2：AudioListActivity …… 392
A.3.3　任务2.3：AudioCursorAdapter …… 393
A.4　任务3：音频控制功能 …… 394
A.4.1　任务3.1：界面布局 …… 395
A.4.2　任务3.2：初始化 AudioPlayerActivity 活动 …… 397
A.4.3　任务3.3：初始化 AudioService 服务 …… 399
A.4.4　任务3.4：播放控制 …… 400
A.4.5　任务3.5：进度控制 …… 404
A.5　任务4：后台播放回到前台功能 …… 409
A.6　任务5：更新专辑图片功能 …… 410

附录 B　把应用发布到 Google play 应用商店 …… 412

B.1　谷歌 Android 应用商店 Google play …… 412
B.2　Android 设备测试 …… 413
B.3　还有"最后一公里" …… 414
B.3.1　添加图标 …… 414
B.3.2　生成数字签名文件 …… 414
B.3.3　发布打包 …… 415
B.4　发布产品 …… 417
B.4.1　上传 APK …… 417
B.4.2　填写商品详细信息 …… 418
B.4.3　定价和发布范围 …… 419

附录 C　练习题参考答案 …… 423

基 础 篇

第 1 章　移动操作系统概论

第 2 章　Android 开发环境搭建

第 3 章　第一个 Android 应用程序

第 4 章　调试 Android 应用程序

第 5 章　Android 界面编程

第 6 章　Android 界面布局

第 7 章　Android 简单控件

第 8 章　Android 高级控件

第 9 章　活动

第 10 章　碎片

第 11 章　意图

第 12 章　数据存储

第 13 章　使用内容提供者共享数据

第1章 移动操作系统概论

随着移动互联网的发展,移动智能设备越来越多。其中,移动操作系统是移动智能设备至关重要的组成部分。在学习本书之前,有必要介绍一下移动操作系统。

1.1 操作系统的原理与概念

移动智能设备也属于计算机系统,也需要计算机操作系统,因此读者有必要先了解一下什么是计算机操作系统。

计算机系统主要分为硬件和软件,没有任何软件的计算机称为裸机,裸机不能做任何事情,有了软件,计算机可以处理数据、检索信息和保存数据等。软件又可以分为系统软件和应用软件。系统软件包括操作系统、编译器、编辑器和命令解释器。如图1-1所示,计算机的最底层是硬件,没有任何软件,即裸机。裸机之上是操作系统,操作系统屏蔽了底层硬件的复杂结构,为用户提供了一系列操作接口。在操作系统之上是其他系统软件,包括语言编译器、编辑器和命令解释器。系统软件之上是应用软件,例如 Microsoft Word、Microsoft Excel 和 Microsoft PowerPoint 等。

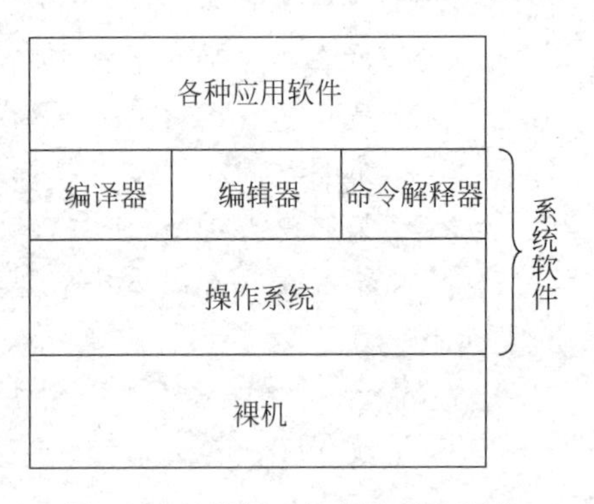

图1-1 计算机系统的软件和硬件

那么,什么是计算机操作系统呢?操作系统是计算机的一种系统软件,管理和控制计算机系统中的硬件及软件资源,为用户提供高效、可靠和安全的服务。为了更好地理解操作系统的概念,下面从几个不同的角度进行介绍。

1.1.1 隐藏硬件细节

用户不需要了解硬件的技术特性和细节,更不能直接操控硬件。操作系统的引入隐藏了硬件细节,操作系统在裸机之上扩展,这使得用户操作计算机更加方便。因此,操作系统的作用是为用户提供一台扩展的计算机,通常称为虚拟机。

用户使用计算机完成日常工作,例如财务人员使用计算机完成财务报销、打印财务报表等,他们不需要了解计算机硬件的内部细节,他们甚至不需要知道什么是中央处理器、什么是内存。虚拟机为用户隐藏了硬件细节，例如在保存财务报表到磁盘时，用户不需要知道文件保存到磁盘哪一个扇区，哪一个磁道中，只需要知道文件的保存路径以及文件名称是什么就可以了。

另外，对于应用程序开发人员，他们开发的应用软件，运行在虚拟机上，虚拟机也为他们隐藏了许多底层硬件特性，并提供了开发接口。

1.1.2　资源管理

一台计算机包含很多硬件和软件资源，而操作系统可以管理和控制这些资源，计算机的硬件资源包括处理器、存储器、时钟、磁盘、鼠标、键盘、显示器、网络适配器以及其他一些资源。软件资源包括执行程序和数据，它们往往以文件的形式存储在外存储器（磁盘或闪存）中。操作系统的任务是在程序访问这些资源时，协调各个程序和用户对这些资源的竞争，防止发生冲突，提高资源利用率，满足用户资源请求。

假设有两个程序同时试图对同一个文件进行写入操作，那么哪一个会写入成功呢？操作系统的任务之一就是当资源请求发生冲突时，能够有效地解决这些问题，而对于文件资源，操作系统采用了一种共享锁定机制，防止多个程序同时修改同一个文件。

1.1.3　操作系统的历史

计算机操作系统的发展与计算机体系结构的发展有着密切的关系。计算机的发展就是计算机体系结构的发展，计算机体系结构的进步推动了操作系统的发展和进步。下面按照计算机更新换代的历史介绍操作系统的发展情况。

通常，按照计算机电器元件工艺的演变过程把计算机发展分为 4 个阶段。

1. 第一代计算机（1945—1955 年）：电子管时代，无操作系统

第二次世界大战结束后，哈佛、普林斯顿和宾夕法尼亚等大学以及一些公司和个人都成功地使用电子管制造出了计算机。当时的计算机非常庞大，需要使用数万个电子管（见图 1-2(a)），但是运算速度不及现在的个人计算机。这些计算机没有操作系统，更没有程序设计语言，只能使用机器语言，程序员在一些插板上进行连线实现想要的控制功能，然后再将插板插入计算机，这样计算机就会根据插板的指令进行计算。直到 20 世纪 50 年代早期，出现了穿孔卡片，才不再使用插板，而是将程序写在卡片上，然后读入计算机进行计算。

(a) 电子管

(b) 晶体管

图 1-2　三极管

2. 第二代计算机(1955—1965 年)：晶体管时代，采用批处理系统

20 世纪 50 年代中期晶体管问世，如图 1-2(b)所示。同样功能的晶体体积大大缩小。晶体管替代了电子管，不仅体积变小了，稳定性和可靠性也大大地增强。

这个时期的计算机仍然是非常昂贵的，只有少数大公司、大学和重要的政府部门才配置计算机。为了防止误操作和有效地管理计算机，专门配置了操作员。这时已经有汇编和 FORTRAN 等语言了，程序员不直接操作计算机，程序员将要完成的一个作业(一组程序)写在纸上，然后用穿孔机制成卡片，最后将这些卡片交给操作员。

为了提高计算机的执行效率，操作员把多个作业集中在一起，批量地处理。收集到一批作业后，将输入磁带装到磁带机上，一个作业开始后，计算机从磁带机上读取数据并运行，并将输出结果写入到输出磁带。一次作业完成后，操作系统自动地读入下一个作业并执行输出等操作。这一批作业完成后，操作员取下输出磁带，再到另外一台机器上进行脱机打印。第二代计算机主要用于科学计算。

3. 第三代计算机(1965—1980 年)：集成电路时代，多道程序设计

集成电路是通过一定的工艺，把一个电路中所需的晶体管、电阻和电容等元器件及布线互连在一起，制作成一小块晶片。集成电路使电子元件向微小型化、低功耗和可靠性方面迈进了一大步。

在批处理系统中，操作系统将一个作业从磁带读入到内存，然后执行并输出，这个过程中只能进行一个作业，称为单道运行。单道运行时，当处理器读取磁带或进行输入输出操作时，处理器会处于等待状态，因此浪费了很多处理器时间。多道运行可以解决这一问题，多道运行是在内存中同时存放多个作业，然后独立执行。在单处理器系统中，从表面上看，多道运行时载入系统的多个作业同时运行；但实际上还是单个作业轮流使用处理器，交替执行。

4. 第四代计算机(1980 年至今)：大规模和超大规模集成电路，分时系统

随着大规模集成电路的发展，单位面积的晶片上可以集成的晶体管越来越多。计算机微型化成为可能，个人计算机时代到来了。

分时技术是多道运行的升级，就是将处理器运行的时间分成很短的时间片段，按照时间片段将处理器轮流分配给各个作业，使得每个作业都能有机会被执行，如果某个作业在分配的时间片段中不能完成，可以在下次时间片段中继续执行。所以从宏观上看，即使是单处理器计算机，每个作业都是同时执行的。

1.2 操作系统的分类

随着计算机软件和硬件的发展，操作系统也不断地发展和进步，这个过程中出现了多种不同的操作系统。操作系统可分类如下：

(1) 批处理操作系统；

(2) 分时操作系统；

(3) 实时操作系统；

(4) 个人计算机操作系统；

(5) 网络操作系统；

（6）分布式操作系统；

（7）嵌入式操作系统。

1.2.1　批处理操作系统

批处理操作系统是早期大型计算机采用的操作系统，是现代操作系统的基础，现在的操作系统中的很多功能仍然采用批处理设计。

批处理操作系统可以分为单道和多道批处理程序设计。单道批处理系统是操作系统的雏形。但是，在单道批处理系统中，每一时刻只能有一个作业在内存中，在作业执行过程中，输入/输出和计算操作是串行的，要么是输入/输出设备等待处理器处理，要么是处理器等待输入/输出，处理器不能高效地工作。为了提高处理器的效率，一般情况下批处理系统中会采用多道程序设计技术，就形成了多道批处理操作系统。多道批处理操作系统能够并发地执行多个作业。

多道批处理操作系统的优点是缩短了作业之间的交接时间，减少了处理器的空闲等待时间，提高了系统的吞吐量。缺点是执行过程中不能与用户交互，用户从提交作业到批处理完成所有的作业，用户都不能控制计算机，对于作业周期长的用户，使用起来不方便。

1.2.2　分时操作系统

多道批处理操作系统虽然减少了处理器的空闲等待时间，提高了系统的吞吐量。但是执行过程中不能与用户交互，在执行作业过程中，用户不能干预其运行，因此不能及时修正作业运行过程中出现的错误。分时操作系统采用时间片段轮流方式，使得一台计算机能够为多个终端用户服务，并提供了与用户交互的能力。如图1-3所示，多个用户通过自己的终端与一台主机进行交互，在操作系统管理下，主机快速运行，将时间片段按照一定的顺序轮流分配给终端，为终端用户提供服务，在分配的时间片段内没有完成工作，则暂停该终端服务，等到下一次获得主机时间片段后继续执行。虽然一个用户在使用主机时，其他用户处于等待状态，但是这种等待是非常短暂的，用户是感觉不到的，所以每一个用户都感觉自己独占了一台计算机。

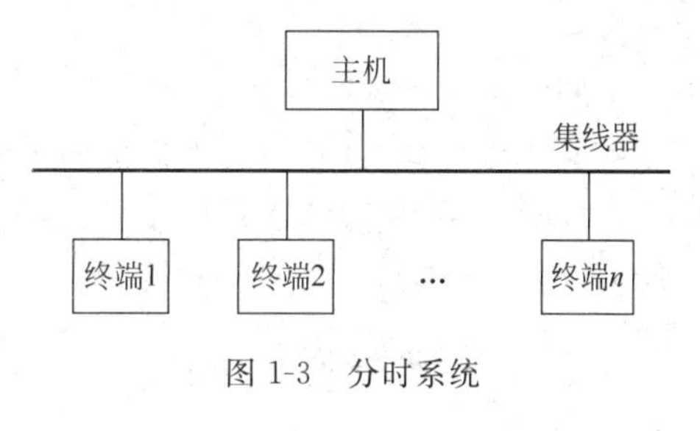

图1-3　分时系统

分时操作系统的优点包括交互性、用户独立性和多用户同时性。

1）交互性

分时操作系统强调系统与用户的交互，它最大的优点就是交互性，交互方式给用户带来很多的方便，用户可以在作业运行情况下对其进行控制，方便程序调试。

2）用户独立性

多个用户各自通过自己的终端同时使用一台主机。主机采用分时系统为多个终端提供服务，响应每个用户的操作命令。用户感觉不到其他人在使用该计算机，好像只有自己独占整个计算机。

3）多用户同时性

对于同一台主机，多个用户同时在自己的终端上使用，共享处理器和其他资源，充分发挥主机效率。

1.2.3 实时操作系统

虽然分时系统已经能够得到令人满意的资源利用率，但是对于实时控制和实时信息处理，却显得捉襟见肘。实时控制和实时信息处理操作系统称为实时系统，实时系统的主要特征是系统能够及时响应外来事件，并快速处理事件，在允许的时间内快速地做出反应，另外，实时系统还要求有高度的可靠性和安全性。实时系统包括实时控制和实时信息处理。

1）实时控制

将计算机应用于生产控制和国防武器等，要求能够实时采集现场数据，并及时处理数据，例如空调或花室的温控系统。此外，还有飞机的巡航系统、导弹的制导系统等。这些系统很少要求用户干预，能根据现场采集数据，对设备做出指令，要求极高的可靠性和安全性。

2）实时信息处理

一些系统要求很少的用户干预，但是需要系统快速做出反应。该系统由一台或多个主机通过网络与多个远程终端连接，主机接收从终端发来的服务请求，并响应这些请求。例如火车订票系统，就是实时性要求很高的系统。

1.2.4 个人计算机操作系统

随着大规模和超大规模集成电路技术的进步，个人计算机时代到来，个人计算机操作系统也应运而生。个人计算机的特点是交互式单用户的联机，因此操作系统有别于大型机和小型机中使用的分时系统，但也有很多相似的地方。个人计算机操作系统虽然不需要像大型机和小型机一样控制多个终端，但有多个任务需要处理，用户使用个人计算机可以在使用Word进行字处理的同时听音乐，这就是单用户多任务操作系统，如Windows。更加先进的还有多用户多任务操作系统，如Linux和UNIX等，苹果公司的macOS也是UNIX的一种。早期的个人计算机操作系统是单任务操作系统，如CP/M和MS-DOS等。

随着个人计算机的普及，人们使用个人计算机的目的从工作转移到娱乐，要求个人计算机有更强的音频、视频和图片处理能力，要求更大容量的内存和外部存储以及处理大量数据的能力，同时需要比较高的实时性。

1.2.5 网络操作系统

随着计算机的发展，需要将多个独立的、分散的和具有自治功能的计算机互相连接起来，实现数据交换、资源共享、互相操作和协同工作，这就是网络操作系统。

网络操作系统有两种实现方式：一种是独立于本地操作系统的网络操作系统方式，如Novell公司的Netware局域网操作系统；另一种是本地操作系统，同时具有网络操作系统功能，如Windows。

1.2.6 分布式操作系统

分布式系统是更高级的网络操作系统形式，它保持了网络操作系统的全部功能。网络操作系统使得分散的计算机能够互相通信和资源共享，但是它们并不是一个整体。网络操作系统管理其中的一台计算机，要获得其他计算机资源，需要明确知道IP地址和通信协议。

而分布式系统能够将这些计算机有机地连接起来，进行协同工作，逻辑上是一个计算机系统。

分布式系统负责全系统的资源分配和调度、划分任务、信息交换和协调控制，为用户提供统一界面和接口，用户通过这一界面操作和使用系统资源，而不需要知道资源来自于哪一台计算机，不需要知道在哪一台计算机上执行处理任务，即系统对用户是透明的，不可见的。

1.2.7　嵌入式操作系统

嵌入式操作系统是嵌入式设备使用的操作系统，嵌入式操作系统基本上都是实时操作系统，主要应用于智能控制、工业控制和武器系统等，例如工厂流水线上的制造机器人、机顶盒、智能热水器、空调、导弹制导等。它们用于完成特定的任务，运行的系统很简单，它们只有很少的用户接口，甚至没有用户接口，运行过程中很少与用户交互。

嵌入式系统应用非常广泛，嵌入式系统也在不断地发展变化，现在的物联网、智能家居、智能城市都离不开嵌入式系统。甚至智能手机也都属于嵌入式设备。嵌入式操作系统种类繁多，有的是通用标准操作系统，如 Linux 和 UNIX，有的是经过裁剪的其他系统，如 Android 是 Linux 裁剪后的嵌入式操作系统。

1.3　移动操作系统

移动操作系统是嵌入式操作系统的一个分支。早期的移动操作系统是为智能手机设计的操作系统，所以也称为智能手机操作系统。随着消费类移动设备的发展，出现了平板电脑、智能手表、智能眼镜、车载系统和智能电视机等智能设备，这些设备都采用移动操作系统。

1.3.1　移动设备的特征

移动设备不仅具有个人计算机的基本功能，还因为它便于携带、可随时使用而受到了用户的青睐，这就要求移动设备体积小、屏幕小、配有电池和配有多种传感器。下面从几个方面讨论移动设备的特征。

1) 内存

相对于个人计算机，移动设备体积更小。由于体积小，所以不能配置很多的物理内存。一般的移动设备中内存只有几百兆字节，一些高端设备配置了几吉字节内存，但这大大增加了设备成本。有限的内存给移动应用程序开发人员带来了不小的挑战，开发人员必须有效地管理内存(一旦分配内存，不再使用时一定要及时释放内存)。

2) 中央处理器

为了减少耗电量，很多移动设备的处理器采用低耗能的 ARM 架构中央处理器(CPU)，而不采用 x86 架构 CPU，ARM 架构 CPU 处理速度虽不及 x86 架构 CPU，但是 ARM 架构 CPU 具有低功耗的特点，低功耗延长了电池待机时间和使用寿命。低功耗还可以降低发热量，不需要为设备配置 CPU 风扇降温，这也降低了能耗和噪声。

3) 屏幕

相比于个人计算机，移动设备屏幕小且多样，一般是触摸屏，屏幕成本高。屏幕多样性体现在移动设备屏幕尺寸，不同厂商的 Android 设备千差万别。移动应用程序开发时需要考虑屏幕适配，这加大了开发难度。

4）电池

移动设备都配有电池。电池的容量、待机时间和使用寿命是重要的指标。作为开发人员，有责任通过优化算法减少处理器计算量，减少不必要的后台处理，例如后台位置服务、下载处理等。这些优化和处理都可以减少电池能量消耗，延长电池使用寿命。

5）传感器

移动设备一般都有多种传感器，例如GPS、陀螺仪、加速度计和磁力计，有的设备还配有指纹识别传感器和环境光传感器。开发人员需要注意一些传感器开启的时机，例如在野外环境下，开发人员可以开启GPS获得设备的位置信息，GPS是非常耗电的，因此在室内可以考虑使用WiFi进行定位。

6）摄像头

移动设备一般都配有摄像头，有的设备还配置前后摄像头，用户可以使用摄像头拍摄图片和录制视频。

7）网络通信

移动设备可以通过WiFi接入网络系统。如果是手机，也可通过移动运营商数据网络接入。另外，移动设备短距离通信可以使用蓝牙。蓝牙4.0是低功耗蓝牙技术，具有极低的运行和待机功耗，使用一粒纽扣电池可连续工作数年之久。

1.3.2 主要的移动操作系统

移动操作系统是从智能手机发展而来的，主要的移动操作系统有Symbian、Blackberry、Palm OS、Windows 10 Mobile、Android、MeeGo、Bada和iOS。

1. Symbian

Symbian（塞班）是诺基亚公司推出的智能手机操作系统，它是一种具有实时性、多任务的操作系统，具有功耗低、内存占用少等特点。Symbian曾经是全球市场占有率第一的智能手机操作系统。

2. Blackberry

Blackberry（黑莓）是加拿大RIM（Research in Motion）于1999年研制的智能手机，其系统特色是支持电子邮件、移动电话、文字短信、互联网传真、网页浏览及其他无线资讯服务。Blackberry曾经是美国市场占有率第一的智能手机（美国人依赖电子邮件，他们在电子邮件里讨论工作、安排日程）。

3. Palm OS

Palm OS主要用于便携式计算机操作系统。便携式计算机（Personal Digital Assistant，PDA）可以帮助用户在移动中完成工作、学习和娱乐等。按使用类型可分为工业级PDA和消费品PDA。工业级PDA主要应用在工业领域，常见的有条码扫描器、RFID读写器、POS机等；消费品PDA包括智能手机、平板电脑、手持游戏机等。随着Android和iOS的兴起，便携式计算机慢慢淡出了移动设备市场。

4. Windows 10 Mobile

Windows 10 Mobile是微软公司最新的智能手机操作系统，微软公司很早就进入了智能手机操作系统市场，Windows 10 Mobile之前，微软推出过Windows Mobile、Windows

Phone 7 和 Windows Phone 8。

（1）Windows Mobile：Windows Mobile 与 Palm OS 主要竞争便携式计算机操作系统。

（2）Windows Phone 7：Windows Phone 7 是微软公司于 2010 年 10 月 21 日正式发布的一款手机操作系统，采用 Windows CE 内核，采用了一种称为 Metro 的用户界面设计风格。

（3）Windows Phone 8：Windows Phone 8 是微软公司于 2012 年 6 月 21 日正式发布的手机操作系统。Windows Phone 8 舍弃了老旧 Windows CE 内核，采用 Windows NT 内核。由于内核的改变，所有 Windows Phone 7 系统的手机都将无法升级至 Windows Phone 8。用户界面还是采用 Metro 设计风格。

（4）Windows 10 Mobile：Windows 10 Mobile 是微软公司于 2015 年 5 月 14 日正式发布的下一代 Windows 10 手机版的正式名称。整个 Windows 10 用户界面都采用 Metro 设计风格。

5. Android

Android（安卓）是谷歌公司于 2007 年 11 月 5 日发布的基于 Linux 平台的开源移动操作系统，主要用于移动设备，如智能手机和平板电脑。它包括操作系统、用户界面和应用程序。目前，Android 版本是由谷歌公司主导，并与开放手机联盟合作开发的，这个联盟由中国移动、摩托罗拉、高通、宏达电和 T-Mobile 等多家领军企业组成。

6. MeeGo

MeeGo 是诺基亚和英特尔联合开发的基于 Linux 平台的免费移动操作系统，于 2010 年 2 月的全球移动通信大会中发布，MeeGo 融合了诺基亚的 Maemo 和英特尔的 Moblin 平台。该操作系统运行在智能手机、平板电脑、上网本、智能电视和车载系统等平台。MeeGo 的推出旨在提升诺基亚在智能手机上的竞争力，应对 iOS 和 Android 的挑战。但遗憾的是，2013 年 10 月诺基亚宣布将在 2014 年 1 月 1 日正式停止向 MeeGo 操作系统提供支持。

7. Bada

Bada 是三星公司推出的基于 Linux 的移动操作系统。三星公司于 2009 年 12 月 8 日正式公布了 Bada，Bada 的推出旨在应对 iOS 和 Android 的挑战。Bada 系统的界面比较时尚，用户界面采用经典的 TouchWiz 触摸技术，为用户带来畅快的操控体验。

8. iOS

iOS 是由苹果公司开发的移动设备操作系统，iOS 内核采用 UNIX 操作系统，原本这个系统的名字为 iPhone OS，因为主要应用于 iPhone 和 iPod touch 设备，后来在 2010 WWDC 大会上宣布改名为 iOS。实际上，苹果公司最早于 2007 年 1 月 9 日的 MacWorld 大会上就公布了这个系统，最初是设计给 iPhone 使用的，后来陆续被应用到 iPod touch 和 iPad 等产品上。

1.3.3　移动操作系统的应用和发展

移动操作系统最初是为智能手机设计的。随着人们对智能设备的追求越来越高，出现了很多智能设备，如平板电脑、可穿戴设备、智能电视和车载系统等，这些设备也都采用与智能手机类似的移动操作系统。这些设备之间可以构成一个独立的“生态圈”，实现多种方式的互联互通，它们之间可以共享数据、互相控制等。苹果公司的 iOS 系统和谷歌公司的

Android 系统是这方面的佼佼者。

1. 苹果公司的 iOS 生态圈系统

iPhone、iPad 和 iPod touch 的操作系统是 iOS,Apple Watch 和 Apple TV 各有自己的操作系统,但是这些操作系统事实上是 iOS 的扩展,Apple Watch 和 Apple TV 能够与 iOS 设备紧密结合,甚至应用开发 API 都非常类似。通过这些设备,苹果在打造自己的封闭生态圈。

2. 谷歌公司的 Android 生态圈系统

谷歌公司通过开发 Android 系统,与其他公司合作使得 Android 生态圈系统越来越完善,并提供了基于 Android 系统的平板电脑(Android Tablet)、智能手表(Android Wear)、智能电视(Android TV)和车载系统(Android Auto)等,与苹果公司的 iOS 不同,Android 所服务的这些智能设备不都是谷歌公司自己设计和生产的,而是由其他第三方公司完成的。并且 Android 是一个开源系统,只要遵守相关的协议,第三方厂商都可以根据自己的需要修改 Android 系统,有的厂商甚至将 Android 系统应用于工业控制。

总而言之,移动互联网和物联网的发展是一个必然趋势,以智能手机为主的移动智能设备是它们发展的实物基础,移动操作系统也必然会与移动智能设备同步发展。

1.4 Android 移动操作系统概述

由于本书重点介绍基于 Android 的移动操作系统应用开发,因此本节首先概述 Android 移动操作系统。

1.4.1 Android 历史介绍

2008 年 9 月,美国运营商 T-Mobile 在纽约正式发布第一款谷歌手机——T Mobile G1。该款手机为中国台湾地区 HTC 代工制造,是世界上第一部使用 Android 操作系统的手机,支持 WCDMA/HSPA 网络,理论上的下载速率为 7.2Mbps。

Android 操作系统的缔造者是安迪·鲁宾(Andy Rubin),他精通 Linux 和 Java。在 2005 年 7 月 Android 系统被谷歌收购之后,他也加盟到谷歌的团队中继续开发 Android 系统。2007 年 11 月,谷歌正式发布了智能手机操作系统 Android,这时谷歌进军移动业务的号角响起。谷歌与多家手机制造商组成了 Android 联盟,为他们提供全方位的 Android 支持。

Android 操作系统是基于 Linux 平台的开源手机操作系统,该平台由操作系统、控件组件、用户界面和应用软件组成,是为云计算打造的移动终端设备平台。谷歌公司是云计算主要倡导者之一。

1.4.2 Android 架构

无论是从事 Android 哪个层面的开发和学习,都应该熟悉图 1-4 所示的 Android 架构图,这样才能对整个 Android 系统有所了解。

1. Linux Kernel(Linux 内核)

Android 采用 Linux 操作系统内核。Android 很多底层管理,如安全性、内存管理、进程

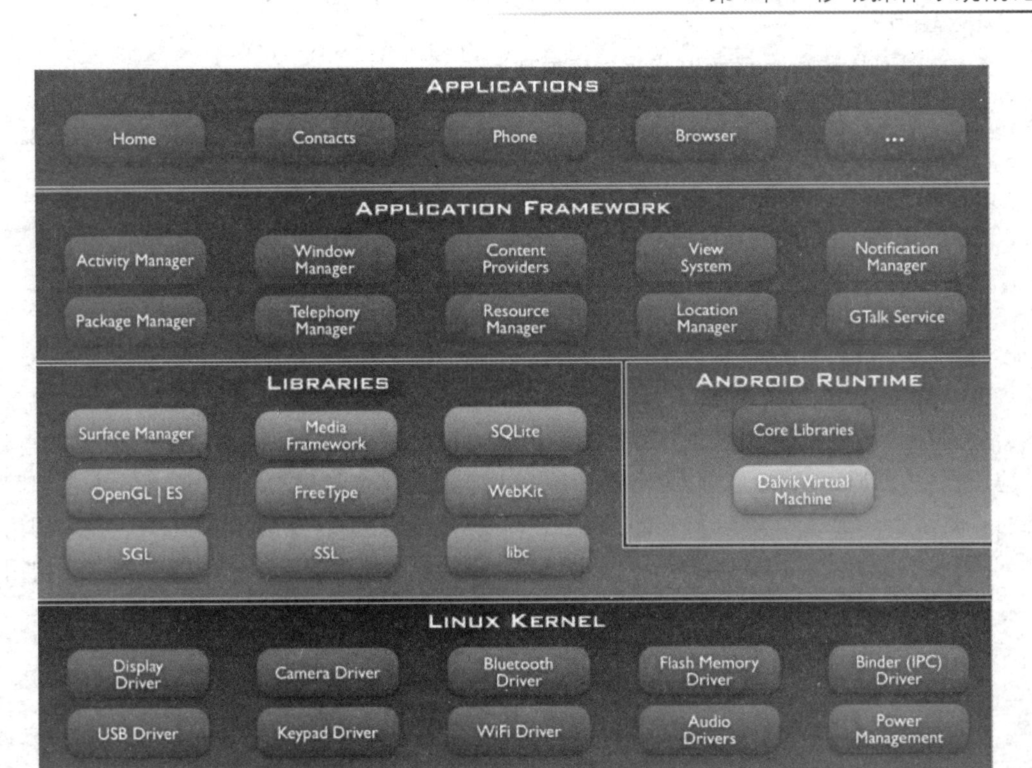

图 1-4　Android 架构

管理、网络协议栈和驱动模型等管理都依赖于 Linux。Linux 内核也是硬件和软件之间的硬件抽象层。运行于 Android 中的 Linux 是经过裁剪的，适合于低能耗的移动设备。

2. Libraries（本地库）

Android 本地库包括一个被 Android 系统中各种组件所使用的 C/C++库集。该库通过 Android 应用程序框架为开发者提供服务。这些库很多都不是在 Android 系统下编写的，大部分都是开源的库。

- OpenGL ES：开发 3D 图形技术。
- SQLite：嵌入式数据库。
- WebKit：Web 浏览器引擎。
- Media Framework：支持音频视频解码、音频视频录制等。
- Surface Manager：Android 平台绘制窗口和控件，以及绘制一些图形和视频输出等。

3. Android Runtime（Android 运行时）

虽然 Android 应用程序是用 Java 编写的，但却不是使用 Java Runtime 来执行程序，而是自行研发 Android Runtime 来执行程序。Runtime（运行时环境）主要由两部分组件组成——Core Libraries（核心库）和 VM（虚拟机）。JVM 是由 Sun 开发的（现在是 Oracle 公司），由于版权问题谷歌公司自己编写了 VM，即 Dalvik Virtual Machine（Dalvik VM）。编写 Dalvik VM 除了版权的问题，更重要的是 Dalvik VM 是为低耗能、低内存等手持移动设备而设计的，在一台设备上可以运行多个实例。Dalvik VM 对于很多底层处理还要依赖于 Linux 操作系统。

4. Application Framework（应用程序框架）

Android 应用程序框架提供了一套开发 Android 应用的 API，其中包括：

- View System：一套用户图形界面开发组件，如 Button、对话框等。
- ActivityManager：管理 Activity 的周期等。
- Content Providers：管理数据共享。
- Resource Manager：管理资源文件，如国际化、布局文件等。
- Location Manager：管理定位服务。
- TelephonyManager：管理电话服务。

5. Application（应用程序）

应用程序开发，在这里可以是自己编写的应用程序、第三方开发的应用程序和谷歌自带的应用程序，如通讯录、短信息、浏览器等。一个应用可以全部用 Java 或 Kotlin 语言编写，也可以是用 Java 或 Kotlin 编写一部分，再用 C 或 C++ 编写一部分，然后使用 JNI 技术调用。例如，对于一个游戏应用程序，为了提高速度，有些处理使用 C 或 C++ 编写，再用 JNI 调用。不要简单地认为所有应用都一定是 Java 语言编写的。

1.4.3 Android 平台介绍

Android 平台的更新速度惊人，这给应用开发带来了很大的麻烦，也给硬件厂商带来诸多不便。但是它的热点仍然不减，那是源于它的开源、开放和支持多样化。

每个版本的 Android 平台在开发的时候都有一个开发代号，谷歌公司使用很多食品名字，它们每一个单词的第一个字母是按照英文字母顺序往后排的，按照 C、D、E、F、G、H、I……的顺序。另外，为了便于程序内部访问，每个平台都对应一个 API Level（API 级别）。它们之间的对应关系如表 1-1 所示。

表 1-1 平台、开发代号和 API 级别的对应关系

平　台	开发代号	API Level（API 级别）
Android 1.0	无	12
Android 1.5	Cupcake（纸杯蛋糕）	3
Android 1.6	Donut（甜甜圈）	4
Android 2.0/ 2.1	Éclair（法式奶油夹心甜点）	7
Android 2.2	Froyo（冻酸奶）	8
Android 2.3	Gingerbread（姜饼）	9,10
Android 3.0	Honeycomb（蜂巢）	11,12,13
Android 4.0	Ice Cream（冰激凌）	14,15
Android 4.1/4.2/4.3	Jelly Bean（果冻豆）	16,17,18
Android 4.4	KitKat（奇巧巧克力）	19,20
Android 5.0/5.1	Lollipop（棒棒糖）	21,22
Android 6.0	Marshmallow（棉花糖）	23
Android 7.0/7.1	Nougat（牛轧糖）	24,25
Android 8.0	Oreo（奥利奥）	26

下面介绍 Android 各个平台的主要特性。

（1）Android 1.5：在 Android 1.1 基础上增添了录像、蓝牙、上传视频到 YouTube 以

及 Picasa 复制/粘贴功能。

(2) Android 1.6：增加 Android 应用市场、集成照相、摄像以及浏览、多选/删除、语音搜索、提升语音阅读功能，对非标准分辨率有了更好的支持。

(3) Android 2.1：提升硬件速度，更多屏幕以及分辨率选择，幅度的用户界面改良，大幅改进虚拟键盘。

(4) Android 2.2：支持完整的 Flash 10.1，支持最多 8 个设备连接的 WiFi 热点、支持日程表、摄像头/视频改进。

(5) Android 2.3：游戏支持能力提升，界面简化运行速度提升，增强的电源管理和延长待机时间，新增应用管理，增加下载管理器，原生支持 VoIP 电话功能，拍照时可以选择前置摄像头或后置自带的拍照摄像头，内置 NFC Reader 应用功能。

(6) Android 3.1：优化 Gmail，全面支持 Google Maps，将 Android 手机系统跟平板系统再次合并；任务管理器可滚动，支持 USB 输入设备(键盘、鼠标等)，支持 Google TV，支持 XBOX 360 无线手柄。

(7) Android 3.2：支持 7 英寸设备，引入了应用显示缩放功能。

(8) Android 4.1：特效动画帧速提高至 60fps，增加 3 倍缓冲，增强通知栏，全新搜索 UI，智能语音搜索和 Google Now，桌面插件自动调整大小，语言和输入法扩展，新的输入类型和功能，新的连接类型。

(9) Android 4.2：键盘手势输入功能，改进锁屏功能，锁屏状态下支持桌面挂件和直接打开照相功能，可扩展通知，允许用户直接打开应用，Gmail 邮件可缩放显示，用户连点 3 次可放大整个显示屏，两根手指进行旋转和缩放，专为盲人用户设计的语音输出和手势模式导航。

(10) Android 4.3：多用户登录，智能蓝牙，OpenGL ES 3.0，数字版权加密。

(11) Android 5.0：加入更多的健身功能，语音服务功能，整合碎片化，支持 64 位处理器。

(12) Android 6.0：锁屏下语音搜索，指纹识别，更完整的应用权限管理，Doze 电量管理。

(13) Android 7.0：支持多视窗模式，强化 Doze 的省电功能，加入暗色主题，强化 Smart Lock 功能。

(14) Android 8.0：优化通知中心，增强后台限制，增强了软件安装限制、支持画中画模式、自适应图标、自动密码保存功能和应用加速等功能。

本章练习题

1. 操作系统可分为哪些类？
2. Android 架构分为哪些部分？

第2章 Android开发环境搭建

"工欲善其事，必先利其器"。做好一件事，准备工作非常重要。在开始学习Android之前，搭建好Android开发环境是非常重要的。本章介绍Android开发环境的搭建，使用主流的开发工具，其中包括JDK、Android Studio和Android SDK。由于Windows平台比较普遍，所以本章重点介绍Windows平台下的环境搭建。

下面归纳了Windows平台下Android开发环境的搭建过程：

(1) 安装JDK：开发工具Android Studio等的运行需要依赖JDK，Android应用开发大部分也是基于Java语言开发的，因此都需要安装JDK，最新版本的Android Studio要求使用JDK8版本以上(JDK下载和安装过程不作介绍)。

(2) 安装Android Studio：Android Studio是谷歌官方的Android应用程序的开发工具。

(3) 安装Android SDK：Android SDK是开发Android的工具包。

(4) 创建Android模拟器。

2.1 JDK安装与配置

由于Android Studio等软件需要JDK8以上版本。图2-1是JDK8的下载界面，它的下载地址是http://www.oracle.com/technetwork/java/javase/downloads/jdk8-downloads-2133151.html。其中有很多版本，注意选择对应的操作系统，以及32位还是64位安装的文件。

下载并安装完成之后，需要设置系统环境变量，主要是设置JAVA_HOME环境变量。打开环境变量设置对话框，如图2-2所示，可以在用户变量(上半部分，只影响当前用户)或系统变量(下半部分，影响所有用户)添加环境变量。一般情况下，在用户变量中设置环境变量。

在用户变量部分单击"新建"按钮，系统弹出对话框，如图2-3所示。设置"变量名"为JAVA_HOME。注意变量值的路径。

为了防止安装多个JDK版本对于环境的影响，还可以在环境变量PATH中追加%JAVA_HOME%\bin路径，在用户变量中找到PATH，双击并打开PATH修改对话框，如图2-4所示，追加%JAVA_HOME%\bin。

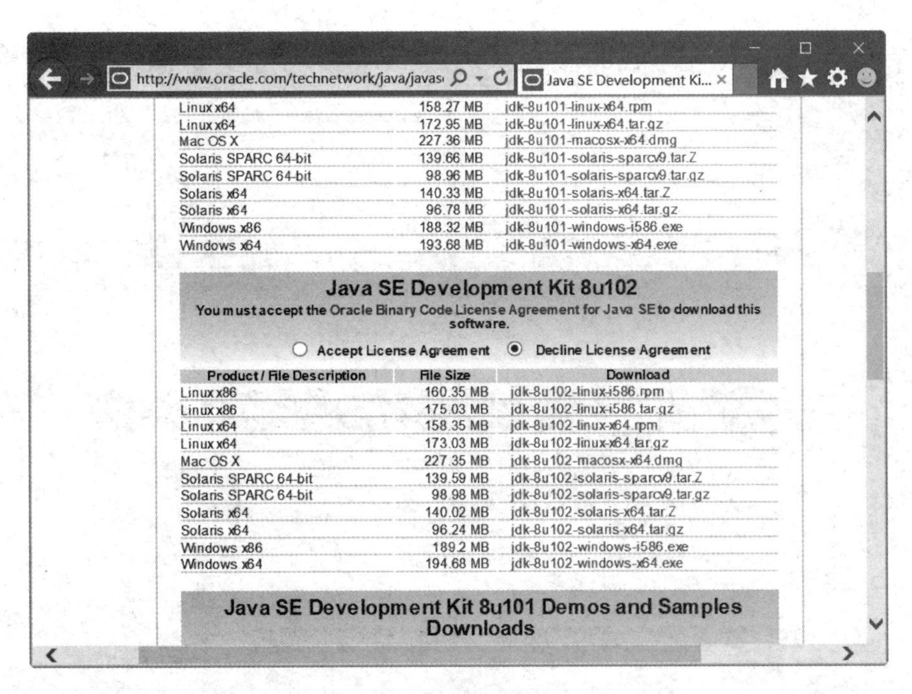

图 2-1　下载 JDK8

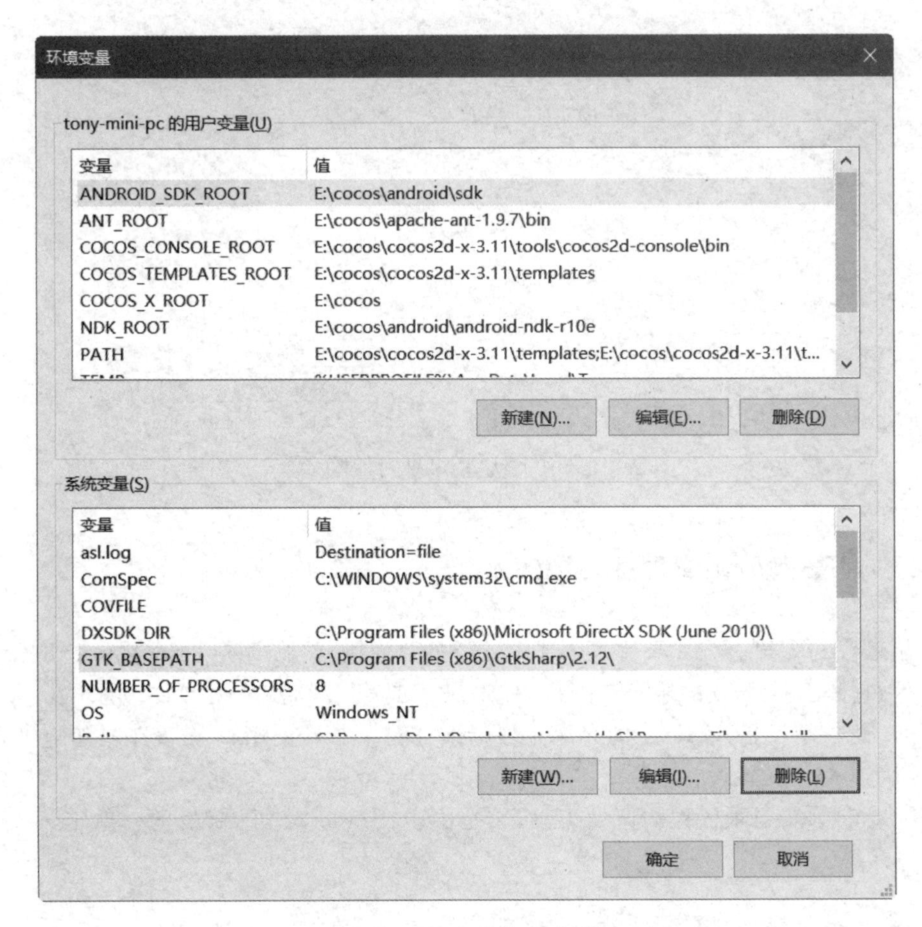

图 2-2　环境变量设置对话框

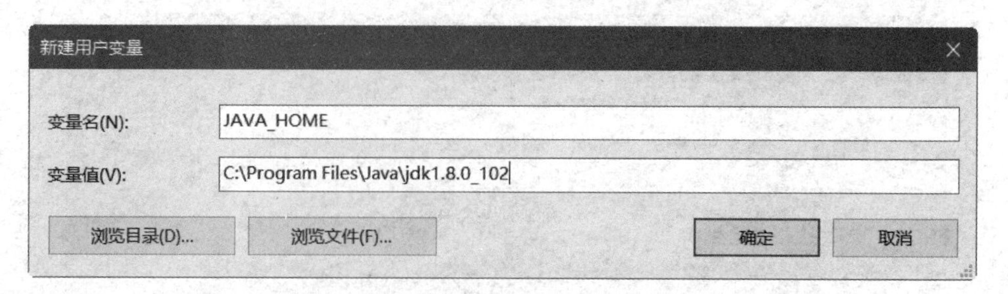

图 2-3 设置 JAVA_HOME

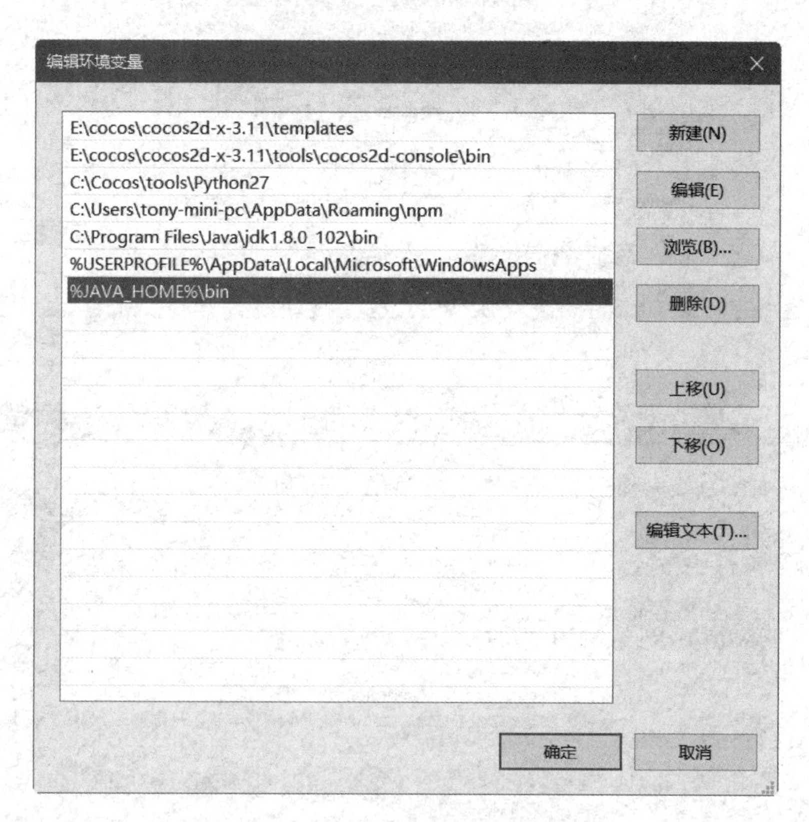

图 2-4 添加 PATH 对话框

2.2 安装 Android Studio

多年来，Android 开发主要采用 Eclipse＋ADT 创建，熟悉 Java 的读者对于 Eclipse 应该不陌生，它是 Java 开发的主要工具之一，其特点是可以安装插件，ADT 是开发 Android 的 Eclipse 插件。但是，Eclipse 的光辉正慢慢地被另一个新的 Java 开发工具给遮挡，它就是 IntelliJ。

IntelliJ 被认为是最优秀的开发工具，它是由 JetBrains 公司[①]研发的一款 Java 开发工

① JetBrains 是捷克的一家软件开发公司，这家公司开发了很多优秀的开发工具。

具。IntelliJ 与 Eclipse 类似，可以安装插件。Android Studio 事实上就是谷歌公司开发的 IntelliJ 插件，因此 Android Studio 继承了 IntelliJ 所有的优点。Android Studio 本身已经是封装好的工具了，不需要开发人员自己安装插件。

提示　由于 Android Studio 是谷歌官方的开发工具，所以本书主要采用 Android Studio 工具编写示例代码。

下面就介绍 Android Studio 的下载和安装。Android Studio 的下载地址是 https://developer.android.com/studio/index.html。图 2-5 为 Android Studio 的下载页面，在下载页面中有 Windows、Mac 和 Linux 三个不同平台的版本。Windows 下还有两个不同的安装包，这些文件的说明如下：

- ❑ android-studio-ide-171.4443003-windows.exe。一个安装版的 Android Studio，不包括 Android SDK。
- ❑ android-studio-ide-171.4443003-windows.zip。无安装程序，解压之后就可以使用，不包括 Android SDK。

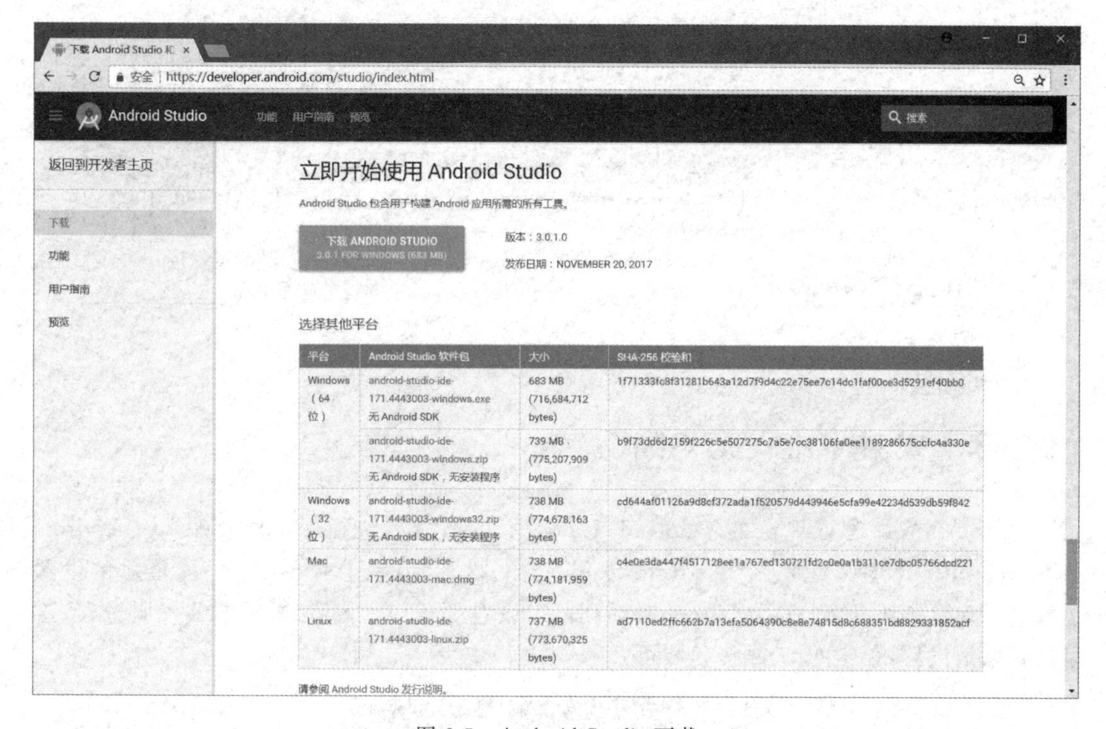

平台	Android Studio 软件包	大小	SHA-256 校验和
Windows（64 位）	android-studio-ide-171.4443003-windows.exe 无 Android SDK	683 MB (716,684,712 bytes)	1f71333fc8f31281b643a12d7f9d4c22e75ee7c14dc1faf00ce3d5291ef40bb0
	android-studio-ide-171.4443003-windows.zip 无 Android SDK，无安装程序	739 MB (775,207,909 bytes)	b9f73dd6d2159f226c5e507275c7a5e7cc38106fa0ee1189286675ccfc4a330e
Windows（32 位）	android-studio-ide-171.4443003-windows32.zip 无 Android SDK，无安装程序	738 MB (774,678,163 bytes)	cd644af01126a9d8cf372ada1f520579d443946e5cfa99e42234d539db59f842
Mac	android-studio-ide-171.4443003-mac.dmg	738 MB (774,181,959 bytes)	c4e0e3da447f4517128ee1a767ed130721fd2c0e0a1b311ce7dbc05766dcd221
Linux	android-studio-ide-171.4443003-linux.zip	737 MB (773,670,325 bytes)	ad7110ed2ffc662b7a13efa5064390c8e8e74815d8c688351bd8829331852acf

图 2-5　Android Studio 下载

如果使用安装版的 Android Studio，安装成功后直接启动 Android Studio 即可。如果使用无安装程序文件，需要解压文件到指定路径即可，启动 Android Studio 工具需要进入到 <Android Studio 安装目录>\bin 目录下，如图 2-6 所示，运行 studio64.exe 或 studio.exe 可执行程序，就可以启动 Android Studio，其中 studio64.exe 是 64 位计算机执行文件，studio.exe 是 32 位计算机执行文件。

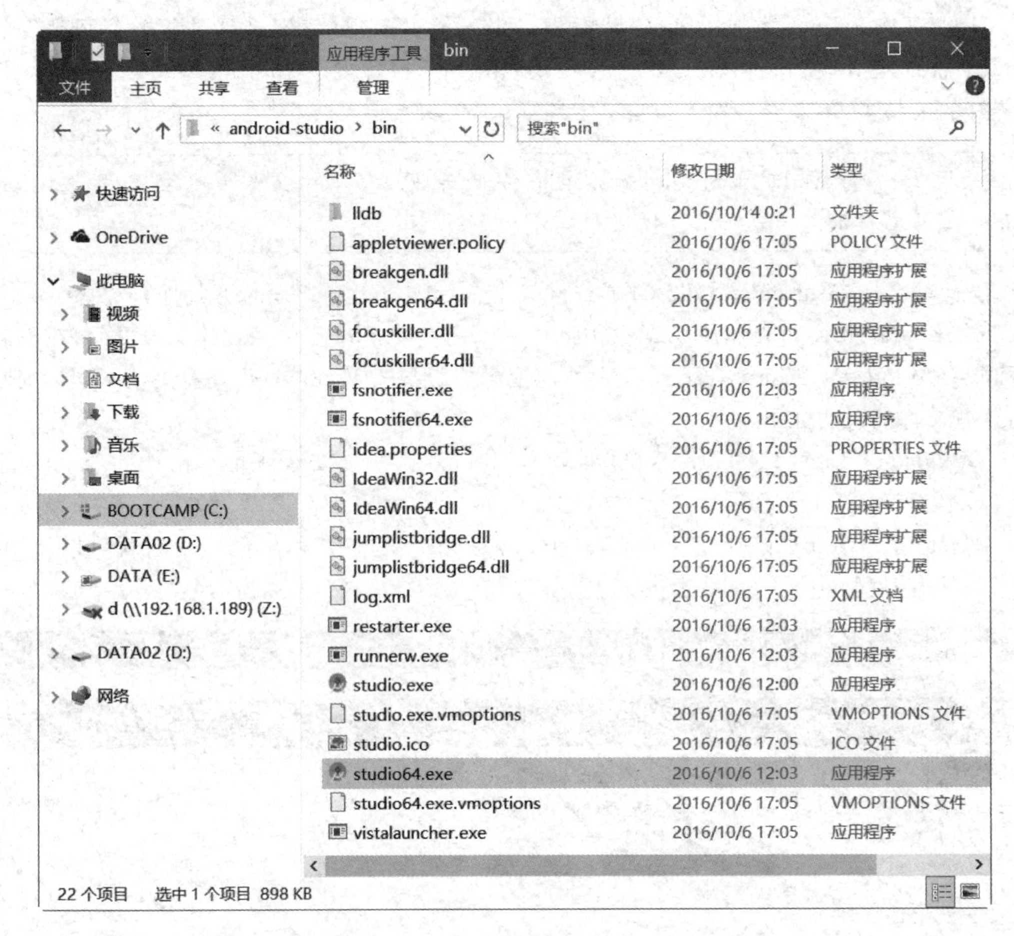

图 2-6　Android Studio 运行文件

2.3　安装 Android SDK

目前，Android 官方提供的 Android Studio 工具本身不包括 Android SDK。Android SDK 是 Android 开发工具包。Android Studio 第一次启动时，会弹出如图 2-7 所示的设置下载 Android SDK 代理对话框，这个对话框可以设置下载 Android SDK 的代理服务器，这里推荐取消设置，单击 Cancel 按钮即可。

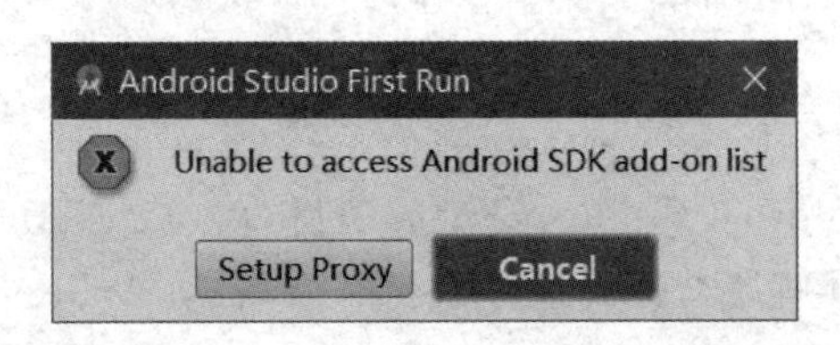

图 2-7　Android Studio 设置代理

如果计算机没有安装 Android SDK，则弹出如图 2-8 所示的对话框。单击 Next 按钮，弹出如图 2-9 所示的对话框，在此对话框中可以选择 Android SDK 安装目录，单击 Android

SDK Location 项目后面的 按钮可以选择 Android SDK 安装目录。选择合适的安装目录，单击 Next 按钮，进入如图 2-10 所示的检查 Android SDK 安装内容对话框，在此对话框中列出了必须安装的 Android SDK 内容。

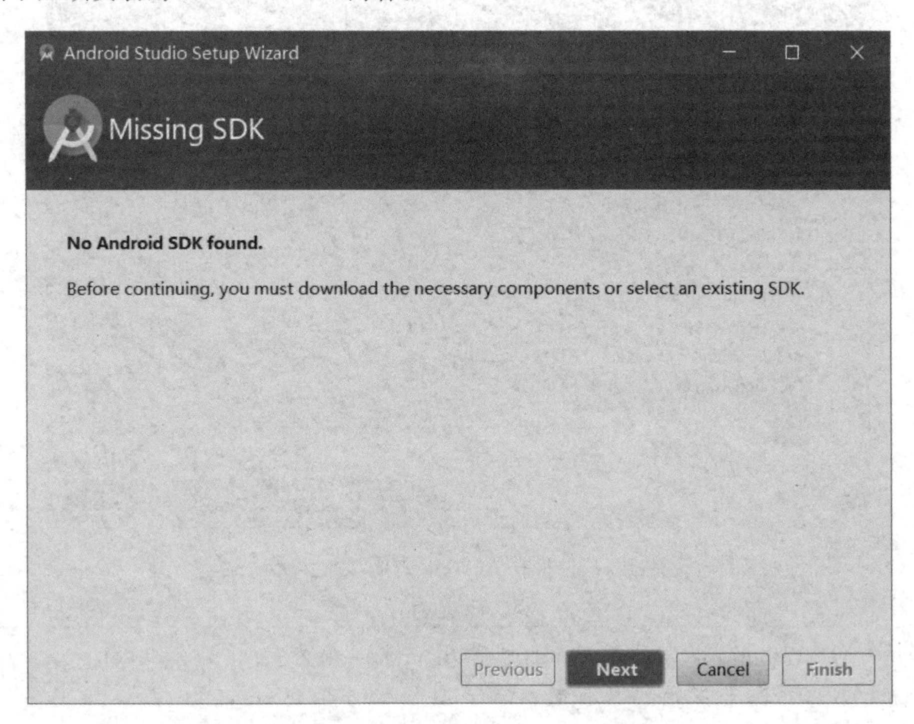

图 2-8　无 Android SDK 插件对话框

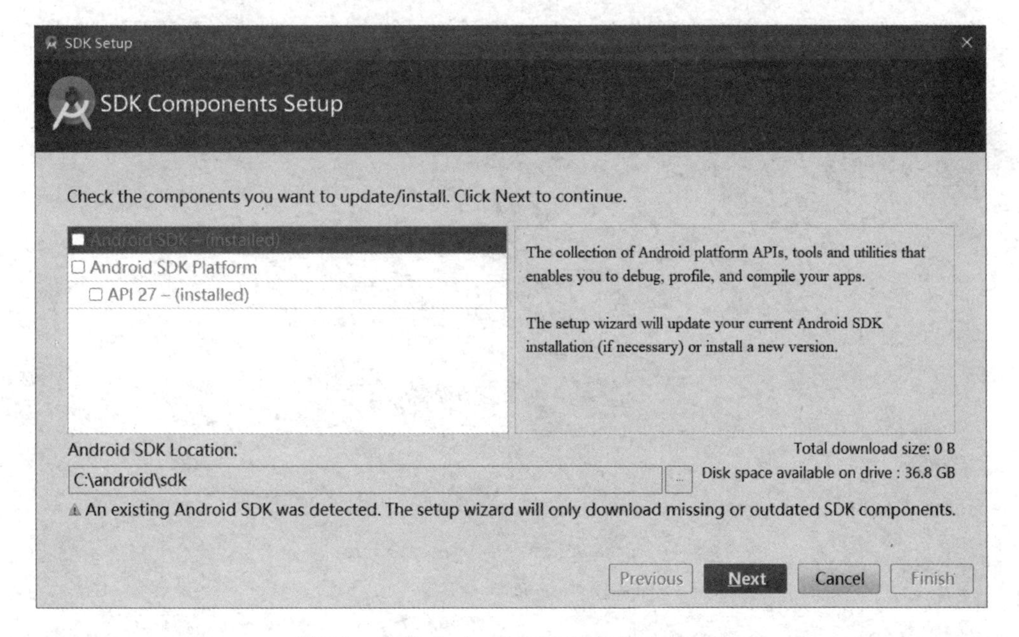

图 2-9　选择 Android SDK 安装路径对话框

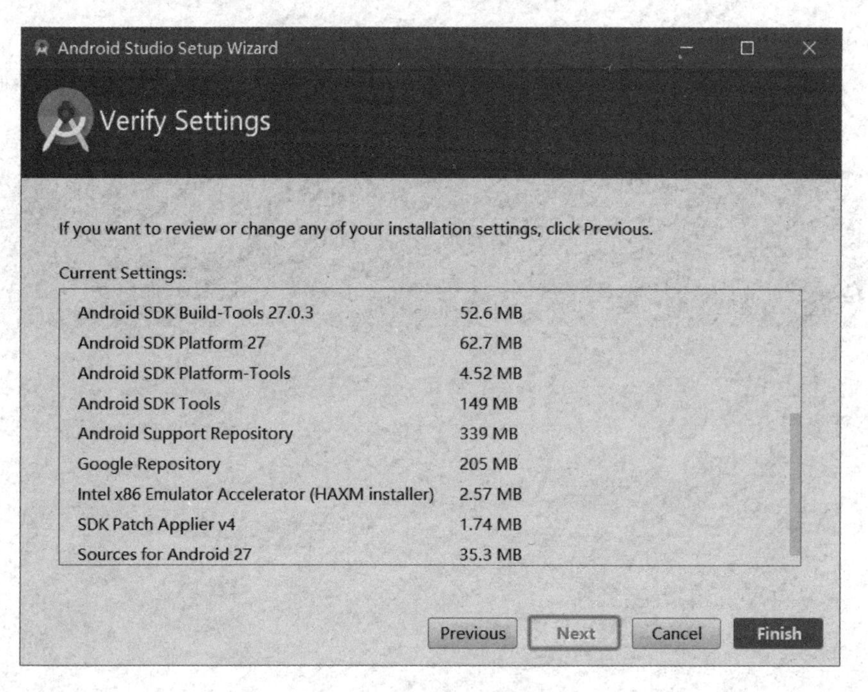

图 2-10 检查 Android SDK 安装内容

提示 建议 Windows 用户的 Android SDK 安装目录为 C:\android\sdk。这主要是因为当读者导入书中配套源代码工程时，Android Studio 会到 C:\android\sdk 目录下查找 Android SDK。

在图 2-10 所示的对话框中单击 Finish 按钮开始下载和安装 Android SDK，安装成功进入如图 2-11 所示的欢迎界面对话框。

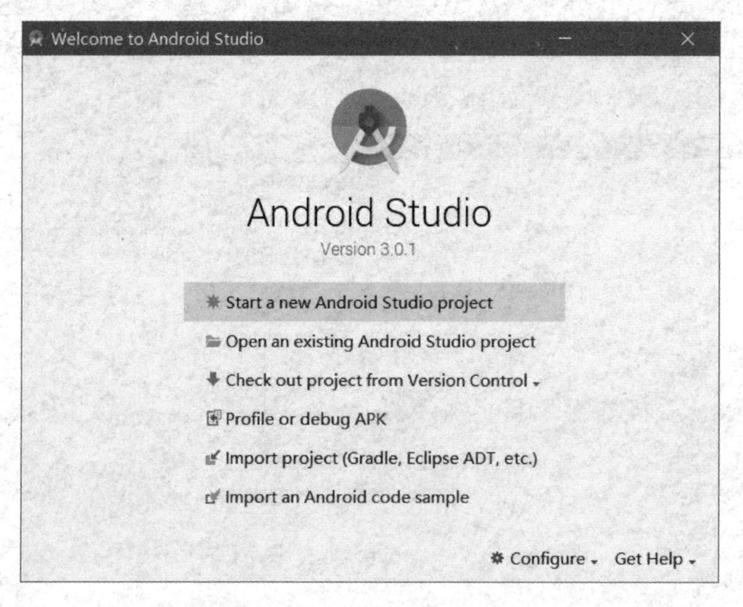

图 2-11 Android Studio 欢迎界面

2.4　创建 Android 模拟器

在开发移动应用程序时，开发环境一般都提供了模拟器，它与真实设备是一样的。创建过程是在 Android Studio 中选择 Tools→Android→AVD Manager 菜单，打开如图 2-12 所示的对话框。单击 Create Virtual Device 按钮，则弹出如图 2-13 所示的选择硬件对话框。

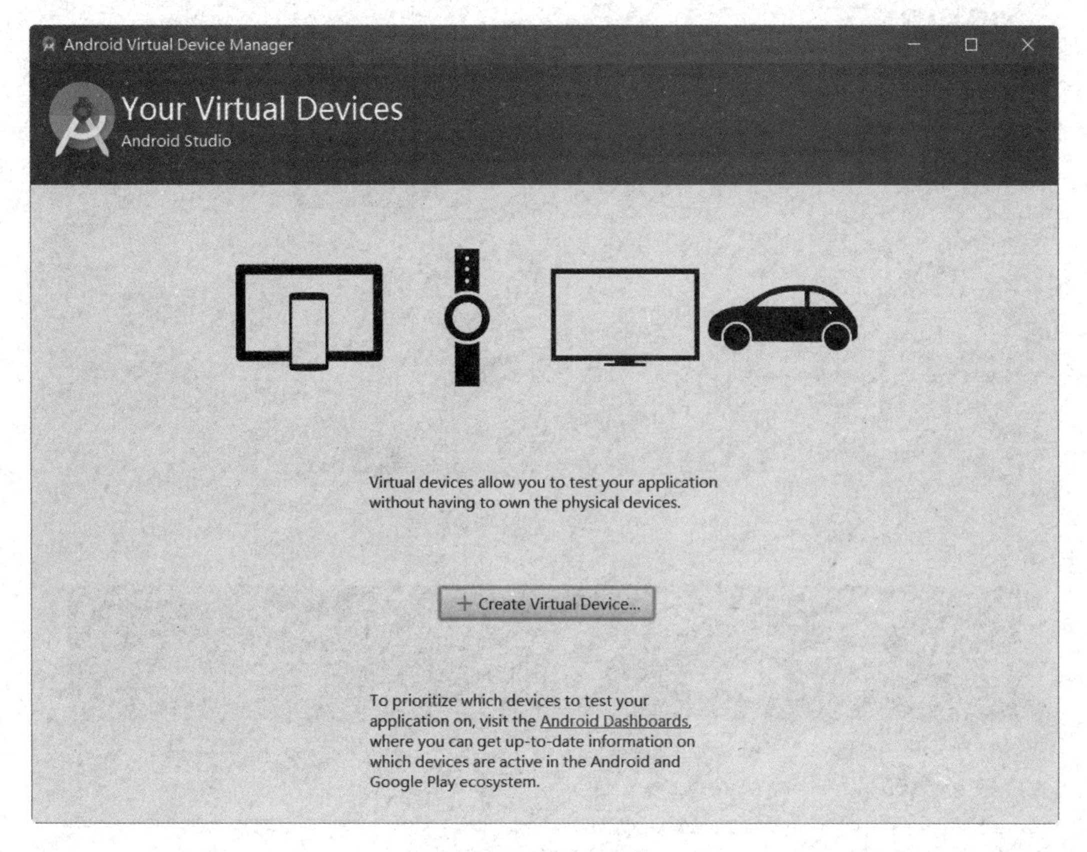

图 2-12　创建模拟器

在图 2-13 所示的对话框中，选择需要创建模拟器，然后单击 Next 按钮，进入如图 2-14 所示的选择系统镜像对话框，这里最好选择推荐的镜像，如果没有需要的镜像可以先在这里下载。选择完成后单击 Next 按钮，则弹出如图 2-15 所示的对话框，在这个对话框中确认输入的信息是否正确。设置完成后，单击 Finish 按钮创建模拟器。

如果模拟器创建成功，就可以启动了。从 Android Studio 选择 Tools→Android→AVD Manager 命令，会打开如图 2-16 所示的模拟器列表对话框。在 Action 列中可以运行（单击▶按钮）和修改（单击✎按钮）模拟器，还可以单击▼弹出下拉菜单，进行删除模拟器等操作。

单击运行▶按钮，启动模拟器，如图 2-17 所示，模拟器的右边是控制面板。

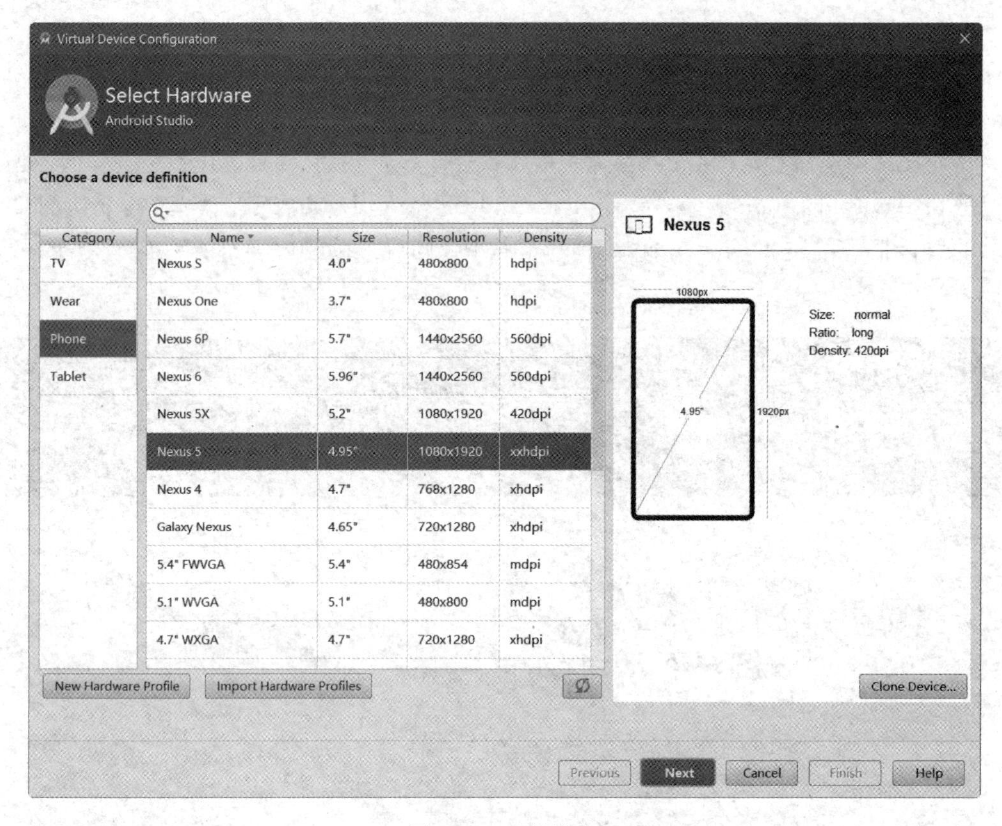

图 2-13 选择设备

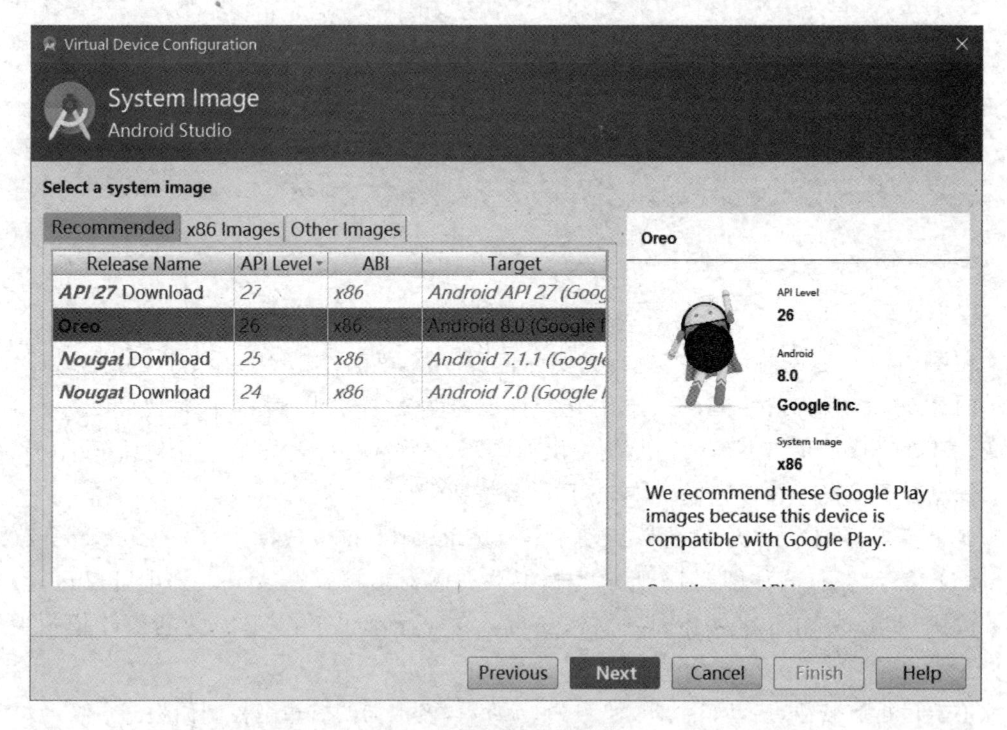

图 2-14 选择系统镜像

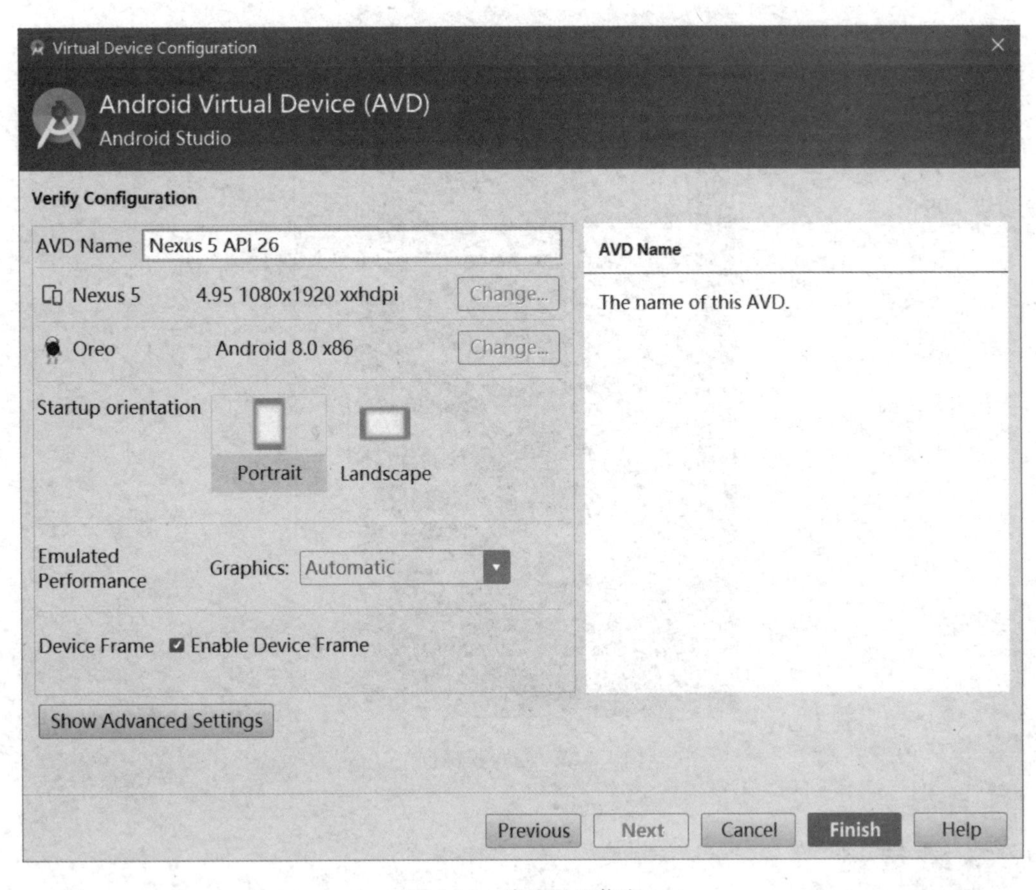

图 2-15　确认配置信息

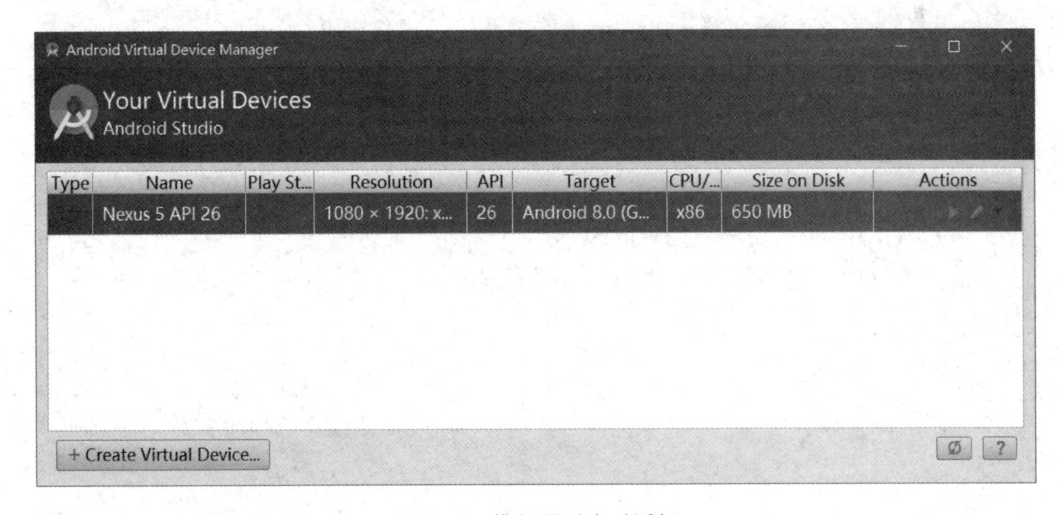

图 2-16　模拟器列表对话框

图 2-17　运行模拟器

本章总结

本章重点介绍了 Android 开发环境的搭建，其中包括 JDK 安装和配置、Android Studio 开发工具及其配置，最后还介绍了 Android 模拟器的创建和使用。

本章练习题

1. 请参考书中所述，安装 Android Studio 工具。
2. 请参考书中所述，安装 Android SDK。
3. 请参考书中所述，创建并启动 Android 模拟器。

第3章

第一个 Android 应用程序

本章是掌握 Android 开发技术的开始。对于要从事 Android 开发的人员，必须熟悉本章介绍的内容。本章通过一个最简单的 Hello Android 应用程序，展开介绍相关知识点。

3.1 使用 Android Studio 工具创建项目

Hello Android 应用程序是在屏幕上显示“Hello World!”文字，如图 3-1 所示。

创建 Hello Android 应用最简单的方法是通过 Android Studio 工具提供的模板实现。具体步骤是：启动 Android Studio 工具，如图 3-2 所示，在 Android Studio 欢迎界面中选择 Start a new Android Studio project 菜单。然后进入如图 3-3 所示的配置工程对话框，在对话框的输入项目中，Application Name 项目是应用程序名，这里输入 Hello Android；Company Domain 项目是公司域名，公司域名是构成工程包名的重要组成部分。从图 3-3 可见，如果公司域名输入的是 51work6. com，则包名为域名倒置、com. a51work6. helloandroid，即：公司域名倒置＋应用程序名。

图 3-1 Hello Android 应用运行效果图

提示 在 Java 中的包名命名规范是：一般都是小写字母；首字符不能是数字，包名 com. 51work6 中 51work 部分首字符是数字，这是非法的，因此 Android Studio 工具在前面添加了字母 a；另外，包名中也不能有空格，所以 Hello Android 变换为 helloandroid，即去掉空格小写所有字母。

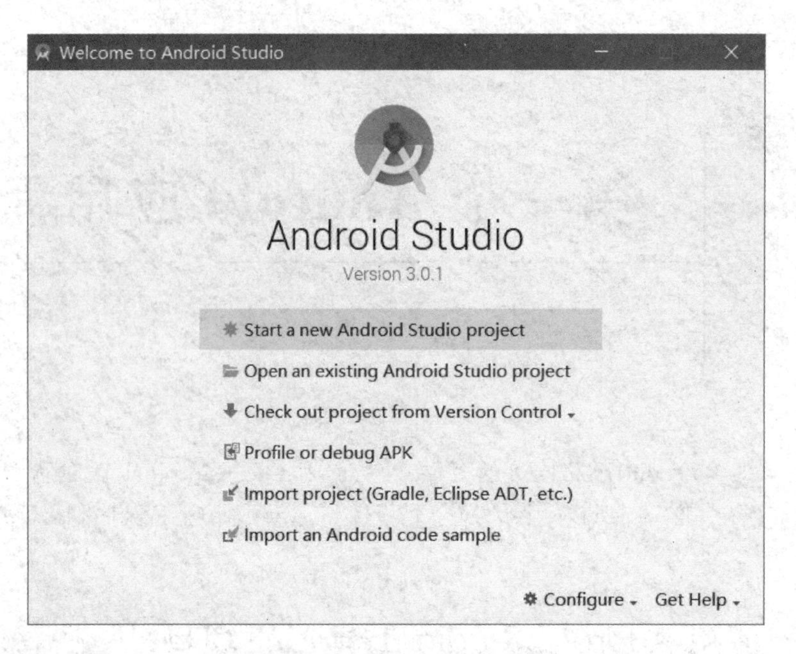

图 3-2 Android Studio 欢迎界面

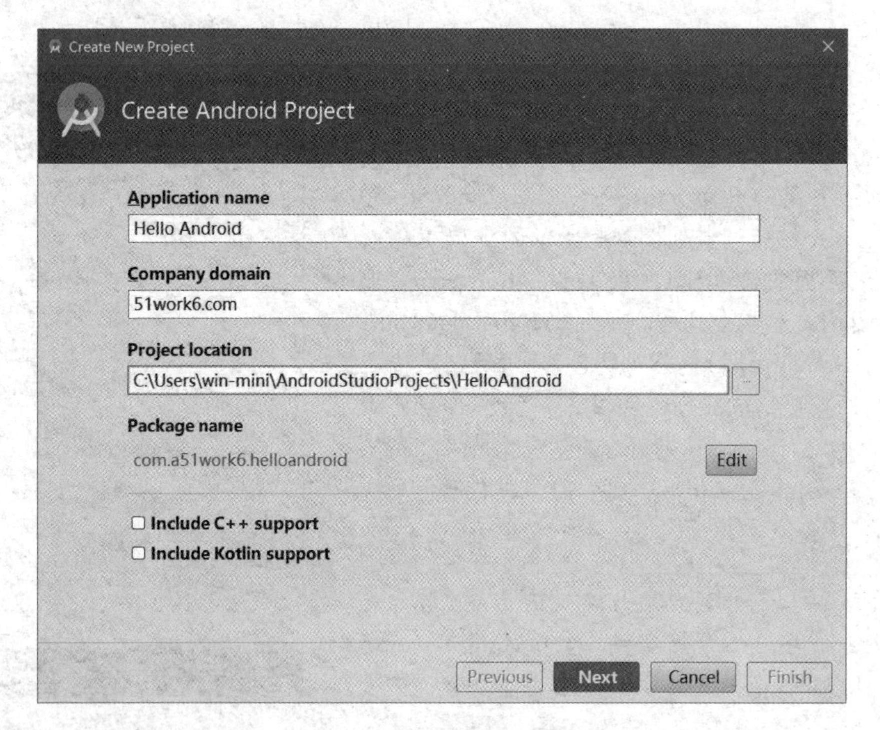

图 3-3 配置工程对话框

在图 3-3 所示的对话框中单击 Next 按钮，进入如图 3-4 所示的对话框，这里可以选择不同的 Android 平台和 SDK 版本。目前，Android 平台不仅仅是包括 Android 手机(Phone)和平板电脑(Tablet)，还包括手表(Wear)、电视机(TV)和车载系统(Android Auto)，本例选择 Phone and Tablet。除了选择 Android 平台，还需要选择该应用发布所支持的 Minimum(最低的)SDK 版本,本例选择的 API 21,即 Android 5.0。

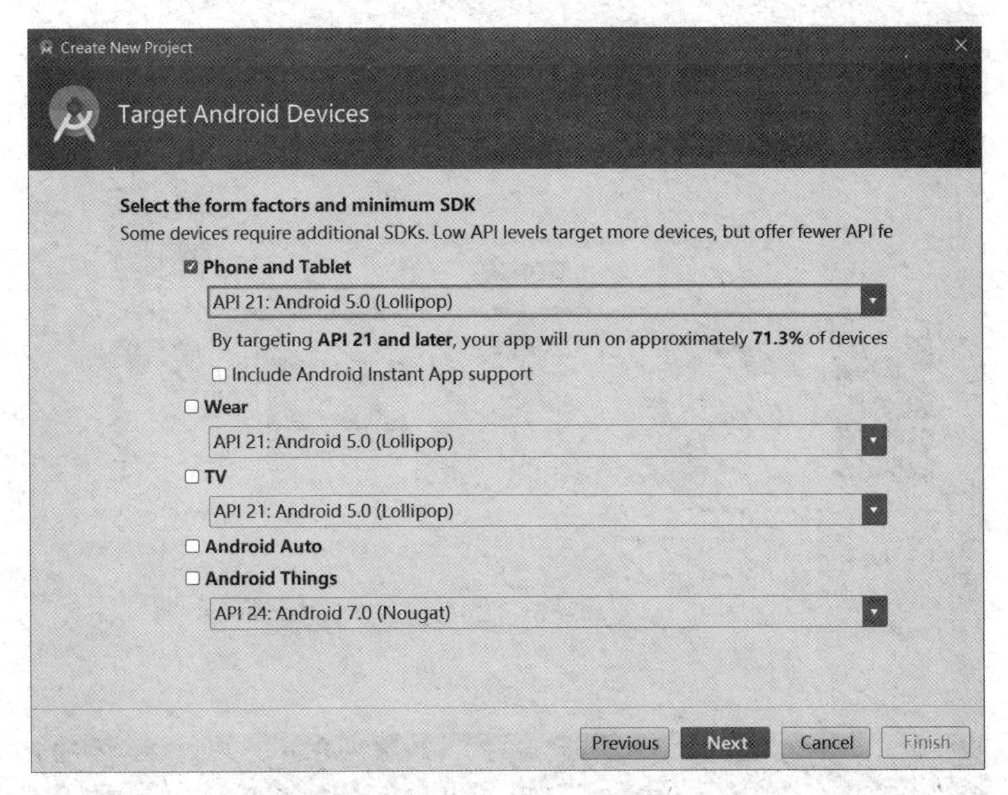

图 3-4 选择 Android 平台和 SDK 版本

提示 在实际发布应用时候,Android 平台的最低 SDK 版本不应该是目前最高版本,而应该考虑目前大部分用户所采用 Android 版本。从图 3-4 可见,API 21 用户目前不多于 71.3%,如果不能确定选择哪一个,可以单击 Minimum SDK 选项下面的 Help me choose 超链接来帮助选择。

在图 3-4 所示的对话框中单击 Next 按钮,则进入如图 3-5 所示的活动(Activity)模板对话框,这里可以选择活动(Activity)模板,就本例而言需选择空活动(Empty Activity)模板。

提示 Activity 是 Android 应用绘制图形界面的重要组件,Activity 中能够包含若干个 View(控件)对象。本书将 Activity 翻译为"活动"。

在图 3-5 所示的对话框界面中单击 Next 按钮,则进入如图 3-6 所示的自定义活动对话框,其中的 Activity Name 是活动文件名,选中 Generate Layout File 会生成布局文件,Layout Name 是布局文件名。

在图 3-6 所示的对话框中单击 Finish 按钮完成创建工程操作,则进入如图 3-7 所示的界面。

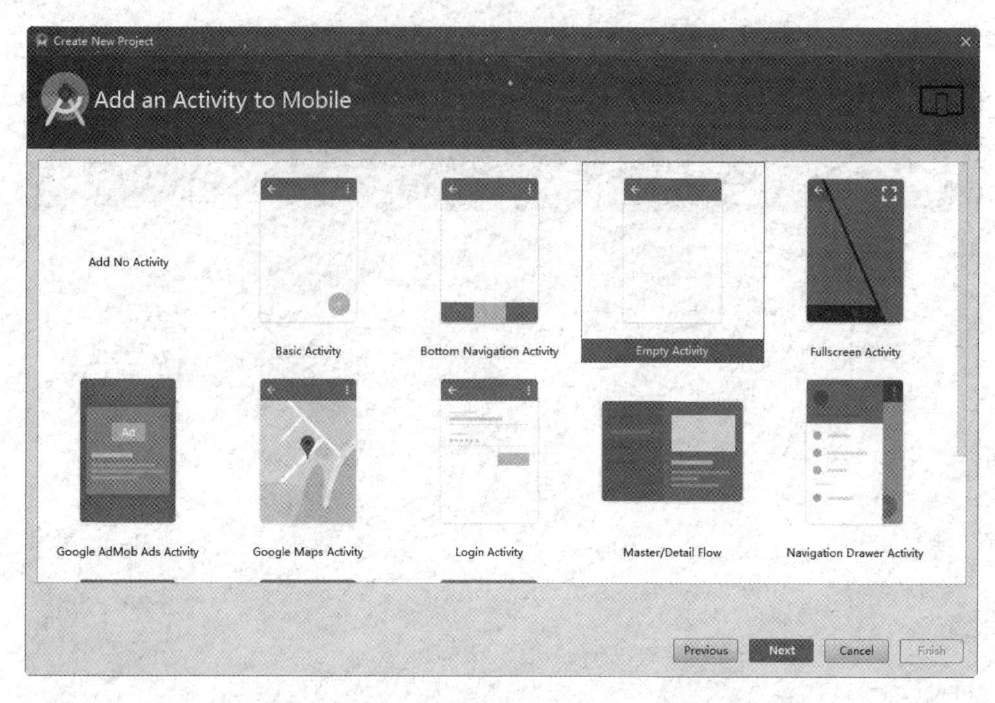

图 3-5　选择活动模板

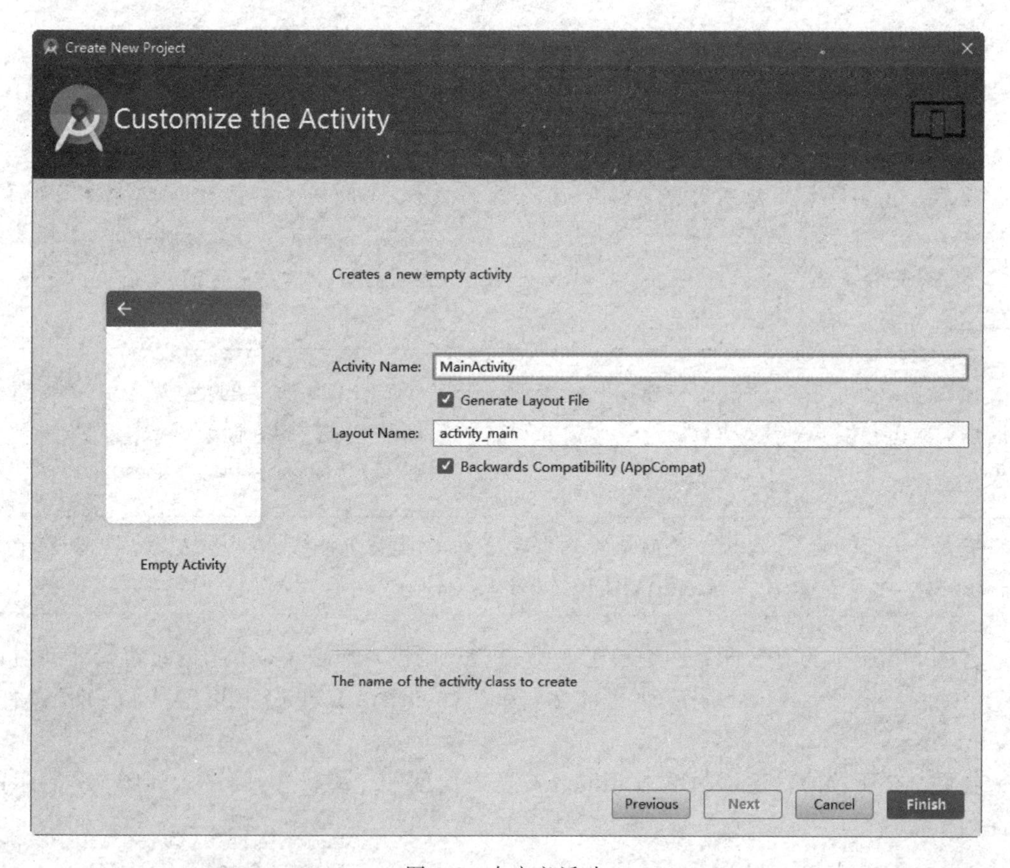

图 3-6　自定义活动

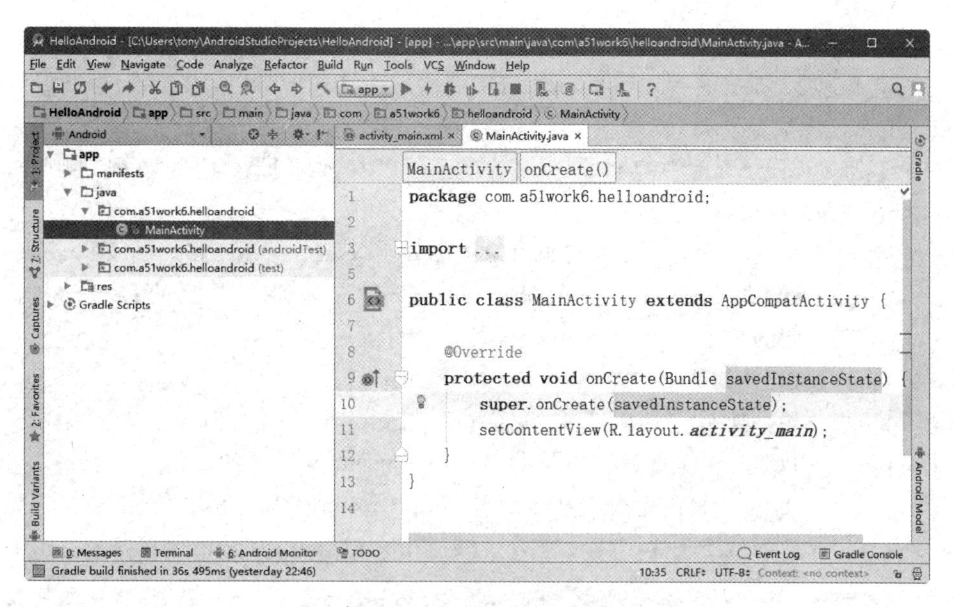

图 3-7　创建工程完成

3.2　Android 工程剖析

工程创建完成之后，需要剖析一下 Android 工程。

3.2.1　Android 工程目录结构

使用 Android Studio 工具开发 Android 应用程序，创建的工程目录结构比较复杂，开发人员应该清楚各个目录下面放置的是什么东西。工程根目录下有 app 和 Gradle Scripts，app 是应重点关注的，app 下面的主要目录有 manifests、java 和 res，如图 3-8 所示。

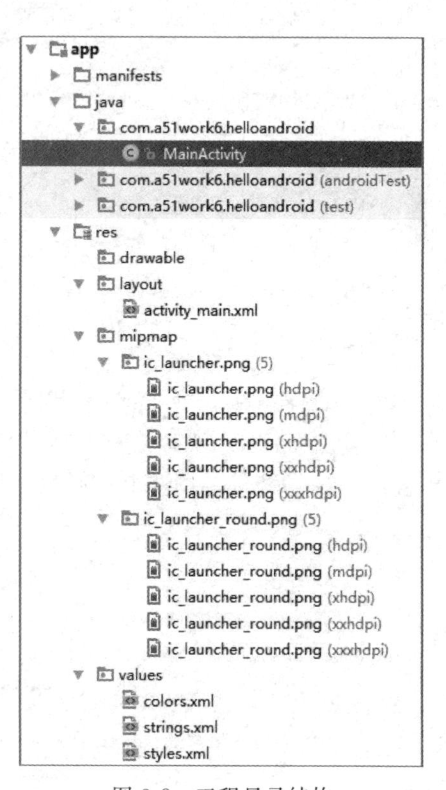

图 3-8　工程目录结构

manifests 目录中的 AndroidManifest.xml 是当前 Android 应用程序的清单文件，记录应用中所使用的各种组件，java 是 Java 源代码目录，res 是资源目录。下面重点介绍一下 res 目录。

res 资源目录中存放所有程序中用到的资源文件。"资源文件"指的是布局文件、图片文件和配置文件等。子目录主要有 drawable、layout、mipmap 和 values。

- drawable。存放一些应用程序需要用的图片文件(.png 和.jpg 等)。
- layout。屏幕布局目录，layout 目录中放置的是布局文件，布局文件是 Xml 文件。
- mipmap。与 drawable 一样存放资源图片，

在 Android 2.2 后增加目录，Android 系统会对 mipmap 做了一些优化，加快了图片的渲染速度，提高的图片质量，减少 GPU 的压力。

- values。参数值目录，存放应用所需要显示的各种文字和一些数据。可以在这个目录下的 strings.xml 中存放各种文字，还可以存放不同类型的数据，例如 colors.xml、dimens.xml 和 styles.xml 等。

另外，为了适配不同的设备，res 资源目录中的 drawable、layout、mipmap 和 values 等资源目录，可以分别有多个，图 3-9 是在 Windows 资源管理器中看到的目录结构，其中 mipmap 有 5 个不同的目录：

- mipmap-mdpi。放置中质量图片。
- mipmap-hdpi。放置高质量图片，是 mipmap-mdpi 尺寸的 1.5 倍。
- mipmap-xhdpi。放置超高质量图片，是 mipmap-mdpi 尺寸的 2 倍。
- mipmap-xxhdpi。放置超高质量图片，是 mipmap-mdpi 尺寸的 3 倍。
- mipmap-xxxhdpi。放置超高质量图片，是 mipmap-mdpi 尺寸的 4 倍。

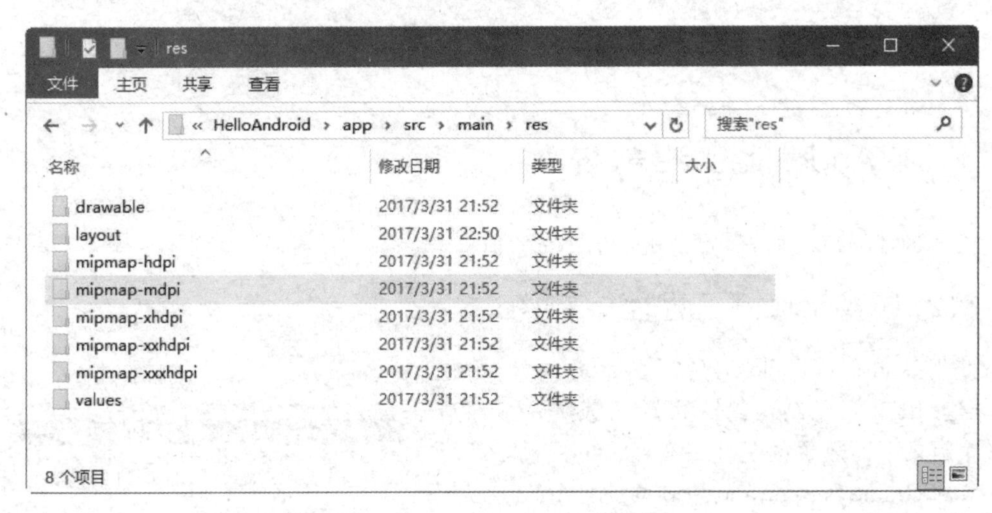

图 3-9 Windows 资源管理器目录结构

3.2.2 R.java 文件

访问 res 目录中的资源文件，并不能通过 Java IO 技术实现，而是通过 R.java 文件访问。R.java 文件是在工程编译时候自动产生的 R 类。

R.java 文件可参考如下代码：

```
package com.a51work6.helloandroid;

public final class R {
    …
    public static final class mipmap {
        public static final int ic_launcher = 0x7f030000;
    }
    public static final class layout {
        public static final int activity_main = 0x7f030000;
    }
```

```
    public static final class string {
        public static final int app_name = 0x7f040001;
        ...
    }
}
```

R类中包含很多静态类,且静态类的名字都与res中的一个目录名字对应,就像是资源字典大全,包含了用户界面、图像、字符串等对应于各个资源的标识符,R类定义了该应用中所有资源的索引。例如,在程序代码中访问activity_main.xml布局文件,可以通过表达式R.layout.activity_main访问,示例代码如下:

```
protected void onCreate(Bundle savedInstanceState) {
    super.onCreate(savedInstanceState);
    setContentView(R.layout.activity_main);
}
```

R类还可以访问界面中的视图,如果视图在布局文件中定义id属性,类似代码"android:id="@+id/textview"",那么在程序代码中就可以通过R.id.textview表达式访问该视图。

3.2.3 MainActivity.java文件

Hello Android应用只有一个屏幕,所以只有一个活动类——MainActivity.java文件。MainActivity.java具体代码如下:

```
package com.a51work6.helloandroid;

import android.support.v7.app.AppCompatActivity;
import android.os.Bundle;

public class MainActivity extends AppCompatActivity {

    @Override
    protected void onCreate(Bundle savedInstanceState) {
        super.onCreate(savedInstanceState);
        setContentView(R.layout.activity_main);
    }
}
```

MainActivity是一个活动组件,MainActivity的父类是AppCompatActivity,AppCompatActivity是Activity子类,AppCompatActivity是支持ActionBar的活动类。onCreate方法是在活动组件初始化时候调用方法。setContentView方法是设置活动布局内容,参数是R.layout.activity_main。

3.2.4 activity_main.xml布局文件

布局文件activity_main.xml位于res的layout目录中,activity_main.xml布局文件代码如下:

```
<?xml version = "1.0" encoding = "utf - 8"?>
< RelativeLayout xmlns:android = "http://schemas.android.com/apk/res/android"
```

```
    xmlns:tools = "http://schemas.android.com/tools"
    android:layout_width = "match_parent"
    android:layout_height = "match_parent"
    android:paddingBottom = "@dimen/activity_vertical_margin"
    android:paddingLeft = "@dimen/activity_horizontal_margin"
    android:paddingRight = "@dimen/activity_horizontal_margin"
    android:paddingTop = "@dimen/activity_vertical_margin"
    tools:context = "com.a51work6.helloandroid.MainActivity">

    <TextView
        android:layout_width = "wrap_content"
        android:layout_height = "wrap_content"
        android:text = "Hello World! " />
</RelativeLayout>
```

RelativeLayout 说明当前界面布局是相对布局，TextView 声明一个标签视图，具体内容将在后面的章节详细介绍。界面布局文件 activity_main.xml 可以使用文本工具打开，Android Studio 提供界面设计工具如图 3-10 所示，在界面设计工具中可以通过拖曳视图到设计窗口实现界面设计。

提示 在界面设计窗口的左下角有两个标签——Design 和 Text，单击 Text 标签可以切换到 Xml 文本编辑窗口。

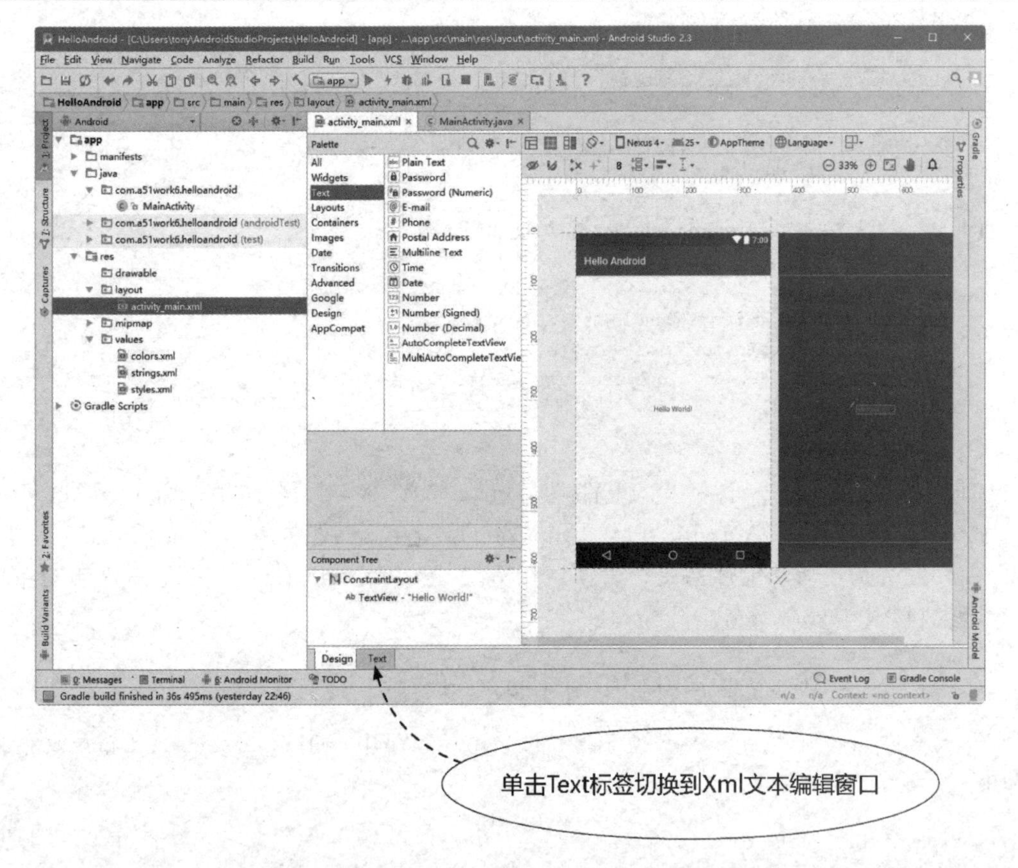

图 3-10 Android Studio 提供界面设计工具

3.2.5　AndroidManifest.xml 文件

Android 的每个应用都必须包含一个 AndroidManifest.xml 清单文件，清单文件提供有关当前应用的基本信息，Android 系统必须获得这些信息才能运行该应用。清单文件描述的内容如下：

- 声明应用的 Java 源代码包名，包名非常重要，它是应用的唯一标识符。
- 描述应用中的组件，即 Activity（活动）、Service（服务）、Broadcast Receiver（广播接收器）和 Content Provider（内容提供者）。
- 声明应用必须具备的权限，例如应用中使用到的服务权限（如 GPS 服务、互联网服务和短信服务等）。
- 声明应用所需的最低 Android API 级别。
- 声明应用的安全控制和测试等信息。

注意　在 Android Studio 工程中，AndroidManifest.xml 位于 manifests 根目录下；而在操作系统（如 Windows 的资源管理器）中，AndroidManifest.xml 位于应用的根目录下，图 3-9 所示的 app/src/main 目录是应用的根目录。

AndroidManifest.xml 文件代码如下：

```
<?xml version="1.0" encoding="utf-8"?>
<manifest xmlns:android="http://schemas.android.com/apk/res/android"
    package="com.a51work6.helloandroid">                                    ①

    <application
        android:allowBackup="true"
        android:icon="@mipmap/ic_launcher"                                   ②
        android:label="@string/app_name"                                     ③
        android:supportsRtl="true"                                           ④
        android:theme="@style/AppTheme">                                     ⑤
        <activity android:name=".MainActivity">                              ⑥
            <intent-filter>
                <action android:name="android.intent.action.MAIN" />         ⑦

                <category android:name="android.intent.category.LAUNCHER" /> ⑧
            </intent-filter>
        </activity>
    </application>

</manifest>
```

代码第①行 package="com.a51work6.helloandroid"是声明应用的 Java 源代码包名。清单文件中的组件声明是在标签<application>和</application>之间添加的。代码第②行 android:icon="@mipmap/ic_launcher"是设置应用图标，@mipmap/ic_launcher 是引用 res/mipmap 目录中的 ic_launcher.png 图片文件。代码第③行 android:label="@string/app_name"是声明应用名，@string/app_name 是引用 res/values/strings.xml 文件中的<string name="app_name"></string>标签中的内容。strings.xml 代码如下：

```
<resources>
    <string name="app_name">Hello Android</string>
</resources>
```

AndroidManifest.xml 文件代码第④行 android:supportsRtl="true"是声明应用支持从右往左书写语言习惯（主要是阿拉伯语和希伯来语）。代码第⑤行是声明应用主题为 AppTheme。

代码第⑥行声明活动组件，在活动中可以声明 Intent Filter（意图过滤器），组件通过意图过滤器实现响应 Intent（意图），Android 系统启动某个组件之前，需要了解该组件要处理哪些意图。清单文件中的组件声明是在标签<intent-filter>和</intent-filter>之间添加的，代码第⑦行和第⑧行是声明当前活动是主屏幕启动的活动，即应用启动的第一个界面。

3.3 运行工程

创建 Android 工程并编写代码后，就可以运行工程了。运行工程开发在 Android 模拟器或设备上运行。运行 Android Studio 工程以通过如图 3-11 所示的工具栏按钮实现。首先选择模块（Module），一个工程可包含多个模块，但默认情况下只有一个 app 模块。模块选择完成，就可以单击运行模块按钮运行了，如果要调试程序代码，则可以单击调试模式运行模块按钮。

图 3-11 运行工程相关工具栏

运行过程中会提示选择在哪个模拟器或设备上运行，如果是在设备上运行，则需要设备连接计算机才可以。如果运行成功，则会看到如图 3-1 所示的界面。

3.4 学会使用 Android 开发者社区帮助

在开发 Android 的过程中，应该学会使用 Android 开发帮助，谷歌官方的 Android 开发者社区提供“Android SDK API 文档”、“Android SDK 开发指南”和“Android SDK 案例帮助”。

3.4.1 在线帮助文档

打开 Android 开发者社区网址 https://developer.android.com/develop/index.html，页面如图 3-12 所示，在左边的导航菜单中可以找到这些帮助。

3.4.2 Android SDK API 文档

在图 3-12 所示的页面的左边导航菜单中单击“参考”，打开 Android SDK API 文档会看到如图 3-13 所示的页面。熟悉 Java 的读者应该不陌生，非常类似于 Java 的 API 文档页面，它们的用法完全一样。

图 3-12　Android 开发者社区

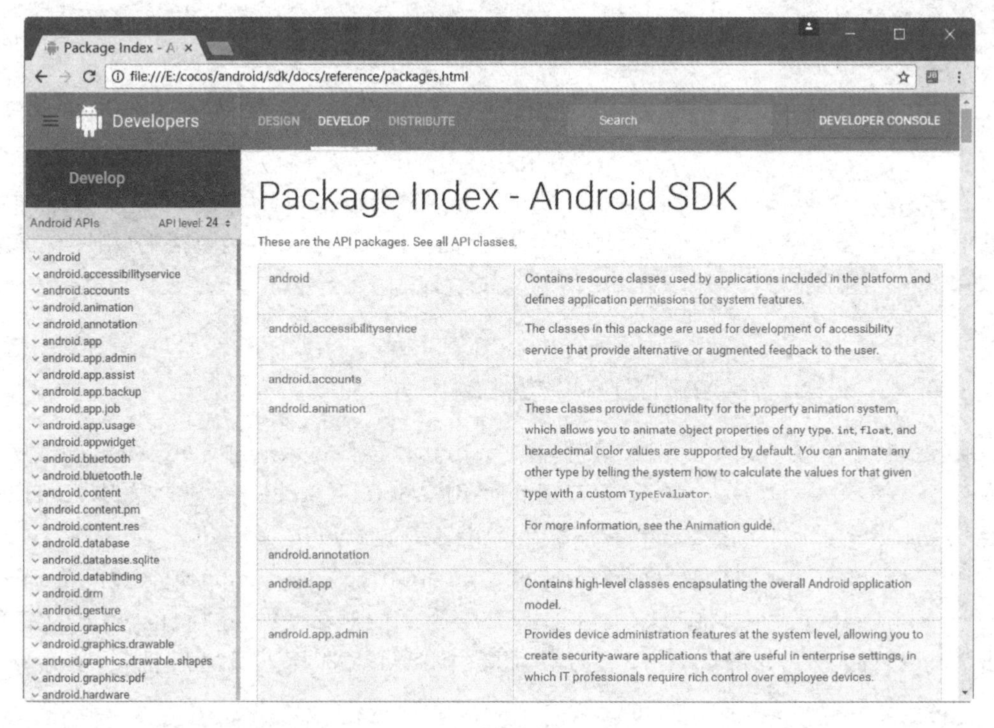

图 3-13　Android SDK API 文档

3.4.3 Android SDK 开发指南

在图 3-12 所示页面的左边导航菜单中单击“API 指南”打开“Android SDK 开发指南”文档，会看到如图 3-14 所示的页面。

图 3-14 Android SDK 开发指南

建议读者好好阅读一下这部分内容，在这部分内容中包含了应用开发的各个方面，主要包括框架主题、开发应用、发布应用和最佳实践等几个部分。框架主题包括用户界面相关内容、数据存储、图形技术(2D 和 3D)、意图和意图过滤器、内容提供者、多媒体、访问安全限制、蓝牙等。

3.4.4 使用 Android SDK 案例

谷歌提供了一些 Android SDK 案例，在 Android 4 之前可以通过 SDK Manager 下载，现在已经不再提供下载了。谷歌推荐现在使用 Android Studio 工具直接从 GitHub[①] (https://github.com/googlesamples/)导入。

在 Android Studio 的欢迎界面单击 Import an Android code sample 或通过菜单 File→New→import sample 可以导入案例，在如图 3-15 所示的对话框中，选择自己需要的案例，单击 Next 按钮，进入如图 3-16 所示的对话框，在此可以选择下载之后目录，然后单击 Finish 按钮就可导入了。

---

① GitHub 是一个通过 Git 进行版本控制的软件源代码托管服务。

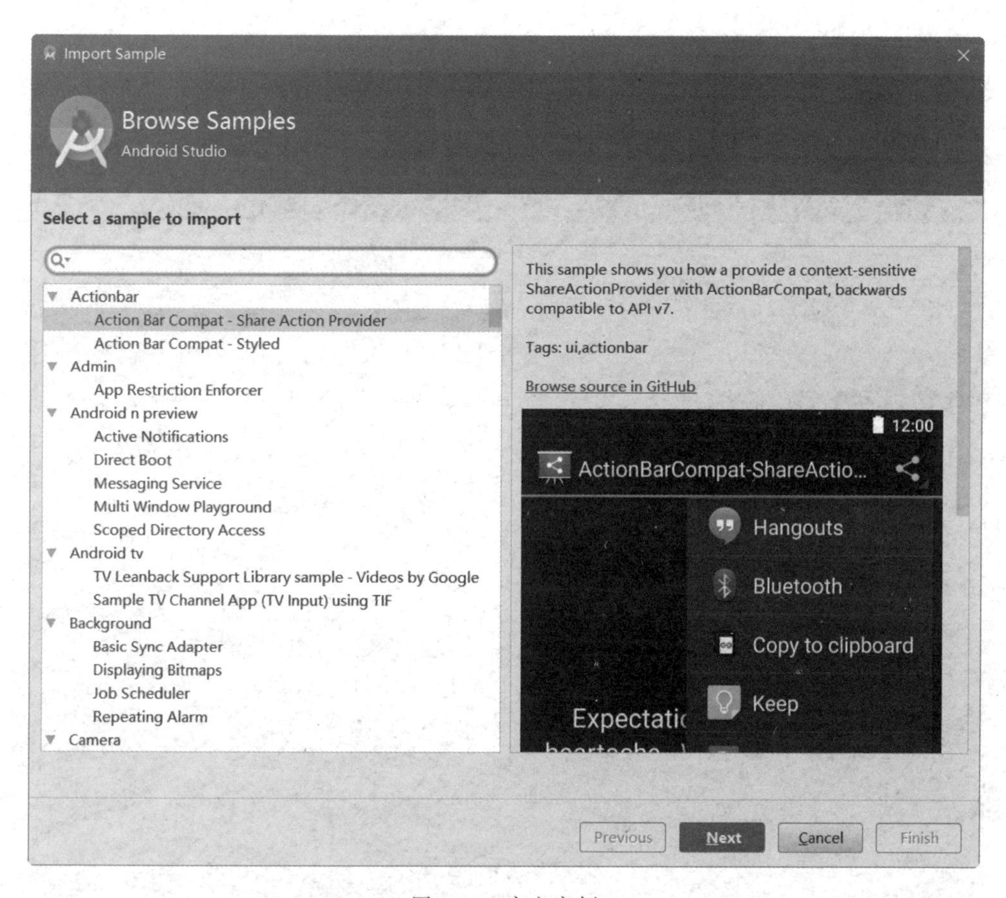

图 3-15 官方案例

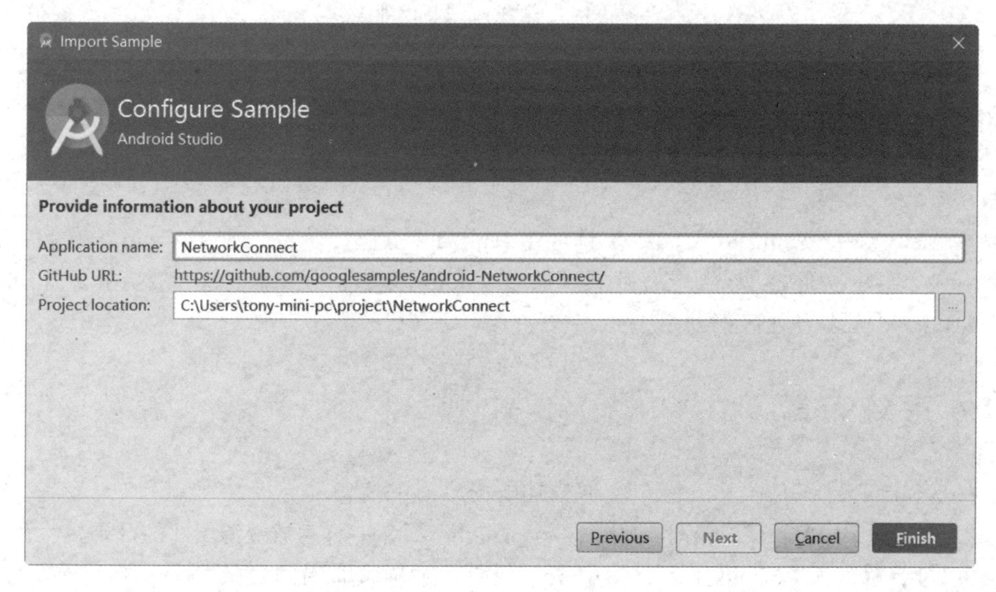

图 3-16 导入官方案例

提示 由于网络原因，有时无法连接GitHub，需要在Android Studio中设置HTTP代理。打开Android Studio菜单，选择File→Settings，打开如图3-17所示的对话框，在HTTP Proxy中选中Auto-detect proxy settings，这样可以下载过程动态查找HTTP代理。

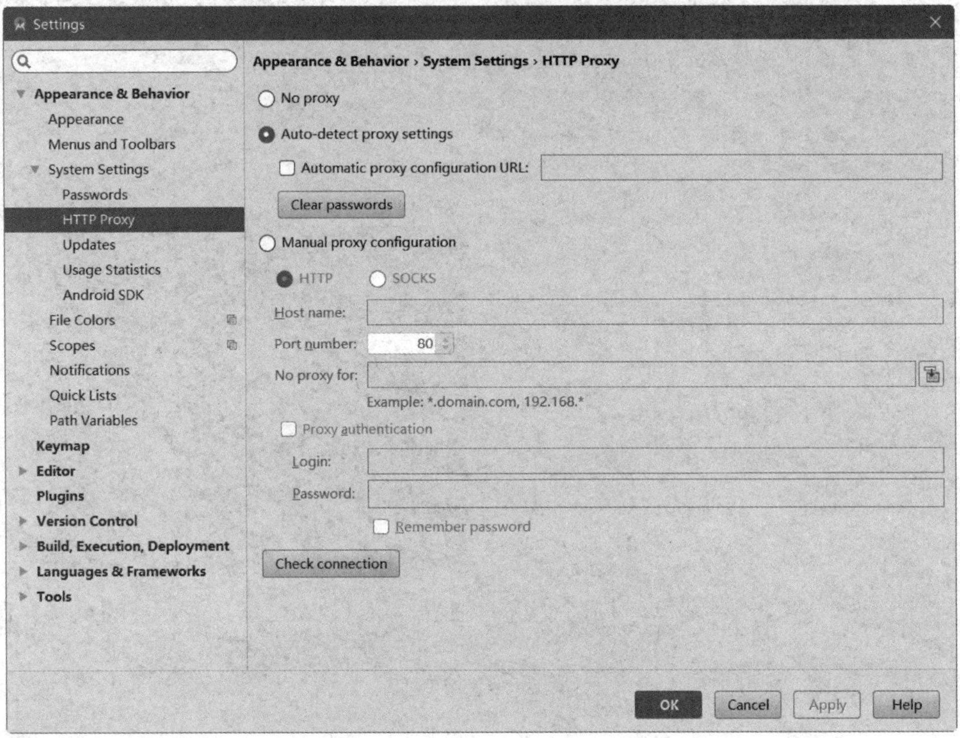

图3-17 设置HTTP代理

本章总结

本章首先介绍Android Studio工具创建Android工程；然后介绍Android工程目录结构和一些重要的文件，以及如何通过Android Studio运行Android工程；最后介绍了如何使用Android开发者社区帮助。

本章练习题

1. AndroidManifest.xml清单文件描述的内容有哪些？
2. 判断对错：Android工程目录中mipmap和drawable一样存放资源图片的目录。(　　)
3. 判断对错：Android工程目录中values是存放屏幕布局的目录。(　　)

第 4 章

调试 Android 应用程序

编码过程中出现 bug① 在所难免，有时在找出这些 bug 上耗费的精力和时间也不比重新创建一个工程少。熟练掌握各种调试工具能够帮助开发人员快速找出程序中的 bug，提高开发效率。

4.1 使用 DDMS 帮助调试程序

DDMS(Dalvik Debug Monitor Service)是 Android SDK 提供的工具，启动 DDMS 可以通过< Android SDK 安装目录>\tools\monitor. bat 文件实现；或通过 Android Studio 菜单选择 Tools→Android→Android Device Monitor 来实现。

启动后的 DDMS 如图 4-1 所示，DDMS 提供很多功能，其中最常用的功能是 Device(设备列表)、File Explorer(文件浏览器)和 LogCat(日志)。

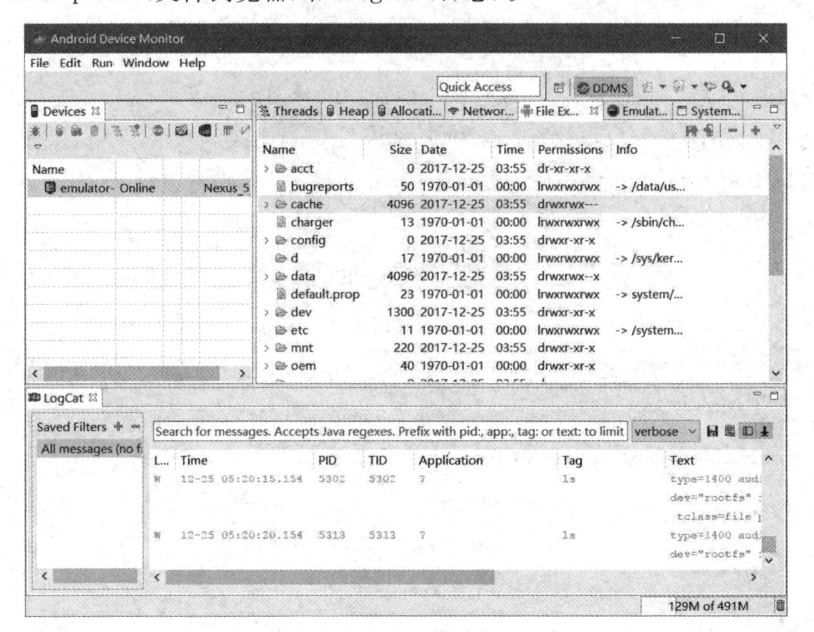

图 4-1 DDMS 界面

① bug 是指程序中的缺陷和漏洞。在本书中，bug 也包括了错误和异常。

4.1.1 设备列表

Devices 是设备列表窗口，这里可以查看所有模拟器或者设备。在图 4-2 中，有两个模拟器运行，其中可见模拟器名等信息。

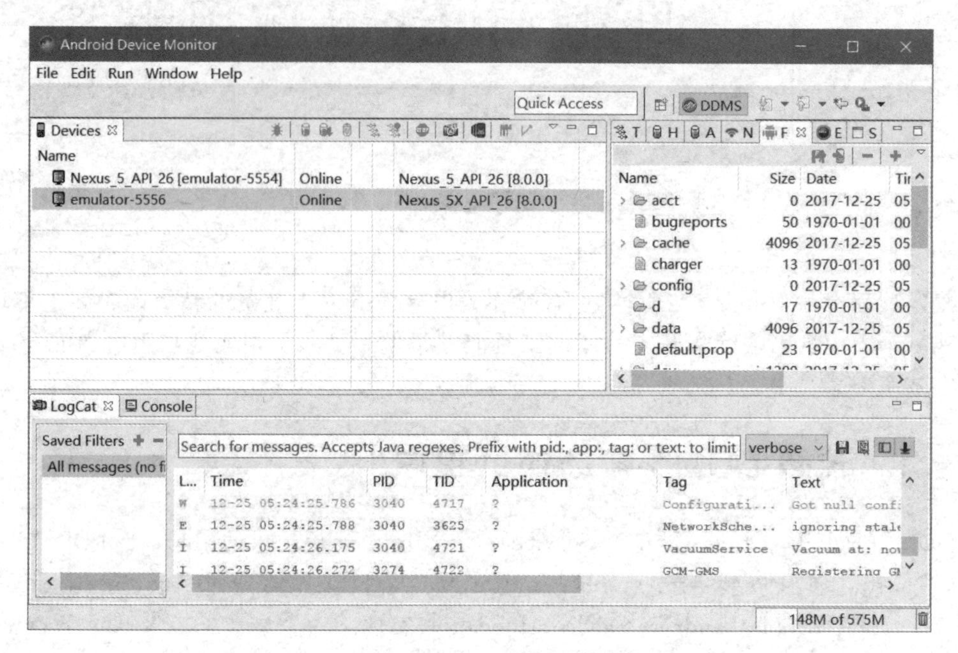

图 4-2 设备列表窗口

4.1.2 文件浏览器

File Explorer 是文件浏览器，如图 4-3 所示。Android 是基于 Linux 的移动设备操作系统，因此它会有文件系统，Android 的文件系统是在开发阶段需要访问的。通过 File Explorer，可以查看 Android 模拟器(或设备)中的文件，并可以很方便地在 Android 模拟器(或设备)与计算机之间导入和导出文件。

File Explorer

Name	Size	Date	Time	Permissions	Info
acct		2016-09-07	16:54	drwxr-xr-x	
cache		2016-09-07	03:26	drwxrwx---	
charger		1970-01-01	00:00	lrwxrwxrwx	-> /sbin/he...
config		2016-09-07	16:54	dr-x------	
d		2016-09-07	16:54	lrwxrwxrwx	-> /sys/ker...
data		2016-09-07	03:25	drwxrwx--x	
default.prop	549	1970-01-01	00:00	-rw-r--r--	
dev		2016-09-07	16:54	drwxr-xr-x	
etc		2016-09-07	16:54	lrwxrwxrwx	-> /system...
file_contexts	14792	1970-01-01	00:00	-rw-r--r--	
fstab.goldfish	943	1970-01-01	00:00	-rw-r-----	
fstab.ranchu	968	1970-01-01	00:00	-rw-r-----	
init	1391312	1970-01-01	00:00	-rwxr-x---	
init.environ.rc	852	1970-01-01	00:00	-rwxr-x---	
init.goldfish.rc	3167	1970-01-01	00:00	-rwxr-x---	
init.ranchu.rc	2611	1970-01-01	00:00	-rwxr-x---	
init.rc	25026	1970-01-01	00:00	-rwxr-x---	

图 4-3 文件浏览器

4.1.3　LogCat

在软件开发中，日志输出是非常重要的调试手段。Android SDK 平台提供了一个 LogCat 显示输出的日志信息，图 4-4 是 DDMS 中的 LogCat。另外，Android Studio 也提供了 LogCat 工具，在 Android Studio 中启动工程后，可以看到如图 4-5 所示的界面。

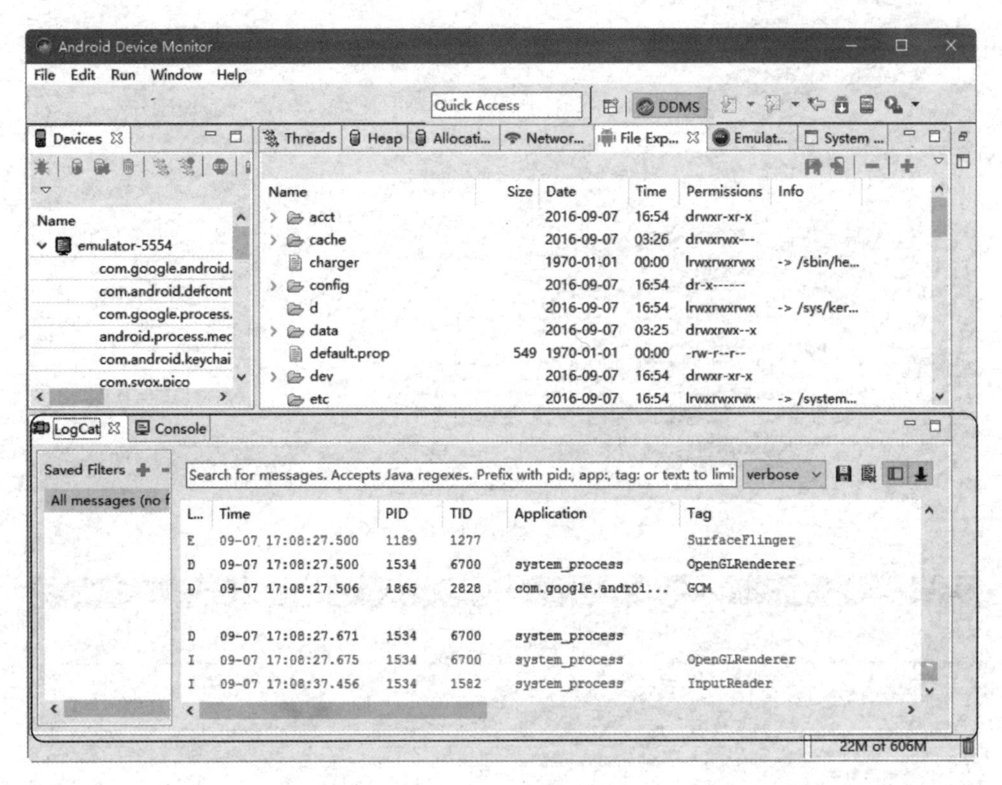

图 4-4　DDMS 中 LogCat

作为优秀的日志管理工具，LogCat 能够分级输出调试信息。根据输出信息的"轻重缓急"和"严重程度"，LogCat 提供了 6 个级别的日志输出信息：

- Verbose。啰嗦模式，最低级别的信息，不加过滤地输出所有调试信息，包括 VERBOSE、DEBUG、INFO、WARN、ERROR 和 ASSERT。程序中使用 Log. v()输出。
- Debug。调试模式，一些调试信息通过该模式输出，输出信息包括 DEBUG、INFO、WARN、ERROR 级别。程序中使用 Log. d()输出。
- Info。信息模式，输出信息包括 INFO、WARN、ERROR 级别。程序中使用 Log. i()输出。
- Warn。警告模式，输出信息包括 WARN、ERROR 级别。程序中使用 Log. w()输出。
- Error。错误模式，输出信息包括 ERROR 级别。程序中使用 Log. e()输出。
- Assert。断言模式，当程序中断言失败抛出异常，输出日志信息。

由于 LogCat 窗口输出的日志信息很多，还可以选择日志级别过滤显示日志信息，图 4-6 是通过 DDMS 启动的 LogCat 输出的 Info 信息。

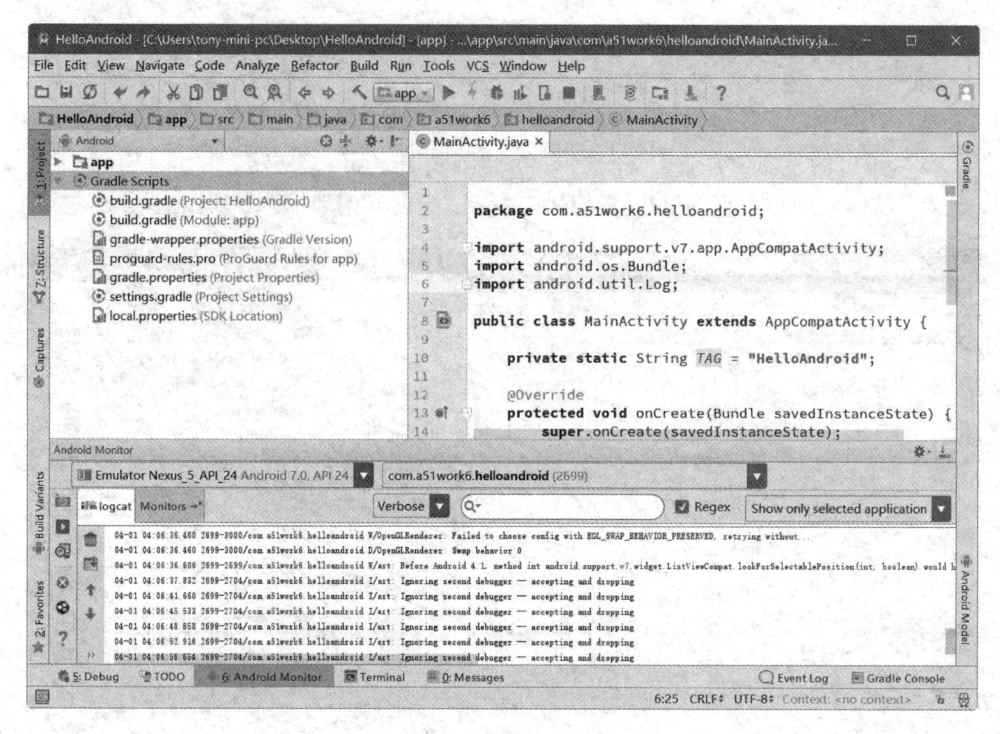

图 4-5 Android Studio 中 LogCat

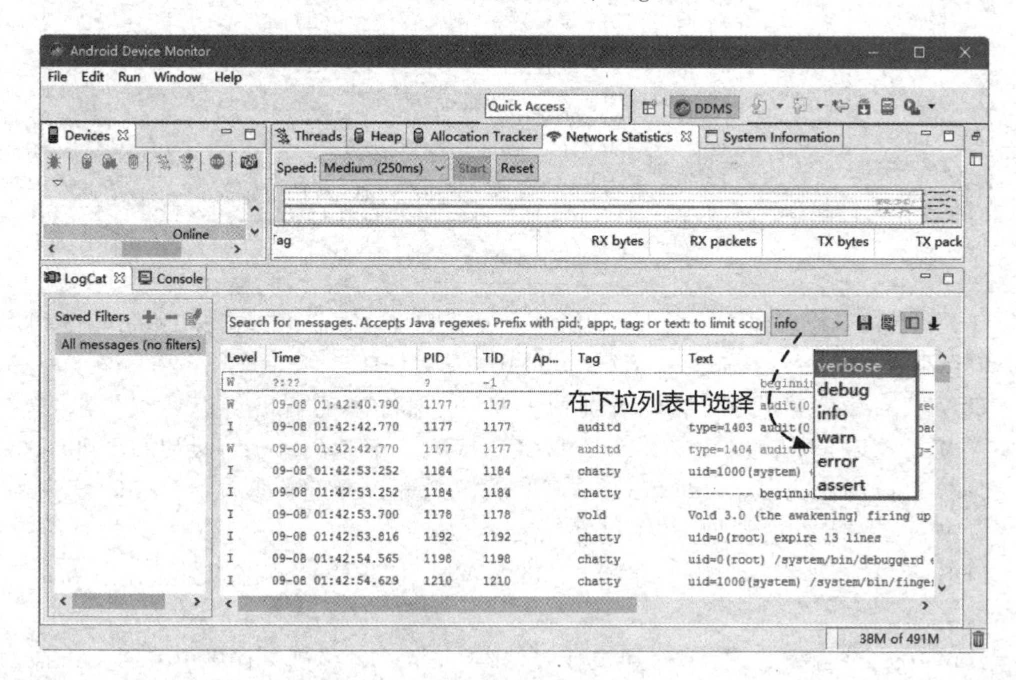

图 4-6 输出 Info 信息

此外，还可以自定义标签输出。在 Hello Android 中添加日志输出的代码如下：

```
public class MainActivity extends AppCompatActivity {

    private static String TAG = "HelloAndroid";                                ①
```

```
    @Override
    protected void onCreate(Bundle savedInstanceState) {
        super.onCreate(savedInstanceState);
        setContentView(R.layout.activity_main);

        int sum = 0;
        for (int i = 0; i < 10; i++) {
            sum += i * i;
            System.out.println("sum : " + sum);                    ②
            Log.i(TAG, "sum = " + sum);                            ③
        }

    }
}
```

代码第①行自定义 LogCat 标签,通过标签可以过滤日志信息,代码第③行指定标签输出 Info 基本日志信息,Log.i()方法的第一个参数是标签,第二个参数是日志内容。

提示 在 Java 中,通常用 System.out.println()方法输出日志信息,System.out 是一个 Java 输出流类,它可以输出到标准输出设备上。LogCat 也兼容了 System.out 输出,它输出重定向到 LogCat 输出窗口了。代码第②行是在程序中使用 System.out.println()方法输出日志信息,然后建立一个 System.out 标签,System.out 输出级别是 Info。

在日志窗口单击 ✚ 按钮弹出日志过滤对话框,如图 4-7 所示,在 Filter Name 中输入 Hello Android Filter,在 by Log Tag 中输入 HelloAndroid,单击 OK 按钮,在 LogCat 输出窗口增加了 HelloAndroid 标签,如图 4-8 所示。

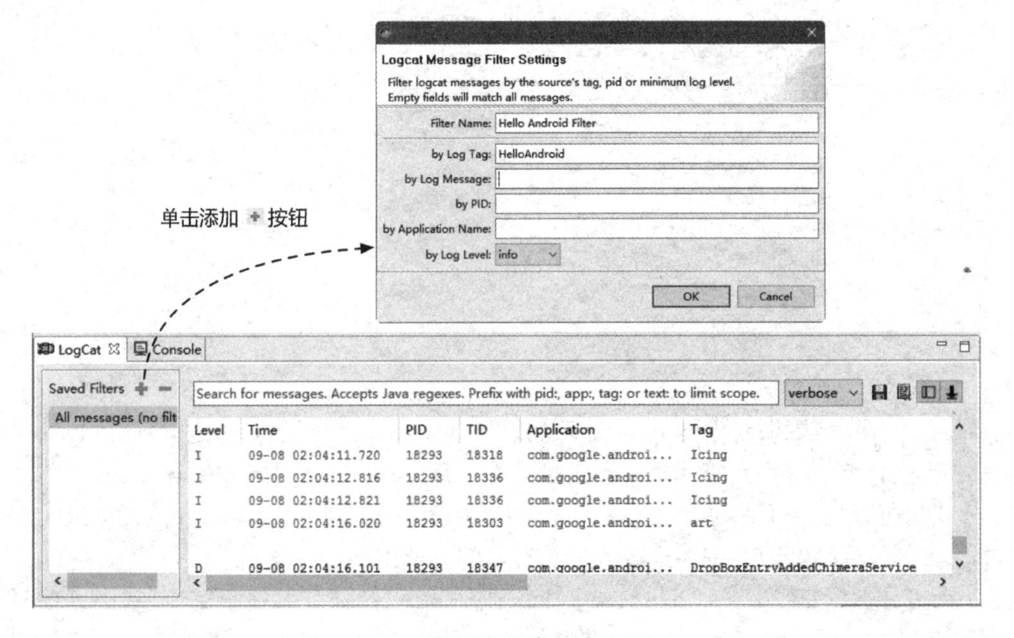

图 4-7 日志过滤

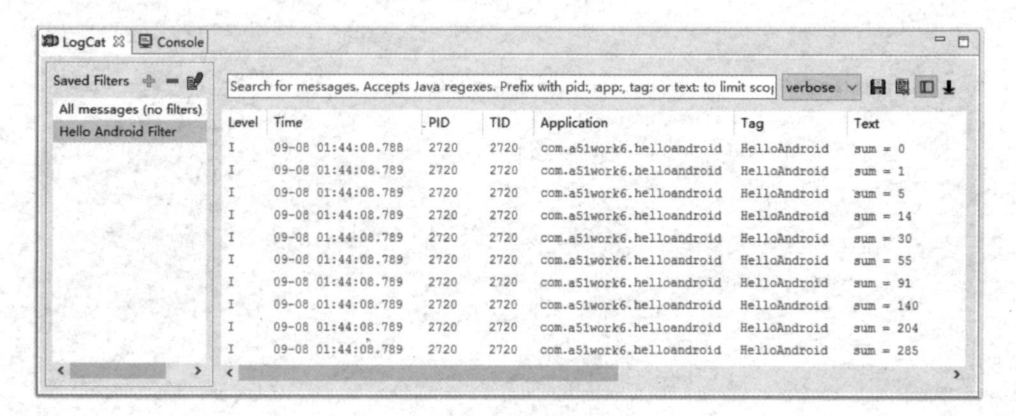

图 4-8　HelloAndroid 标签日志输出

如果不需要日志过滤，可以单击 按钮删除，也可以单击 修改日志过滤。

4.2　使用 Android Studio 调试

Android Studio 提供了强大的代码编辑、性能分析和调试功能，开发人员应该熟练掌握这些功能。下面介绍一下 Android Studio 通过的调试工具。

修改 Hello Android 中的 MainActivity.java 代码如下：

```
public class MainActivity extends AppCompatActivity {

    private static String TAG = "HelloAndroid";

    @Override
    protected void onCreate(Bundle savedInstanceState) {
        super.onCreate(savedInstanceState);
        setContentView(R.layout.activity_main);

        int sum = 0;
        for (int i = 0; i < 10; i++) {
            sum += i * i;
            System.out.println("sum : " + sum);
            Log.i(TAG, "sum = " + sum);
        }

    }
}
```

如图 4-9 所示，要想在代码第 19 行设置断点，可以单击代码区域左边框，此时边框出现红色圆圈，这样断点就设置完成了。断点设置好之后，如果想让程序在断点处挂起，则需要调试方式运行，单击工具栏调试运行按钮 或选择菜单 Run → Debug 'app'就可以实现调试方式运行。调试运行后，程序运行到第 19 行挂起，如图 4-10 所示。

当断点挂起时，可以在 Debugger 选项卡的 Variables 窗口中查看变量，从中可以看到 sum 等变量的内容。在 Debugger 选项卡中有很多调试工具按钮窗口，这些按钮的含义说明如图 4-11 所示。

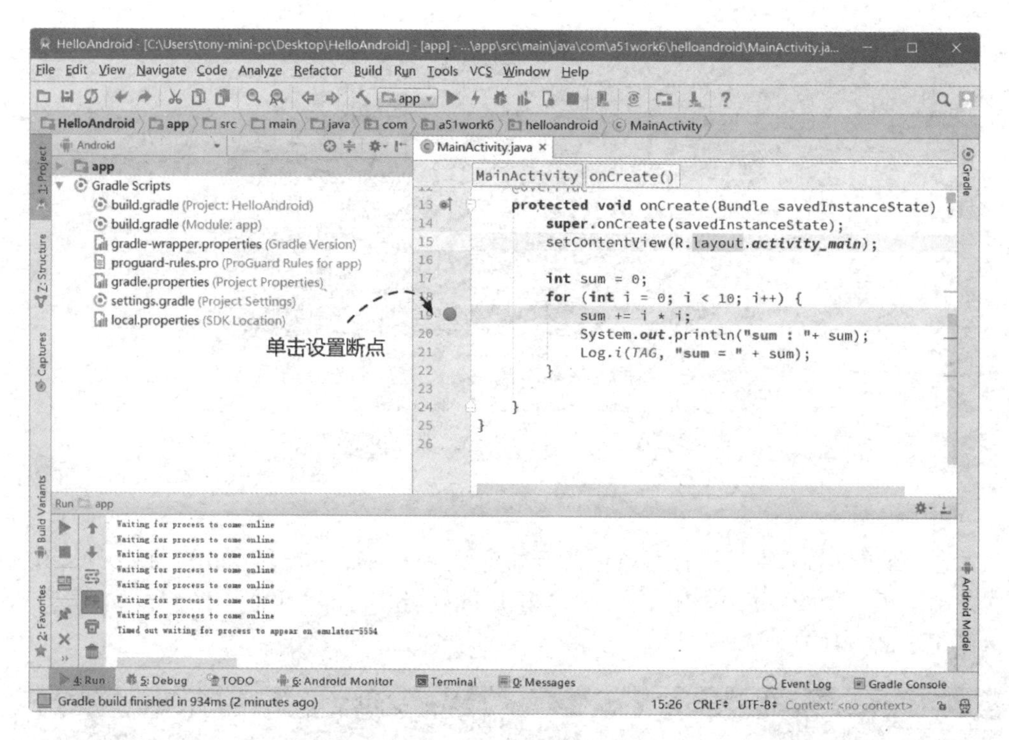

图 4-9 设置断点

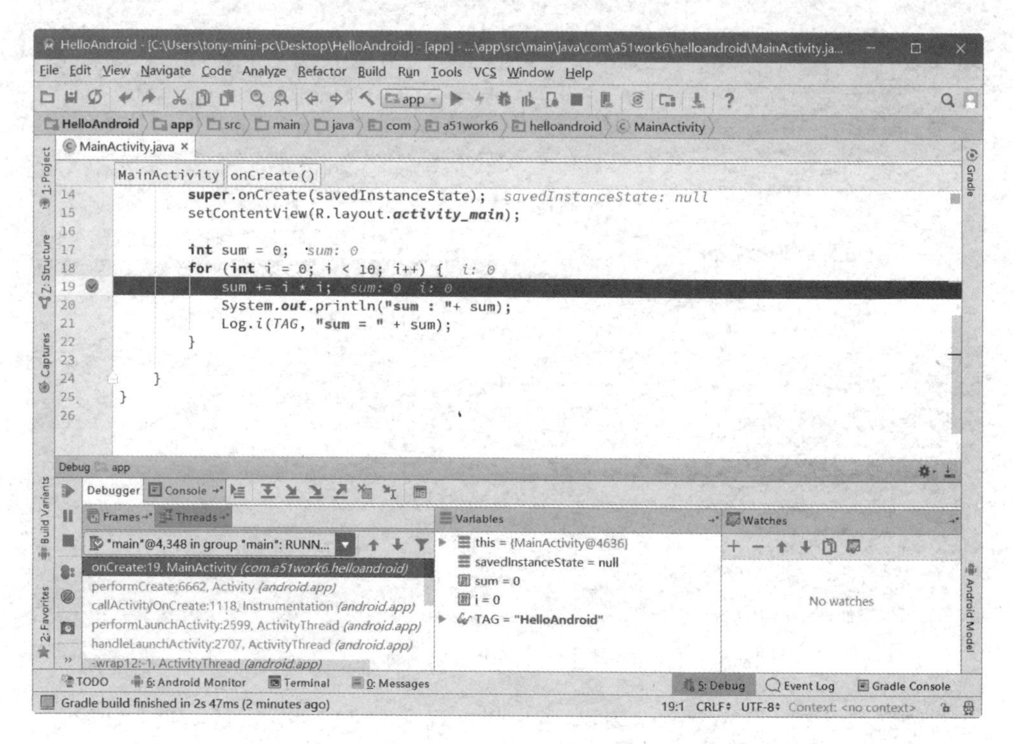

图 4-10 运行到断点挂起

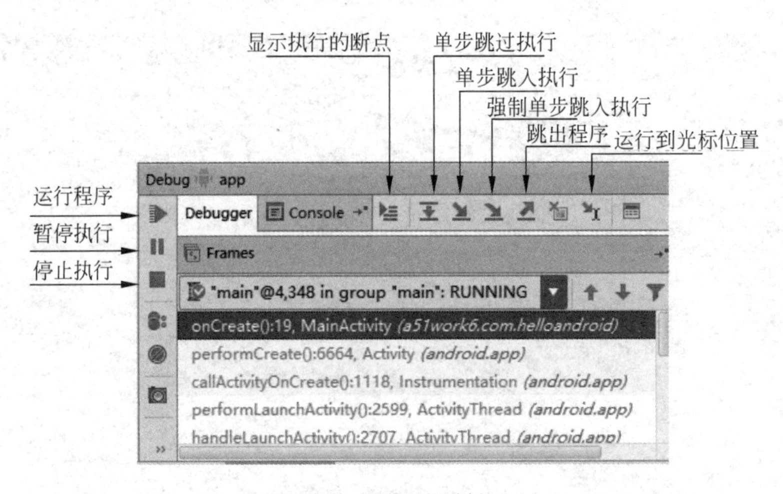

图 4-11 调试工具栏按钮

另外，还可以为断点设置挂起条件。例如想要 i=8 时断点挂起，如图 4-12 所示，右击断点弹出对话框，Conditions 中输入 i=8，单击 Done 按钮关闭对话框。以调试模式运行，当 i=8 情况下断点挂起。

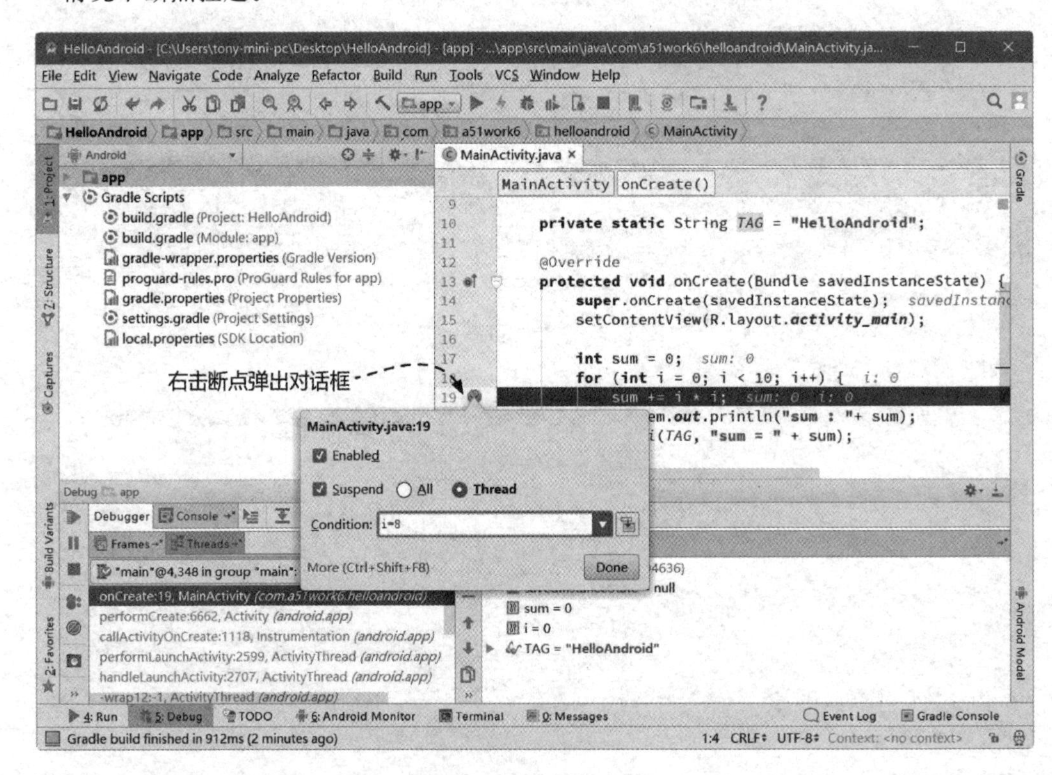

图 4-12 为断点设置条件

在调试选项卡中还有 Watches 窗口，可以用来观察变量或表达式的结果。如图 4-13 所示，单击 Watches 窗口中的 + 按钮，在输入框中输入变量或表达式。

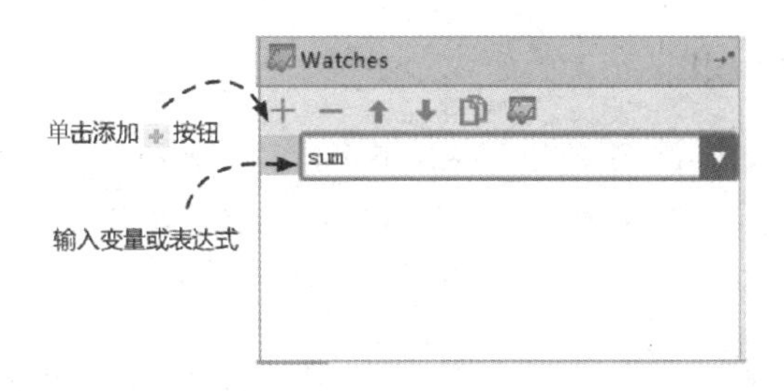

图 4-13　Watches 窗口

4.3　使用 ADB 帮助调试程序

ADB(Android Debug Bridge)是强大的调试工具，它可以帮助管理模拟器和设备的方方面面。ADB 可以做很多工作：查询模拟器和设备、进入 shell、导入导出文件、应用程序打包和卸载、查看 LogCat，等等。本节介绍查询模拟器和设备、进入 shell、导入导出文件。在 Windows 平台下面的 ADB 是由< Android SDK 安装目录>\platform-tools\ adb. exe 指令实现。

4.3.1　查询模拟器实例和设备

在 Android 中，有时需要查询有哪些模拟器或者设备与开发电脑连接起来了。查询这些内容时，可以通过 DDMS 查看，如图 4-14 所示。

Devices		
Name		
Nexus_5_API_26 [emulator-5554]	Online	Nexus_5_API_26 [8.0.0]
emulator-5556	Online	Nexus_5X_API_26 [8.0.0]

图 4-14　查询模拟器实例

事实上，DDMS 能够查询到这些模拟器或者设备信息是通过调用 ADB 指令实现的，下面看看直接调用 ADB 实现查询模拟器或者设备，首先通过 DOS(macOS 或 Linux 终端)进入< Android SDK 安装目录> platform-tools 目录，运行 adb 指令如下：

```
adb devices
List of devices attached
S3C6410 Android device
emulator - 5554   device
```

4.3.2 进入 shell

通过 ADB 进入到模拟器或者设备的 shell，可以运行一些常用 Linux 的指令，在 < Android SDK 安装目录> platform-tools 下运行 adb 指令如下：

```
adb shell
```

如果有多个模拟器或者设备上面的指令出现错误 error：more than one device and emulator，如果进入 shell，如图 4-15 所示，会出现 Linux shell 提示符 $ 或 # 。

```
adb - s <serialNumber> shell
```

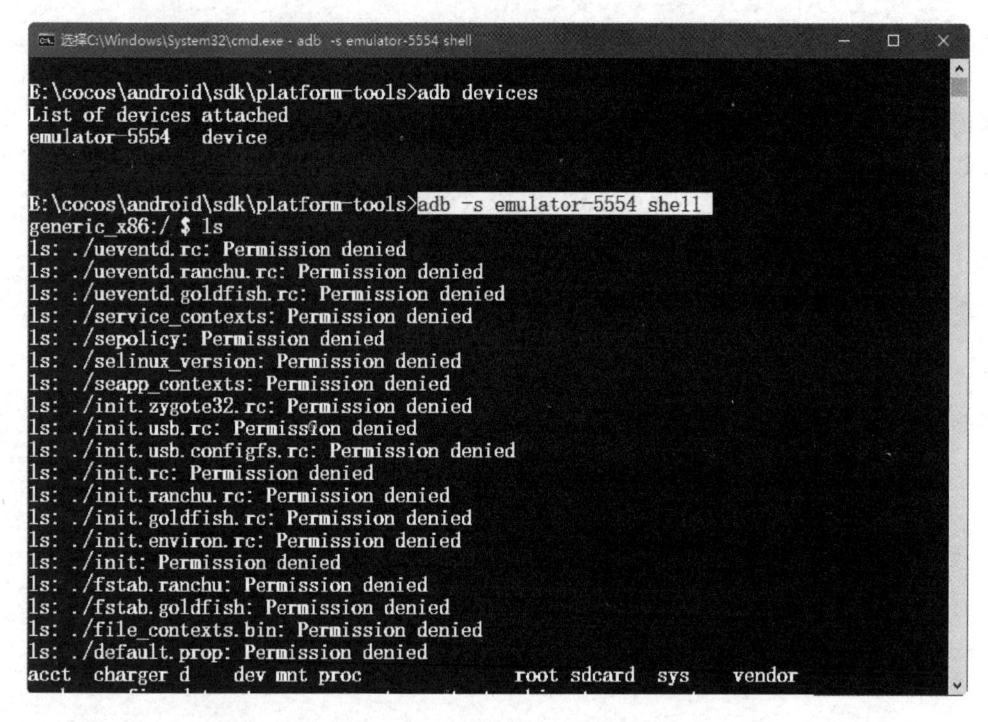

图 4-15 Android Linux shell

注意 退出 Android Linux shell 可以通过 exit 命令实现。

4.3.3 导入导出文件

有时，需要在开发计算机与模拟器（或者设备）之间导入或导出文件，在 DDMS 中可以通过 File Explorer 实现文件导入或导出，如图 4-16 所示，工具栏中的 按钮可以实现文件导入， 按钮可以实现文件导出。

注意 DDMS 实现文件导入或导出时，可能会出现无法导入或导出的问题，读者可以使用 adb 指令导入或导出。

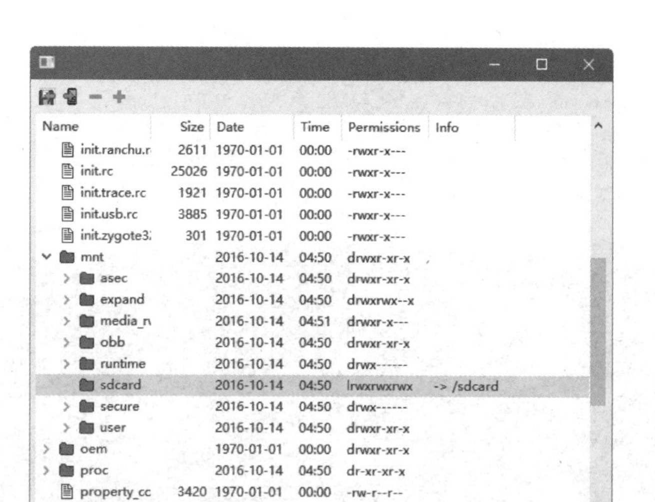

图 4-16　导入导出文件

DDMS 实现文件导入或导出也是通过 adb 实现的，下面通过 adb 命令实现开发计算机与模拟器(或者设备)之间文件的导入或导出。

1. 导入指令

```
adb push <local><remote>
```

如果有多个模拟器或者设备，执行上面的指令会出现错误 error：more than one device and emulator，它的完整命名如下：

```
adb -s <serialNumber> push <local><remote>
```

如果从开发计算机上把一个 MP3 文件导入到模拟器 emulator-5554 的 SD 卡中，可以使用如图 4-17 所示的指令，如果文件或文件目录有空格，就要用双引号括起来。

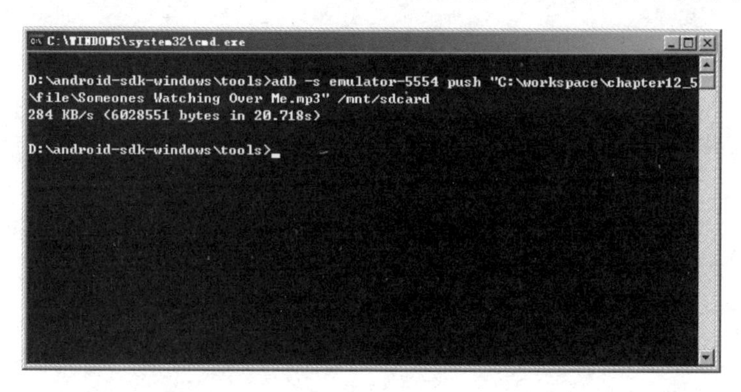

图 4-17　导入指令

2. 导出指令

```
adb pull <remote><local>
```

如果有多个模拟器或者设备，执行指令会出现错误 error：more than one device and

emulator，它的完整命名如下：

```
adb -s <serialNumber> pull <remote><local>
```

如果从模拟器 emulator-5554 中 com. eorient. provider 应用的数据库文件 dbdemo1. db 导出到开发计算机的 C 盘根目录下面，可以使用如图 4-18 所示的指令。

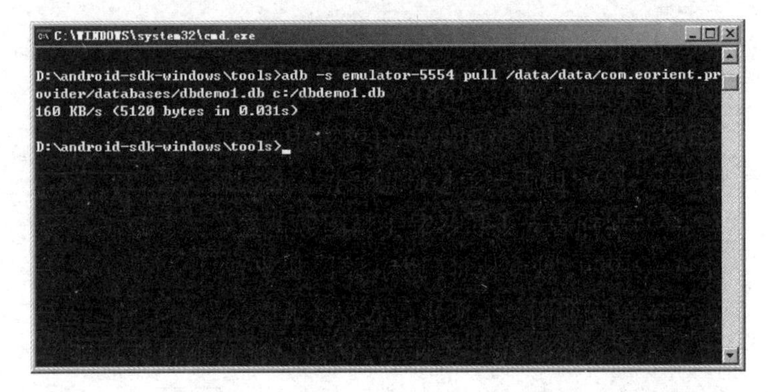

图 4-18 导出指令

本章总结

本章首先介绍了 DDMS 调试工具的使用，其中 DDMS 中的设备列表、文件浏览器和 LogCat 是重点。最后，介绍了 Android Studio 自带调试工具。通过本章的学习，广大读者能够熟练使用 DDMS 和 Android Studio 工具进行 Android 程序代码调试。此外，还要熟悉 ADB 工具的使用。

本章练习题

1. DDMS 提供的工具有哪些？
2. LogCat 提供的日志输出信息级别有哪些？
3. ADB 工具可以完成哪些调试工作？

第5章 Android 界面编程

随着移动互联网时代的到来，智能手机在人们的生活中开始普及，智能手机已经成为我们生活中的一部分，越来越多的手机软件也应运而生。用户界面的良好性、美观性成为引人注目的主要手段。因此，用户界面的设计尤为重要。本章介绍 Android 的界面编程基础。

5.1 Android 界面组成

一个美观的界面，对用户的第一印象是至关重要的。界面设计是应用程序设计的核心任务之一。Android 中的界面相关类包括活动(Activity)、碎片(Fragment)、视图(View)、视图组(ViewGroup)和布局(Layout)。活动代表一个屏幕，碎片用来描述屏幕的一部分，有关活动、碎片和布局的内容将在后面的章节中详细介绍。下面详细介绍视图、视图组和布局。

5.1.1 视图

android. view. View 类及其所有子类称为“视图”，具有事件处理能力的视图称为“控件”，android. view. View 类图如图 5-1 所示。View(视图)有众多的子类，包括 ViewGroup、简单控件、高级控件和布局，但不包括活动(Activity)，活动是一个包含若干视图的屏幕。

简单控件不具体指一个类，而是一类控件的总称。它们的结构比较简单，主要包括 Button、ImageButton、ToggleButton、TextView、EditText、RadioButton、CheckBox、ImageView、ProgressBar、SeekBar、RatingBar 等。

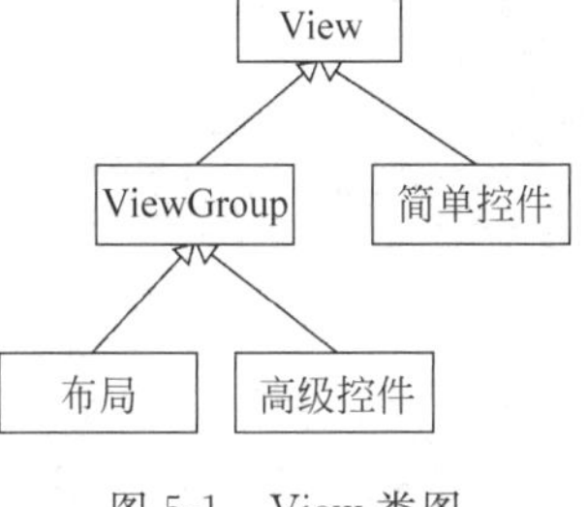

图 5-1 View 类图

5.1.2 视图组

视图组一般是由多个视图组成的复杂视图，android. view. ViewGroup 类是 android. view. View 类的一个重要的子类。因为继承了 View 类，所以它本身也是视图。

视图组是高级控件和布局的父类。高级控件和布局与简单控件一样，都不是具体指一个类，而是一类视图的总称，高级控件包括 AutoCompleteTextView、Spinner、ListView、GridView、Gallery 等。

5.2 界面构建

在 Android 应用中，一个界面可以使用 XML 布局文件构建，也可以通过代码构建，也可以两种方式混合使用。XML 布局文件构建便于采用 WYSIWYG(“所见即所得”)可视化界面设计工具进行设计，它能够加快界面设计过程；而代码构建方式不是 WYSIWYG，调试起来非常繁琐，但代码构建具有动态特性，便于屏幕适配。本书重点介绍使用 XML 布局文件构建界面。

5.2.1 使用 Android Studio 界面设计工具

Android Studio 提供了非常优秀的 WYSIWYG 可视化界面设计工具。在 Android Studio 中，打开工程中的布局文件 activity_main. xml，界面如图 5-2 所示，该界面主要分成 6 个区域：①号区域是文件导航面板；②号区域控件面板；③号区域界面设计工具栏，提供了界面设计常用的功能按钮；④和⑤号区域都是界面设计窗口，其中⑤号区域是蓝图效果设计窗口，⑥号区域控件的属性窗口。

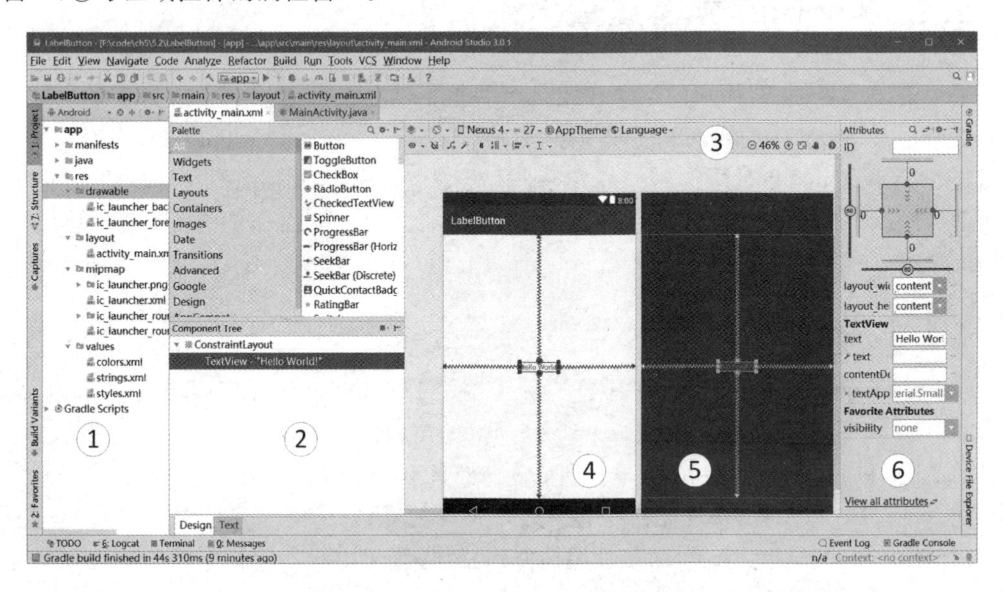

图 5-2　Android Studio 界面设计工具

5.2.2 实例：标签和按钮

下面通过一个 LabelButton 实例介绍 Android Studio 界面设计工具的使用。

LabelButton 实例界面如图 5-3 所示，其中包含一个 Label 标签(TextView)和一个 OK 按钮(Button)。单击 OK 按钮的 Label 标签内容并修改为 HelloWorld。本节将实现该实例的界面部分。

实现 LabelButton 实例界面的具体步骤如下：

(1) 删除原来的 Hello World! 标签控件。由于采用默认模板，选择控件(控件周围 6 个方块，如图 5-2 所示)，通过单击键盘的删除键，则可以删除控件了。

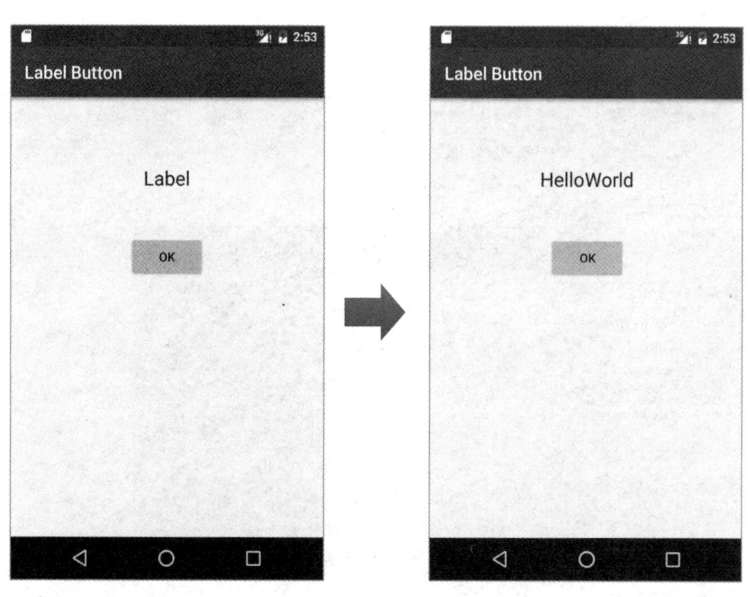

图 5-3　LabelButton 实例界面

（2）添加 Label 标签控件。

在 Android Studio 界面控件面板中单击 TextView，然后拖曳到设计窗口，并摆放于屏幕中间偏上的位置，如图 5-3 所示。摆放好标签控件后，需要修改标签控件的 text 属性，如图 5-4 所示。选中控件，然后在属性窗口中找到 text 属性，并修改为 Label，如图 5-5 所示。由于 TextView 默认文字字体比较小，可以通过 textSize 属性设置字体大小。

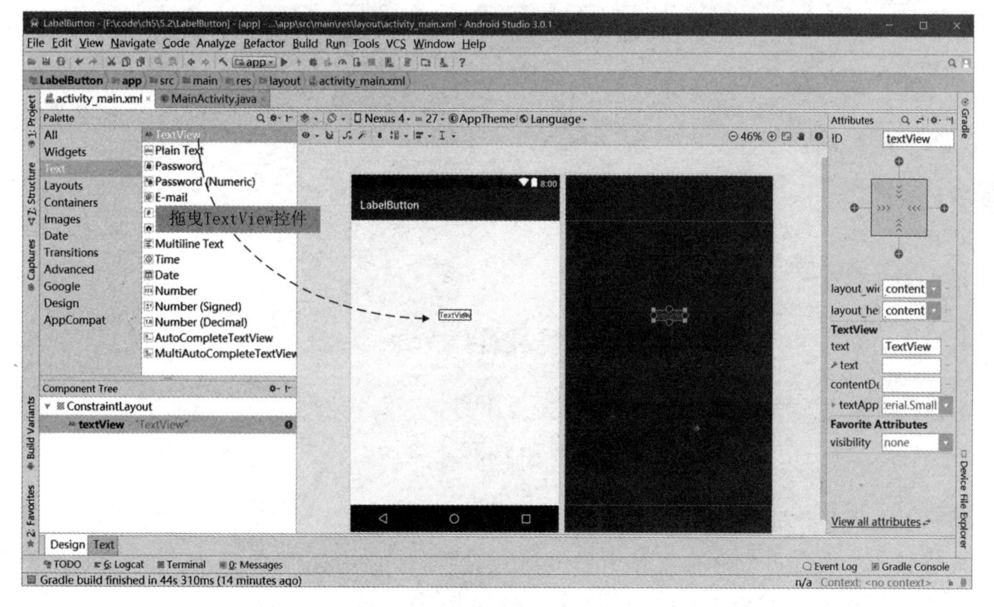

图 5-4　添加 Label 标签控件

（3）添加 OK 按钮控件。

在 Android Studio 界面控件面板中单击 Button，然后拖曳到设计窗口，并摆放在屏幕中间偏上的位置，具体位置参考图 5-6 所示。摆放好控件后，需要修改按钮控件的 text 属性，如图 5-7 所示，选中按钮控件，然后在属性窗口中找到 text 属性，并修改为 OK。

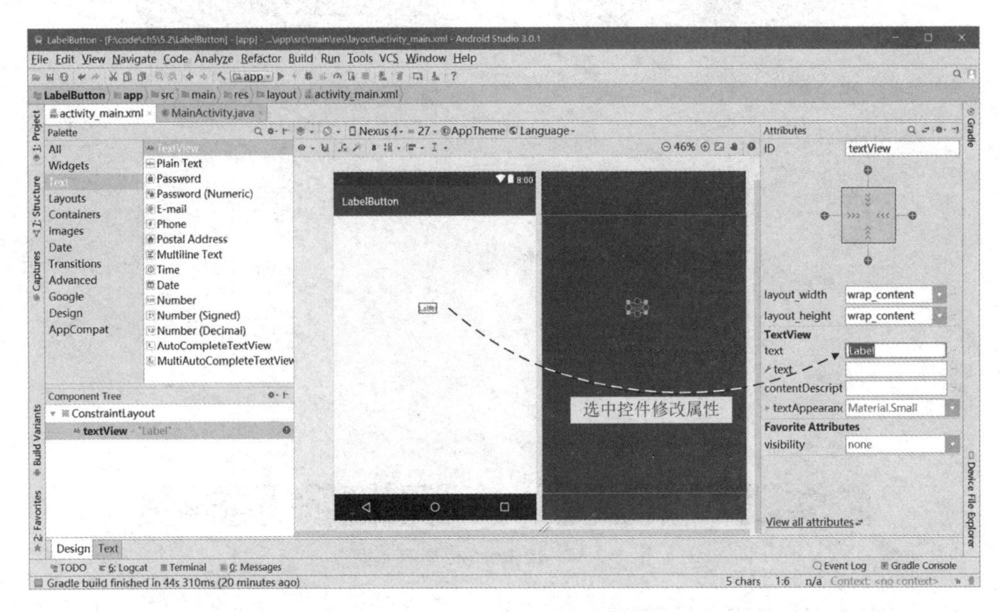

图 5-5　修改 Label 标签属性

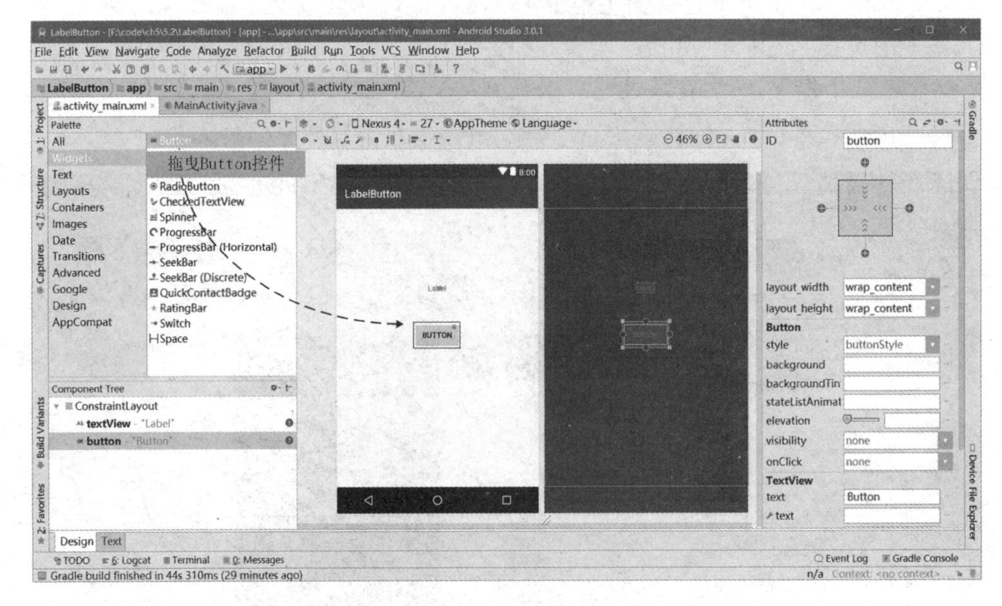

图 5-6　添加 OK 按钮控件

(4) 添加 Label 标签控件布局约束。

要想让 Label 标签控件在屏幕中居中，还需要添加布局管理器，Android Studio 3.0 工具默认布局管理器是 ConstraintLayout，ConstraintLayout 是 Android 新的布局器，是一种基于约束布局器技术。选中控件在右边的属性窗口中，可见如图 5-8(a)所示布局管理属性。单击其中的"+"按钮添加约束，如图 5-8(b)所示添加了该控件的左边距约束，以此类推添加其他三个约束，最后结果如图 5-8(c)所示。其中左边距和右边距约束都是 175 说明该控件是居中的。

图 5-7　修改 OK 按钮属性

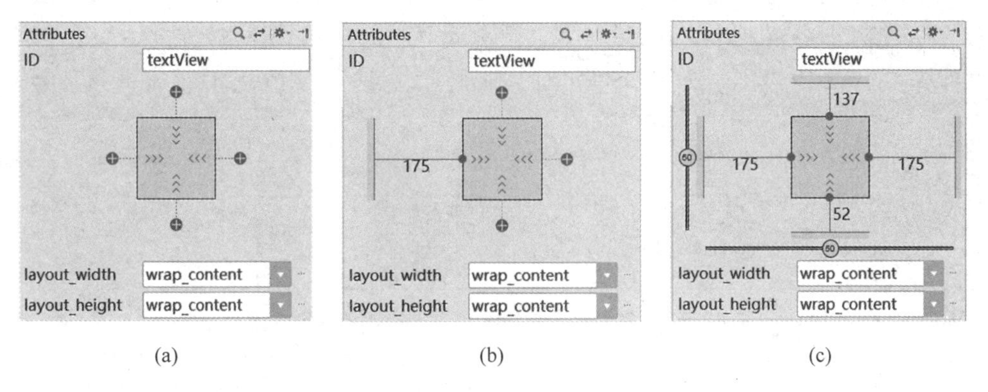

图 5-8　添加 Label 标签控件布局约束

（5）添加 Button 按钮控件布局约束。

参照添加 Label 布局约束方法添加 Button 布局约束，最后结果如图 5-9 所示。

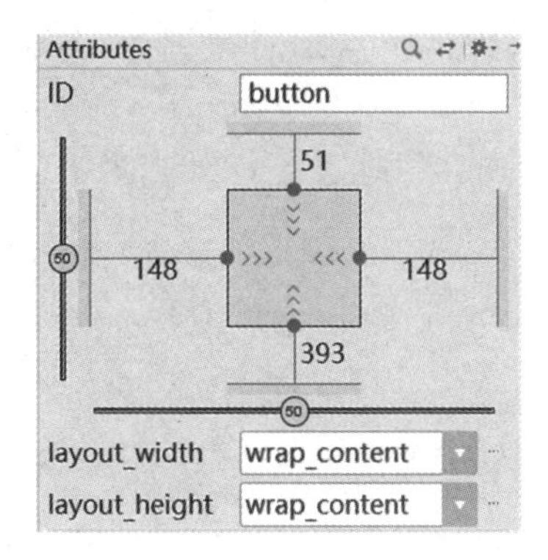

图 5-9　添加 Button 按钮控件布局约束

至此，LabelButton 实例界面设计完成。

5.3 事件处理模型

在图形用户界面的开发中，有两个非常重要的内容：一个是界面布局，另一个是控件的事件处理。在 Android 中，事件处理秉承了 JavaSE 图形用户界面的处理方式和风格。

Android 在事件处理的过程中，主要涉及三个概念：

- 事件源：事件发生的场所，通常就是各个控件，例如按钮 Button、文本框 EditText 和活动等。
- 事件：用户在界面上的操作的描述，可以封装成为一个类的形式出现，例如键盘操作的事件类是 KeyEvent，触摸屏的移动事件类是 MotionEvent。与 JavaSE 图形界面不一样的是并非所有的事件都被封装成为一个类，例如 Button 单击事件就没有封装成为一个类的形式。
- 事件处理者：接收事件对象并对其进行处理的对象，事件处理一般是一个实现某些特定接口类创建的对象。

事件源、事件和事件处理者之间是如何运作的？例如：图 5-3 所示的 LabelButton 实例，当单击 OK 按钮时，将 Label 标签内容修改为 HelloWorld，那么这里的 OK 按钮就是事件源，单击就是事件，处理“将 Label 标签修改为 HelloWorld”的对象被称为事件处理者。

一个类（或程序代码）能够成为事件处理者，要求有两个前提：一是要求实现特定接口，LabelButton 实例 OK 按钮事件处理者要求实现 android. view. View. OnClickListener 接口；二是事件处理者必须在事件源上注册。

提示 事件处理者由于实现 XXXListener 接口，因此也称为事件监听器。本书以后将事件处理者统一称为事件监听器。

具体的事件处理代码有很多种模型，下面会一一介绍。

5.3.1 活动作为事件监听器

在这种事件处理模型中，事件监听器是当前活动（Activity），活动实现 android. view . View. OnClickListener 接口。

下面以 LabelButton 实例为例介绍这种事件处理模型。LabelButton 中的 MainActivity .java代码如下：

```
public class MainActivity extends AppCompatActivity implements View.OnClickListener {      ①
    @Override
    protected void onCreate(Bundle savedInstanceState) {
        super.onCreate(savedInstanceState);
        setContentView(R.layout.activity_main);
        //通过 id 获得 OK 按钮对象
        Button btnOK = (Button) findViewById(R.id.button);                                    ②
        //注册事件监听器
```

```
        btnOK.setOnClickListener(this);                                    ③
    }

    /*
     * 实现 View.OnClickListener 接口方法
     */
    @Override
    public void onClick(View view) {                                       ④
        TextView text = (TextView) findViewById(R.id.textView);           ⑤
        text.setText("HelloWorld");
    }
}
```

当前界面的 MainActivity 实现 View.OnClickListener 接口，见代码第①行。代码第④行的 onClick(View view)方法是实现 View.OnClickListener 接口所要求的方法，参数 view 是 View 类型，事实上该参数就是事件源 Button 对象。

代码第③行是通过 Button 的 setOnClickListener(View.OnClickListener listener)方法注册事件监听器为 this，即 MainActivity。

代码第②行和第⑤行是通过 id 获得控件对象，这些 id 都是布局文件 activity_main.xml 中声明的控件 id 属性。

布局文件 activity_main.xml 代码如下：

```
    <?xml version = "1.0" encoding = "utf - 8"?>
    <android.support.constraint.ConstraintLayout
xmlns:android = "http://schemas.android.com/apk/res/android"
        xmlns:app = "http://schemas.android.com/apk/res - auto"
        xmlns:tools = "http://schemas.android.com/tools"
        android:layout_width = "match_parent"
        android:layout_height = "match_parent"
        tools:context = "com.a51work6.labelbutton.MainActivity">

        <TextView
            android:id = "@ + id/textView"                                ①
            android:layout_width = "wrap_content"
            android:layout_height = "wrap_content"
            android:layout_marginBottom = "52dp"
            android:layout_marginEnd = "175dp"
            android:layout_marginStart = "175dp"
            android:layout_marginTop = "137dp"
            android:text = "Label"
            app:layout_constraintBottom_toTopOf = "@ + id/button"
            app:layout_constraintEnd_toEndOf = "parent"
            app:layout_constraintStart_toStartOf = "parent"
            app:layout_constraintTop_toTopOf = "parent" />

        <Button
            android:id = "@ + id/button"                                  ②
            android:layout_width = "wrap_content"
            android:layout_height = "wrap_content"
            android:layout_marginBottom = "393dp"
            android:layout_marginEnd = "148dp"
            android:layout_marginStart = "148dp"
```

```
        android:layout_marginTop = "51dp"
        android:text = "OK"
        app:layout_constraintBottom_toBottomOf = "parent"
        app:layout_constraintEnd_toEndOf = "parent"
        app:layout_constraintStart_toStartOf = "parent"
        app:layout_constraintTop_toBottomOf = "@ + id/textView" />
</android.support.constraint.ConstraintLayout>
```

在布局文件 activity_main.xml 中，代码第①行是声明 TextView（标签）控件 id 为 textView，代码第②行是声明 Button 控件的 id 为 button。

- 属性 android:id="@+id/Button01"是 Button 按钮的 id，通过 id 可以找到此按钮对象。
- 属性 android:layout_width="wrap_content"是设置宽度。
- 属性 android:layout_height ="wrap_content"是设置高度。

其中，宽和高都可以是 wrap_content（适合文本大小）值，也可以是 fill_parent（根据屏幕大小占满）值，或是 match_parent（匹配父容器大小）值，还可以是具体数字，例如 200px。数字的单位可以是以下几类：

- px：像素屏幕上的点。
- dp：与密度无关的像素，是一种基于屏幕密度的抽象单位。在每英寸 160 点的显示器上，1dp = 1px；在大于 160 点的显示器上可能增大。
- dip：与 dp 相同。
- sp：与刻度无关的像素，是与 dp 类似，但是可以根据用户的字体大小首选项进行缩放等。

5.3.2 内部类事件监听器

在这种事件处理模型中，事件监听器是活动（Activity）类中声明的内部类，该内部类也要求实现 android.view.View.OnClickListener 接口。

下面以 LabelButton 实例为例介绍这种事件处理模型。LabelButton 中 MainActivity.java 代码如下：

```
public class MainActivity extends AppCompatActivity {

    @Override
    protected void onCreate(Bundle savedInstanceState) {
        super.onCreate(savedInstanceState);
        setContentView(R.layout.activity_main);
        //通过 id 获得 OK 按钮对象
        Button btnOK = (Button) findViewById(R.id.button);                          ①
        //注册事件监听器
        btnOK.setOnClickListener(new ButtonOKOnClickListener());                  ②
    }

    class ButtonOKOnClickListener implements View.OnClickListener {                ③
        /*
         * 实现 View.OnClickListener 接口方法
         */
        @Override
        public void onClick(View view) {
```

```
            TextView text = (TextView) findViewById(R.id.textView);          ④
            text.setText("HelloWorld");
        }
    }

}
```

代码第③行是实现 android.view.View.OnClickListener 接口的内部类 ButtonOKOnClickListener，因此代码第②行注册事件监听器时候，需要实例化 ButtonOKOnClickListener。

注意　任何实现 android.view.View.OnClickListener 的接口类，都可以成为 Button 事件监听器，无论它是内部类还是外部类。但是需要注意：如果外部类实现接口时，外部类无法访问活动(Activity)中的视图，所以代码第①行和第④行无法使用 findViewById 方法，findViewById 方法是在 Activity 或 View 类中定义的。

5.3.3　匿名内部类事件监听器

既然内部类很适合作为事件处理模型，那么内部类的一个特例匿名内部类是否也适合事件处理呢？事实上，在 Android 中事件处理时经常使用匿名内部类，包括官方的很多源代码都采用匿名内部类的方式。

下面以 LabelButton 实例为例介绍这种事件处理模型。LabelButton 中的 MainActivity.java 代码如下：

```
public class MainActivity extends AppCompatActivity {

    @Override
    protected void onCreate(Bundle savedInstanceState) {
        super.onCreate(savedInstanceState);
        setContentView(R.layout.activity_main);
        //通过 id 获得 OK 按钮对象
        Button btnOK = (Button) findViewById(R.id.button);
        //注册事件监听器
        btnOK.setOnClickListener(new View.OnClickListener() {          ①
            /*
             * 实现 View.OnClickListener 接口方法
             */
            @Override
            public void onClick(View v) {
                TextView text = (TextView) findViewById(R.id.textView);
                text.setText("HelloWorld");
            }
        });                                                              ②
    }

}
```

上述代码第①行～第②行是注册事件监听，其中 new View.OnClickListener() {…}是典型的 Java 匿名内部类的写法。

提示 匿名内部类就是在使用接口(或者抽象类)的时候,直接给出这个接口(或者抽象类)实现创建实例。在Java中,接口(或者抽象类)是不能实例化的,实例化的是它们的实现类。匿名内部类的优点是:编译之后代码紧凑,可以在一定程度上减少字节码文件长度,提高虚拟机的加载速度,从而提高运行速度。它的缺点是:代码可读性差。

纵观三种事件处理模型,各有利弊,用户可以根据自己的喜好来选择,在实际的应用开发过程中,事件处理情况会更加复杂,同一个事件源上会有多个不同事件,因此有的时候不是单一的一种处理模型,而是多种模型的结合。

5.4 屏幕上的事件处理

在Android系统中,屏幕是通过活动(Activity)管理的,一个活动相当于一个屏幕,那么屏幕上的事件处理就是活动的事件处理,活动是事件源,活动有触摸事件和键盘事件等。

屏幕事件是在Android应用中常用的事件,本节介绍屏幕中的触摸事件和键盘事件。

5.4.1 触摸事件

现在,智能手机设计的一个理念是:可触摸且大屏幕。Android系统支持触摸屏开发,触摸屏事件要通过运动事件(MotionEvent)接收信息,如果屏幕中触摸事件的事件源是活动,开发人员需要重写活动方法:

```
public boolean onTouchEvent(MotionEvent event)
```

onTouchEvent方法返回值是布尔类型,返回true表示已经处理了该事件,false表示还没有处理该事件。参数event是MotionEvent类型,MotionEvent是运动事件,通过MotionEvent的int getAction()方法可以获得触摸动作,触摸动作有三种,通过MotionEvent三个常量表示:

- MotionEvent.ACTION_UP。在屏幕上手指抬起。
- MotionEvent.ACTION_DOWN。在屏幕上手指按下。
- MotionEvent.ACTION_MOVE。在屏幕上手指移动。

另外,触摸点的坐标可以通过MotionEvent的getX()和getY()方法获得。

5.4.2 实例:屏幕触摸事件

图5-10是屏幕触摸事件实例,当手指在屏幕上按下、抬起和移动时候,手指的动作会显示在屏幕的标签(TextView)上,触摸点的坐标也会显示在屏幕的标签(TextView)。

布局文件activity_main.xml代码如下:

```
<?xml version = "1.0" encoding = "utf - 8"?>
<LinearLayout xmlns:android = "http://schemas.android.com/apk/res/android"
    android:layout_width = "match_parent"
    android:layout_height = "match_parent"
    android:orientation = "vertical">
    <TextView                                                          ①
        android:id = "@ + id/action"
```

```
            android:layout_width = "wrap_content"
            android:layout_height = "wrap_content"
            android:textSize = "20sp" />
        <TextView                                                    ②
            android:id = "@ + id/postion"
            android:layout_width = "wrap_content"
            android:layout_height = "wrap_content"
            android:textSize = "20sp" />
</LinearLayout>
```

在布局文件中声明了两个标签(TextView),代码第①行的标签用来显示手指的动作,代码第②行的标签用来显示触摸点的位置坐标。

图 5-10 触摸事件实例

MainActivity.java 代码如下:

```
public class MainActivity extends AppCompatActivity {
    private TextView mAction;
    private TextView mPostion;
    @Override
    public void onCreate(Bundle savedInstanceState) {
        super.onCreate(savedInstanceState);
        setContentView(R.layout.activity_main);
        mAction = (TextView) findViewById(R.id.action);
        mPostion = (TextView) findViewById(R.id.postion);
    }
    @Override
    public boolean onTouchEvent(MotionEvent event) {                       ①
        int action = event.getAction();                                    ②
        switch (action) {
            case MotionEvent.ACTION_UP:                                    ③
                mAction.setText("手指抬起");
                break;
            case MotionEvent.ACTION_DOWN:                                  ④
                mAction.setText("手指按下");
                break;
            case MotionEvent.ACTION_MOVE:                                  ⑤
                mAction.setText("手指移动");
        }
        float X = event.getX();                                            ⑥
        float Y = event.getY();                                            ⑦
        mPostion.setText("位置 = (" + X + "," + Y + ")");
        return true;
    }
```

上述代码第①行是在活动中重写 onTouchEvent 方法,代码第②行是获得触摸动作。代码第③行是判断手指在屏幕上抬起,代码第④行是判断手指在屏幕上按下,代码第④行是判断手指在屏幕上移动。

代码⑥行是获得触摸点的 X 轴坐标,代码⑦行是获得触摸点的 Y 轴坐标。

5.4.3 键盘事件

能够响应键盘事件的事件源可以是视图(View 及其子类),也可以是活动(即屏幕),无论是视图还是活动键盘响应事件的处理模式都是类似的。本节介绍键盘事件的响应。

响应键盘事件就是通过使用 KeyEvent 接收信息，如果事件源是活动的，需要重写下面的方法：

- boolean onKeyUp (int keyCode, KeyEvent event);
- boolean onKeyDown (int keyCode, KeyEvent event);
- boolean onKeyLongPress (int keyCode, KeyEvent event)。

这个几个方法返回值 true 表示已经处理了该事件，返回 false 表示还没有处理该事件。方法参数 keyCode 键的编码，event 参数是 KeyEvent 类型，KeyEvent 是键盘事件。KeyEven 中定义了很多键编码常量，如 KeyEvent. KEYCODE_A 常量编码表示 A 键。

另外，通过 KeyEven 的 int getAction()方法可以获得键盘动作，键盘动作有三种，通过 KeyEven 三个常量表示如下：

- KeyEven. ACTION_UP。键抬起。
- KeyEven. ACTION_DOWN。键按下。
- KeyEven. ACTION_MULTIPLE。多次重复键按下。

5.4.4 实例：改变图片的透明度

本例实现如图 5-11 所示的内容，通过键盘来控制屏幕上的一个图片的透明度，图片的透明度是通过图片的 Alpha 值描述的，Android 中的 Alpha 值在 0～255 之间，0 表示完全透明，255 表示完全不透明。

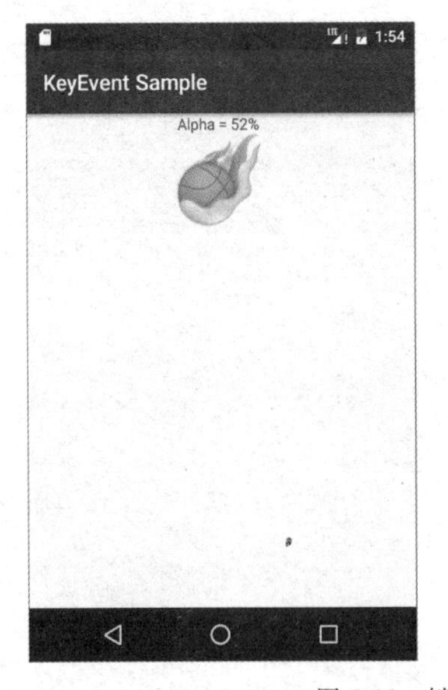

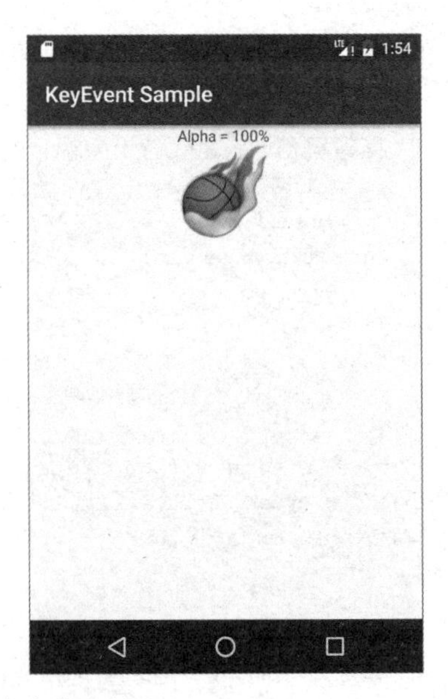

图 5-11 键盘事件实例

提示 用什么键来控制声音的大和小呢？目前新款的 Android 手机多采用“软键盘”设计，手机上的硬件键很少，但至少都有声音控制键(包括放大声音键和缩小声音键两个)和关机键，如图 5-12(a)所示是在模拟器上的声音控制键，图 5-12(b)是在 nexus 设备上的声音控制键。本例可以利用这两个声音控制键控制图片透明度。

(a) (b)

图 5-12 声音控制键

布局文件 activity_main. xml 代码如下：

```
<?xml version = "1.0" encoding = "utf - 8"?>
<LinearLayout xmlns:android = "http://schemas.android.com/apk/res/android"
    android:layout_width = "match_parent"
    android:layout_height = "match_parent"
    android:orientation = "vertical">
    <TextView                                                             ①
        android:id = "@ + id/alphavalue"
        android:layout_width = "wrap_content"
        android:layout_height = "wrap_content"
        android:layout_gravity = "center" />
    <ImageView                                                            ②
        android:id = "@ + id/image"
        android:layout_width = "wrap_content"
        android:layout_height = "wrap_content"
        android:layout_gravity = "center"
        android:src = "@mipmap/image" />
</LinearLayout>
```

在布局文件中，代码第①行声明了一个标签(TextView)控件，代码第②行声明了一个(ImageView)，用来显示图片。

```
public class MainActivity extends AppCompatActivity {
    ...
    @Override
    public void onCreate(Bundle savedInstanceState) {
        super.onCreate(savedInstanceState);
        setContentView(R.layout.activity_main);
        mImage = (ImageView) findViewById(R.id.image);
        mAlphavalueText = (TextView) findViewById(R.id.alphavalue);
```

```
        mAlphavalue = 100;                         //透明度初始值 100
        mImage.setImageAlpha(mAlphavalue);         //设置图片初始透明度
        mAlphavalueText.setText("Alpha = " + mAlphavalue * 100 / 255 + "%");         ①
    }

    @Override
    public boolean onKeyDown(int keyCode, KeyEvent event) {                          ②
        switch (keyCode) {
            case KeyEvent.KEYCODE_VOLUME_UP:       //放大声音键                       ③
                mAlphavalue += 20;
                break;
            case KeyEvent.KEYCODE_VOLUME_DOWN:     //缩小声音键                       ④
                mAlphavalue -= 20;
                break;
        }
        if (mAlphavalue >= 255) {
            mAlphavalue = 255;                     //透明度最大值 255
        }
        if (mAlphavalue <= 0) {
            mAlphavalue = 0;                       //透明度最小值 0
        }
        mImage.setImageAlpha(mAlphavalue);
        mAlphavalueText.setText("Alpha = " + mAlphavalue * 100 / 255 + "%");
        return super.onKeyDown(keyCode, event);
    }
}
```

上述代码第①行是设置 mAlphavalueText 标签控件的内容，mAlphavalue * 100 / 255 表达式可以计算出透明度的百分比。

代码第②行重写活动的 onKeyDown(int keyCode, KeyEvent event)方法，同类方法还有很多，本例只关心键盘按下事件。代码第③行是判断是否放大声音键按下，KeyEvent.KEYCODE_VOLUME_UP 是放大声音键键编码。代码第④行是判断是否缩小声音键按下，KeyEvent.KEYCODE_VOLUME_DOWN 是缩小声音键键编码。

本章总结

本章首先介绍了 Android 中的界面相关类，其中重点介绍了视图和视图组。然后以 LabelButton 实例为例介绍了如何使用 Android Studio 界面设计工具。最后，介绍了 Android 中事件处理模式和屏幕事件处理等内容。

本章练习题

1. 下列选项中 Android 界面相关类有哪些？(　　)

   A. 活动(Activity)　　　　B. 碎片(Fragment)

   C. 视图(View)　　　　D. 视图组(ViewGroup)

2. 判断对错：Activity 是 View 的子类。(　　)
3. 判断对错：ViewGroup 是 View 的子类。(　　)
4. Android 事件处理模型的三个基本概念有哪些？

第6章 Android界面布局

本章介绍Android的界面布局。Android界面布局的目的是为了合理利用屏幕空间,并能适配多种不同屏幕。在Android中,界面布局采用布局类来管理,布局类是一种容器,图6-1是继承自ViewGroup。

Android提供了6种基本布局类:帧布局(FrameLayout)、线性布局(LinearLayout)、绝对布局(AbsoluteLayout)、相对布局(RelativeLayout)、表格布局(TableLayout)和网格布局(GridLayout)。

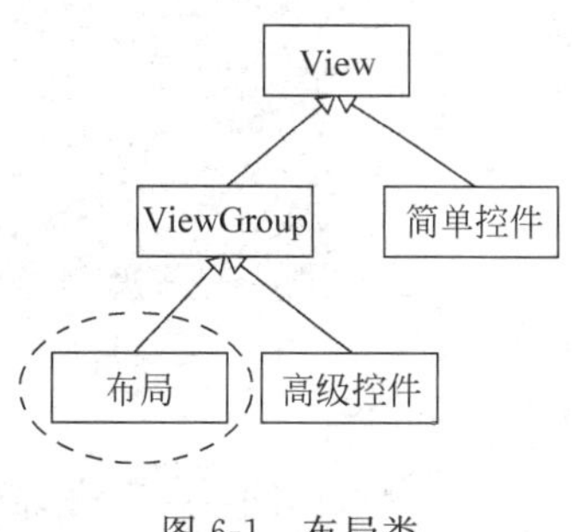

图6-1 布局类

提示 绝对布局通过指定控件的x和y坐标值,显示在屏幕上。该布局没有屏幕边框,允许控件之间互相重叠。在实际中不提倡使用这种布局方式,因为它固定了位置,所以在进行屏幕适配时有明显的弊端。因此,本书不再介绍绝对布局。

提示 由于表格布局和网格布局构建的布局效果类似,事实上,对于两种布局,开发人员只需要掌握一种就可以了,网格布局是在Android 4之后推出的,如果你的发布版本是Android 4及以上,推荐使用网格布局,网格布局要比表格布局更加简单和高效。因此,本书会介绍网格布局,而不会介绍表格布局。另外,Android新的布局技术constraintlayout本书也会介绍。

6.1 Android界面布局设计模式

界面布局就是视图和控件在界面中的视图摆放方式,并能适配到不同屏幕。Android应用有一套界面设计规范,在这一规范下的界面布局可以归纳出三种主要的界面布局设计模式。

6.1.1 表单布局模式

表单布局模式提供一种与用户交互的界面,如图6-2所示。例如,登录界面和注册界面,表单布局可以采用线性布局和相对布局实现。

图 6-2 表单布局

6.1.2 列表布局模式

列表布局模式，如图 6-3 所示，当遇到展示大量数据的时候，可以通过列表或网格布局实现。列表布局可以采用线性布局实现。

6.1.3 网格布局模式

网格布局模式，如图 6-4 所示，与列表布局类似，列表只有一列，而网格布局可以有多列，这种布局可以使用网格布局或表格布局实现。

图 6-3 列表布局

图 6-4 网格布局

6.2 布局管理

下面介绍 Android 界面布局中最常用的 4 种：帧布局、线性布局、相对布局和网格布局。

6.2.1 帧布局

FrameLayout 帧布局，也可以称为框架布局，是一种最简单的布局方式。在此布局下的所有视图和控件都将固定在屏幕的左上角显示，不能指定视图和控件的位置，但允许有多个视图和控件叠加，如图 6-5 所示。事实上，帧布局很少直接使用，而是使用它的子类，例如 TextSwitcher、ImageSwitcher、DatePicker、TimePicker、ScrollView 和 TabHost。

6.2.2 实例：使用帧布局

在本例中放置了 2 个 ImageView 和 1 个 TextView，使用帧布局的效果如图 6-6 所示。

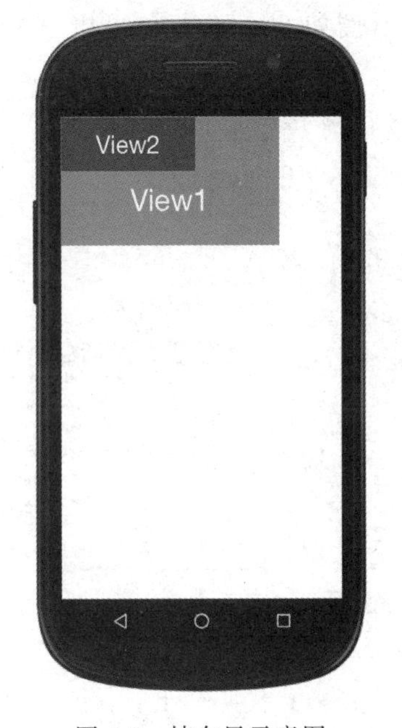

图 6-5 帧布局示意图

图 6-6 帧布局实例

布局文件 activity_main.xml 代码如下：

```
<?xml version = "1.0" encoding = "utf - 8"?>
< FrameLayout xmlns:android = "http://schemas.android.com/apk/res/android"    ①
    android:layout_width = "match_parent"                                      ②
    android:layout_height = "match_parent">                                    ③

    < ImageView
        android:layout_width = "wrap_content"
        android:layout_height = "wrap_content"
        android:src = "@mipmap/background" />                                  ④

    < ImageView
```

```
        android:layout_width = "wrap_content"
        android:layout_height = "wrap_content"
        android:src = "@mipmap/butterfly" />

    <TextView
        android:layout_width = "wrap_content"
        android:layout_height = "wrap_content"
        android:text = "@string/hello"                              ⑤
        android:textColor = "@color/colorLabelText"                 ⑥
        android:textSize = "@dimen/label_textsize" />               ⑦

</FrameLayout>                                                      ⑧
```

上述代码第①行～第⑧行是指定帧布局范围，帧布局和其他视图一样都有宽度和高度属性，在 XML 布局文件中的属性是 android:layout_width 和 android:layout_height，见代码第②行和第③行，其他的视图代码也都有这两个属性，android:layout_width 和 android:layout_height 取值可以采用：

- 具体数值。指定具体数值，这属于硬编码[①]，例如 200px，单位可以是 px(像素)和 dp/dip(设备独立像素)。
- fill_parent。填充、占满父容器。API 级别 8 后被 match_parent 替代。
- match_parent。API 级别 8 之后使用，替代 fill_parent。
- wrap_content。刚好适合当前视图的大小。

布局文件 activity_main.xml 代码第④行的 android:src 属性是为 ImageView 提供显示图片，@mipmap/background 是从资源目录 res/mipmap 中获取 background.png 图片，由于本例只有一套中密度图片，所以只在 mipmap-mdpi 目录中放置了图片。另一个 ImageView 控件的资源图片 butterfly.png 也是如此，如图 6-7 所示。

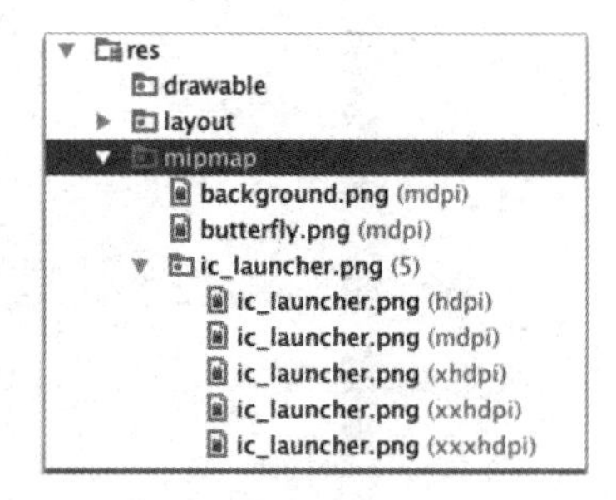

图 6-7 放置资源图片

代码第⑤行 android:text="@string/hello"是设置 TextView 显示的文字，TextView 是标签控件，标签控件上显示的文字不是硬编码 XML 文件，而是通用@string/hello 从引用 res/values/strings.xml 中的内容，strings.xml 代码如下：

```
<resources>
    <string name = "app_name">Layout Sample</string>
    <string name = "hello">HelloWorld</string>
</resources>
```

代码第⑥行 android:textColor="@color/colorLabelText"是设置 TextView 文字的颜色，颜色值是在 res/values/colors.xml 中声明的。

代码第⑦行 android:textSize="@dimen/label_textsize"是设置 TextView 文字的字体，注意它的单位一般是 sp，字体大小和控件尺寸等应该在 res/values/dimens.xml 中声明。

---

① 硬编码是指将可变变量用一个固定值来代替的方法。用这种方法编译后，如果以后需要更改此变量就非常困难了。——引自于百度百科 http://baike.baidu.com/view/2024903.htm。

6.2.3 线性布局

线性布局是所有布局中最常用的，它可以让其中的视图垂直排列(如图 6-8(a)所示)或水平排列(如图 6-8(b)所示)。通常复杂的布局都是在线性布局中嵌套而成的。线性布局最重要的属性是：设置排列方向 android:orientation 属性，android:orientation="vertical" 是垂直排列，android:orientation="horizontal"是水平排列。

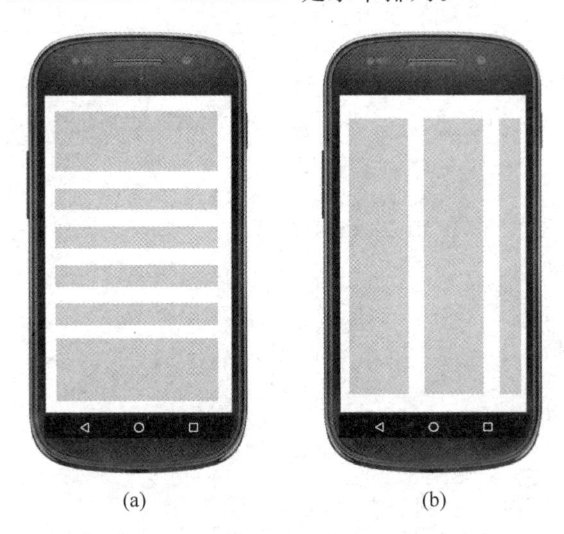

图 6-8 线性布局示意图

6.2.4 实例：使用线性布局实现登录界面

下面通过一个实例熟悉一下线性布局，这个实例是如图 6-9 所示的登录界面。它有两个 TextView 标签、两个 EditText 文本框，以及登录和注册按钮构成。这样的登录界面可以采用线性布局的垂直和水平嵌套实现。

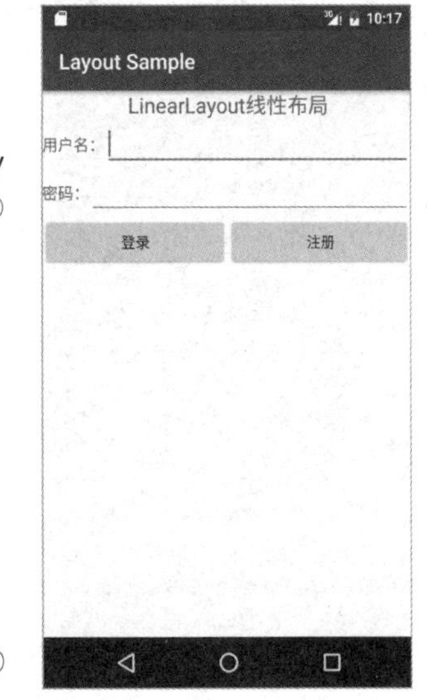

图 6-9 线性布局实例

布局文件 activity_main. xml 代码如下：

```
<?xml version = "1.0" encoding = "utf - 8"?>
<LinearLayout xmlns: android = " http://schemas. android. com/
apk/res/android"                                              ①
    android:layout_width = "match_parent"
    android:layout_height = "match_parent"
    android:orientation = "vertical">

    <TextView
        android:layout_width = "match_parent"
        android:layout_height = "wrap_content"
        android:gravity = "center"
        android:text = "@string/title"
        android:textSize = "20sp" />

    <LinearLayout                                             ②
        android:layout_width = "match_parent"
        android:layout_height = "wrap_content"
        android:orientation = "horizontal">
```

```
        <TextView
            android:layout_width = "wrap_content"
            android:layout_height = "wrap_content"
            android:text = "@string/username"
            android:textSize = "15sp" />

        <EditText
            android:layout_width = "match_parent"
            android:layout_height = "wrap_content" />
    </LinearLayout>

    <LinearLayout                                                     ③
        android:layout_width = "match_parent"
        android:layout_height = "wrap_content"
        android:orientation = "horizontal">

    <TextView
            android:layout_width = "wrap_content"
            android:layout_height = "wrap_content"
            android:text = "@string/password"
            android:textSize = "15sp" />

    <EditText
            android:layout_width = "match_parent"
            android:layout_height = "wrap_content"
            android:inputType = "textPassword" />     //设置输入类型为密码

    </LinearLayout>

    <LinearLayout                                                     ④
        android:layout_width = "match_parent"
        android:layout_height = "wrap_content"
        android:orientation = "horizontal">

        <Button
            android:layout_width = "wrap_content"
            android:layout_height = "wrap_content"
            android:text = "@string/login"
            android:layout_weight = "1"/>                             ⑤

        <Button
            android:layout_width = "wrap_content"
            android:layout_height = "wrap_content"
            android:text = "@string/register"
            android:layout_weight = "1"/>                             ⑥
    </LinearLayout>

</LinearLayout>
```

从上述代码可见，登录界面采用了 4 个线性布局来实现，如图 6-10 所示，最外边是①号线性布局，它是垂直方向排列，从上到下有一个 TextView 和三个水平方向排列的线性布局。②排列号线性布局水平方向排列包含一个 TextView（用户名：）和一个 EditText。

③号线性布局水平方向包含一个 TextView(密码:)和一个 EditText。④号线性布局水平方向排列包含登录和注册按钮。

图 6-10 线性布局实例解释

上述布局文件 activity_main. xml 中代码第⑤行和第⑥行视图 android:layout_weight 属性是设置权重,就是该视图在父视图中所占用空间的比例,父视图 LinearLayout 中包含两个 Button 按钮(登录和注册),每个按钮各占用 1/2,如图 6-11(a)所示。如果登录按钮权重设置为 2,注册按钮权重设置为 1,修改代码如下:

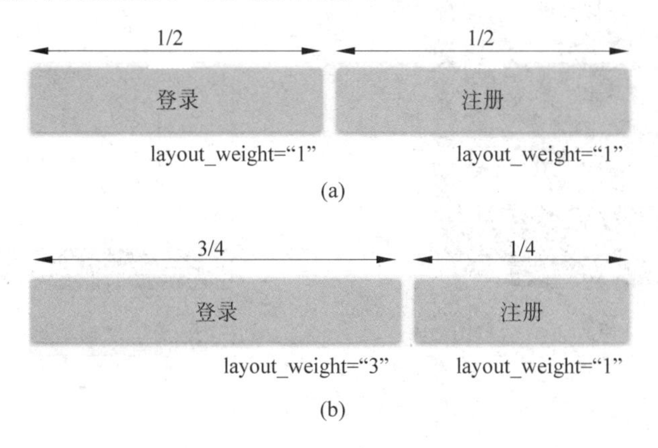

图 6-11 权重属性

```
<Button            //登录按钮
    android:layout_width = "wrap_content"
    android:layout_height = "wrap_content"
    android:text = "@string/login"
    android:layout_weight = "2" />

<Button            //注册按钮
    android:layout_width = "wrap_content"
```

```
    android:layout_height = "wrap_content"
    android:text = "@string/register"
    android:layout_weight = "1"/>
```

那么登录按钮占用空间为 3/4，注册按钮占用空间为 1/4，如图 6-11(b)所示。

6.2.5 相对布局

RelativeLayout 相对布局，允许一个视图指定相对于其他视图或父视图的位置（通过视图 id 属性引用其他视图）。因此，可以以左右对齐、上下对齐、置于屏幕中央等形式来排列元素。相对布局在实际应用中比较常用。

相对布局如图 6-12 所示，先放置①号视图，然后②号视图与①号视图上对齐，③号视图与①号视图左对齐。而④号视图相对于父视图（所在的相对布局）居中对齐。

6.2.6 实例：使用相对布局实现查询功能界面

下面通过一个实例熟悉一下相对布局，这个实例实现查询功能界面，如图 6-13 所示。

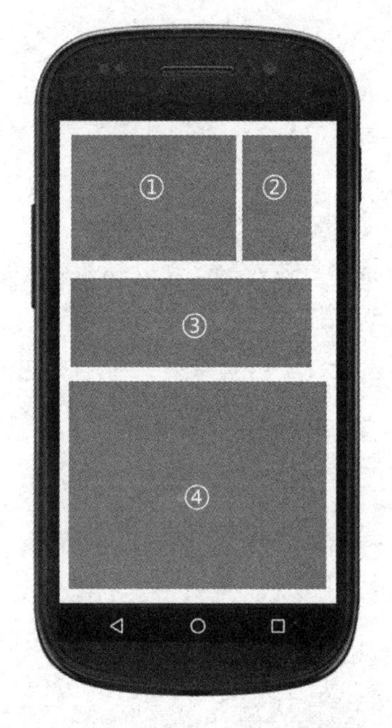

图 6-12 相对布局示意图

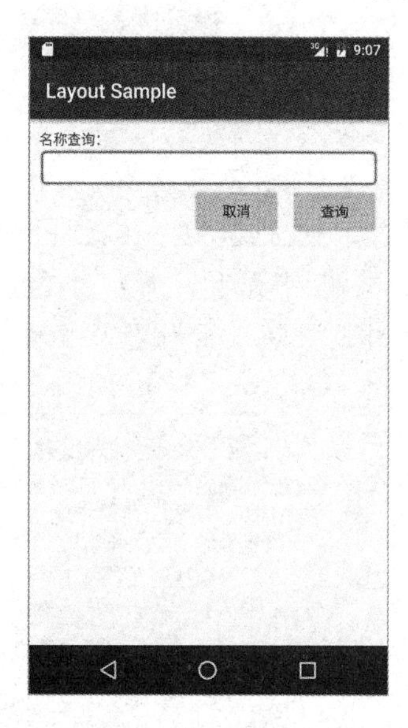

图 6-13 相对布局实例

布局文件 activity_main.xml 代码如下：

```
<?xml version = "1.0" encoding = "utf - 8"?>
<RelativeLayout xmlns:android = "http://schemas.android.com/apk/res/android"
    android:layout_width = "match_parent"
    android:layout_height = "wrap_content"
    android:padding = "10dip">                                              ①

    <TextView                                                               ②
        android:id = "@ + id/label"
        android:layout_width = "match_parent"
        android:layout_height = "wrap_content"
```

```
        android:text = "@string/activity_main_search" />

    <EditText                                                        ③
        android:id = "@ + id/entry"
        android:layout_width = "match_parent"
        android:layout_height = "wrap_content"
        android:layout_below = "@id/label"                           ④
        android:background = "@android:drawable/editbox_background" />  ⑤

    <Button                                                          ⑥
        android:id = "@ + id/ok"
        android:layout_width = "wrap_content"
        android:layout_height = "wrap_content"
        android:layout_alignParentRight = "true"                     ⑦
        android:layout_below = "@id/entry"                           ⑧
        android:layout_marginLeft = "10dip"                          ⑨
        android:text = "@string/activity_main_confirm" />

    <Button                                                          ⑩
        android:layout_width = "wrap_content"
        android:layout_height = "wrap_content"
        android:layout_alignTop = "@id/ok"                           ⑪
        android:layout_toLeftOf = "@id/ok"                           ⑫
        android:text = "@string/activity_main_cancel" />

</RelativeLayout>
```

上述代码第②行声明一个 id 为 label 的 TextView，其他的视图是相对于它摆放的，它相当于“地标”。

代码第③行声明一个 id 为 entry 的 EditText，通过代码第④行的 android:layout_below="@id/label"引用 label，layout_below 属性是声明 entry 在 label 之下。

代码第⑥行声明一个 id 为 ok 的 Button，通过代码第⑧行的 android:layout_below="@id/entry"引用 entry，layout_below 属性是声明 ok 在 entry 之下，代码第⑦行 android:layout_alignParentRight="true"属性，使得 ok 按钮在父容器中靠右对齐。

代码第⑩行声明一个 Button，他与 ok 按钮顶边对齐，见代码第⑪行 android:layout_alignTop="@id/ok"。他被放置在 ok 按钮的左边，见代码第⑫行 android:layout_toLeftOf="@id/ok"。

代码第⑤行是设置 EditText 的背景，注意它的取值是"@android:drawable/editbox_background"而非"@drawable/editbox_background"，前缀 android:表明 editbox_background 不是在当前工程中声明的，而是在 Android 框架中声明的。

提示 padding 和 margin 是在 Android 界面经常遇到的概念，这两个概念是从 HTML 和 CSS 借鉴过来的，margin 是外边距，padding 是内边距，如图 6-14 所示。padding 和 margin 都有 4 个边，在 Android 中每一个都涉及 5 个属性，padding 的 5 个属性是 android padding、android:paddingLeft、android:paddingTop、android:paddingRight 和 android:paddingBottom，其中 android:padding 表示同时设置 4 个边距离。margin 的 5 个属性是 android:layout_margin、android:layout_marginLeft、android:layout_marginTop、android:layout_marginRight、android:layout_marginBottom，其中 android:layout_margin 表示同时设置 4 个边距离。

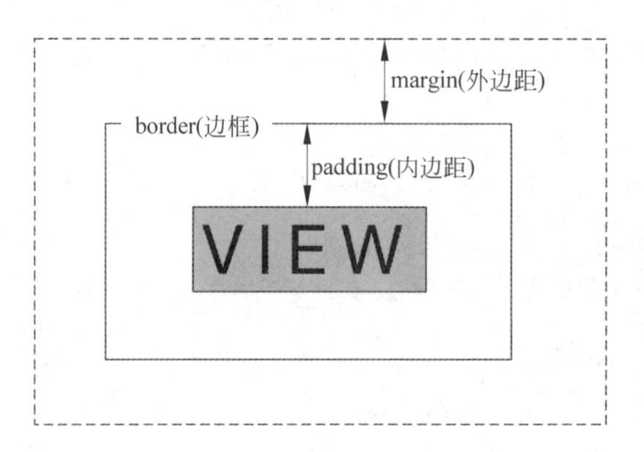

图 6-14　padding 和 margin 概念

6.2.7 网格布局

GridLayout 网格布局不会显示行、列、单元格的边框线。图 6-15 是 5 行 3 列网格布局，使用属性 android: rowCount ="5" 和 android: columnCount ="3" 设置网格行和列，android:orientation 可以设置网格布局排列方向。而且网格布局可以设置行列合并，android:layout_columnSpan 属性可以合并多列，android:layout_rowSpan 属性可以合并多行。

提示 网格布局是在 Android 4 及以后版本中推出的，要求 Android SDK 最低版本不低于 14，否则不能使用网格布局，只能使用表格布局了。

6.2.8 实例 1：使用网格布局实现计算器界面

计算器界面按钮很多，可以通过网格布局实现，图 6-16 是计算器界面。

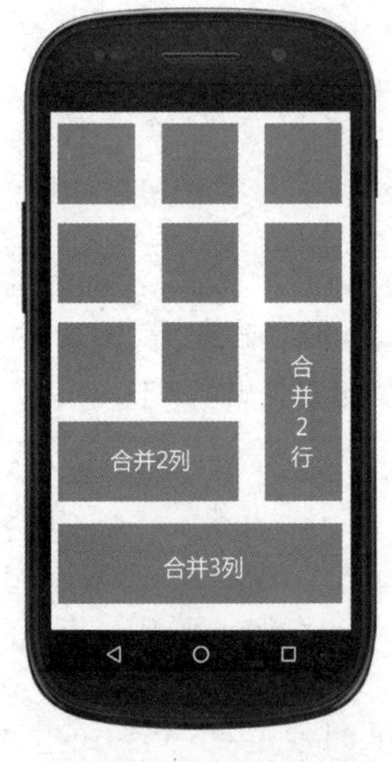

图 6-15　网格布局示意图

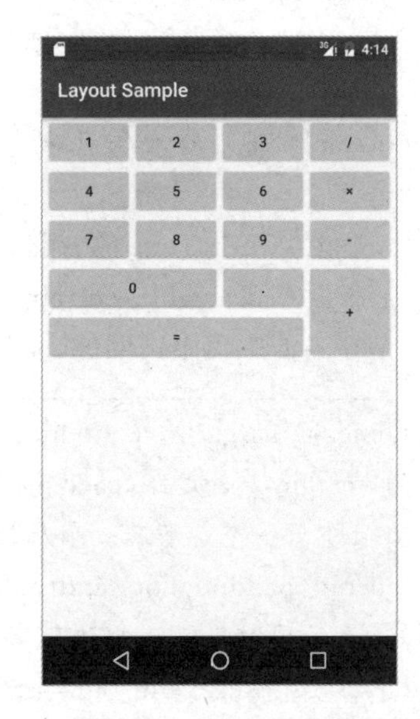

图 6-16　网格布局实例

布局文件 activity_main.xml 代码如下：

```
<?xml version = "1.0" encoding = "utf - 8"?>
< GridLayout xmlns:android = "http://schemas.android.com/apk/res/android"
    android:layout_width = "wrap_content"
    android:layout_height = "wrap_content"
    android:layout_gravity = "center_horizontal"
    android:columnCount = "4"              //设置列数
    android:orientation = "horizontal"     //设置网格排列方向                    ①
    android:rowCount = "5">                //设置行数

    < Button
        android:id = "@ + id/one"
        android:text = "1" />
    …

    < Button
        android:id = "@ + id/six"
        android:text = "6" />

    < Button
        android:id = "@ + id/multiply"
        android:text = " × " />

    < Button
        android:id = "@ + id/seven"
        android:text = "7" />

    < Button
        android:id = "@ + id/eight"
        android:text = "8" />

    < Button
        android:id = "@ + id/nine"
        android:text = "9" />

    < Button
        android:id = "@ + id/minus"
        android:text = " - " />

    < Button
        android:id = "@ + id/zero"
        android:layout_columnSpan = "2"                                              ②
        android:layout_gravity = "fill"
        android:text = "0" />

    < Button
        android:id = "@ + id/point"
        android:text = "." />

    < Button
        android:id = "@ + id/plus"
        android:layout_gravity = "fill"
        android:layout_rowSpan = "2"                                                 ③
```

```
            android:text = " + " />

        <Button
            android:id = "@ + id/equal"
            android:layout_columnSpan = "3"                                    ④
            android:layout_gravity = "fill"
            android:text = " = " />
</GridLayout>
```

代码第①行 android:orientation="horizontal"属性是设置网格排列方向,horizontal 是水平,vertical 是垂直。代码第②行 android:layout_columnSpan="2"是设置第 4 行的第 1 列与第 2 列合并。代码第③行 android:layout_rowSpan="2"是设置第 4 列的第 4 行与第 5 行合并。代码第④行 android:layout_columnSpan="3"是设置第 5 行的第 1、2、3 列合并。

注意 设置合并单元格,一般需要设置 android:layout_gravity="fill",这种设置可以将控件填充整个合并的单元格。

6.2.9 实例 2:布局嵌套实现登录界面

各个布局之间可以嵌套,也可以使用< include >标签载入已定义好的另一个布局文件。如图 6-9 所示的登录界面也可以采用< include >布局嵌套实现。

本例有 4 个布局文件,主布局文件只有一个 activity_main.xml,代码如下:

```
<?xml version = "1.0" encoding = "utf - 8"?>
<LinearLayout xmlns:android = "http://schemas.android.com/apk/res/android"
    android:layout_width = "match_parent"
    android:layout_height = "match_parent"
    android:orientation = "vertical">

    <TextView
        android:layout_width = "match_parent"
        android:layout_height = "wrap_content"
        android:gravity = "center"
        android:text = "@string/title"
        android:textSize = "20sp" />

    <include
        android:id = "@ + id/include01"                                     ①
        layout = "@layout/layoutcase1" />                                    ②

    <include
        android:id = "@ + id/include02"
        layout = "@layout/layoutcase2" />                                    ③

    <include
        android:id = "@ + id/include03"
        layout = "@layout/layoutcase3" />                                    ④

</LinearLayout>
```

代码第①~④行是载入三个布局文件。代码第①行指定 id 属性,代码第②行是加载

layoutcase1. xml 文件。layoutcase1. xml 代码如下：

```
<?xml version = "1.0" encoding = "utf - 8"?>
<LinearLayout xmlns:android = "http://schemas.android.com/apk/res/android"
    android:layout_width = "match_parent"
    android:layout_height = "wrap_content"
    android:orientation = "horizontal">

    <TextView
        android:layout_width = "wrap_content"
        android:layout_height = "wrap_content"
        android:text = "@string/username"
        android:textSize = "15sp" />

    <EditText
        android:layout_width = "match_parent"
        android:layout_height = "wrap_content" />
</LinearLayout>
```

layoutcase2. xml 代码如下：

```
<?xml version = "1.0" encoding = "utf - 8"?>
<LinearLayout xmlns:android = "http://schemas.android.com/apk/res/android"
    android:layout_width = "match_parent"
    android:layout_height = "wrap_content"
    android:orientation = "horizontal">

    <TextView
        android:layout_width = "wrap_content"
        android:layout_height = "wrap_content"
        android:text = "@string/password"
        android:textSize = "15sp" />

    <EditText
        android:layout_width = "match_parent"
        android:layout_height = "wrap_content"
        android:inputType = "textPassword" />

</LinearLayout>
```

layoutcase3. xml 代码如下：

```
<?xml version = "1.0" encoding = "utf - 8"?>
<LinearLayout xmlns:android = "http://schemas.android.com/apk/res/android"
    android:layout_width = "match_parent"
    android:layout_height = "wrap_content"
    android:orientation = "horizontal">

    <Button
        android:layout_width = "wrap_content"
        android:layout_height = "wrap_content"
        android:layout_weight = "1"
        android:text = "@string/login" />

    <Button
```

```
        android:layout_width = "wrap_content"
        android:layout_height = "wrap_content"
        android:layout_weight = "1"
        android:text = "@string/register" />
</LinearLayout>
```

这些布局文件比较简单，这里就不再赘述了。

6.3 屏幕旋转问题

在 Android 中，有些应用在横屏(Landscape)和竖屏(Portrait)的时候，采用不同的布局，如图 6-17 所示为 Android 计算器，在竖屏的时候是简单计算功能，而在横屏的时候是带有科学计算法的功能。

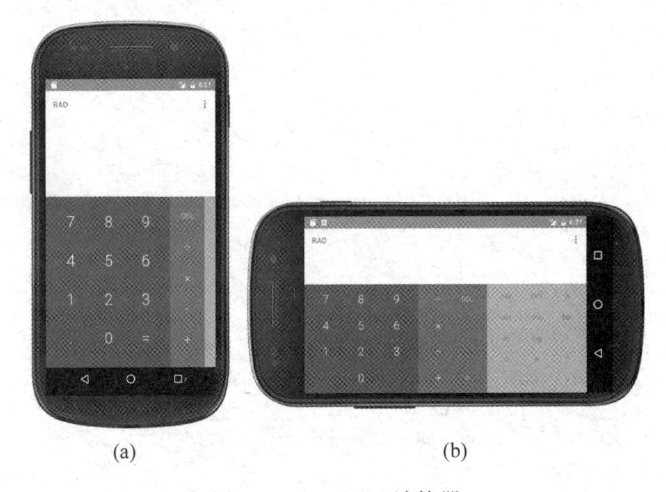

(a) (b)

图 6-17 Android 计算器

提示 在移动开发中，横屏英文单词是 Landscape，竖屏英文单词是 Portrait。Landscape 本意是风景画，Portrait 本意是肖像画。由于在油画中风景画是横幅的，而肖像画是竖幅的，因此 Landscape 暗示横屏，Portrait 暗示竖屏。

6.3.1 解决方案

为了实现不同的布局，至少需要定义两个布局文件，然后在程序中加载不同的布局文件，或者是采用代码方式创建两套布局文件。

解决问题的核心是：如何判断当前设备处于横屏还是竖屏。

下面的语句判断设备处于横屏或竖屏状态：

```
this.getResources().getConfiguration().orientation == Configuration.ORIENTATION_PORTRAIT
```

this 是当前 Activity，getResources(). getConfiguration(). orientation 表达式可以设备朝向。设备朝向常量有三个：

- ❑ Configuration. ORIENTATION_PORTRAIT。常量是设备处于竖屏状态。

- Configuration. ORIENTATION_LANDSCAPE。常量是设备处于横竖屏状态。
- Configuration. ORIENTATION_UNDEFINED。常量是设备处于未知状态。

Activity 参考代码如下：

```
public class MainActivity extends AppCompatActivity {

    @Override
    protected void onCreate(Bundle savedInstanceState) {
        super.onCreate(savedInstanceState);
        if (this.getResources().getConfiguration().orientation
                    == Configuration.ORIENTATION_PORTRAIT) {
            //加载竖屏
        } else {
            //加载横屏
        }
    }

}
```

6.3.2 实例：加载不同布局文件

加载不同布局文件的实例如图 6-18 所示，在竖屏时控件上下摆放，见图 6-18(a)，在竖屏时控件左右摆放，见图 6-18(b)。

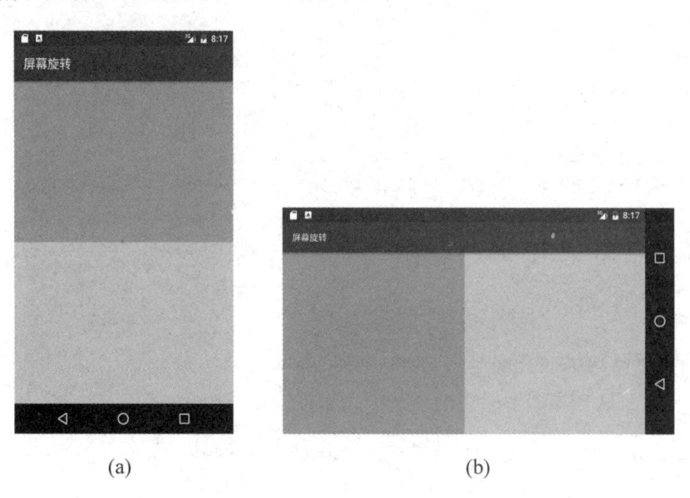

(a) (b)

图 6-18 加载不同布局文件实例

竖屏布局文件 portrait. xml 代码如下：

```
<?xml version = "1.0" encoding = "utf - 8"?>
<LinearLayout xmlns:android = "http://schemas.android.com/apk/res/android"
    android:layout_width = "match_parent"
    android:layout_height = "match_parent"
    android:orientation = "vertical">

    <TextView
        android:layout_width = "match_parent"
        android:layout_height = "match_parent"
```

```
            android:background = "@color/accent_material_dark"
            android:layout_weight = "1" />

        < TextView
            android:layout_width = "match_parent"
            android:layout_height = "match_parent"
            android:background = "@color/button_material_light"
            android:layout_weight = "1" />

</LinearLayout >
```

横屏布局文件 landscapet.xml 代码如下：

```
<?xml version = "1.0" encoding = "utf - 8"?>
< LinearLayout xmlns:android = "http://schemas.android.com/apk/res/android"
    android:layout_width = "match_parent"
    android:layout_height = "match_parent"
    android:orientation = "horizontal">

    < TextView
        android:layout_width = "match_parent"
        android:layout_height = "match_parent"
        android:layout_weight = "1"
        android:background = "@color/accent_material_dark" />

    < TextView
        android:layout_width = "match_parent"
        android:layout_height = "match_parent"
        android:layout_weight = "1"
        android:background = "@color/button_material_light" />

</LinearLayout >
```

MainActivity 代码如下：

```
public class MainActivity extends AppCompatActivity {

    @Override
    protected void onCreate(Bundle savedInstanceState) {
        super.onCreate(savedInstanceState);
        if (this.getResources().getConfiguration().orientation
                    == Configuration.ORIENTATION_PORTRAIT) {
            //竖屏
            setContentView(R.layout.portrait);
        } else {
            //横屏
            setContentView(R.layout.landscape);
        }
    }

}
```

Activity 中当 setContentView()可以重新加载布局文件。

本章总结

本章首先介绍了 Android 界面布局设计模式；然后介绍类布局管理，重点介绍了其中的 4 种常用布局以及布局嵌套；最后探讨了屏幕旋转时涉及的问题，以及解决方案。

本章练习题

1. Android 界面布局设计模式有哪些？
2. 请列举几个 Android 界面布局。
3. 描述 Android 设备朝向常量有哪些，并解释说明。

第7章 Android 简单控件

本章介绍 Android 简单控件，按钮如图 7-1 所示，这些控件类直接或间接继承了 android. view. View 类的控件，主要包括 TextView、EditText、RadioButton、CheckButton、ImageView、进度栏和拖动栏。

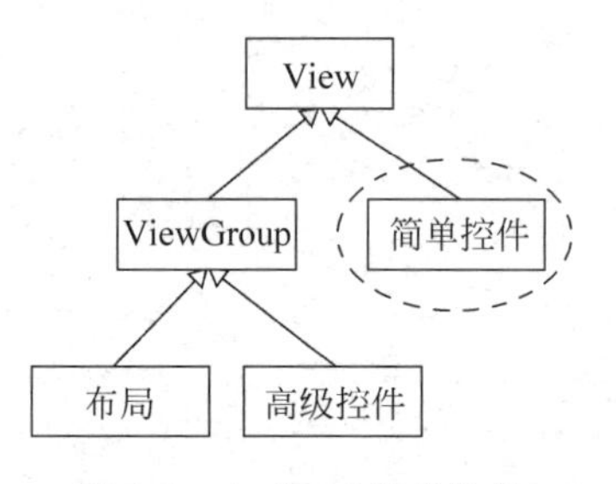

图 7-1 Android 简单控件

7.1 按钮

按钮的作用是接收用户单击事件，并执行操作的控件。Android 按钮有 Button、ImageButton 和 ToggleButton 三种主要形式。

7.1.1 Button

Button 是能够显示文本的普通按钮，默认样式为直角设计，如图 7-2 所示。

它的对应类是 android. widget. Button，类图如图 7-3 所示，从图中可见 android. widget. Button 继承了 android. widget. TextView，TextView 是显示文本的控件，这说明 Button 是一种显示文本按钮。android:text 属性可以设置 Button 按钮上显示的文本。

7.1.2 ImageButton

ImageButton 是一种带有图片的按钮，它默认样式也为直角设计，但是显示的不是文本而是图片。

ImageButton 对应类是 android. widget. ImageButton，类图如图 7-4 所示，从图中可见 android. widget. ImageButton 继承了 android. widget. ImageView，ImageView 是显示图片的控

件，这说明 ImageButton 是一种显示图片按钮。android:src 属性可以设置 ImageButton 按钮上显示的图片。

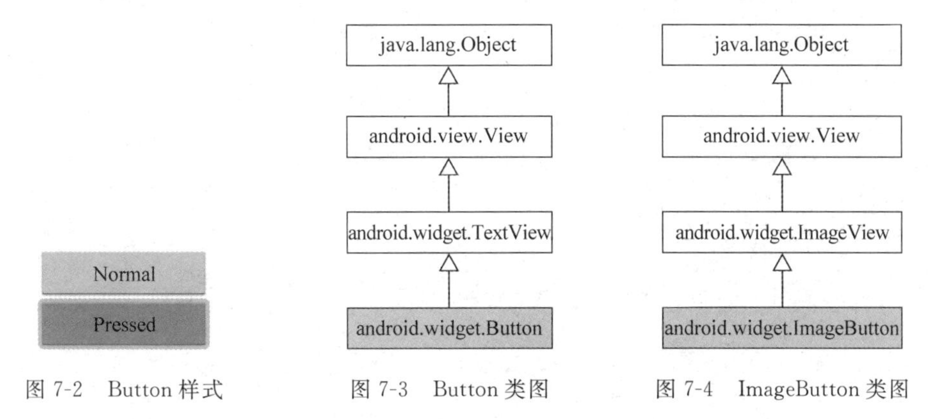

图 7-2 Button 样式　　图 7-3 Button 类图　　图 7-4 ImageButton 类图

7.1.3 ToggleButton

ToggleButton 是一种可以显示两种状态的按钮，ToggleButton 上的文本默认情况下显示 OFF 或 ON，如图 7-5 所示，这些文本是由系统提供的，会根据设备设置的语言习惯而实现本地化，因此在手机设置为中文语言习惯时，会看到 ToggleButton 上显示的文本是“关闭”或“开启”。当然可以自定义两种状态的显示文本，可以通过 android:textOn 和 android:textOff 属性设置文本。

ToggleButton 对应类是 android.widget.ToggleButton，类图如图 7-6 所示，从图中可见 android.widget.ToggleButton 继承了 android.widget.Button。

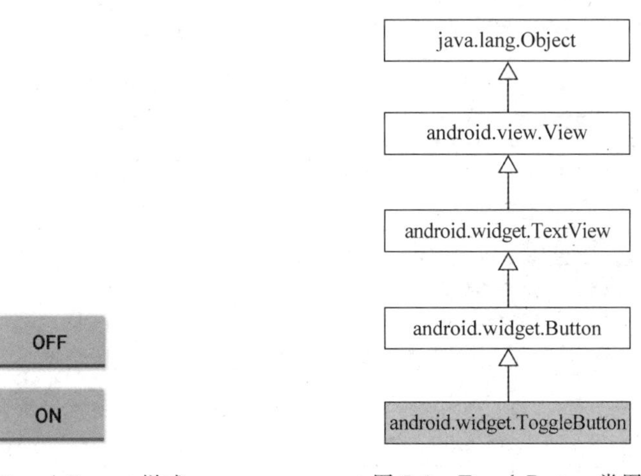

图 7-5 ToggleButton 样式　　图 7-6 ToggleButton 类图

7.1.4 实例：ButtonSample

下面通过一个实例介绍 Button、ImageButton 和 ToggleButton 三种按钮。如图 7-7 所示，屏幕中分别有 Button、ImageButton 和 ToggleButton 三个按钮。但单击某个按钮，屏幕最上边的标签显示的内容会被修改。

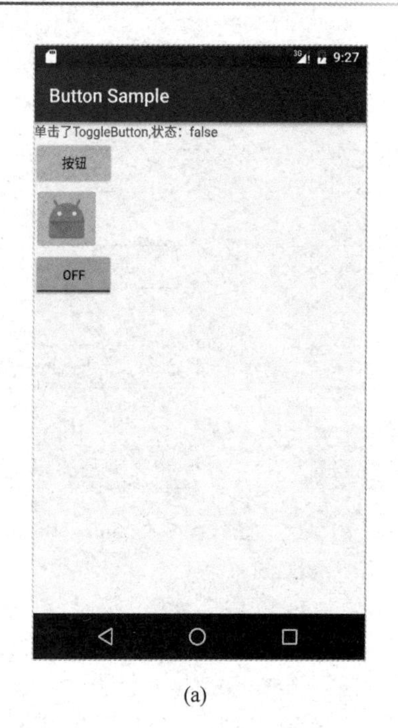

(a)

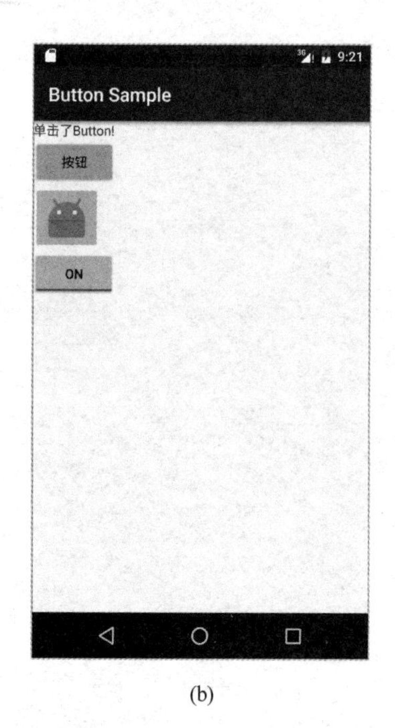

(b)

图 7-7 ButtonSample 实例运行效果

布局文件 activity_main. xml 代码如下：

```
<?xml version = "1.0" encoding = "utf - 8"?>
<LinearLayout xmlns:android = "http://schemas.android.com/apk/res/android"
    android:layout_width = "match_parent"
    android:layout_height = "match_parent"
    android:orientation = "vertical">

    <TextView                                        //用来显示按钮单击后的状态
        android:id = "@ + id/textView"
        android:layout_width = "wrap_content"
        android:layout_height = "wrap_content" />

    <Button                                          //声明 Button 按钮
        android:id = "@ + id/button"
        android:layout_width = "wrap_content"
        android:layout_height = "wrap_content"
        android:text = "@string/button" />

    <ImageButton                                     //声明 ImageButton 按钮
        android:id = "@ + id/imageButton"
        android:layout_width = "wrap_content"
        android:layout_height = "wrap_content"
        android:src = "@mipmap/ic_launcher" />                                   ①

    <ToggleButton                                    //声明 ToggleButton 按钮
        android:id = "@ + id/toggleButton"
        android:layout_width = "wrap_content"
        android:layout_height = "wrap_content" />

</LinearLayout>
```

上述布局采用垂直的线性布局，其中包含4个控件，一个标签(TextView)和三个按钮。ImageButton按钮代码第①行android:src="@mipmap/ic_launcher"是为按钮设置显示的图片，android:src属性是图片来源，"@mipmap/ic_launcher"是放置在res/mipmap目录中的ic_launcher.png图标。

MainActivity.java代码如下：

```
public class MainActivity extends AppCompatActivity {

    @Override
    protected void onCreate(Bundle savedInstanceState) {
        super.onCreate(savedInstanceState);
        setContentView(R.layout.activity_main);

        final TextView text = (TextView) findViewById(R.id.textView);

        Button button = (Button) findViewById(R.id.button);                    ①
        button.setOnClickListener(new View.OnClickListener() {                 ②
            @Override
            public void onClick(View v) {
                text.setText("单击了 Button!");
            }
        });                                                                    ③

        ImageButton imageButton = (ImageButton) findViewById(R.id.imageButton);
        imageButton.setOnClickListener(new View.OnClickListener() {
            @Override
            public void onClick(View v) {
                text.setText("单击了 ImageButton!");
            }
        });

        final ToggleButton toggleButton = (ToggleButton) findViewById(R.id.toggleButton);
        toggleButton.setOnClickListener(new View.OnClickListener() {
            @Override
            public void onClick(View v) {
                text.setText("单击了 ToggleButton,状态: "
                        + String.valueOf(toggleButton.isChecked()));           ④
            }
        });
    }
}
```

上述代码第①行是通过findViewById(R.id.button)方法是查找Button对象，它是通过布局文件中声明的控件id查找的，获得Button对象之后，再定义它的事件处理。代码第②行～第③行是事件处理代码，采用匿名内部类实现。关于事件处理读者可以参考第5章。另外两个按钮事件处理与Button类似，这里就不再赘述。

在代码第④行中的toggleButton.isChecked()方法是获得ToggleButton的状态，返回布尔值，即true或false。

7.2 标签

在Android中的标签控件是TextView，它是只读的，不能修改，一般用于显示一些信息。TextView的对应类是android.widget.TextView，类图如图7-8所示，从图中可见

android. widget. TextView 继承了 android. widget. View。

在 7.1 节的 ButtonSample 实例布局文件 activity_main. xml 中 TextView 控件的声明代码如下：

```
<TextView
    android:id = "@ + id/textView"
    android:layout_width = "wrap_content"
    android:layout_height = "wrap_content" />
```

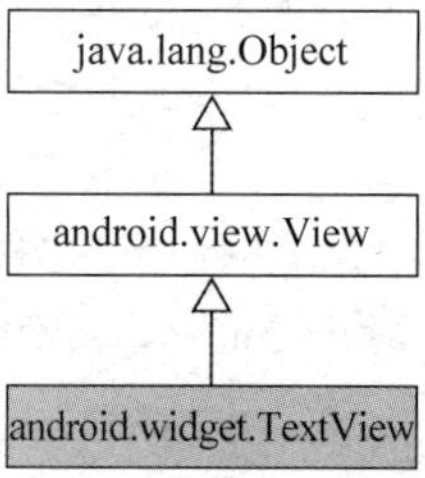

java.lang.Object

android.view.View

android.widget.TextView

图 7-8 TextView 类图

程序代码中获得 TextView 对象的相关代码如下：

```
final TextView text = (TextView) findViewById(R.id.TextView01);
```

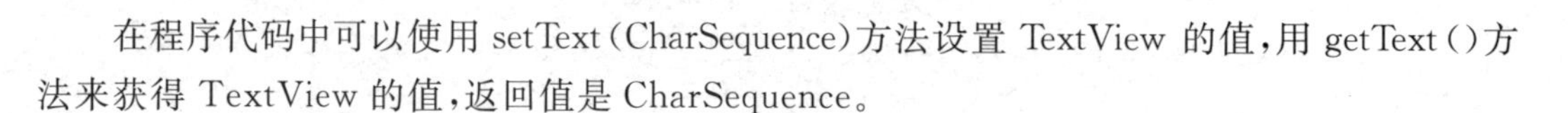

在程序代码中可以使用 setText (CharSequence)方法设置 TextView 的值，用 getText ()方法来获得 TextView 的值，返回值是 CharSequence。

提示 Java 中的 java. lang. CharSequence 是字符序列接口，它提供了一些字符相关的常用方法，例如 length()和 charAt(int index)等几个 API 接口。String、StringBuffer 和 StringBuilder 都实现了 CharSequence 接口。

7.3 文本框

Android 中的文本框控件是 EditText，用来收集输入文本信息与展示文本信息。默认情况下，文本框样式如图 7-9 中的 Email address 控件所示。注意，它只有下边框。

EditText 的对应类是 android. widget. EditText，类图如图 7-10 所示，从图中可见 android. widget. EditText 继承了 android. widget. TextView。

图 7-9 EditText 默认样式

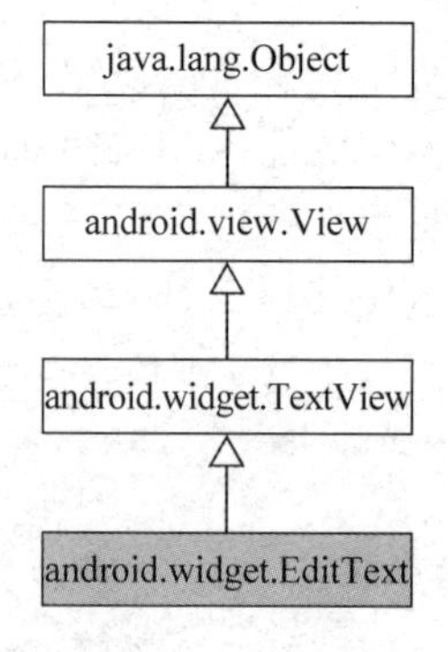

图 7-10 EditText 类图

7.3.1　文本框相关属性

EditText 有很多属性，以下是文本框特有属性：

- android:maxLines。设置显示最大行数。
- android:minLines。设置至少显示行数。
- android:inputType。设置输入类型，目前有 32 种不同类型可以输入。例如，textPassword 控制输入的内容密码显示；phone 控制弹出的键盘电话拨号键盘。
- android:hint。文本框中的提示文本，当文本框没有输入任何内容的时候，该属性设置的内容呈浅灰色显示。
- android:textColorHint。设置提示文本的显示颜色，默认值是浅灰色。
- android:singleLine。设置是否单行输入。默认情况下文本框是可以输入多行的，通过设置该属性为 true，使文本框只能单行输入。
- android:background。设置文本框背景。

7.3.2　实例 1：用户登录

图 7-11 是用户登录实例，屏幕中有两个文本框和一个登录按钮，第一个文本框是用户名，第二个文本框是密码输入框架。

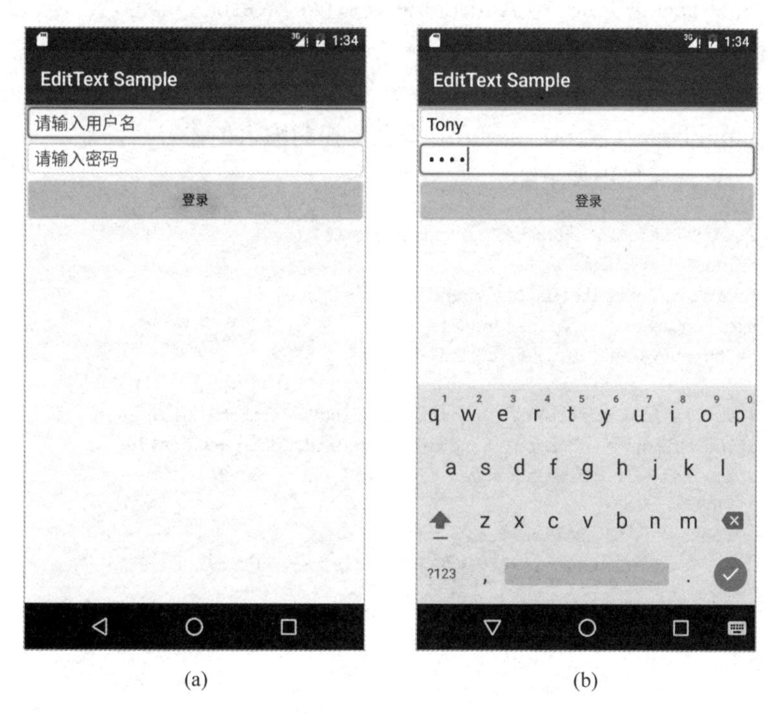

图 7-11　用户登录实例

布局文件 activity_main.xml 的代码如下：

```
<?xml version = "1.0" encoding = "utf - 8"?>
< LinearLayout xmlns:android = "http://schemas.android.com/apk/res/android"
    android:layout_width = "match_parent"
```

```
    android:layout_height = "match_parent"
    android:orientation = "vertical">
    <EditText
        android:id = "@ + id/username"
        android:layout_width = "match_parent"
        android:layout_height = "wrap_content"
        android:background = "@android:drawable/editbox_background"       ①
        android:hint = "请输入用户名" />                                    ②
    <EditText
        android:id = "@ + id/pwd"
        android:layout_width = "match_parent"
        android:layout_height = "wrap_content"
        android:background = "@android:drawable/editbox_background"       ③
        android:hint = "请输入密码"                                         ④
        android:inputType = "textPassword" />                              ⑤
    <Button
        android:id = "@ + id/login_button"
        android:layout_width = "match_parent"
        android:layout_height = "wrap_content"
        android:text = "@string/button" />
</LinearLayout>
```

上述代码第①行和第③行是设置 android:background 属性，其中取值"@android:drawable/editbox_background"是 Android 框架提供的 editbox_background.xml，设置该属性之后，文本框周围有边框，并且当文本框获得焦点时边框会显示为黄色，如图 7-11 所示。

代码第②行和第④行设置 android:hint 属性，图 7-11 是显示淡灰色提示信息。代码第⑤行 android:inputType="textPassword"是设置控制输入的内容密码显示。

MainActivity.java 代码如下：

```
public class MainActivity extends AppCompatActivity {
    @Override
    protected void onCreate(Bundle savedInstanceState) {
        super.onCreate(savedInstanceState);
        setContentView(R.layout.activity_main);

        final EditText edittext = (EditText) findViewById(R.id.username);    ①
        Button button = (Button) findViewById(R.id.login_button);
        button.setOnClickListener(new View.OnClickListener() {
            @Override
            public void onClick(View v) {
                edittext.setText("你好我是 EditText!");                       ②
            }
        });
    }
}
```

上述代码第①行是通过 findViewById(R.id.username)方法查找 EditText 对象。

在程序代码中，可以使用 setText(CharSequence)方法设置 EditText 值，用 getText()方法来获得 EditText 的值，返回值是 android.text.Editable 接口类型，Editable 继承 CharSequence 接口。

提示　android.text.Editable 是 Android 提供的，与 String 没有任何关系，可通过 toString()实现 Editable 转换为 String。示例代码如下：

```
Editable newTxt = (Editable) edittext.getText();
String newString = newTxt.toString();
```

7.3.3　实例 2：文本框输入控制

EditText 控件还有很多输入控制属性，下面通过如图 7-12 所示的实例介绍输入控制的相关属性。

布局文件 activity_main.xml 代码中“最大行数 3” EditText 相关代码如下：

```
<?xml version = "1.0" encoding = "utf - 8"?>
<LinearLayout xmlns:android = "http://schemas.android.com/apk/res/android"
    android:layout_width = "match_parent"
    android:layout_height = "match_parent"
    android:orientation = "vertical">
    <EditText
        android:layout_width = "match_parent"
        android:layout_height = "wrap_content"
        android:hint = "最大行数 3"
        android:maxLines = "3" />                                   ①
    …
</LinearLayout>
```

上述代码第①行 android:maxLines="3"是设置显示 3 行文本，如图 7-13 所示，虽然输入多行文本，但是只是显示 3 行文本。

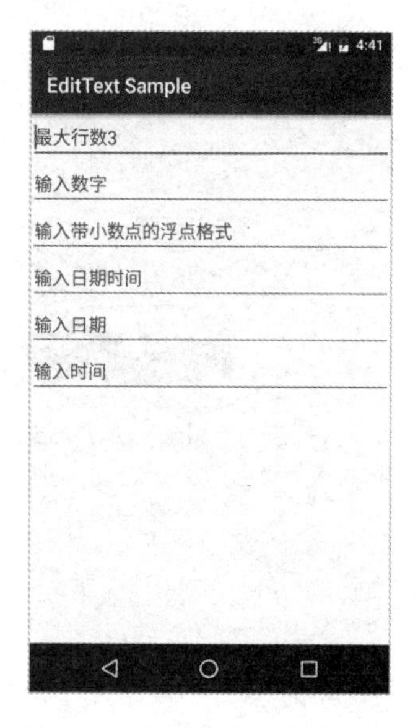

图 7-12　文本框输入控制实例

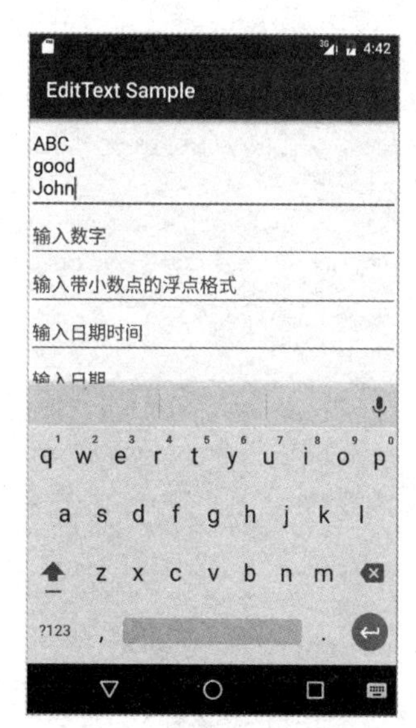

图 7-13　设置显示 3 行文本

布局文件 activity_main.xml 代码中输入数字的 EditText 相关代码如下：

```
<?xml version = "1.0" encoding = "utf - 8"?>
<LinearLayout xmlns:android = "http://schemas.android.com/apk/res/android"
    android:layout_width = "match_parent"
    android:layout_height = "match_parent"
    android:orientation = "vertical">
    …
    <EditText
        android:layout_width = "match_parent"
        android:layout_height = "wrap_content"
        android:hint = "输入数字"
        android:inputType = "number"                                    ①
        android:singleLine = "true" />

    <EditText
        android:layout_width = "match_parent"
        android:layout_height = "wrap_content"
        android:hint = "输入带小数点的浮点格式"
        android:inputType = "numberDecimal"                             ②
        android:singleLine = "true" />
    …
</LinearLayout>
```

代码第①行 android:inputType="number"是设置输入数字，弹出数字键盘(见图 7-14)，虽然键盘上有小数点和负数但不能输入，只能输入数字。代码第②行 android:inputType="numberDecimal"是设置输入带小数点的浮点，弹出 android:inputType="number"一样的数字键盘(见图 7-14)。

图 7-14 设置输入数字

布局文件 activity_main.xml 代码中输入日期时间的 EditText 相关代码如下：

```
<?xml version = "1.0" encoding = "utf - 8"?>
<LinearLayout xmlns:android = "http://schemas.android.com/
apk/res/android"
    android:layout_width = "match_parent"
    android:layout_height = "match_parent"
    android:orientation = "vertical">
    …
    <EditText
        android:layout_width = "match_parent"
        android:layout_height = "wrap_content"
        android:hint = "输入日期时间"
        android:inputType = "datetime"                                  ①
        android:singleLine = "true" />
    <EditText
        android:layout_width = "match_parent"
        android:layout_height = "wrap_content"
        android:hint = "输入日期"
        android:inputType = "date"                                      ②
        android:singleLine = "true" />
    <EditText
```

```
        android:layout_width = "match_parent"
        android:layout_height = "wrap_content"
        android:hint = "输入时间"
        android:inputType = "time"                                    ③
        android:singleLine = "true" />
    ...
</LinearLayout>
```

代码第①行 android:inputType="datetime"是设置输入日期与时间，弹出日期与时间键盘(见图 7-15(a))。代码第②行 android:inputType="date"是设置输入日期，弹出日期键盘(见图 7-15(b))。代码第③行 android:inputType="time"是设置输入时间，弹出时间键盘(见图 7-15(c))。从图 7-15 可见日期时间、日期和时间键盘差别只在于左下脚键不同。

(a)　(b)　(c)

图 7-15　设置输入日期与时间

7.4　单选按钮

从一组选项中选择一个，不能多选，同一组中的选项是互斥的，这种控件叫作"单选按钮"，由于非常像老式收音机的按钮，只要按下一个其他的按钮就会弹起，因此也称为"收音机按钮"。

7.4.1　RadioButton

在 Android 中，"单选按钮"是 RadioButton，RadioButton 的默认样式如图 7-16 所示。为了将多个 RadioButton 放置在一组中，使其具有互斥性，需要将这些 RadioButton 放置在一个 RadioGroup 中。

RadioButton 对应类是 android. widget. RadioButton，类图如图 7-17 所示，从图中可见 android. widget. RadioButton 继承了 android. widget. Button，这说明 RadioButton 是一种按钮。RadioButton 有一个特有属性 android:checked，该属性用了设置 RadioButton 的选中状态，它是一个布尔值，true 表示选中，false 表示未选中。

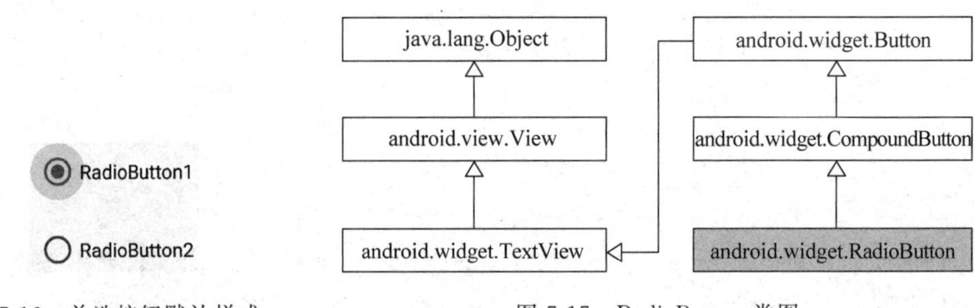

图 7-16　单选按钮默认样式　　图 7-17　RadioButton 类图

7.4.2　RadioGroup

android. widget. RadioGroup 是一个视图组(ViewGrop),它是 RadioButton 的容器,只有放到同一 RadioGroup 中的 RadioButton 才能产生互斥的效果,android. widget. RadioGroup 类图如图 7-18 所示,从类图中可见 android. widget. RadioGroup 属于线性布局。

7.4.3　实例:使用单选按钮

图 7-19 是使用单选按钮的实例,在屏幕上出现了两组 RadioButton,在同一组内的 RadioButton(男和女之间,英语和德语之间)是互斥性,不同组之间没有关系。

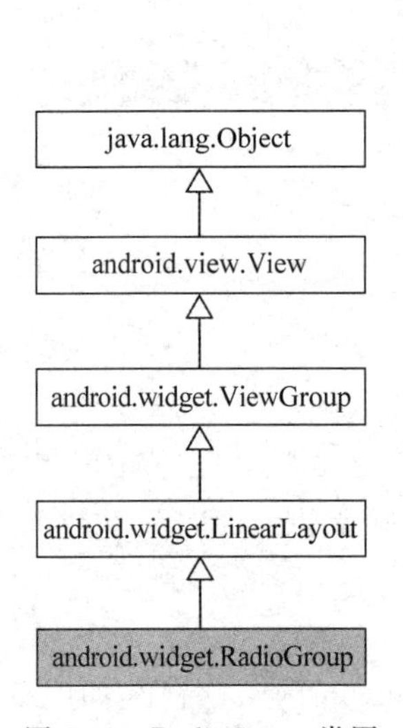

图 7-18　RadioGroup 类图

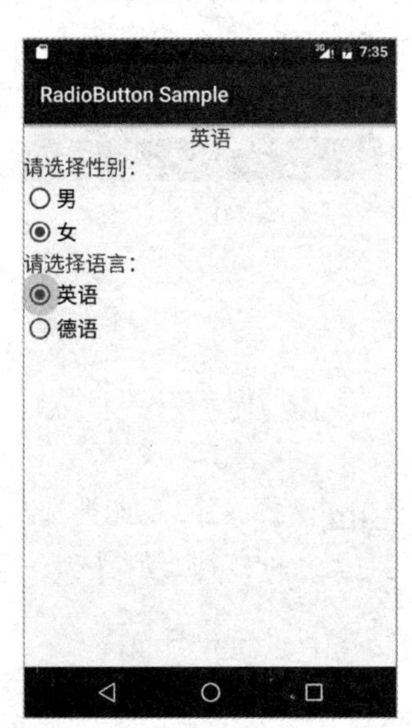

图 7-19　单选按钮实例

布局文件 activity_main. xml 代码如下:

```
<?xml version = "1.0" encoding = "utf - 8"?>
< LinearLayout xmlns:android = "http://schemas.android.com/apk/res/android"
    android:layout_width = "match_parent"
    android:layout_height = "match_parent"
    android:orientation = "vertical">
```

```
…
<RadioGroup                                                          ①
    android:id="@+id/RadioGroup1"
    android:layout_width="wrap_content"
    android:layout_height="wrap_content">
    <RadioButton                                                     ②
        android:id="@+id/RadioButton11"
        android:layout_width="wrap_content"
        android:layout_height="wrap_content"
        android:checked="true"                                       ③
        android:text="@string/male"
        android:textSize="@dimen/size" />
    <RadioButton                                                     ④
        android:id="@+id/RadioButton2"
        android:layout_width="wrap_content"
        android:layout_height="wrap_content"
        android:text="@string/female"
        android:textSize="@dimen/size" />
</RadioGroup>
…
<RadioGroup                                                          ⑤
    android:id="@+id/RadioGroup2"
    android:layout_width="wrap_content"
    android:layout_height="wrap_content">
    <RadioButton                                                     ⑥
        android:id="@+id/RadioButton3"
        android:layout_width="wrap_content"
        android:layout_height="wrap_content"
        android:checked="true"                                       ⑦
        android:text="@string/lang_1"
        android:textSize="@dimen/size" />
    <RadioButton                                                     ⑧
        android:id="@+id/RadioButton4"
        android:layout_width="wrap_content"
        android:layout_height="wrap_content"
        android:text="@string/lang_2"
        android:textSize="@dimen/size" />
</RadioGroup>
</LinearLayout>
```

在布局文件中声明了两个 RadioGroup，见代码第①行和第⑤行。RadioGroup 是线性布局，每一个 RadioGroup 中有两个 RadioButton。

第一个 RadioGroup 中的代码第②行声明“男”RadioButton，代码第③行 android:checked="true"是设置选中，代码第④行声明“女” RadioButton。

第二个 RadioGroup 中的代码第⑥行声明“英语”RadioButton，代码第⑦行 android:checked="true"是设置选中，代码第⑧行声明“德语”RadioButton。

MainActivity.java 代码如下：

```
public class MainActivity extends AppCompatActivity
        implements RadioGroup.OnCheckedChangeListener {                ①

    RadioGroup mRadioGroup1;
```

```
    RadioGroup mRadioGroup2;
    TextView mTextView;

    @Override
    protected void onCreate(Bundle savedInstanceState) {
        super.onCreate(savedInstanceState);
        setContentView(R.layout.activity_main);
        mTextView = (TextView) findViewById(R.id.TextView01);
        //注册 RadioGroup1 监听器
        mRadioGroup1 = (RadioGroup) findViewById(R.id.RadioGroup1);
        mRadioGroup1.setOnCheckedChangeListener(this);                          ②
        //注册 RadioGroup2 监听器
        mRadioGroup2 = (RadioGroup) findViewById(R.id.RadioGroup2);
        mRadioGroup2.setOnCheckedChangeListener(this);                          ③
    }

    @Override
    public void onCheckedChanged(RadioGroup rdp, int checkedId) {              ④
        switch (rdp.getId()) {                                                  ⑤
            case R.id.RadioGroup1:
                RadioButton rb1 = (RadioButton)findViewById(checkedId);         ⑥
                mTextView.setText(rb1.getText());                               ⑦
                break;
            case R.id.RadioGroup2:
                RadioButton rb2 = (RadioButton)findViewById(checkedId);
                mTextView.setText(rb2.getText());
        }
    }
}
```

上述代码第①行是声明 MainActivity 实现 RadioGroup.OnCheckedChangeListener 接口，这样 MainActivity 就成为了 RadioGroup 事件监听器，该接口要求实现代码第④行的 onCheckedChanged 方法。代码第②行注册当前 MainActivity 作为 RadioGroup1 监听器，代码第③行注册 MainActivity 作为 RadioGroup2 监听器。

由于 RadioGroup1 和 RadioGroup2 监听器都是 MainActivity，因此在代码第④行的事件处理方法 onCheckedChanged(RadioGroup rdp, int checkedId)中，需要区分事件源是 RadioGroup1 还是 RadioGroup2，其中方法 rdp 参数就是事件源，checkedId 参数是选中的 RadioButton id。代码第⑤行 rdp.getId()是获得 RadioGroup 的 id，通过 id 进行比较是否等于 R.id.RadioGroup1 或 R.id.RadioGroup2，则可以判断事件源是哪个 RadioGroup。由于 id 是整数，所以可以使用 switch 语句。

代码第⑥行 findViewById 方法查找 id 为 checkedId 的 RadioButton 对象。

7.5 复选框

“复选框”有两个用途：一是多个“选项”，可以为用户提供多个选择项；二是单个“选项”，可以为用户提供两种状态切换的控件，类似于 ToggleButton 和 Switch。

7.5.1 CheckBox

在 Android 中，“复选框”是 CheckBox，CheckBox 默认样式如图 7-20 所示。

CheckBox 对应类是 android. widget. CheckBox，类图如图 7-21 所示，从图中可见 android. widget. CheckBox 继承了 android. widget. Button，这说明 CheckBox 是一种按钮。CheckBox 有一个特有属性 android:checked，该属性设置 CheckBox 的选中状态。它是一个布尔值，true 表示选中，false 表示未选中。

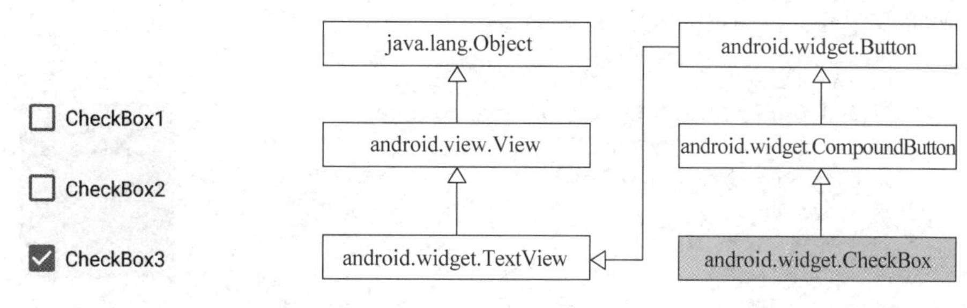

图 7-20 CheckBox 默认样式

图 7-21 CheckBox 类图

7.5.2 实例：使用复选框

图 7-22 是使用复选框实例，在屏幕上出现了 4 个 CheckBox 选项，可以单击进行选择。布局文件 activity_main. xml 代码如下：

```
<?xml version = "1.0" encoding = "utf - 8"?>
< LinearLayout xmlns: android = " http://schemas. android. com/
apk/res/android"
    android: layout_width = "match_parent"
    android: layout_height = "match_parent"
    android: orientation = "vertical">
    …
    < CheckBox
        android: id = "@ + id/CheckBox01"
        android: layout_width = "wrap_content"
        android: layout_height = "wrap_content"
        android: checked = "true"                          ①
        android: text = "@string/checkBox01"
        android: textSize = "@dimen/size" />
    < CheckBox
        android: id = "@ + id/CheckBox02"
        android: layout_width = "wrap_content"
        android: layout_height = "wrap_content"
        android: text = "@string/checkBox02"
        android: textSize = "@dimen/size" />
    < CheckBox
        android: id = "@ + id/CheckBox03"
        android: layout_width = "wrap_content"
        android: layout_height = "wrap_content"
        android: text = "@string/checkBox03"
        android: textSize = "@dimen/size" />
    < CheckBox
        android: id = "@ + id/CheckBox04"
        android: layout_width = "wrap_content"
        android: layout_height = "wrap_content"
        android: text = "@string/checkBox04"
```

图 7-22 使用复选框实例

```
        android:textSize="@dimen/size" />
</LinearLayout>
```

在布局文件中声明了 4 个 CheckBox，代码第①行 android:checked="true"是设置 CheckBox01 复选框被选中。

MainActivity.java 代码如下：

```
public class MainActivity extends AppCompatActivity
        implements CompoundButton.OnCheckedChangeListener {                    ①

    CheckBox mCheckbox1, mCheckbox2, mCheckbox3, mCheckbox4;
    TextView mTextView;

    @Override
    protected void onCreate(Bundle savedInstanceState) {
        super.onCreate(savedInstanceState);
        setContentView(R.layout.activity_main);

        mTextView = (TextView) findViewById(R.id.TextView01);
        //注册 CheckBox01 监听器
        mCheckbox1 = (CheckBox) findViewById(R.id.CheckBox01);
        mCheckbox1.setOnCheckedChangeListener(this);                           ②

        //注册 CheckBox2 监听器
        mCheckbox2 = (CheckBox) findViewById(R.id.CheckBox02);
        mCheckbox2.setOnCheckedChangeListener(this);

        //注册 CheckBox03 监听器
        mCheckbox3 = (CheckBox) findViewById(R.id.CheckBox03);
        mCheckbox3.setOnCheckedChangeListener(this);

        //注册 CheckBox04 监听器
        mCheckbox4 = (CheckBox) findViewById(R.id.CheckBox04);
        mCheckbox4.setOnCheckedChangeListener(this);
    }
    @Override
    public void onCheckedChanged(CompoundButton buttonView, boolean isChecked) {   ③
        CheckBox ckb = (CheckBox)buttonView;
        mTextView.setText(ckb.getText());
    }
}
```

上述代码第①行是声明 MainActivity 实现 CompoundButton.OnCheckedChangeListener 接口，这样 MainActivity 就成了 CheckBox 事件监听器，该接口要求实现代码第③行的 onCheckedChanged 方法。代码第②行注册当前 MainActivity 作为 CheckBox01 监听器，类似其他三个 CheckBox 都需要注册。

这 4 个 CheckBox 事件处理都是在代码第③行实现的 onCheckedChanged 方法中完成，如果每一个 CheckBox 处理不同，这需要判断是哪一个 CheckBox，类似代码参考 7.4.3 节的 RadioButton 实例。

注意 CheckBox 的事件处理要实现 CompoundButton.OnCheckedChangeListener 接

口，这与 RadioButton 不同，RadioButton 的事件处理者要实现的接口是 RadioGroup.OnCheckedChangeListener。他们的事件源差别很大，CheckBox 事件源是 android.widget.CheckBox，而 RadioButton 的事件源是 android.widget.RadioGroup，不是 RadioButton。

7.6 进度栏

进度栏(Progress Bar)可以反馈出后台任务是否正在处理或处理的进度，从而消除用户的心理等待时间。

在 Android 中，进度栏是 android.widget.ProgressBar 类，类图如图 7-23 所示，从图中可见 android.widget.ProgressBar 直接继承了 android.view.View 类。

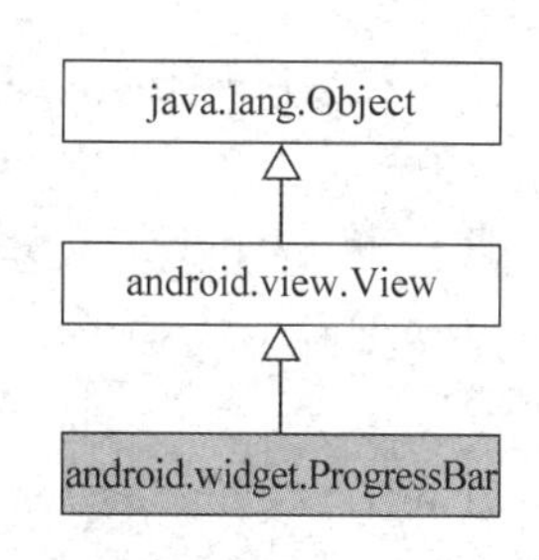

图 7-23 ProgressBar 类图

7.6.1 进度栏相关属性和方法

进度栏有很多属性。下面是常用的几个属性：

- android:max。设置进度最大值。
- android:progress。设置当前进度。
- android:secondaryProgress。第二层进度栏进度。
- android:indeterminate。设置不确定模式进度栏，true 为不确定模式。

进度栏(ProgressBar)类中的常用方法如下：

- getMax()。返回进度最大值。
- getProgress()。返回进度值。
- getSecondaryProgress()。返回第二层进度栏进度值。
- incrementProgressBy(int diff)。设置增加进度。
- isIndeterminate()。判断是否为不确定模式。
- setIndeterminate(boolean indeterminate)。设置为不确定模式。

说明 什么是不确定模式(indeterminate)？一个任务的进度可以分为两种：可确定进度和不可确定进度。可确定进度是通过计算能够知道当前任务的进展情况，可以给用户一个完成的进度比例，还可以估算任务结束的时间。例如，估算 Windows 的安装进度，会显示安装了百分之几，还有多长时间完成。可确定进度模式能够给用户很好的体验；不可确定进度，是一些无法计算进展情况的任务，这些任务不知何时结束，但可以知道任务是进行还是停止。

Android 系统提供了多种进度栏样式。其中一些与系统主题无关，如图 7-24(a)、图 7-24(d)、图 7-24(f)所示；还有一些与系统主题有关，如图 7-24(b)、图 7-24(c)、图 7-24(e)所示。下面是系统主题无关的 6 种样式：

- Widget.ProgressBar.Horizontal。水平条状进度栏。
- Widget.ProgressBar.Small。小圆形进度栏。
- Widget.ProgressBar.Large。大圆形进度栏。

- Widget. ProgressBar. Inverse。圆形进度栏。
- Widget. ProgressBar. Small. Inverse。小圆形进度栏。
- Widget. ProgressBar. Large. Inverse。大圆形进度栏。

在 XML 中,可以通过 style="@android:style/<进度栏样式>"进行设置,代码如下:

```
<ProgressBar
    android:layout_width = "wrap_content"
    android:layout_height = "wrap_content"
    style = "@android:style/Widget.ProgressBar.Small" />
```

(a)
(b)
(c) (d)
(e)
(f)

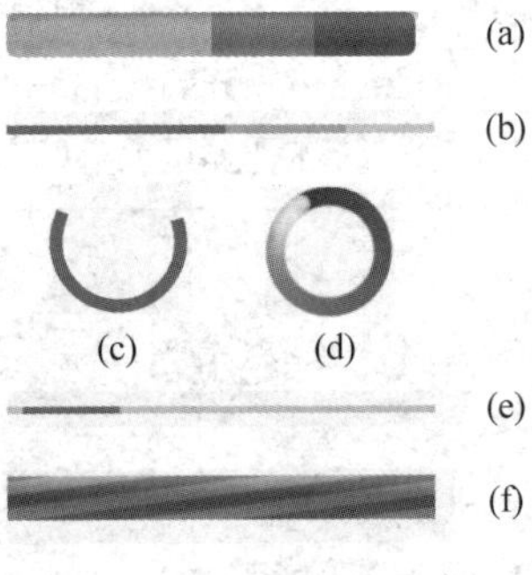

图 7-24 进度栏样式

另外,还有与系统主题有关的 8 种样式:

- progressBarStyleHorizontal。水平条状进度栏。
- progressBarStyleSmall。小圆形进度栏。
- progressBarStyle。圆形进度栏。
- progressBarStyleLarge。大圆形进度栏。
- progressBarStyleSmallInverse。小圆形进度栏。
- progressBarStyleInverse。圆形进度栏。
- progressBarStyleLargeInverse。大圆形进度栏。
- progressBarStyleSmallTitle。标题栏中进度栏。

在 XML 中,可以通过 style="? android:attr/<进度栏样式>"进行设置,代码如下:

```
<ProgressBar
    android:layout_width = "wrap_content"
    android:layout_height = "wrap_content"
    style = "?android:attr/progressBarStyleSmall" />
```

注意 前文 style 属性中带有 Inverse 和不带有 Inverse 的区别:当进度栏控件所在的背景颜色为白色时,需要使用带有 Inverse 的样式。它们的区别不是旋转方向相反。

7.6.2 实例 1:水平条状进度栏

水平条状进度是样式设置为 Horizontal 进度栏,条状进度栏非常适合可确定进度(indeterminate = true)的情况,但也可展示不可确定进度(indeterminate = false)的情况。

下面通过实例了解它们的使用情况。实例如图 7-25 所示,单击"—"和"+"按钮可改变进度,条状进度还可以有双层进度栏样式。

布局文件 activity_main. xml 代码如下:

```
<?xml version = "1.0" encoding = "utf - 8"?>
<LinearLayout xmlns:android = "http://schemas.android.com/apk/res/android"
    android:layout_width = "match_parent"android:layout_height = "match_parent"
    android:orientation = "vertical">
    ...
    <ProgressBar
        android:id = "@ + id/progress_horizontal01"
```

```
        android:layout_width = "200dip"
        android:layout_height = "wrap_content"
        style = "@android:style/Widget.ProgressBar.Horizontal"                ①
        android:max = "100"                                                    ②
        android:progress = "50" />                                             ③
    <!-- 包含按钮栏 -->
    <include
        android:id = "@ + id/button_bar1"layout = "@layout/button_bar" />
    …
    <ProgressBar
        android:id = "@ + id/progress_horizontal02"
        style = "?android:attr/progressBarStyleHorizontal"                    ④
        android:layout_width = "200dip"
        android:layout_height = "wrap_content"
        android:max = "100"                                                    ⑤
        android:progress = "50"                                                ⑥
        android:secondaryProgress = "75" />                                    ⑦
    …
    <!-- 包含按钮栏 -->
    <include
        android:id = "@ + id/button_bar2" layout = "@layout/button_bar" />
    …
    <!-- 包含按钮栏 -->
    <include
        android:id = "@ + id/button_bar3" layout = "@layout/button_bar" />
    …
    <ProgressBar
        android:id = "@ + id/progress_horizontal03"
        style = "?android:attr/progressBarStyleHorizontal"                    ⑧
        android:layout_width = "200dip"
        android:layout_height = "wrap_content"
        android:indeterminate = "true" />                                      ⑨
</LinearLayout>
```

上述代码第①行是设置系统主题无关的水平条状进度栏。而代码第④行和第⑧行是设置系统主题相关的水平条状进度栏。

由于 id 为 progress_horizontal01 和 progress_horizontal02 的进度栏都是可确定进度的，因此需要知道设定最大值属性 android:max，见代码第②行和第⑤行；当前进度 android:progress 属性见代码第③行和第⑥行。另外，progress_horizontal02 的进度栏有两层进度栏，需要设定 android:secondaryProgress 属性，见代码第⑦行。

id 为 progress_horizontal03 的进度栏是不可确定进度的，需要 android:indeterminate 属性设置为 true，见代码第⑨行。而 android: max、android: progress 和 android: secondaryProgress 这些属性对于它没有意义，不需要设定。

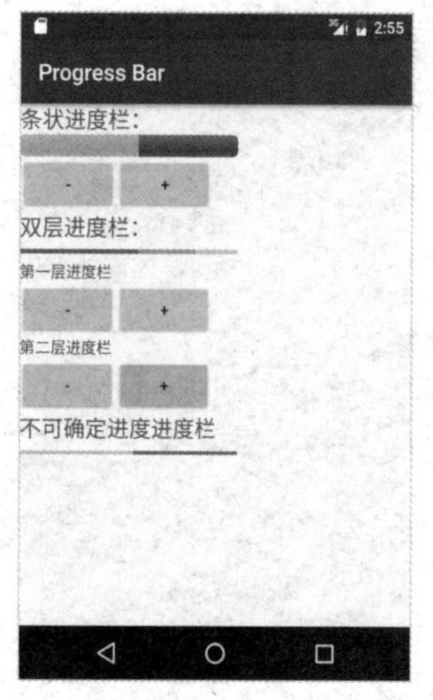

图 7-25 条状进度栏实例

说明 布局文件 activity_main.xml 中使用<include>标签的原因是界面中有三组“—”

和"＋"按钮，形式上完全一样，功能类似。因此将"－"和"＋"两个按钮在另外一个布局 button_bar. xml 中声明。然后，在三个不同的地方通过< include >标签载入。这样，减少维护"－"和"＋"两个按钮布局的工作量。

声明－和＋两个按钮的布局文件 button_bar. xml 的代码如下：

```
<?xml version = "1.0" encoding = "utf - 8"?>
<LinearLayout xmlns:android = "http://schemas.android.com/apk/res/android"
    android:layout_width = "match_parent" android:layout_height = "wrap_content"
    android:orientation = "horizontal">
    <Button
        android:id = "@ + id/decrease"
        android:layout_width = "wrap_content"
        android:layout_height = "wrap_content"
        android:text = "@string/progressbar_1_minus" />
    <Button
        android:id = "@ + id/increase"
        android:layout_width = "wrap_content"
        android:layout_height = "wrap_content"
        android:text = "@string/progressbar_1_plus" />
</LinearLayout>
```

MainActivity. java 代码如下：

```
public class MainActivity extends AppCompatActivity {
    @Override
    protected void onCreate(Bundle savedInstanceState) {
        super.onCreate(savedInstanceState);
        setContentView(R.layout.activity_main);
        …
        final ProgressBar progressHorizontal02 = (ProgressBar) findViewById(R.id.progress_
horizontal02);
        //获取被包含按钮栏 button_bar2
        LinearLayout buttonBar2 = (LinearLayout) findViewById(R.id.button_bar2);          ①
        Button bar2IncreaseButton = (Button) buttonBar2.findViewById(R.id.increase);     ②
        bar2IncreaseButton.setOnClickListener(new Button.OnClickListener() {
            public void onClick(View v) {
                progressHorizontal02.incrementProgressBy(1);                             ③
            }
        });
        Button bar2DecreaseButton = (Button) buttonBar2.findViewById(R.id.decrease);     ④
        bar2DecreaseButton.setOnClickListener(new Button.OnClickListener() {
            public void onClick(View v) {
                progressHorizontal02.incrementProgressBy( - 1);                          ⑤
            }
        });
        //获取被包含按钮栏 button_bar3
        LinearLayout buttonBar3 = (LinearLayout) findViewById(R.id.button_bar3);
        Button bar3IncreaseButton = (Button) buttonBar3.findViewById(R.id.increase);     ⑥
        bar3IncreaseButton.setOnClickListener(new Button.OnClickListener() {
            public void onClick(View v) {
                progressHorizontal02.incrementSecondaryProgressBy(1);                    ⑦
            }
```

```
        });
        Button bar3DecreaseButton = (Button) buttonBar3.findViewById(R.id.decrease);     ⑧
        bar3DecreaseButton.setOnClickListener(new Button.OnClickListener() {
            public void onClick(View v) {
                progressHorizontal02.incrementSecondaryProgressBy(-1);                   ⑨
            }
        });
    }
}
```

上述代码第③行和第⑤行是通过进度栏的 incrementProgressBy 方法增加和减少第一层进度栏的进度。代码第⑦行和第⑨行是通过进度栏的 incrementSecondaryProgressBy 方法增加和减少第二层进度栏的进度。

说明　在布局文件 activity_main.xml 中加载的 button_bar.xml 布局文件中声明了"一"和"十"两个按钮，它们的 id 是 decrease 和 increase，如何获得这些按钮对象？解决办法是先通过 MainActivity 的 findViewById 方法，获得这些按钮所在的父视图(LinearLayout)对象，然后通过调用父视图对象的 findViewById 方法获得按钮对象。例如，上述代码第①行 findViewById(R.id.button_bar2)是获得父视图对象，参数 id 是在布局文件 activity_main.xml 的<include android:id="@+id/button_bar2" layout="@layout/button_bar" />代码中声明的，代码第②行是调用父视图对象 buttonBar2 的 findViewById 获得"十"按钮。代码第④行是获得 buttonBar2 中"一"按钮，代码第⑥行是获得 buttonBar3 中的"十"按钮。

7.6.3　实例 2：圆形进度栏

圆形进度栏一般应用在不可确定进度的任务，不需要设置 android:max、android:progress 和 android:secondaryProgress 等属性。

下面通过实例了解它们的使用情况。实例如图 7-26 所示，屏幕中有两个界面圆形进度栏和一个 ToggleButton，通过单击 ToggleButton 可以隐藏或显示进度栏。

布局文件 activity_main.xml 代码如下：

```
<?xml version="1.0" encoding="utf-8"?>
<LinearLayout xmlns:android="http://schemas.android.com/apk/res/android"
    android:layout_width="match_parent"android:layout_height="match_parent"
    android:orientation="vertical">
    <ProgressBar
        android:id="@+id/progressBar1"
        style="?android:attr/progressBarStyleLarge"                                     ①
        android:layout_width="wrap_content"
        android:layout_height="wrap_content" />
    <ProgressBar
        android:id="@+id/progressBar2"
        style="@android:style/Widget.ProgressBar.Small"                                 ②
        android:layout_width="wrap_content"
        android:layout_height="wrap_content" />
    <ToggleButton                                                                       ③
        android:id="@+id/toggleButton"
        android:layout_width="wrap_content"
```

(a)

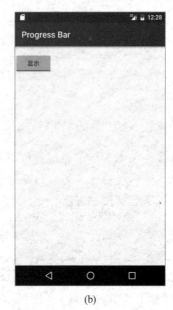

(b)

图 7-26　圆形进度栏实例

```
        android:layout_height = "wrap_content"
        android:textOff = "隐藏"                                                    ④
        android:textOn = "显示" />                                                  ⑤
</LinearLayout>
```

上述布局文件声明了两个进度栏，代码第①行是设置 progressBar1 进度栏样式中与系统主题有关的大圆形进度栏，代码第②行设置 progressBar2 进度栏样式中与系统主题无关的小圆形进度栏。

代码第③行声明了 ToggleButton 来实现进度栏隐藏和显示两种状态的切换。由于 ToggleButton 默认两种状态的标题是 OFF 或 NO，手机设置为中文显示是"关闭"或"开启"，但是本例中需要显示"隐藏"或"显示"。

MainActivity. java 代码如下：

```
public class MainActivity extends AppCompatActivity {
    @Override
    protected void onCreate(Bundle savedInstanceState) {
        super.onCreate(savedInstanceState);
        setContentView(R.layout.activity_main);

        final ProgressBar progressBar1 = (ProgressBar) findViewById(R.id.progressBar1);
        final ProgressBar progressBar2 = (ProgressBar) findViewById(R.id.progressBar2);

        final ToggleButton button = (ToggleButton) findViewById(R.id.toggleButton);
        button.setOnClickListener(new Button.OnClickListener() {
            public void onClick(View v) {
                boolean checked = button.isChecked();
                if (checked) {
                    progressBar1.setVisibility(ProgressBar.GONE);                 ①
```

```
                progressBar2.setVisibility(ProgressBar.INVISIBLE);          ②
            } else {
                progressBar1.setVisibility(ProgressBar.VISIBLE);            ③
                progressBar2.setVisibility(ProgressBar.VISIBLE);            ④
            }
        }
    });
  }
}
```

上述代码第①、②、③、④行都是通过 setVisibility 方法设置进度栏的隐藏或显示，setVisibility 方法中的参数有三个：

- ProgressBar.VISIBLE。显示，见代码第③和④行。
- ProgressBar.INVISIBLE。隐藏，占有空间。例如，上述代码 progressBar2 设置 ProgressBar.INVISIBLE，结果如图 7-26（b）所示，按钮顶部的空白是隐藏的 progressBar2。
- ProgressBar.GONE。隐藏，不占有空间。例如，上述代码 progressBar1 设置 ProgressBar.GONE，结果如图 7-26(b)所示，按钮位置向上一段距离，事实上这个距离是 progressBar1 的高度。

7.7 拖动栏

拖动栏(SeekBar)是一种可以拖动的进度栏，用户能使用该控件调节进度，所以常应用在播放器应用中。此外，还可以设置连续数值。在如图 7-27 所示设置界面中，可以调节声音的大小。拖动栏也可以有两层进度栏，有的在线播放器利用第二层进度栏显示缓存的进度，如图 7-28 所示。

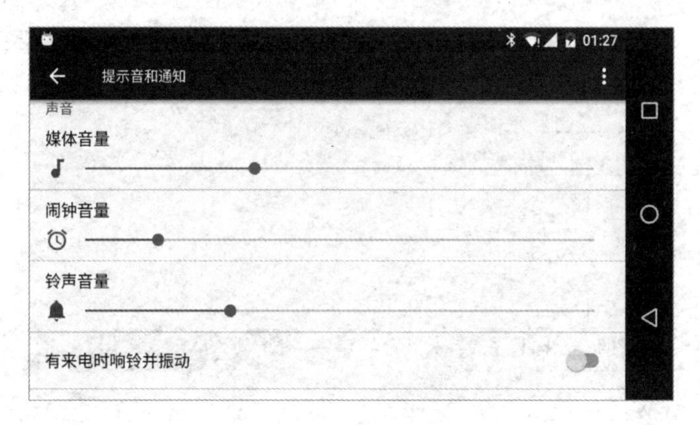

图 7-27　Android 拖动栏

7.7.1 SeekBar

拖动栏对应类是 android.widget.SeekBar，类图如图 7-29 所示，从图中可见 android.widget.SeekBar 继承了 android.widget.ProgressBar，这也说明 SeekBar 是一种进度栏。

图 7-28　具有二层进度栏的拖动栏

android.widget.SeekBar 继承 android.widget.ProgressBar，拖动栏也具有 android:max、android:progress 和 android:secondaryProgress 等属性。此外，android:thumb 是拖动栏特有属性，通过该属性可以自定义滑块样式。

7.7.2　实例：使用拖动栏

图 7-30 是使用拖动栏实例，在屏幕上有两个拖动栏，上面是标准的拖动栏，而下面是自定义的拖动栏滑块。拖曳滑块可以改变其进度。

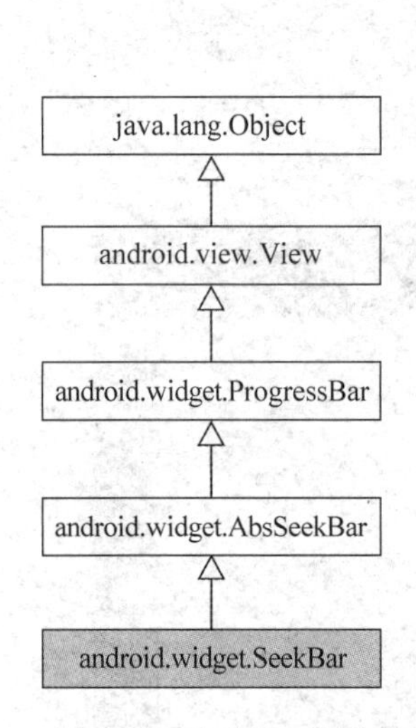

图 7-29　SeekBar 类图

图 7-30　拖动栏实例

布局文件 activity_main.xml 代码如下：

```
<?xml version = "1.0" encoding = "utf - 8"?>
<LinearLayout xmlns:android = "http://schemas.android.com/apk/res/android"
    android:layout_width = "match_parent" android:layout_height = "match_parent"
    android:orientation = "vertical">
    …
```

```
    <SeekBar
        android:id = "@ + id/seekBar1"
        android:layout_width = "match_parent"
        android:layout_height = "wrap_content"
        android:max = "100"                                              ①
        android:progress = "50"                                          ②
        android:secondaryProgress = "75" />                              ③
    <SeekBar
        android:id = "@ + id/seekBar2"
        android:layout_width = "match_parent"
        android:layout_height = "wrap_content"
        android:max = "100"
        android:progress = "30"
        android:thumb = "@mipmap/handle_hover" />                        ④

</LinearLayout>
```

上述代码第①、②、③行是设置 seekBar1 的 android:max、android:progress 和 android:secondaryProgress，虽然设置了第二层进度栏，但是拖动滑块所改变的只是第一层进度栏。

seekBar2 的设置类似于 seekBar1，只是没有设置 android:secondaryProgress 属性。另外，代码第④行的 android:thumb＝"@mipmap/handle_hover"是设置滑块图片，handle_hover 是存放在 res\mipmap 下面的 png 图片。

MainActivity.java 代码如下：

```
public class MainActivity extends AppCompatActivity
            implements SeekBar.OnSeekBarChangeListener {                 ①
    TextView mProgressText;
    static String TAG = "SeekerBar";

    @Override
    protected void onCreate(Bundle savedInstanceState) {
        super.onCreate(savedInstanceState);
        setContentView(R.layout.activity_main);

        mProgressText = (TextView) findViewById(R.id.progress);
        SeekBar seekBar1 = (SeekBar) findViewById(R.id.seekBar1);        ②
        seekBar1.setOnSeekBarChangeListener(this);                       ③
        SeekBar seekBar2 = (SeekBar) findViewById(R.id.seekBar2);        ④
        seekBar2.setOnSeekBarChangeListener(this);                       ⑤
    }
    @Override
    public void onProgressChanged(SeekBar seekBar, int progress, boolean fromUser) {   ⑥
        mProgressText.setText("当前进度:" + progress + "%");
        Log.i(TAG, "当前进度:" + progress + "%");
    }
    @Override
    public void onStartTrackingTouch(SeekBar seekBar) {                  ⑦
        Log.i(TAG, "开始拖动");
    }
    @Override
    public void onStopTrackingTouch(SeekBar seekBar) {                   ⑧
        Log.i(TAG, "停止拖动");
```

```
        }
    }
```

上述代码第①行是声明实现拖动栏事件处理接口 SeekBar.OnSeekBarChangeListener,接口要求实现的方法见代码第⑥、⑦、⑧行,其中代码第⑥行的 onProgressChanged()方法 SeekBar 在进度变化时触发,代码第⑦行的 onStartTrackingTouch()方法是用户开始拖动滑块时触发,代码第⑧行的 onStopTrackingTouch ()方法是用户停止拖动滑块时触发。

代码第②行是获取 seekBar1 对象,代码第③行是注册 seekBar1 事件监听器为 this。代码第④行是获取 seekBar2 对象,代码第⑤行是注册 seekBar2 事件监听器为 this。

本章总结

本章重点介绍了 Android 中的简单控件,包括 Button、ImageButton、ToggleButton、TextView、EditText、RadioButton、CheckBox、进度栏和拖动栏。

本章练习题

1. 下列控件中哪些不是 Android 按钮?(　　)
   A. ToggleButton　　B. Button
   C. RadioButton　　D. ImageButton
2. 下列控件中哪些可以输入文本信息?(　　)
   A. ToggleButton　　B. Button
   C. TextView　　D. EditText
3. 下列控件中哪个是单选按钮?(　　)
   A. ToggleButton　　B. Button
   C. RadioButton　　D. ImageButton
4. 复选框的用途有哪些?

第 8 章

Android 高级控件

上一章介绍了 Android 的简单控件，本章介绍 Android 高级控件，这些控件不仅包括继承 android. view. ViewGroup 的控件，还包括 Toast、对话框和菜单。

8.1 列表类控件

在数据很多的情况下，需要以列表形式展示，Android 提供了多种形式的列表类型的控件，常用的有 Spinner 和 ListView。列表类型的控件有三个要素：控件、Adapter（适配器）和数据源。

8.1.1 适配器

列表类型的控件需要将数据源绑定到控件上，才能看到丰富多彩的界面。而系统能够为控件提供的数据源是多种形式的，它们可能来源于数据库、XML、数组对象或集合对象等。Adapter（适配器）是控件和数据源之间的“桥梁”，通过这个“桥梁”可以将不同形式的数据源绑定到控件上，如图 8-1 所示。

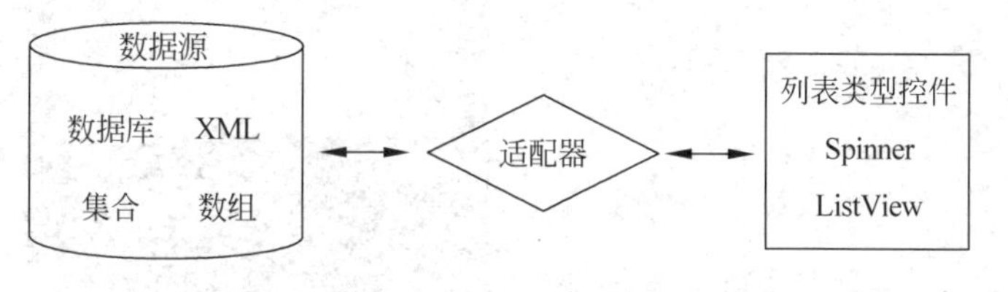

图 8-1 适配器作用

Android 提供了多种适配器类，适配器类图如 8-2 所示，CursorAdapter 是数据库适配器类，ArrayAdapter 是数组适配器类，SimpleAdapter 是 Map 集合适配器类。有时，系统提供的适配器不能满足需要，就需要自定义适配器类了，这些自定义适配器更需要自己实现某些适配器接口或继承某个适配器抽象类。这些适配器类会在后文中逐一介绍。

8.1.2 Spinner

Spinner 也是一种列表类型的控件，它提供了可以打开和关闭形式的列表控件，在用户需要选择时打开，选择完成时关闭。打开 Spinner 列表有两种模式：下拉列表风格和对话框

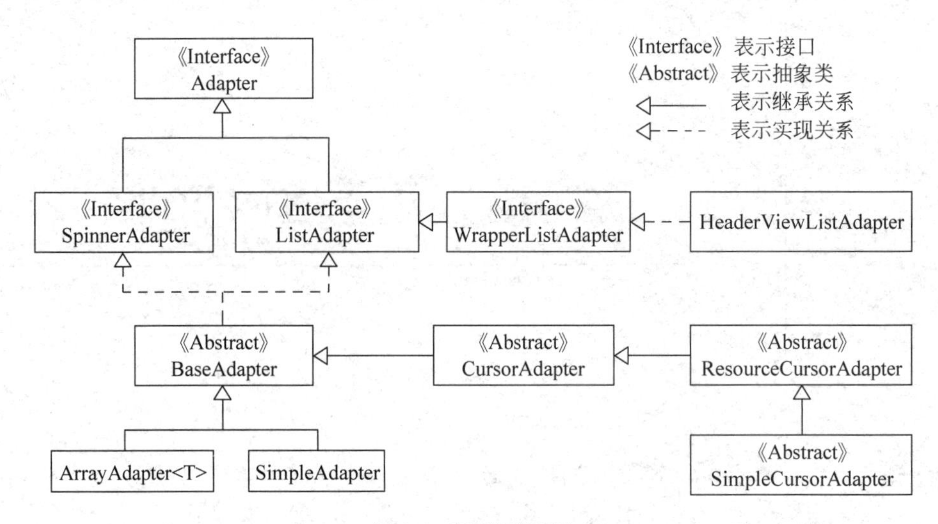

图 8-2 适配器类图

风格。图 8-3(a)是下拉列表风格，它是默认情形。图 8-3(b)是对话框风格。打开 Spinner 列表模式可以通过 XML 中的 android:spinnerMode 属性设置，取值是 dropdown(下拉列表)和 dialog(对话框风格)。

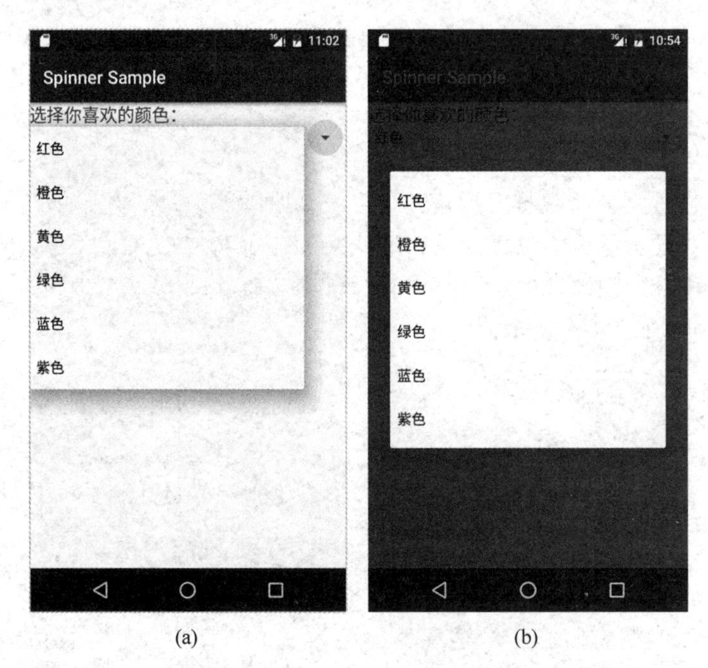

图 8-3 Spinner 样式

Spinner 对应类是 android.widget.Spinner，类图如图 8-4 所示，从图中可见 android.widget.Spinner 继承了抽象类 android.widget.AdapterView，AdapterView 是一种能够由 Adapter 管理的控件。AdapterView 子类还有 ListView、GridView 和 Gallery 等。

AdapterView 定义了所用列表控件事件处理，AdapterView 为列表控件事件处理提供了三个事件监听器接口：

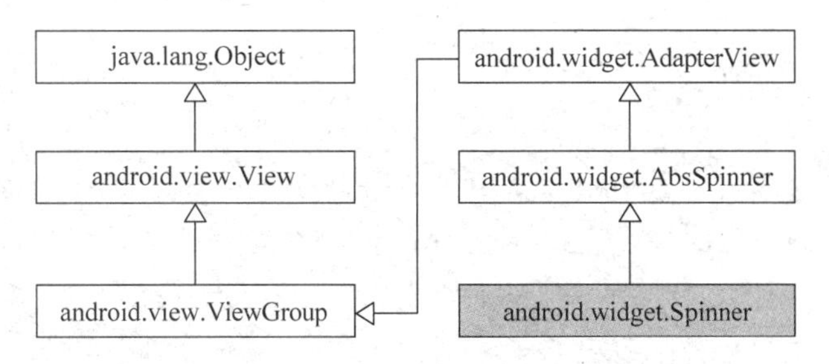

图 8-4 Spinner 类图

- AdapterView. OnItemClickListener。当列表项被单击时触发。
- AdapterView. OnItemLongClickListener。当列表项被长按时触发。
- AdapterView. OnItemSelectedListener。当列表项被选择时触发。

事件处理者需要实现相应的事件监听器接口。配合上述事件监听接口 AdapterView，还提供了注册事件监听器，三个方法如下：

- voidsetOnItemClickListener(AdapterView. OnItemClickListener listener)。注册列表项单击事件监听器。
- voidsetOnItemLongClickListener(AdapterView. OnItemLongClickListener listener)。注册列表项长按事件监听器。
- voidsetOnItemSelectedListener(AdapterView. OnItemSelectedListener listener)。注册列表项选择事件监听器。

注意 列表控件都直接或间接继承了 AdapterView，但在 AdapterView 中定义的三种事件都适合于所用的列表控件。Spinner 只能使用 AdapterView. OnItemSelectedListener 监听接口。虽然 ListView 可以使用上述三个接口，但是最常用的还是 AdapterView. OnItemClickListener 监听接口。

8.1.3 实例：使用 Spinner 进行选择

使用 Spinner 控件实现如图 8-3 所示的界面。

实现布局文件 activity_main. xml 代码如下：

```
<?xml version = "1.0" encoding = "utf - 8"?>
< LinearLayout xmlns:android = "http://schemas.android.com/apk/res/android"
    android:layout_width = "match_parent"
    android:layout_height = "match_parent"
    android:orientation = "vertical">

    < TextView
        android:layout_width = "match_parent"
        android:layout_height = "wrap_content"
        android:text = "@string/constellation"
        android:textSize = "20sp"/>

    < Spinner
        android:id = "@ + id/spinner"                                        ①
        android:layout_width = "match_parent"
```

```
        android:layout_height = "wrap_content" />

</LinearLayout>
```

上述代码第①行声明了 Spinner，其中 android:spinnerMode 属性是默认值，此代码运行结果为如图 8-3(a)所示的列表模式。Spinner 代码修改如下：

```
<Spinner
    android:id = "@ + id/spinner"
    android:spinnerMode = "dialog"                                          ①
    android:layout_width = "match_parent"
    android:layout_height = "wrap_content" />
```

添加代码第①行 android:spinnerMode="dialog"，运行结果如图 8-3(b)所示。

MainActivity.java 代码如下：

```
public class MainActivity extends AppCompatActivity {
    static final String TAG = "SpinnerSample";
    static final String[] COLORS = new String[]{"红色", "橙色", "黄色", "绿色", "蓝色", "紫色"};

    @Override
    protected void onCreate(Bundle savedInstanceState) {
        super.onCreate(savedInstanceState);
        setContentView(R.layout.activity_main);

        final ArrayAdapter < CharSequence > adapter = new ArrayAdapter < CharSequence >(this,
                android.R.layout.simple_spinner_item, COLORS);                   ①
        adapter.setDropDownViewResource(android.R.layout.simple_spinner_dropdown_item); ②

        Spinner spinner = (Spinner) findViewById(R.id.spinner);                  ③
        spinner.setAdapter(adapter);                                             ④

        spinner.setOnItemSelectedListener(new AdapterView.OnItemSelectedListener() {  ⑤
            @Override
            public void onItemSelected(AdapterView<?> parent, View view, int position, long id) {⑥
                Log.i(TAG, "选择:" + adapter.getItem(position).toString());
            }

            @Override
            public void onNothingSelected(AdapterView<?> parent) {               ⑦
                Log.i(TAG, "未选中");
            }
        });
    }
}
```

上述代码第①行创建数组适配器 ArrayAdapter 对象，作为数组类型数据源的适配器，除了提供数组作为数据源以外，还要为 Spinner 中的列表项提供布局样式。ArrayAdapter 构造方法的第一个参数 android.R.layout.simple_spinner_item 是列表项布局，使用 Android 框架提供的 simple_spinner_item.xml 布局文件。ArrayAdapter 构造方法的第二个参数 COLORS 是数据源，ArrayAdapter 需要的数据源是数组。

代码第②行是通过 Spinner 的 setDropDownViewResource()方法设置弹出的下拉列表的布局样式，参数 android.R.layout.simple_spinner_dropdown_item 是使用 Android 框架

提供的 simple_spinner_dropdown_item. xml 布局文件。

代码第③行获得 Spinner 控件对象，然后再通过代码第④行 spinner. setAdapter (adapter)把适配器与 Spinner 控件绑定到一起。

代码第⑤行的 setOnItemSelectedListener()方法是注册 Spinner 控件的选择事件监听器，选择事件监听器需要实现 AdapterView. OnItemSelectedListener 接口，具体实现代码见第⑥行的选择列表项方法 onItemSelected 和第⑦行未选中方法 onNothingSelected。在代码第⑥行 onItemSelected 中，参数 position 是选中的列表项位置，id 是选项的编号。

8.1.4 ListView

ListView 是 Android 中最为常用的列表类型控件，ListView 中的选择列表项样式很丰富，有的是纯文字，有的还可以带有图片等。

ListView 对应类是 android. widget. ListView，类图如图 8-5 所示，从图中可见 android. widget. ListView 继承了抽象类 android. widget. AdapterView。

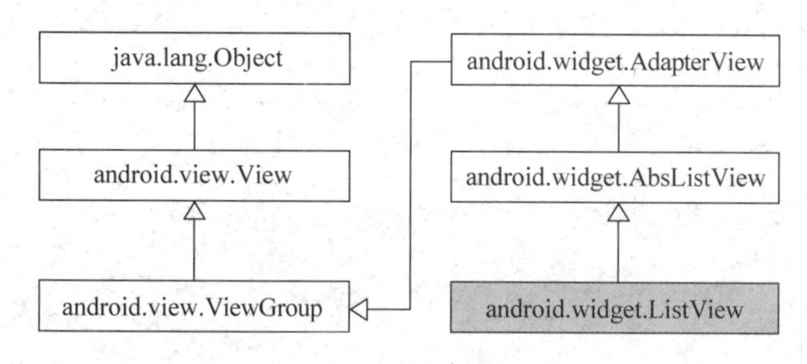

图 8-5 ListView 类图

8.1.5 实例 1：使用 ListView 实现选择文本

事实上，所有列表类型控件的技术难点是适配器，适配器一方面管理数据源，另一方面管理列表项的布局样式。列表项中若只是显示文本，可以使用 ArrayAdapter、SimpleAdapter 或 CursorAdapter 适配器，如果这些适配器不能满足需要，可以自定义来实现。

本节先介绍在 ListView 中显示文本实例，实例的运行效果如图 8-6 所示。

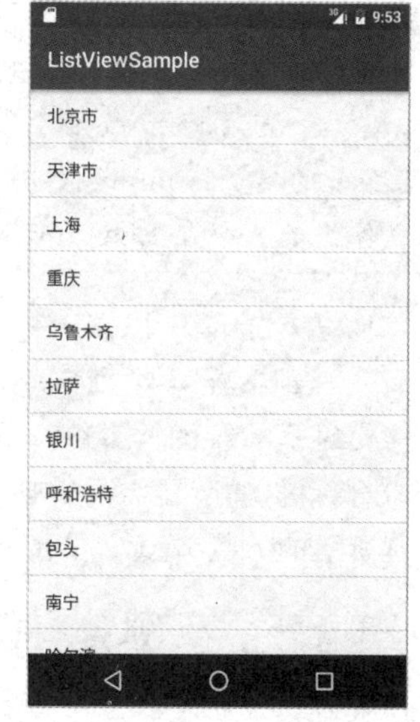

图 8-6 实例运行效果

实现布局文件 activity_main. xml 代码如下：

```
<?xml version = "1.0" encoding = "utf - 8"?>
<LinearLayout xmlns:android = "http://schemas.android.com/
apk/res/android"
    android:layout_width = "match_parent"
    android:layout_height = "match_parent"
    android:orientation = "horizontal">

    <ListView
        android:id = "@ + id/ListView01"
        android:layout_width = "match_parent"
        android:layout_height = "match_parent" />
```

```
</LinearLayout>
```

上述代码中声明了 ListView 控件，属性设置非常简单。

MainActivity. java 代码如下：

```
public class MainActivity extends AppCompatActivity {
    static final String TAG = "ListViewSample";
    private String[] mStrings = {
        "北京市", "天津市", "上海", "重庆", "乌鲁木齐"…};

    @Override
    protected void onCreate(Bundle savedInstanceState) {
        super.onCreate(savedInstanceState);
        setContentView(R.layout.activity_main);

        ArrayAdapter<String> adapter = new ArrayAdapter<String>(this,
                android.R.layout.simple_list_item_1, mStrings);                    ①

        ListView listview = (ListView) findViewById(R.id.ListView01);              ②
        listview.setAdapter(adapter);                                              ③
        listview.setOnItemClickListener(new AdapterView.OnItemClickListener() {   ④
            @Override
            public void onItemClick(AdapterView<?> parent, View view, int position, long id) { ⑤
                Log.i(TAG, "选择:" + mStrings[position]);
            }
        });
    }
}
```

上述代码第①行创建数组适配器 ArrayAdapter 对象，构造方法 ArrayAdapter 参数 android. R. layout. simple_list_item_1 是使用 Android 框架提供的布局 simple_list_item_1 . xml 文件，该布局文件中只有一个 TextView 控件，每一个列表项只能显示文本内容。

构造方法 ArrayAdapter 参数 mStrings 是数组数据源。

提示 Android 系统本身提供了很多这样的布局文件，但是有的适合于 ListView 控件，有的适合于 Spinner 控件，有的适合于它的列表控件，这是使用时需要注意的。例如，8.1.3 节的实例 Spinner 使用了 Android 框架提供的布局文件 simple_spinner_item. xml，该文件就不适合在 ListView 中使用。

代码第②行获得 ListView 控件对象，然后再通过代码第③行 listview. setAdapter (adapter)把适配器与 ListView 控件绑定到一起。

代码第④行的 setOnItemClickListener()方法是注册 ListView 控件的选择事件监听器，选择事件监听器需要实现 AdapterView. OnItemClickListener 接口，具体实现代码为第⑤行所示的方法，参数 position 是选中列表项的位置，id 是选项的编号。

8.1.6 实例 2：使用 ListView 实现选择文本＋图片

本节介绍如何自定义适配器实现 ListView 中显示文本与图片。自定义适配器主要是通过继承 BaseAdapter 抽象类来实现，本实例的运行效果如图 8-7 所示。

该实例布局文件有两个，一个是屏幕布局文件 activity_main.xml；另一个是列表控件中每一个列表项的布局文件 listview_item.xml。

图 8-7 实例运行效果

主屏幕布局文件 activity_main.xml 代码如下：

```
<?xml version = "1.0" encoding = "utf - 8"?>
<LinearLayout xmlns:android = "http://schemas.android.com/
apk/res/android"
    android:layout_width = "match_parent"
    android:layout_height = "match_parent"
    android:orientation = "horizontal">

    <ListView
        android:id = "@ + id/ListView01"
        android:layout_width = "match_parent"
        android:layout_height = "match_parent" />
</LinearLayout>
```

列表项的布局文件 listview_item.xml 代码如下：

```
<?xml version = "1.0" encoding = "utf - 8"?>
<RelativeLayout xmlns:android = "http://schemas.android.com/apk/res/android"
    android:layout_width = "match_parent"
    android:layout_height = "match_parent">

    <ImageView
        android:id = "@ + id/icon"
        android:layout_width = "48dp"
        android:layout_height = "48dp"
        android:layout_marginLeft = "5dp" />

    <TextView
        android:id = "@ + id/textview"
        android:layout_width = "wrap_content"
        android:layout_height = "wrap_content"
        android:layout_toEndOf = "@id/icon"                                    ①
        android:layout_marginLeft = "15dp"
        android:layout_marginTop = "10dp"
        android:textSize = "20sp" />
</RelativeLayout>
```

列表项的布局采用相对布局，代码第①行设定了 TextView 在 ImageView 后面。

在该实例中，Java 源代码文件有两个：屏幕 Activity 类 MainActivity.java 和自定义适配器类 EfficientAdapter.java。

MainActivity.java 代码如下：

```
public class MainActivity extends AppCompatActivity {

    static final String TAG = "ListViewSample";
    String[] DATA = {"北京市", "天津市", "上海", "重庆", "哈尔滨", … };           ①
    int[] icons = {R.mipmap.beijing, R.mipmap.tianjing, R.mipmap.shanghai,
```

```
        R.mipmap.chongqing, R.mipmap.haerbing, … };                    ②

    @Override
    protected void onCreate(Bundle savedInstanceState) {
        super.onCreate(savedInstanceState);
        setContentView(R.layout.activity_main);

        EfficientAdapter adapter = new EfficientAdapter(this,
                R.layout.listview_item, DATA, icons);                  ③

        ListView listview = (ListView) findViewById(R.id.ListView01);
        listview.setAdapter(adapter);

        listview.setOnItemClickListener(new AdapterView.OnItemClickListener() {
            @Override
            public void onItemClick(AdapterView<?> parent, View view, int position, long id) {
                Log.i(TAG, "选择:" + DATA[position]);
            }
        });
    }
}
```

上述代码第①行是定义数据源中城市名称数组。代码第②行是与城市名称数组对应的城市图标数组，该数组是 int 类型，保存放置在 res/mipmap 目录图标 id。

注意 DATA 和 icons 两个数组元素是一一对应的，即 DATA 第一个元素对应 icons 第一个元素，以此类推，所以它们两个数组的长度也是相等的。如果读者感觉两个相互关联的数组不好管理，可以使用 Map 数据结构保存城市名称和城市图标数据。

上述代码第③行是实例化定义的适配器 EfficientAdapter 类，构造方法需要提供 4 个参数。

下面看看 EfficientAdapter.java 代码：

```
public class EfficientAdapter extends BaseAdapter {                    ①

    private LayoutInflater mInflater;          //布局填充器               ②
    private String[] mDataSource;              //数据源数组
    private int[] mIcons;                      //与数据源数组对应的图标 id
    private int mResource;                     //列表项布局文件
    private Context mContext;                  //所在上下文                ③

    public EfficientAdapter(Context context, int resource,
                            String[] dataSource, int[] icons) {
        mContext = context;
        mResource = resource;
        mDataSource = dataSource;
        mIcons = icons;
        //通过上下文对象创建布局填充器
        mInflater = LayoutInflater.from(context);                      ④
    }
    //返回总数据源中总的记录数
    @Override
```

```
    public int getCount() {
        return mDataSource.length;
    }
    //根据选择列表项位置,返回列表项所需数据
    @Override
    public Object getItem(int position) {
        return mDataSource[position];
    }
    //根据选择列表项位置,返回列表项 id
    @Override
    public long getItemId(int position) {
        return position;
    }
    //返回列表项所在视图对象
    @Override
    public View getView(int position, View convertView, ViewGroup parent) {

        ViewHolder holder;                                                      ⑤
        if (convertView == null) {                                              ⑥
            convertView = mInflater.inflate(mResource, null);                   ⑦
            holder = new ViewHolder();
            holder.textView
                    = (TextView) convertView.findViewById(R.id.textview);
            holder.imageView
                    = (ImageView) convertView.findViewById(R.id.icon);
            convertView.setTag(holder);                                         ⑧
        } else {
            holder = (ViewHolder) convertView.getTag();                         ⑨
        }
        holder.textView.setText(mDataSource[position]);
        Bitmap icon = BitmapFactory
                .decodeResource(mContext.getResources(), mIcons[position]);     ⑩
        holder.imageView.setImageBitmap(icon);
        return convertView;
    }
    //保存列表项中控件的封装类
    static class ViewHolder {                                                   ⑪
        TextView textView;                      //列表项中 Textview
        ImageView imageView;                    //列表项中 ImageView
    }
}
```

上述代码第①行声明继承抽象类 BaseAdapter。代码第②行是定义成员变量 mInflater,它是 LayoutInflater 类型,LayoutInflater 是布局填充器,通过布局填充器类可以从 XML 文件创建视图。代码第③行是定义成员变量 mContext,它是 Context 类型,Context 类称为"上下文",上下文描述了当前组件的信息,Context 是抽象类,它的子类有 Activity、Service 和广播接收器等,在本例中就是当前的 Activity 对象。

代码第④行 LayoutInflater.from(context)是通过上下文对象创建布局填充器,这是一种工厂设计模式。

继承 BaseAdapter 重写 getView()方法比较麻烦。getView()方法是 ListView 的每个列表项显示到屏幕上时被调用的,getView()方法返回值 View 是列表项显示的视图。

注意 getView()方法的convertView参数非常重要！当用户向上滑动屏幕翻动列表时，屏幕上的列表项会退出屏幕，屏幕下面原来不可见的列表项会进入屏幕，列表项在屏幕中显示时会调用getView()方法获得列表项视图，如果每次都实例化列表项视图，那么必然会导致大量对象的创建，消耗大量的内存。参数convertView就是为了解决这个问题而设计的，它是一个可重用的列表项视图对象。如果convertView为空值(一般是刚进入屏幕)，则实例化convertView(见代码第⑥行)。如果convertView不为空值，直接返回convertView。实例化convertView对象，见代码第⑦行，它通过布局填充器的inflate方法从布局文件创建，mResource是布局文件id。

代码第⑤行是声明ViewHolder类型的变量holder，ViewHolder是代码第⑪行声明的内部类用来保存列表项中控件的封装类。holder保存在convertView的tag属性中，见代码⑧行。每一个View都有tag属性，属性类型是Object，因此tag属性可以保存任何对象。如果convertView不为空，可以通过代码第⑨行的convertView.getTag()方法取出holder对象，但是这个holder是个旧的对象，保存了上次显示列表项所需的内容。所以，要通过holder.textView.setText(mDataSource[position])和holder.imageView.setImageBitmap(icon)语句重新设置本次要显示列表项所需内容。

代码第⑩行是通过BitmapFactory工厂类decodeResource创建Bitmap图片对象，decodeResource方法可以通过图片资源id获得图片对象。

8.2 Toast

Toast用于向用户显示一些帮助或提示不需要用户响应，显示一段时间，自动消失。它有三种展现形式：

- 文本类型；
- 图片类型；
- 复合类型。

8.2.1 实例1：文本类型Toast

下面介绍一个文本类型Toast的实例，如图8-8所示，单击按钮会在屏幕的下方出现一个气泡，过一会儿又消失了。

由于布局比较简单，这里不再介绍。下面介绍活动代码MainActivity.java：

```
public class MainActivity extends AppCompatActivity {
    @Override
    protected void onCreate(Bundle savedInstanceState) {
        super.onCreate(savedInstanceState);
        setContentView(R.layout.activity_main);

        Button button = (Button) findViewById(R.id.Button01);
        button.setOnClickListener(new View.OnClickListener() {
            @Override
            public void onClick(View v) {
```

```
                Toast.makeText(MainActivity.this, "你好我是 Toast!", Toast.LENGTH_LONG)
                        .show();                                                          ①
            }
        });
    }
}
```

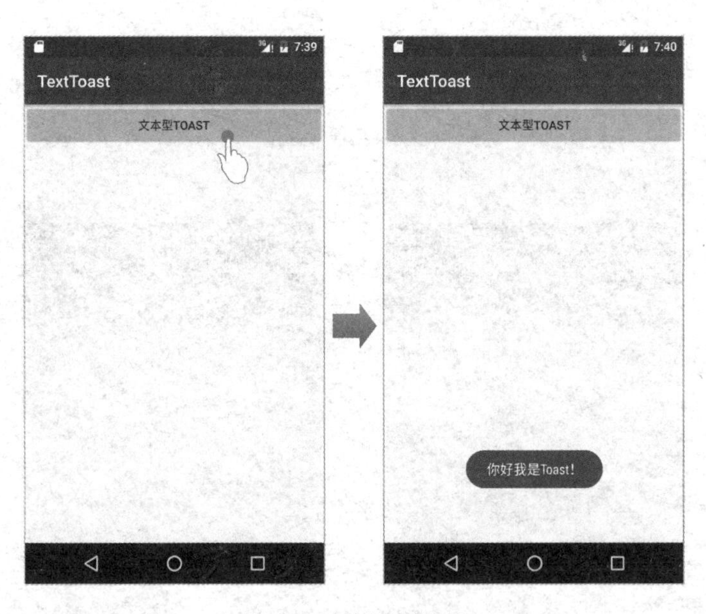

图 8-8 实例运行效果

上述代码第①行是通过 Toast 类的静态方法 makeText()创建 Toast 对象，然后再调用 Toast 对象的 show()方法实现展示文本内容。静态 makeText()方法有两个版本：

- static Toast makeText(Context context, int resId, int duration)。resId 参数是字符串资源 id，一般是在 res/values/strings.xml 文件中声明。
- static Toast makeText(Context context, CharSequence text, int duration)。text 参数字符串。

上述两个方法中的 context 参数是上下文对象，在本例中是当前的 Activity 对象，由于在内部类中获得当前 Activity 对象，需要使用 MainActivity.this 表达式获得 Activity 对象。该方法中的 duration 参数的 Toast 显示时间有两个模式：Toast.LENGTH_LONG 是长时间模式，Toast.LENGTH_SHORT 是短时间模式。

8.2.2 实例 2：图片类型 Toast

Toast 可以显示文本信息，也可以显示图片信息，图 8-9 就是图片类型的 Toast。

MainActivity.java 代码如下：

```
public class MainActivity extends AppCompatActivity {
    @Override
    protected void onCreate(Bundle savedInstanceState) {
        super.onCreate(savedInstanceState);
        setContentView(R.layout.activity_main);
        Button button = (Button) findViewById(R.id.Button01);
        button.setOnClickListener(new View.OnClickListener() {
```

```
                @Override
                public void onClick(View v) {
                    ImageView view = new ImageView(MainActivity.this);          ①
                    view.setImageResource(R.mipmap.image);                      ②
                    Toast toast = new Toast(MainActivity.this);                 ③
                    toast.setView(view);                                        ④
                    toast.setDuration(Toast.LENGTH_SHORT);                      ⑤
                    toast.show();                                               ⑥
                }
            });
        }
    }
```

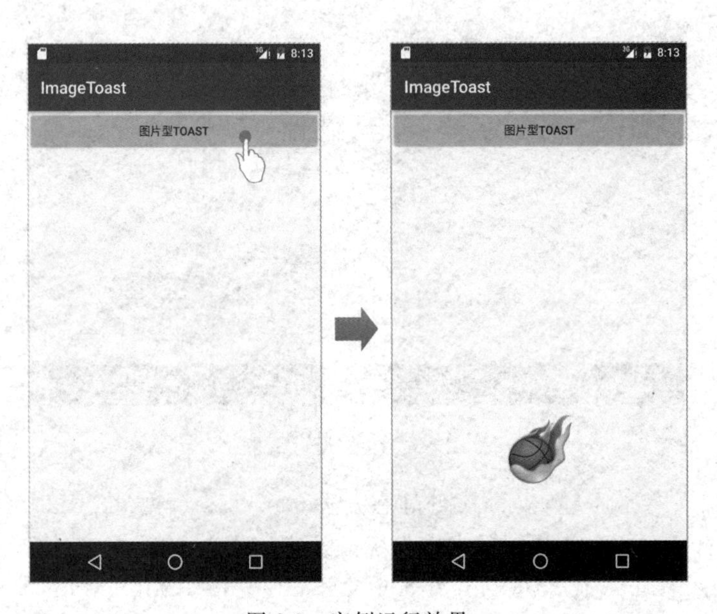

图 8-9 实例运行效果

上述代码第①行是通过代码创建 ImageView 对象。代码第②行是为 ImageView 对象设置要显示的图片。代码第③行是通过构造方法 Toast(Context context)创建 Toast 对象,其中 MainActivity.this 参数是当前的 Activity 对象。代码第④行 toast.setView(view)是在 Toast 中放置一个 View 对象,本例中的 View 是一个 ImageView 对象,所以当 Toast 显示时,则会出现一个图片。代码第⑤行是设置 Toast 显示时间。代码第⑥行 toast.show()显示 Toast。

8.2.3 实例 3:文本+图片 Toast

Toast 可以显示图片和文本组合,下面介绍复合类型 Toast 实例,如图 8-10 所示。

MainActivity.java 代码如下:

```
public class MainActivity extends AppCompatActivity {
    @Override
    protected void onCreate(Bundle savedInstanceState) {
        super.onCreate(savedInstanceState);
        setContentView(R.layout.activity_main);
        Button button = (Button) findViewById(R.id.Button01);
        button.setOnClickListener(new View.OnClickListener() {
            @Override
```

```
            public void onClick(View v) {
                //创建 ImageView 对象
                ImageView view = new ImageView(MainActivity.this);
                view.setImageResource(R.mipmap.image);
                //创建 TextView 对象
                TextView textView = new TextView(MainActivity.this);
                textView.setText(R.string.text);

                //创建线性布局对象
                LinearLayout layout = new LinearLayout(MainActivity.this);
                layout.setOrientation(LinearLayout.VERTICAL);
                layout.addView(view);
                layout.addView(textView);

                //创建 Toast 对象
                Toast toast = new Toast(MainActivity.this);
                toast.setView(layout);                                    ①
                toast.show();
            }
        });
    }
}
```

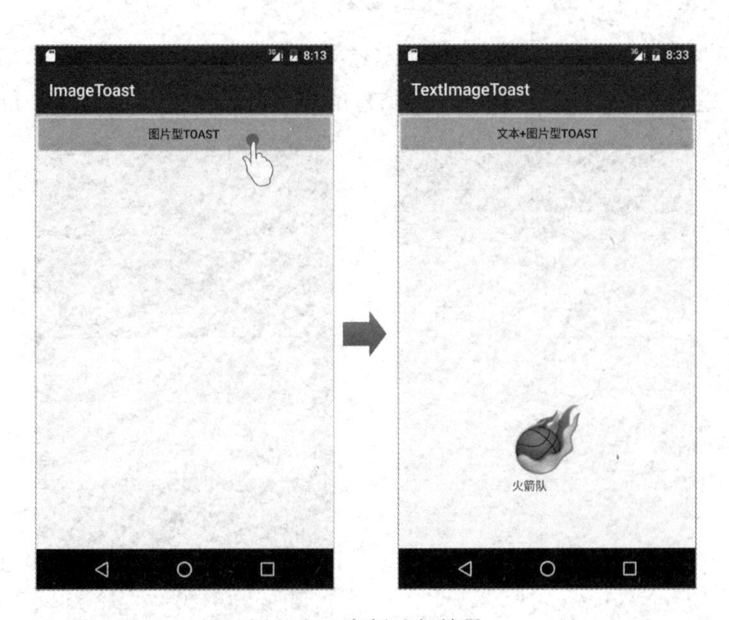

图 8-10 实例运行效果

Toast 能够展示任何 View，通过代码第①行的 toast.setView()方法可以将任何 View 放到 Toast 中，再通过 show()方法将 View 显示出来。上一节的显示图片实例也是通过 setView()方法将图片视图放到 Toast 中。本例是将线性布局对象放到 Toast 中。

8.3 对话框

对话框也是 Android 中用来显示信息的一种机制，与 Toast 不同的是，Toast 没有焦点而且显示的时间有限，不需要用户响应，而对话框则没有这些时间限制，但需要用户响应。

对话框类是 android.app.AlertDialog，创建和设置 AlertDialog 对象需要 AlertDialog.Builder 类帮助完成，参考代码如下：

```
AlertDialog dialog = new AlertDialog.Builder(this).setXXX() … setXXX().create();
```

setXXX()就是 Setter 方法，它们是在 AlertDialog.Builder 中定义的，并且返回值是 AlertDialog.Builder 类型。可以根据需要调用 Setter 方法完成 AlertDialog 的设置。AlertDialog.Builder 对象调用 create()方法创建 AlertDialog 对象。由于有多个 Setter 方法调用，所以创建和设置 AlertDialog 语句虽然只有一条，但是语句会很长。

提示 AlertDialog.Builder 中有很多 Setter 的方法，AlertDialog.Builder 对象调用该方法，还是返回 AlertDialog.Builder 对象本身。这是一种被称为 Fluent Interface(流接口)的编程风格。流接口编程风格采用方法级联，方法级联就是这种能够使用同一个对象调用连续调用多个方法，形成一个方法调用链条。流接口编程是由 Eric Evans 和 Martin Fowler 在 2005 年首次提出，Eric Evans 和 Martin Fowler 是软件工程学方面的泰斗。

8.3.1 实例 1：显示文本信息对话框

下面的实例是一个具有三个按钮和文本信息对话框的实例，如图 8-11 所示，单击按钮会在屏幕中弹出具有三个按钮的显示文本信息的对话框，单击其中的按钮可以关闭对话框。

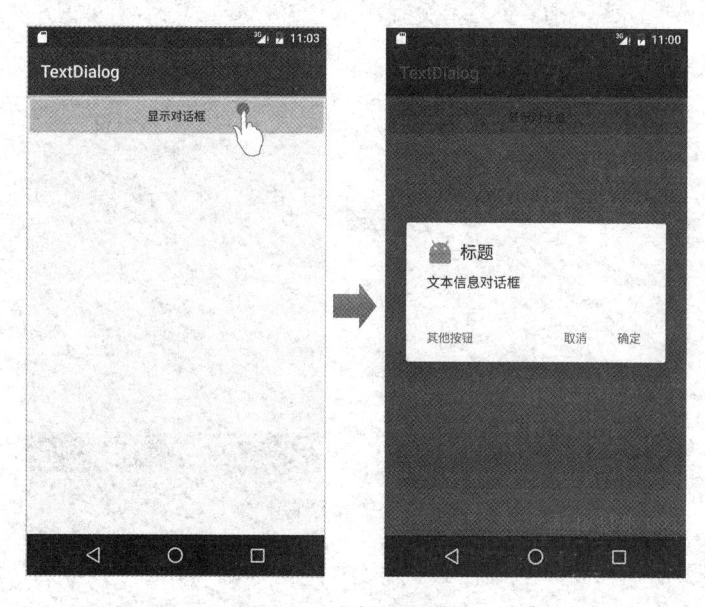

图 8-11 实例运行效果

提示 在 Android 系统中，对话框底部的按钮最多是三个，最右边的按钮是确定性按钮，可以完成确定性任务；中间的按钮是取消性按钮，单击可以关闭对话框，不做任何处理；最左边是其他按钮，可以完成其他的一些任务。三个按钮的情况不是很多，常见是一个或两个按钮情况。

由于布局比较简单，这里不再介绍，下面给出活动代码 MainActivity.java：

```
public class MainActivity extends AppCompatActivity implements View.OnClickListener {
    @Override
    protected void onCreate(Bundle savedInstanceState) {
        super.onCreate(savedInstanceState);
        setContentView(R.layout.activity_main);

        Button button = (Button) findViewById(R.id.Button01);
        button.setOnClickListener(this);
    }
    //单击 button 事件处理
    @Override
    public void onClick(View v) {
        AlertDialog dialog = new AlertDialog.Builder(this)                        ①
            .setIcon(R.mipmap.ic_launcher)   //设置对话框图标
            .setTitle("标题")                //设置对话框标题
            .setMessage("文本信息对话框")    //设置对话框显示文本信息
            .setPositiveButton(R.string.confirm, new DialogInterface.OnClickListener() { ②
                @Override
                public void onClick(DialogInterface dialog, int which) {
                    //确定性按钮事件
                    Toast.makeText(MainActivity.this, "你单击了确定按钮",
                            Toast.LENGTH_SHORT).show();
                }
            })
            .setNeutralButton(R.string.other, new DialogInterface.OnClickListener() {   ③
                @Override
                public void onClick(DialogInterface dialog, int which) {
                    //其他按钮事件
                    Toast.makeText(MainActivity.this, "你点击了其他按钮",
                            Toast.LENGTH_SHORT).show();
                }
            })
            .setNegativeButton(R.string.cancel, new DialogInterface.OnClickListener() { ④
                @Override
                public void onClick(DialogInterface dialog, int which) {
                    //取消性按钮事件
                    Toast.makeText(MainActivity.this, "你点击了取消按钮",
                            Toast.LENGTH_SHORT).show();
                }
            })
            .create();                                                             ⑤
        dialog.show();                                                             ⑥
    }
}
```

上述代码第①行～第⑤行都只是一条语句，有多个 Setter 方法对对话框进行设置，其中 setIcon()方法设置图标，setTitle()方法设置对话框标题，setMessage()设置对话框显示的文本消息。代码第②行的 setPositiveButton()方法是设置确定行按钮，代码第③行的 setNeutralButton()方法是设置其他按钮，代码第④行的 setNegativeButton()方法是设置取消按钮，这三个方法的第二个参数是单击按钮事件监听接口 DialogInterface.OnClickListener。

8.3.2 实例 2：简单列表项对话框

简单列表项对话框如图 8-12 所示。

图 8-12 简单列表项对话框

MainActivity.java 代码如下：

```
public class MainActivity extends AppCompatActivity implements View.OnClickListener {

    @Override
    protected void onCreate(Bundle savedInstanceState) {
        super.onCreate(savedInstanceState);
        setContentView(R.layout.activity_main);

        Button button = (Button) findViewById(R.id.Button01);
        button.setOnClickListener(this);
    }

    //单击 button 事件处理
    @Override
    public void onClick(View v) {
        AlertDialog dialog = new AlertDialog.Builder(this)                    ①
                .setTitle(R.string.selectdialog)                              ②
                .setItems(R.array.select_dialog_items,                        ③
                        new DialogInterface.OnClickListener() {               ④
                            @Override
                            public void onClick(DialogInterface dialog, int which) {   ⑤
                                String[] items = getResources().
                                    getStringArray(R.array.select_dialog_items);       ⑥
                                Toast.makeText(MainActivity.this,
                                        "你选择的位置是: " + which + ","
                                        + "你选择的洲是: " + items[which],             ⑦
                                        Toast.LENGTH_LONG).show();
```

```
                }
            })
            .create();                                                      ⑧
        dialog.show();
    }
}
```

上述代码第①行～第⑧行是创建 AlertDialog 对象语句。代码第②行是设置对话框标题，代码第③行是 setItems(R. array. select_dialog_items, new DialogInterface. OnClickListener(){})方法是弹出简单列表对话框的关键，其中参数 R. array. select_dialog_items 是列表资源文件，它是放置在 res/values/arrays. xml 文件中，在该文件中声明的文本列表：

```
<?xml version = "1.0" encoding = "utf - 8"?>
< resources >
    < string - array name = "Radio_dialog_items">
        < item >亚洲</item >
        < item >欧洲</item >
        < item >北美洲</item >
        < item >南美洲</item >
        < item >非洲</item >
        < item >大洋洲</item >
        < item >南极洲</item >
    </string - array >
</resources >
```

setItems 方法的第二个参数是注册列表项单击事件监听器，见代码第④行。

注意 代码第④行事件监听器实现的接口 DialogInterface. OnClickListener，与上一节实例对话框底部三按钮的监听器接口完全一样。使用起来有一些区别，在上一节实例接口实现方法 onClick(DialogInterface dialog, int which)中没有用到 which 参数。而在本节简单列表对话框实例中，该参数是对话框中选中的列表项索引，代码第⑦行是通过索引取出选择洲名。

上述代码第⑥行的 getResources(). getStringArray(R. array. select_dialog_items)语句是从资源文件 arrays. xml 中返回其中的数组。

8.3.3 实例 3：单选列表对话框

单选列表对话框实例如图 8-13 所示，有两个按钮(确定和取消)。

MainActivity. java 代码如下：

```
public class MainActivity extends AppCompatActivity implements View.OnClickListener {
    @Override
    protected void onCreate(Bundle savedInstanceState) {
        super.onCreate(savedInstanceState);
        setContentView(R.layout.activity_main);
        Button button = (Button) findViewById(R.id.Button01);
        button.setOnClickListener(this);
    }
```

```
//单击 button 事件处理
@Override
public void onClick(View v) {

    AlertDialog dialog = new AlertDialog.Builder(MainActivity.this)
            .setIcon(R.mipmap.globe)
            .setTitle(R.string.radiodialog)
            .setSingleChoiceItems(R.array.Radio_dialog_items, 0,                    ①
                    new DialogInterface.OnClickListener() {
                        public void onClick(DialogInterface dialog,
                                            int whichButton) {
                            String[] items = getResources()
                                    .getStringArray(
                                            R.array.Radio_dialog_items);

                            String locationname = items[whichButton];
                            Toast.makeText(
                                    MainActivity.this, locationname,
                                    Toast.LENGTH_LONG).show();
                        }
                    })
            .setPositiveButton(R.string.confirm,                                    ②
                    new DialogInterface.OnClickListener() {
                        public void onClick(DialogInterface dialog,
                                            int whichButton) {
                        }
                    })
            .setNegativeButton(R.string.cancel,                                     ③
                    new DialogInterface.OnClickListener() {
                        public void onClick(DialogInterface dialog,
                                            int whichButton) {
                        }
                    })
```

图 8-13　单选列表对话框

```
                .create();
        dialog.show();
    }
}
```

单选项列表对话框实现的关键是 AlertDialog.Builder 的 setSingleChoiceItems(R.array.Radio_dialog_items, 0, new DialogInterface.OnClickListener(){})方法，见代码第①行，设置对话框是单选列表。第一个参数 R.array.Radio_dialog_items 是从 arrays.xml 资源文件中取出来的；第二个参数是默认选中项，0 表示默认第一个列表项选中；第三个参数是要单击列表项的事件监听器。

另外，代码第②行和第③行是设置对话框底部显示确定按钮和取消按钮。

8.3.4 实例 4：复选列表项对话框

复选列表对话框实例如图 8-14 所示，它含有两个按钮(确定和取消)。

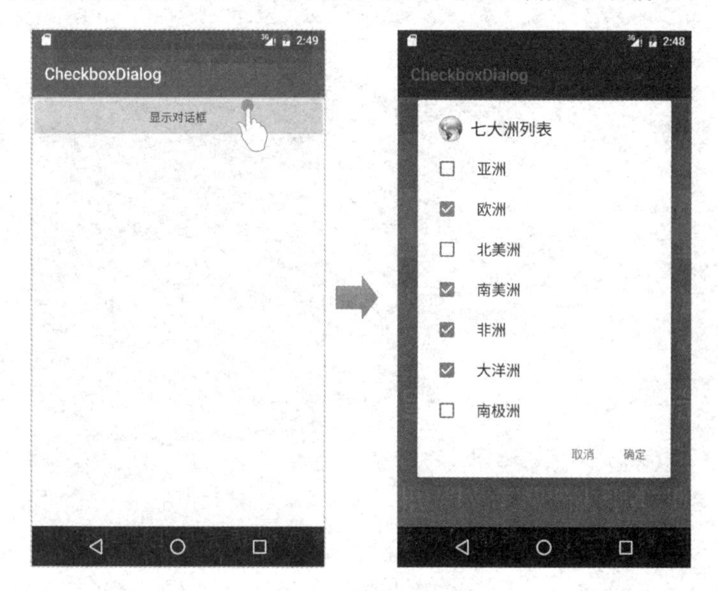

图 8-14 复选列表对话框

MainActivity.java 代码如下：

```
public class MainActivity extends AppCompatActivity implements View.OnClickListener {
    @Override
    protected void onCreate(Bundle savedInstanceState) {
        super.onCreate(savedInstanceState);
        setContentView(R.layout.activity_main);
        Button button = (Button) findViewById(R.id.Button01);
        button.setOnClickListener(this);
    }

    //初始化显示时选中情况
    boolean[] selectedList = new boolean[]{false, true, false, true, false,
            false, false};

    //单击 button 事件处理
```

```
    @Override
    public void onClick(View v) {
        AlertDialog dialog = new AlertDialog.Builder(this)
                .setIcon(R.mipmap.globe)
                .setTitle(R.string.radiodialog)
                .setMultiChoiceItems(                                          ①
                        R.array.dialog_items,
                        selectedList,
                        new DialogInterface.OnMultiChoiceClickListener() {     ②
                            public void onClick(DialogInterface dialog,
                                                int whichButton, boolean isChecked) {  ③
                                //保存选项状态
                                selectedList[whichButton] = isChecked;         ④
                            }
                        })
                .setPositiveButton(R.string.confirm,
                        new DialogInterface.OnClickListener() {
                            public void onClick(DialogInterface dialog,
                                                int whichButton) {
                                //从资源文件 dialog_items.xml 获得数组
                                String[] items = getResources()
                                        .getStringArray(R.array.dialog_items);
                                //被选择的洲名
                                List<String> selected = new ArrayList<String>();
                                for (int i = 0; i < selectedList.length; i++) {
                                    if (selectedList[i]) {
                                        selected.add(items[i]);
                                    }
                                }
                                Toast.makeText(MainActivity.this,
                                        "你选择的位置是: " + selected.toString(),
                                        Toast.LENGTH_LONG).show();
                            }
                        })
                .setNegativeButton(R.string.cancel,
                        new DialogInterface.OnClickListener() {
                            public void onClick(DialogInterface dialog,
                                                int whichButton) {
                            }
                        })
                .create();
        dialog.show();
    }
}
```

复选项列表对话框实现的关键是 AlertDialog. Builder 的 setMultiChoiceItems(R. array. dialog_items, selectedList, new DialogInterface. OnMultiChoiceClickListener(){})方法。其中,第二参数是对话框初始化显示时默认选中的列表,它是一个 boolean 数组;第三个参数是多选时单击列表事件监听器,需要实现 DialogInterface. OnMultiChoiceClickListener 接口,该接口的实现方法见代码第③行,其中参数 whichButton 是当前列表的索引,参数 isChecked 表示是否选中。代码第④行是将选择后列表项的状态保持在 selectedList 数组中。

8.3.5 实例5：复杂布局对话框

在对话框中，除了这些由系统提供的布局外，还可以自定义布局文件，如图8-15所示。

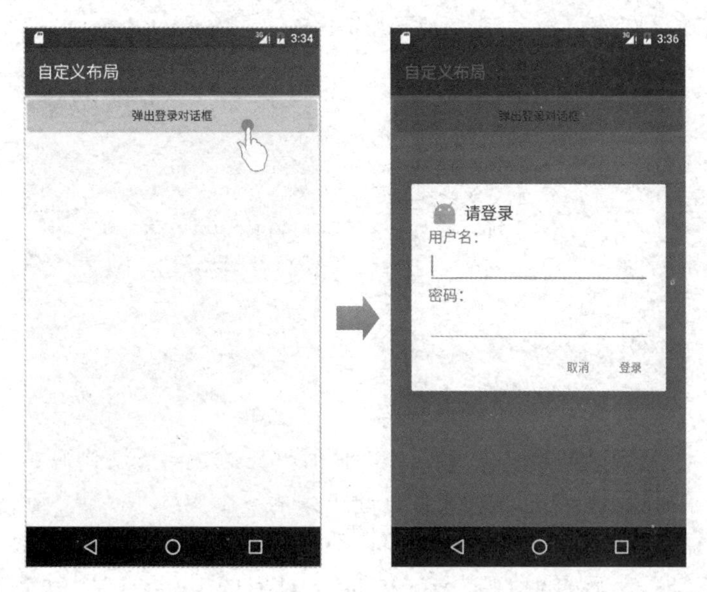

图8-15 自定义布局对话框

MainActivity.java代码如下：

```
public class MainActivity extends AppCompatActivity implements View.OnClickListener {
    @Override
    protected void onCreate(Bundle savedInstanceState) {
        super.onCreate(savedInstanceState);
        setContentView(R.layout.activity_main);
        Button button = (Button) findViewById(R.id.Button01);
        button.setOnClickListener(this);
    }
    //单击 button 事件处理
    @Override
    public void onClick(View v) {
        LayoutInflater factory = LayoutInflater.from(this);                        ①
        final View textEntryView = factory.inflate(R.layout.layoutdialog, null);   ②
        AlertDialog dlg = new AlertDialog.Builder(this)
                .setIcon(R.mipmap.ic_launcher).setTitle("请登录")
                .setView(textEntryView)                                            ③
                .setPositiveButton(
                        R.string.login,
                        new DialogInterface.OnClickListener() {
                            public void onClick(DialogInterface dialog, int whichButton) {
                                EditText user = (EditText) textEntryView
                                        .findViewById(R.id.username);              ④
                                EditText pass = (EditText) textEntryView
                                        .findViewById(R.id.password);              ⑤
                                String username = user.getText()
                                        .toString();
                                String password = pass.getText()
```

```
                                            .toString();
                                    Toast.makeText(
                                            MainActivity.this,
                                            "用户名：" + username
                                            + "密码：" + password,
                                            Toast.LENGTH_SHORT).show();
                                }
                            })
                    .setNegativeButton(R.string.cancel,
                            new DialogInterface.OnClickListener() {
                                @Override
                                public void onClick(DialogInterface dialog,
                                                    int which) { }
                            })
                    .create();
            dlg.show();
        }
    }
```

实现自定义布局的关键是 setView(textEntryView)方法，见代码第③行，其中参数 textEntryView 是通过自定义的布局文件创建出来的一个 View 对象。代码第①行和第②行就是通过布局文件创建 View，代码第①行的 LayoutInflater.from(this)语句可以创建 LayoutInflater 对象，然后再通过 LayoutInflater 对象的 inflate()方法创建 View 对象，R.layout.layoutdialog 是布局文件的 id。

代码第④行获取 textEntryView 视图中的用户名 EditText 控件，代码第⑤行是获取 textEntryView 视图中的密码 EditText 控件。

对话框布局文件 res/layout/layoutdialog.xml 代码如下：

```
<?xml version = "1.0" encoding = "utf - 8"?>
<LinearLayout xmlns:android = "http://schemas.android.com/apk/res/android"
    android:layout_width = "match_parent"
    android:layout_height = "match_parent"
    android:orientation = "vertical">
    <TextView
        android:layout_width = "wrap_content"
        android:layout_height = "wrap_content"
        android:layout_marginLeft = "20dp"
        android:text = "@string/username"
        android:textSize = "18sp" />
    <EditText
        android:id = "@ + id/username"
        android:layout_width = "match_parent"
        android:layout_height = "wrap_content"
        android:layout_marginLeft = "20dp"
        android:layout_marginRight = "20dp" />
    <TextView
        android:layout_width = "wrap_content"
        android:layout_height = "wrap_content"
        android:layout_marginLeft = "20dp"
        android:text = "@string/password"
        android:textSize = "18sp" />
    <EditText
```

```
        android:id = "@ + id/password"
        android:layout_width = "match_parent"
        android:layout_height = "wrap_content"
        android:layout_marginLeft = "20dp"
        android:layout_marginRight = "20dp" />
</LinearLayout>
```

该布局文件比较简单，这里不再赘述。

8.4 操作栏和菜单

自从 Android 3.0 引入操作栏(ActionBar)后，Android 菜单有了很大的变化，而且新款的 Android 手机也不再有 Menu 硬件支持了。

图 8-16 是 Android 系统中 Gmail 应用编写邮件的界面，单击图 8-16(a)中操作栏后面的溢出按钮⋮，弹出如图 8-16(b)所示菜单，这里的菜单项不能带有图标。另外，如果菜单项设置为图标，菜单项会变为图 8-16(a)所示的操作栏按钮。

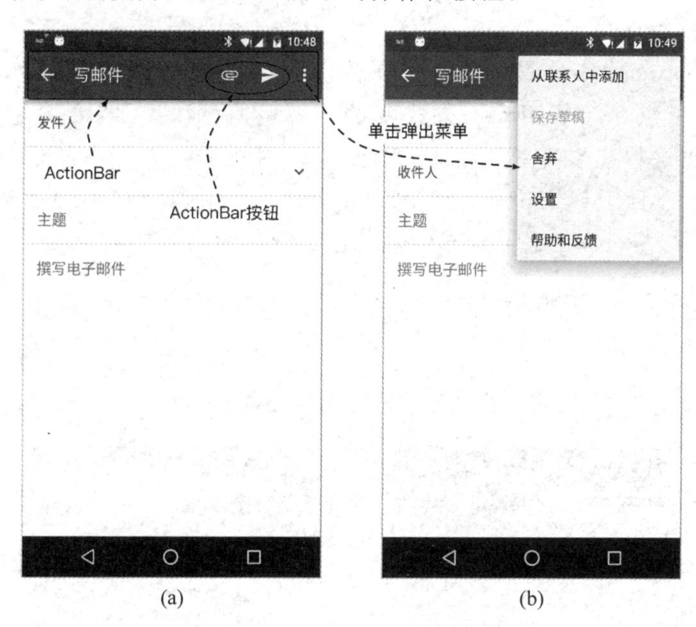

图 8-16 操作栏和菜单

8.4.1 操作栏

Android 中的操作栏主要用于导航，基本的操作栏构成如图 8-17 所示，主要分为 4 个区域。其中，①区为应用图标，如果不是顶级视图，界面会有向上的按钮《；②区放置的是一个 Spinner，用来快速切换视图；③区是放置一些完成当前界面操作的按钮；④区为溢出按钮。由于在③区不能摆放很多按钮，可以单击这个溢出按钮，显示一些不常用的操作按钮。

在应用中添加操作栏很简单，可以让活动继承 AppCompatActivity 父类，这样当前活动就添加了操作栏，具体代码如下：

图 8-17 操作栏构成

```
public class MainActivity extends AppCompatActivity {
    ...
}
```

8.4.2 菜单编程

编写具有菜单功能的应用与前面介绍的其他控件编程有很大的区别，需要在菜单所在的活动中重写如下两个方法：

- public boolean onCreateOptionsMenu(Menu menu)。创建和初始化菜单和菜单项。
- public boolean onOptionsItemSelected(MenuItem item)。当菜单项被选中时触发，MenuItem 是菜单项。

在 onCreateOptionsMenu()中创建和初始化菜单时，可以通过代码或 XML 布局文件初始化菜单。本章重点介绍使用代码方式初始化菜单，代码方式需要通过 android. view. Menu 类的 add 方法将菜单项一一添加到菜单中，使用的 add 方法有两个版本：

- MenuItem add(int groupId, int itemId, int order, CharSequence title)。
- MenuItem add(int groupId, int itemId, int order, int titleRes)。

8.4.3 实例：文本菜单

本例使用一个文字菜单来改变屏幕中的 TextView 控件来显示文字内容和背景颜色，如图 8-18 所示，从中可以了解如何在应用程序中使用菜单。

图 8-18 菜单运行效果图

布局比较简单，这里不再介绍，下面介绍一下活动代码 MainActivity.java：

```
public class MainActivity extends AppCompatActivity {
    private TextView mTextView;
    public static final int RED_MENU_ID = Menu.FIRST;                    ①
    public static final int GREEN_MENU_ID = Menu.FIRST + 1;
    public static final int BLUE_MENU_ID = Menu.FIRST + 2;               ②
    @Override
    protected void onCreate(Bundle savedInstanceState) {
        super.onCreate(savedInstanceState);
        setContentView(R.layout.activity_main);
        mTextView = (TextView) findViewById(R.id.textview);
    }
    @Override
    public boolean onCreateOptionsMenu(Menu menu) {                      ③
        menu.add(0, RED_MENU_ID, 0, R.string.menu1);                     ④
        menu.add(0, GREEN_MENU_ID, 0, R.string.menu2);
        menu.add(0, BLUE_MENU_ID, 0, R.string.menu3);                    ⑤
        return super.onCreateOptionsMenu(menu);
    }
    @Override
    public boolean onOptionsItemSelected(MenuItem item) {                ⑥
        switch (item.getItemId()) {                                      ⑦
            case RED_MENU_ID:
                mTextView.setBackgroundColor(Color.RED);
                mTextView.setText(R.string.menu1);
                return true;
            case GREEN_MENU_ID:
                mTextView.setBackgroundColor(Color.YELLOW);
                mTextView.setText(R.string.menu2);
                return true;
            case BLUE_MENU_ID:
                mTextView.setBackgroundColor(Color.BLUE);
                mTextView.setText(R.string.menu3);
                return true;
        }
        return super.onOptionsItemSelected(item);
    }
}
```

上述代码第①～②行是设置菜单项 id，每个菜单项都有一个唯一的 id，Menu.FIRST 是 Android 提供有关菜单常量，以 Menu.FIRST 为基础定义其他的菜单项。

代码第③行的 onCreateOptionsMenu 方法是创建和初始化菜单，开发人员需要在 Activity 中使用该方法。代码第④行～第⑤行是通过 Menu 的 add 方法添加菜单项。add()方法的第一个参数是菜单组 id，菜单组是对菜单项进行分组，第二个参数是菜单项 id，第三个参数是菜单项的顺序，第四个参数设置菜单项显示的文本信息，这些文本信息最好不要采用硬编码方式，而是在 strings.xml 资源文件中定义。

菜单项被选择时调用代码第⑥行的 onOptionsItemSelected(item)方法，item 参数是选择的菜单项，代码第⑦行通过 item.getItemId()语句获得菜单项 id，然后通过 switch 语句判断处理。

8.4.4 实例：操作表按钮

本例使用一个操作表按钮来改变屏幕中 TextView 控件显示文字内容和背景颜色，如图 8-19 所示，从中可以了解如何在应用程序中使用菜单。

图 8-19 操作表按钮运行效果图

布局比较简单，这里不再介绍，下面介绍活动代码 MainActivity.java：

```
public class MainActivity extends AppCompatActivity {
    private TextView mTextView;
    public static final int RED_MENU_ID = Menu.FIRST;
    public static final int GREEN_MENU_ID = Menu.FIRST + 1;
    public static final int BLUE_MENU_ID = Menu.FIRST + 2;

    @Override
    protected void onCreate(Bundle savedInstanceState) {
        super.onCreate(savedInstanceState);
        setContentView(R.layout.activity_main);
        mTextView = (TextView) findViewById(R.id.textview);
    }

    @Override
    public boolean onCreateOptionsMenu(Menu menu) {

        menu.add(0, RED_MENU_ID, 0, R.string.menu1)
                .setIcon(R.mipmap.redimage)
                .setShowAsAction(MenuItem.SHOW_AS_ACTION_ALWAYS);          ①
        menu.add(0, GREEN_MENU_ID, 0, R.string.menu2)
                .setIcon(R.mipmap.yellowimage)
                .setShowAsAction(MenuItem.SHOW_AS_ACTION_ALWAYS);          ②
        menu.add(0, BLUE_MENU_ID, 0, R.string.menu3)
                .setIcon(R.mipmap.blueimage)
                .setShowAsAction(MenuItem.SHOW_AS_ACTION_ALWAYS);          ③
```

```
        return super.onCreateOptionsMenu(menu);
    }

    @Override
    public boolean onOptionsItemSelected(MenuItem item) {
        switch (item.getItemId()) {
            case RED_MENU_ID:
                mTextView.setBackgroundColor(Color.RED);
                mTextView.setText(R.string.menu1);
                return true;
            case GREEN_MENU_ID:
                mTextView.setBackgroundColor(Color.YELLOW);
                mTextView.setText(R.string.menu2);
                return true;
            case BLUE_MENU_ID:
                mTextView.setBackgroundColor(Color.BLUE);
                mTextView.setText(R.string.menu3);
                return true;
        }
        return super.onOptionsItemSelected(item);
    }
}
```

上述代码与8.4.3节类似，不同的只是方法onCreateOptionsMenu(Menu menu)中初始化菜单项。代码第①行～第③行设置菜单项中使用setShowAsAction(MenuItem.SHOW_AS_ACTION_ALWAYS)方法，该方法可以设置菜单项作为操作栏按钮显示，其中MenuItem.SHOW_AS_ACTION_ALWAYS常量说明该菜单项总是作为操作栏按钮显示。

本章总结

本章重点介绍了Android中的高级控件，列表控件通常用来显示数据，让用户能直观地感受到各种信息。Toast控件和对话框控件为用户提供了强大的提示功能。最后介绍了操作表和菜单的使用。

本章练习题

1. 下列控件中哪些是列表类型控件？(　　)

   A. Spinner　　B. ListView　　C. Toast　　D. EditText

2. 列表类型控件有哪些要素？(　　)

   A. 控件　　B. 适配器　　C. 数据源　　D. 事件

3. 判断对错：Toast控件需要用户响应才能关闭。(　　)
4. 判断对错：Toast控件只能显示文本信息。(　　)
5. 判断对错：对话框控件中能够显示列表信息。(　　)

第 9 章

活　　动

Android 中有 4 个常用的组件：活动、服务、广播接收器和内容提供者，本章将介绍活动。

9.1　活动概述

活动是 Android 应用的重要组件，类似于 Java Swing 中的 JFrame 和.NET 中的 WinForm。活动中能够包含若干个视图，它是一个视图的"容器"或"载体"。一个活动可以用来绘制用户界面窗口，这些窗口通常是填充整个屏幕，也可以作为对话框浮动在屏幕之上。

9.1.1　创建活动

在 Android 中的 4 个常用组件创建流程都是类似的，流程如下：

(1) 编写相应的组件类；

(2) 在 AndroidManifest.xml 文件中注册。

首先，编写相应的活动类，要求继承 android.app.Activity 或其子类，并覆盖它的某些方法，活动类如图 9-1 所示，Activity 有很多重要的子类，常用的如下：

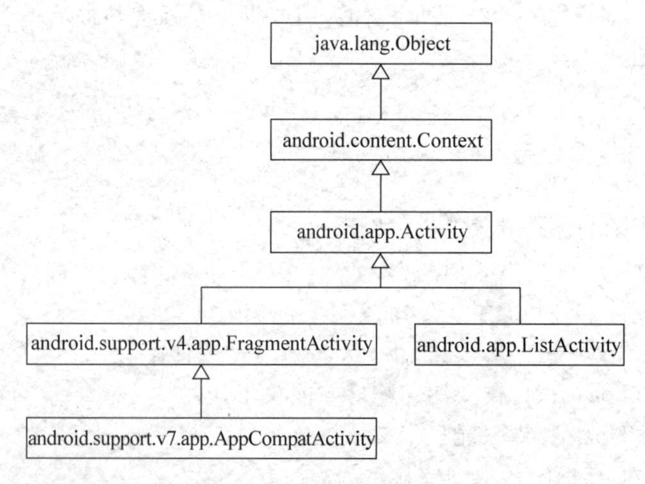

图 9-1　活动类图

- android.app.Activity。最基本的活动类。
- android.app.ListActivity。提供列表控件的活动类。
- android.support.v4.app.FragmentActivity。支持 Fragment(碎片)功能的活动类。
- android.support.v7.app.AppCompatActivity。支持 ActionBar 的活动类，应用主题是 Theme.AppCompat。

创建活动类实例代码如下：

```
public class MainActivity extends Activity {
    @Override
    protected void onCreate(Bundle savedInstanceState) {
        super.onCreate(savedInstanceState);
        setContentView(R.layout.activity_main);
        …
    }
}
```

其次，编写完成活动类后还要在 AndroidManifest.xml 文件中注册，通过<activity>标签实现注册。

```
<?xml version="1.0" encoding="utf-8"?>
<manifest xmlns:android="http://schemas.android.com/apk/res/android"
    package="com.a51work6.helloandroid">

    <application
        android:icon="@mipmap/ic_launcher"
        android:label="@string/app_name">
        <activity android:name=".MainActivity">                    ①
            <intent-filter>
                <action android:name="android.intent.action.MAIN" />
                <category android:name="android.intent.category.LAUNCHER" />
            </intent-filter>
        </activity>
    </application>
</manifest>
```

注册活动是在<activity>标签的 android:name=".MainActivity"属性完成的，见代码第①行，.MainActivity 只是类名，加上 manifest 标签包声明 package="com.a51work6.helloandroid"，构成完整的活动类 com.a51work6.helloandroid.MainActivity。

注意　在前面的章节中使用的活动都继承 AppCompatActivity，AppCompatActivity 作为父类，要求在 AndroidManifest.xml 的 application 标签中添加属性 android:theme="@style/AppTheme"，该属性是设置应用主题为 Theme.AppCompat。

9.1.2　活动的生命周期

Android 应用可以有多个活动，这些活动是由任务(Task)管理的，任务将活动放到返回栈(Back Stack)中，处于栈顶的活动是当前活动，负责显示当前屏幕。

图 9-2 是活动生命周期，可以从三个不同角度(三种状态、7 种方法和三个嵌套循环)进行分析。

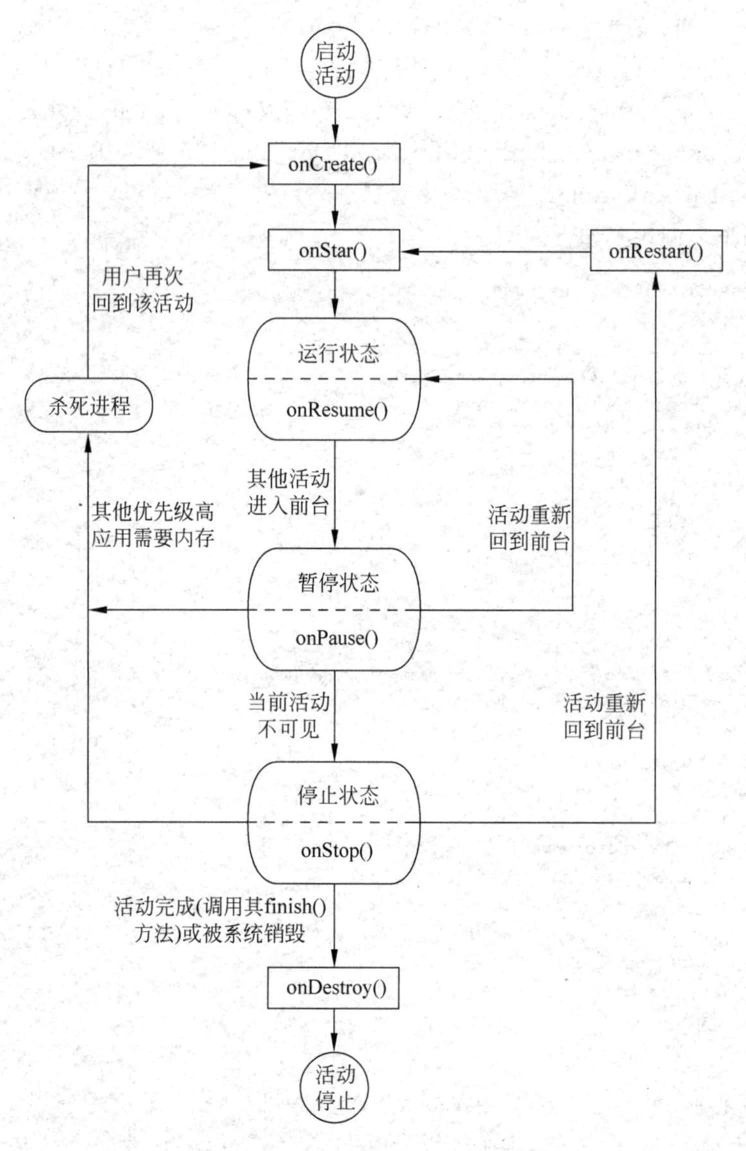

图 9-2 活动的生命周期

1. 三种状态

活动主要有三种状态：

- 运行状态：活动进入前台，位于栈顶，此时活动处于运行状态。运行状态的活动可以获得焦点，活动中的内容会高亮显示。
- 暂停状态：其他活动进入前台，当前活动不再处于栈顶，但仍然可见只是变暗，此时活动处于暂停状态。暂停状态的活动不能获得焦点，活动中的内容会变暗。当系统内存过低，其他应用需要内存，系统会回收暂停状态的活动。
- 停止状态：当活动不再处于栈顶，被其他活动完全覆盖，不可见时，此活动处于停止状态。处于停止状态的活动虽然不可见，但是仍然保存所有状态(成员变量值)。当系统内存过低，其他应用需要内存，系统会回收停止状态的活动。

2. 7种方法

活动的生命周期中活动的状态发生转移，如图9-2所示，这个过程中会回调Activity类中的一些方法，根据自己的需要可以重写这些方法。这些方法有7种：

- onCreate()。当活动初始化的时候调用，前面的很多实例都重写了该方法。
- onStart()。活动从不可见变为可见，但是还是暗色，不能获得焦点，不能接收用户事件。此时调用该方法。
- onResume()。活动从暗色可见变成高亮可见，活动可以获得焦点，接收用户事件。此时调用该方法。
- onPause()。活动从运行状态到暂停状态时调用该方法。
- onStop()。活动从暂停状态到停止状态时调用该方法。
- onRestart()。处于停止状态的活动，活动重新回到前台，变成活动状态时调用。
- onDestroy()。活动被销毁时调用。

3. 三个嵌套循环

在上述7种方法中，除了onRestart()方法，其他6种方法都是两两相对的，根据自己的情况实现这些方法监控活动生命周期中的三个嵌套循环。

- 整个生命周期循环。活动的整个生命周期发生在onCreate()调用与onDestroy()调用之间。在onCreate()中初始化设置，例如加载布局文件，在onDestroy()中释放所有资源。
- 可见生命周期循环。活动的可见生命周期发生在onStart()调用与onStop()调用之间。在此期间活动可见，用户能与之交互。活动会在可见和不可见两种状态中交替变化，系统会多次调用onStart()和onStop()。
- 前台生命周期循环。活动的前台生命周期循环发生在onResume()调用与onPause()调用之间。在此期间活动位于屏幕上所有其他活动之前。活动可频繁进入和退出前台，系统会多次调用onResume()和onPause()。由于频繁调用，这两个方法采用轻量级的代码，以避免程序运行缓慢而影响用户体验。

9.1.3 实例：Back和Home按钮的区别

Android手机都配有Back和Home按钮，图9-3是Android 5后手机屏幕，Back和Home按钮位于屏幕底部导航栏中，◁是Back按钮，○是Home按钮。那么，Back和Home按钮在活动生命周期中有什么区别呢？

注意 图9-3所示的屏幕底部导航栏中的□按钮是最近使用应用(Recent Apps)按钮，单击该按钮可以快速找到最近使用过的应用，从而可以快速启动该应用，效果与直接在桌面上单击应用图标完全一样。如果此时活动处于停止状态，则通过onRestart → onStart → onResume路径使活动进入运行状态；如果此时活动处于销毁状态，则通过onCreate → onStart → onResume路径使活动进入运行状态。

下面通过实例熟悉活动生命周期，了解Back和Home按钮的区别。

MyActivity.java代码如下：

```
public class MyActivity extends Activity {
    private static final String TAG = "MyActivity";
    @Override
    protected void onCreate(Bundle savedInstanceState) {
        super.onCreate(savedInstanceState);
        setContentView(R.layout.activity_main);
        Log.i(TAG, "onCreate");
    }
    @Override
    protected void onDestroy() {
        super.onDestroy();
        Log.i(TAG, "onDestroy");
    }
    @Override
    protected void onPause() {
        super.onPause();
        Log.i(TAG, "onPause");
    }
    @Override
    protected void onRestart() {
        super.onRestart();
        Log.i(TAG, "onRestart");
    }
    @Override
    protected void onResume() {
        super.onResume();
        Log.i(TAG, "onResume");
    }
    @Override
    protected void onStart() {
        super.onStart();
        Log.i(TAG, "onStart");
    }
    @Override
    protected void onStop() {
        super.onStop();
        Log.i(TAG, "onStop");
    }
}
```

图 9-3 Android 5 之后的屏幕底部导航按钮

当应用启动之后，当前活动全部可见，活动进入运行状态，日志输出结果如下：

```
onCreate
onStart
onResume
```

活动处于运行状态时，单击 Back 按钮，日志输出结果如下：

```
onPause
onStop
onDestroy
```

从日志结果分析，单击 Back 按钮不仅会使活动进入停止状态，还会进入销毁状态。

再来看 Home 按钮，当活动处于运行状态时，单击 Home 按钮，日志输出结果如下：

```
onPause
onStop
```

从日志结果分析,单击 Home 按钮会使活动进入停止状态,但不会进入销毁状态。

综上所述,通过比较 Back 和 Home 按钮在活动生命周期的日志,可以得出结论: Back 按钮会将活动从返回栈中移除。Home 按钮将 Android 桌面活动入栈,这样当前活动不再处于栈顶,使其进入停止状态。

9.2 多活动之间跳转

前面的章节介绍的应用都只有一个活动,事实上很多应用都有多个活动,这就必然存在多个活动之间的跳转问题,多个活动之间跳转涉及三个方面:

(1) 从第一个活动进入到第二个活动。

(2) 从第二个活动返回到第一个活动。

(3) 活动之间参数传递问题。

9.2.1 登录案例介绍

为了便于讲解上述三个问题,设计如图 9-4 所示的登录案例,其中图 9-4(a)是登录界面,UserID 和 Password 分别是用户 ID 和密码,单击 LOGIN 按钮进行登录,如果登录成功,则进入如图 9-4(b)所示的成功界面;如果登录失败,则进入如图 9-4(c)所示的失败界面。

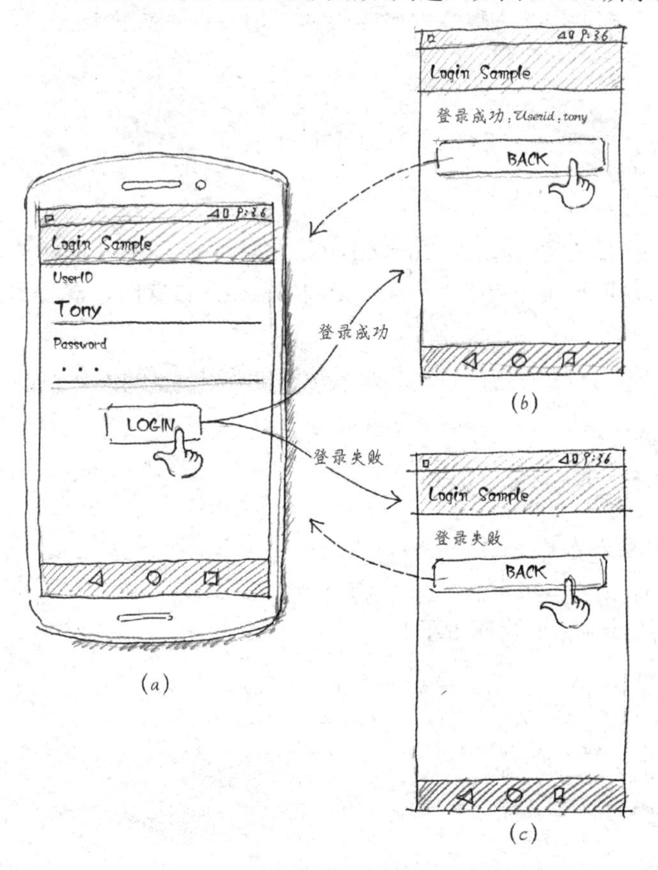

图 9-4 登录案例原型

成功界面会接收从登录界面传递过来的参数 UserID，单击 Back 按钮则返回登录界面，此时也会将 UserID 参数回传给登录界面。

在登录失败界面单击 Back 按钮返回登录界面，之间没有参数的传递。

从图 9-4 可见，案例有三个界面（屏幕），因此会有三个活动：

- ❑ LoginActivity。登录活动。
- ❑ SuccessActivity。登录成功活动。
- ❑ FailureActivity。登录失败活动。

三个活动要求在应用的 AndroidManifest. xml 文件中注册：

```
<?xml version = "1.0" encoding = "utf - 8"?>
<manifest xmlns:android = "http://schemas.android.com/apk/res/android"
    package = "com.a51work6.loginsample">
    <application
        android:allowBackup = "true"
        android:icon = "@mipmap/ic_launcher"
        android:label = "@string/app_name"
        android:supportsRtl = "true"
        android:theme = "@style/AppTheme">
        <activity android:name = ".LoginActivity">                              ①
            <intent - filter>                                                  ②
                <action android:name = "android.intent.action.MAIN" />
                <category android:name = "android.intent.category.LAUNCHER" />
            </intent - filter>
        </activity>
        <activity android:name = ".SuccessActivity"/>                           ③
        <activity android:name = ".FailureActivity"/>                           ④
    </application>
</manifest>
```

代码第①行是注册登录活动 LoginActivity，登录活动是主屏幕活动，需要添加 Intent Filter（意图过滤器）（见代码第②行）。有关意图（Intent）和意图过滤器（Intent Filter）知识将在第 11 章介绍。

代码第③行和第④行是注册 SuccessActivity 和 FailureActivity，它们都不需要意图过滤器（Intent Filter）。

9.2.2 启动下一个活动

从当前活动启动进入下一个活动可以采用如下方法：

void startActivity(Intent intent)：启动下一个活动，intent 一个意图对象。

LoginActivity. java 主要代码如下：

```
public class LoginActivity extends AppCompatActivity {
    private final static String TAG = "LoginActivity";
    private EditText txtUserid;
    private EditText txtPwd;
    private Button btnLogin;

    @Override
    public void onCreate(Bundle savedInstanceState) {
```

```
        super.onCreate(savedInstanceState);
        setContentView(R.layout.activity_login);

        Log.v(TAG, "进入 LoginActivity");
        btnLogin = (Button) findViewById(R.id.button_login);
        txtUserid = (EditText) findViewById(R.id.editText_userid);
        txtPwd = (EditText) findViewById(R.id.editText_password);
        btnLogin.setOnClickListener(new View.OnClickListener() {
            @Override
            public void onClick(View v) {
                if (txtUserid.getText().toString().equals("tony")
                        && txtPwd.getText().toString().equals("123")) {           ①
                    Intent it = new Intent(LoginActivity.this,
                            SuccessActivity.class);                              ②
                    ...
                    startActivity(it);                                           ③
                } else {
                    Intent it = new Intent(LoginActivity.this,
                            FailureActivity.class);                              ④
                    startActivity(it);                                           ⑤
                }
            }
        });
    }
}
```

上述代码第①行判断是否登录成功，本例采用硬编码判断，实际开发时会从数据库或云服务返回 UserID 和密码进行比较。无论判断结果是 true 还是 false，都会通过代码第③行或第⑤行的 startActivity(it)语句启动下一个活动，代码第②行和第④行是创建一个显示意图对象，意图可以有显式和隐式之分，两者的区别将在后面第 11 章中介绍。

提示 显示意图构造方法：Intent(Context packageContext, Class<?> cls)，第一个参数 packageContext 的类型是 Context，它是一个抽象类，它的子类有很多，其中 Activity 和 Service 是比较常见的。第二个参数 cls 是具体组件类名，通过这个类名可以启动并实例化该组件。

9.2.3 参数传递

多个活动直接参数的传递主要是通过意图，意图有一个附加数据(Extras)字段，可以保存多个形式的数据，意图通过 putExtras(name, value)方法，以“键-值”对形式保存数据，保存单值参数如下方法：

- putExtra(String name, String value)。value 单个 int 值。
- putExtra(String name, int value)。value 单个 int 值。

保存多值参数的方法如下：

- putExtra(String name, int[] value)。value 是 int 数组。
- putExtra(String name, Serializable value)。value 是任何可序列化的数据。

putExtra 方法还有很多，可以根据自己的需要使用相关方法，其他方法可以查询 API

文档。

启动活动 LoginActivity.java 相关代码如下：

```
Intent it = new Intent(LoginActivity.this, SuccessActivity.class);
it.putExtra("userid", txtUserid.getText().toString());     //userid 是键
startActivity(it);
```

下个活动(SuccessActivity.java)中接收参数的相关代码如下：

```
Intent it = this.getIntent();                               //获得意图对象
Bundle bundle = it.getExtras();                             //从意图对象获得 Bundle 对象
String userid = bundle.getString("userid");                 //按照键取出数据
```

活动通过 getIntent()方法获得意图，意图通过 getExtras()方法获取一个附加数据(Extras)字段，返回值 Bundle，Bundle 是数据包，就是多个数据集合体。Bundle 提供了很多 Getter 方法，根据不同的数据类型采用相应的 Getter 方法。Bundle 中的主要 Getter 方法：

- intgetInt(String key)。通过键获取 Int 类型数据。
- intgetInt(String key, int defaultValue)。通过键获取 Int 类型数据，defaultValue 是默认值。
- int[] getIntArray(String key)。通过键获取 Int 数组类型的数据。
- String getString(String key)。通过键获取字符串类型数据。
- String getString(String key, String defaultValue)。通过键获取字符串类型数据，defaultValue 是默认值。
- Serializable getSerializable(String key)。通过键获取可序列化类型的数据。

Bundle 中的 Getter 方法还有很多，可以查询 API 文档查看，这里不再赘述。

9.2.4 返回上一个活动

多个活动之间的跳转，是将多个活动放到栈中，通过入栈和出栈实现。进行下一个活动是通过 startActivity(Intent)方法将意图所找到的活动入栈，使其处于栈顶，这样就实现了跳转。如果想返回上一个活动，可以使用活动的 void finish()方法。

从成功活动返回到登录活动，SuccessActivity.java 中的代码如下：

```
public class SuccessActivity extends AppCompatActivity {
    private final static String TAG = "SuccessActivity";
    private Button btnBack;
    private TextView textView;
    @Override
    protected void onCreate(Bundle savedInstanceState) {
        super.onCreate(savedInstanceState);
        setContentView(R.layout.activity_success);
        Log.v(TAG, "进入 SuccessActivity");
        Intent it = this.getIntent();
        Bundle bundle = it.getExtras();
        final String userid = bundle.getString("userid");

        textView = (TextView) findViewById(R.id.textView);
        textView.setText("登录成功, Userid:" + userid);
        btnBack = (Button) findViewById(R.id.button_Back);
```

```
        btnBack.setOnClickListener(new View.OnClickListener() {          ①
            @Override
            public void onClick(View v) {
                finish();                                                ②
            }
        });
    }
}
```

上述代码第①行是用户单击成功界面的Back按钮处理代码，其中代码第②行是调用当前活动的finish()方法回到上一活动(登录活动)。

有时候返回的活动很多，上一活动想知道是从哪个活动返回的，在启动下一个活动的时候可以采用如下方法：

void startActivityForResult(Intent intent，int requestCode)。与startActivity类似，启动下一个活动。

第二个参数requestCode是请求编码，它可以传递给下一个活动，再由活动finish()返回给上一个活动，因此它的作用是用于判断从哪个活动返回。

修改LoginActivity.java代码如下：

```
public class LoginActivity extends AppCompatActivity {
    ...
    @Override
    public void onCreate(Bundle savedInstanceState) {
        ...
        btnLogin.setOnClickListener(new View.OnClickListener() {
            @Override
            public void onClick(View v) {
                if (txtUserid.getText().toString().equals("tony")
                        && txtPwd.getText().toString().equals("123")) {
                    Intent it = new Intent(LoginActivity.this,
                            SuccessActivity.class);
                    it.putExtra("userid", txtUserid.getText().toString());
                    startActivityForResult(it, 1);                       ①
                } else {
                    Intent it = new Intent(LoginActivity.this,
                            FailureActivity.class);
                    startActivityForResult(it, 2);                       ②
                }
            }
        });
    }
    @Override
    protected void onActivityResult(int requestCode, int resultCode, Intent data) {   ③
        switch (requestCode) {                                                        ④
            case 1:
                //登录成功之后返回
                Log.v(TAG, "从成功活动返回. resultCode = " + resultCode);
                break;
            case 2:
                //登录失败之后返回
                Log.v(TAG, "从失败活动返回. resultCode = " + resultCode);
        }
        super.onActivityResult(requestCode, resultCode, data);
```

```
    }
}
```

代码第①行 startActivityForResult(it, 1)方法是启动成功活动,1 是成功活动请求编码。代码第②行 startActivityForResult(it, 2)方法是启动失败活动,2 是失败活动请求编码。

为了接收下一个活动返回,需要重写 onActivityResult(int requestCode, int resultCode, Intent data)方法,下一个活动调用 finish 方法之后,系统就会回调 onActivityResult 方法。方法中的参数 requestCode 是当初调用 startActivityForResult 方法中的请求编码。所以,如果 requestCode 是 1,则说明 SuccessActivity 返回;如果requestCode 是 2,则说明 FailureActivity 返回。

onActivityResult 方法中还有 resultCode(结果编码)参数,结果编码是在下一个活动中通过 void setResult(int resultCode, Intent data)方法设置的。相关代码见 SuccessActivity.java 文件:

```
public class SuccessActivity extends AppCompatActivity {
    ...
    @Override
    protected void onCreate(Bundle savedInstanceState) {
        ...
        btnBack = (Button) findViewById(R.id.button_Back);
        btnBack.setOnClickListener(new View.OnClickListener() {
            @Override
            public void onClick(View v) {
                setResult(4, (new Intent()).putExtra("userid", userid));        ①
                finish();
            }
        });
    }
}
```

上述代码第①行是在返回上一个活动之前(finish()语句调用之前)设置 resultCode,setResult 方法第一个参数是 resultCode,第二个参数是意图对象,可以通过意图的附加数据(Extras)传递参数给 LoginActivity。

9.3 活动任务与返回栈

在 Android 中有一个任务概念,任务是将多个活动放在一起管理,这些活动可以是同一个应用中的,也可以是不同应用中的。任务通过一个返回栈管理这些活动。如果有两个活动分别是 A 和 B,当 A 是处于运行状态的活动,A 处于返回栈的栈顶,当 A 跳转到 B 时,B 入栈并处于栈顶,当 B 跳转到 A 时,A 入栈并处于栈顶,界面跳转是 A→B→A,此时返回栈有三个活动(A、B、A),但是两个 A 是不活动的实例。如果此时单击 Back 键或在程序中调用 finish()方法,界面跳转是由 B→A→B 路径返回。

代码可以参考工程 TaskSample,A_Activit.java 活动的主要代码如下:

```
btn = (Button) findViewById(R.id.btn);
btn.setOnClickListener(new View.OnClickListener() {
    @Override
```

```
        public void onClick(View v) {
            Intent it = new Intent(A_Activity.this, B_Activity.class);
            startActivity(it);
        }
    });
```

B_Activit.java 活动的主要代码如下：

```
    btn = (Button) findViewById(R.id.btn);
    btn.setOnClickListener(new View.OnClickListener() {
        @Override
        public void onClick(View v) {
            Intent it = new Intent(B_Activity.this, A_Activity.class);
            startActivity(it);
        }
    });
```

单击 Back 键跳回到 A_Activity。但是，有时需要单击 Back 键回到桌面，而不是上一个活动。实现该效果可以通过设置意图标志(Flag)来改变默认的返回状态，在 Android 平台上有很多标志，与任务有关的标志主要有：

- FLAG_ACTIVITY_NEW_TASK。开始一个新的任务。
- FLAG_ACTIVITY_CLEAR_TOP。清除返回栈中活动。

修改 B_Activity 跳转到 A_Activity 的代码如下：

```
    btn = (Button) findViewById(R.id.btn);
    btn.setOnClickListener(new View.OnClickListener() {
        @Override
        public void onClick(View v) {
            Intent it = new Intent(B_Activity.this, A_Activity.class);
            it.setFlags(Intent.FLAG_ACTIVITY_CLEAR_TOP
                    | Intent.FLAG_ACTIVITY_NEW_TASK);
            startActivity(it);
        }
    });
```

开始新任务(Intent.FLAG_ACTIVITY_NEW_TASK)并且清除活动返回栈(Intent.FLAG_ACTIVITY_CLEAR_TOP)，可以达到在 C_Activity 屏幕 Back 键回到桌面的效果。

本章总结

本章重点介绍了 Android 的活动，活动在 Android 中是非常重要的，活动的生命周期是难点，然后介绍了多个活动之间的跳转；最后介绍了活动任务与返回栈。

本章练习题

1. 请简述活动的生命周期。
2. 判断对错：启动下一个活动使用方法是 void startActivity(Intent intent)。(　　)
3. 在 Android 平台标志很多，与任务有关的标志有哪些？

第 10 章 碎　片

碎片(Fragment)是 Android 3 之后新增加的内容,可适用于 Android 设备的多样化(搭载 Android 系统的设备包括手机、手表、平板电脑和电视机)。碎片是类似于活动功能的"局部界面",通过使用碎片可以使应用适配于多种设备和屏幕尺寸。

提示　Fragment 通常翻译为"碎片",它将屏幕分成几片可重用部分。

10.1　界面重用问题

图 10-1 是同一个 Android 应用在手机(见图 10-1(a))和平板电脑(见图 10-1(b))上的界面布局。其中①区域是个列表,②区域是标题,③区域是详细内容。

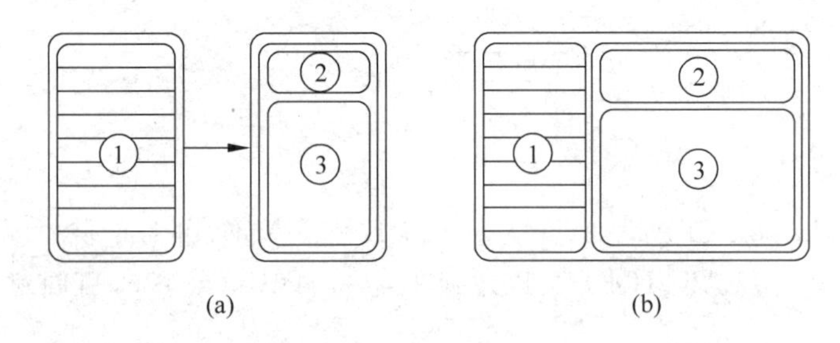

图 10-1　界面布局

如图 10-1(a)所示,手机屏幕比较小,因此当显示比较多的数据时往往要分屏幕显示,即:①是在一个活动中,②和③是在另外一个活动中。

如图 10-1(b)所示,平板电脑屏幕比较大,可以把所有内容放置在一个屏幕中,即:①、②和③都在另外一个活动中。

从图 10-1 所示的界面布局可见,同一个应用在手机和平板电脑等设备中的某些部分界面的布局非常相似,而且功能也相同。每一个设备都有自己活动,手机需要两个活动,平板电脑需要一个活动,因此活动中有很多重复的代码。

10.2 碎片技术

碎片技术类似于活动技术，但是要比活动更加复杂。

采用碎片的布局如图 10-2 所示，手机和平板电脑中"碎片 1""碎片 2"和"碎片 3"是共用的。虽然，图 10-2(a)所示的手机是两个屏幕，但还是一个活动。

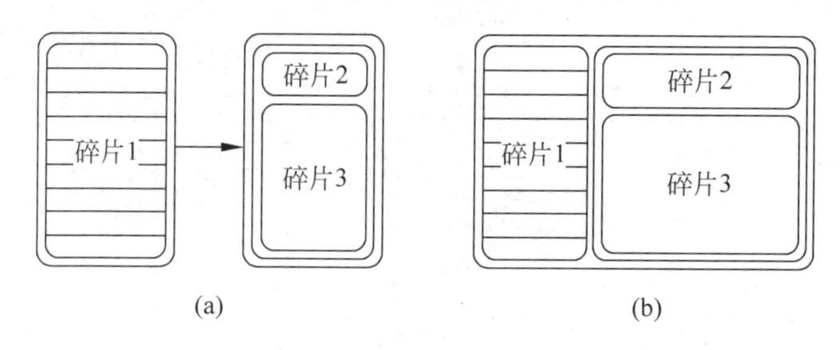

图 10-2 碎片界面布局

碎片和活动十分相似，碎片用来描述在一个活动中的部分界面。一个活动中可以合并多个碎片，而一个碎片也可以在多个不同活动中重用。如图 10-2 所示，一个活动中包含三个碎片(碎片 1、碎片 2 和碎片 3)。

提示 一个活动中包含多个碎片，但是设计时应避免碎片之间直接通信和调用，而是应通过活动实现两个碎片之间的通信和调用。

10.3 碎片的生命周期

碎片嵌入到活动中，与活动的生命周期协调一致，片段所在的活动生命周期会影响碎片的生命周期。这样，碎片的生命周期就会变得比活动生命周期还要复杂。

图 10-3 是碎片生命周期，可以从两个不同角度(三种状态和 11 种方法)进行分析。

10.3.1 三种状态

碎片主要有三种状态：

- 运行状态。碎片所在活动处于运行状态，当前碎片可见，可以获得焦点，内容会高亮显示。
- 暂停状态。碎片所在活动处于暂停状态，暂停状态的碎片不能获得焦点，碎片中的内容会变暗。
- 停止状态。碎片所在活动处于停止状态，此时碎片处于停止状态。

10.3.2 11 种方法

在碎片的生命周期中，碎片的状态发生转移，如图 10-3 所示，这个过程中会回调 Fragment 类中的一些方法，根据自己的需要可以重写这些方法。这些方法有 11 种：

- onAttach()。当碎片添加到活动，并与活动建立关联时调用。

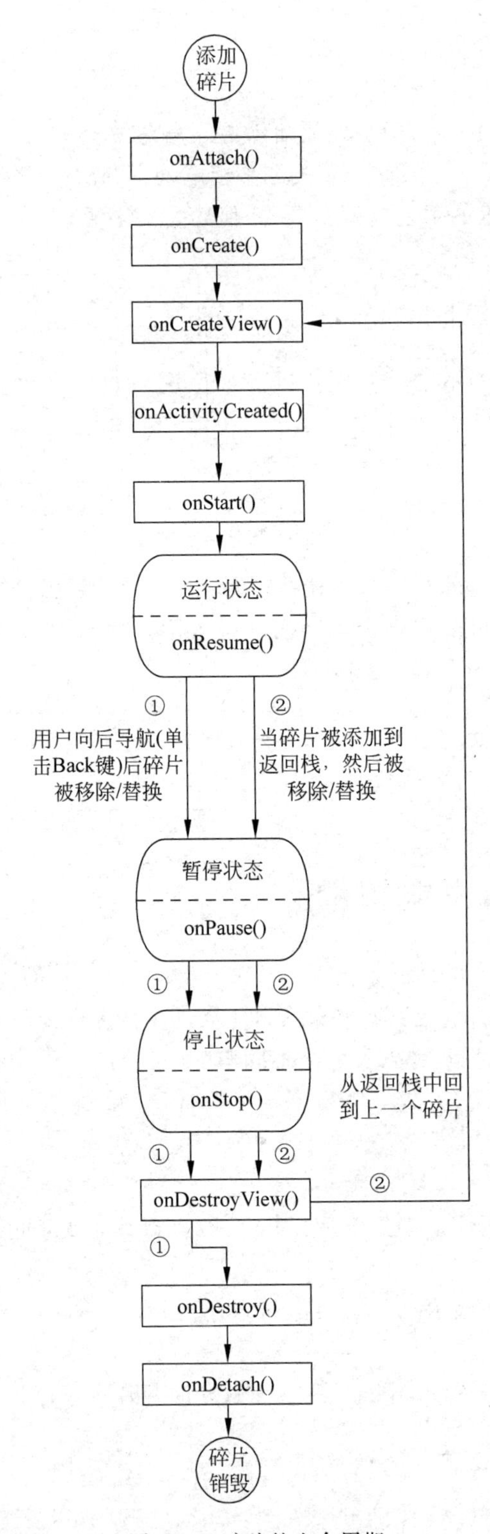

图 10-3　碎片的生命周期

- onCreate()。创建碎片时调用,可以用来初始化碎片。
- onCreateView()。系统会在第一次绘制碎片相关视图时调用,返回值是碎片中的相关视图。
- onActivityCreated()。当碎片所在活动被创建完成,碎片相关视图也创建完成时调用该方法。
- onStart()。当碎片所在的活动从不可见变为可见,但是还是暗色,不能获得焦点,不能接收用户事件。此时调用该方法。
- onResume()。当碎片所在活动从暗色可见变成高亮可见,活动可以获得焦点,接收用户事件。此时调用该方法。
- onPause()。当碎片从运行状态到暂停状态时调用该方法。
- onStop()。当碎片从暂停状态到停止状态时调用该方法。
- onDestroyView()。销毁碎片相关视图时调用。
- onDestroy()。当碎片被销毁时调用。
- onDetach()。当碎片与活动解除关联时调用。

虽然碎片生命周期中的回调方法有 11 种之多,但是并非所有的碎片都需要重写上述 11 个回调方法,根据自己的需要重写相应方法。其中 onCreateView()、onStart()和 onStop()等方法用得比较多。

10.4 使用碎片开发

下面详细介绍使用碎片技术开发应用界面的相关知识。

10.4.1 碎片相关类

与活动不同,使用碎片技术开发涉及很多相关类,图 10-4 是主要的碎片相关类。说明如下:

- FragmentActivity。android. support. v4. app. FragmentActivity 类,支持碎片的活动类。由于 android. support. v7. app. AppCompatActivity 是 FragmentActivity 子类,所以 AppCompatActivity 也支持碎片开发。
- Activity。支持碎片的活动类。
- Fragment。核心碎片类,开发人员需要继承 Fragment 或其子类,并覆盖它的某些方法,这些在图 10-3 中的碎片生命周期中已经介绍了。
- FragmentManager。管理碎片和碎片所在活动之间的交互和通信。
- FragmentTransaction。管理碎片事务,碎片事务是一系列的碎片操作(添加、替换和移除等)。

其中,Fragment 类最为核心。常用的子类如下:

- ListFragment。类似于 ListActivity,包含 ListView 控件的碎片类。
- DialogFragment。以对话框形式浮动在所有活动窗口上的碎片。

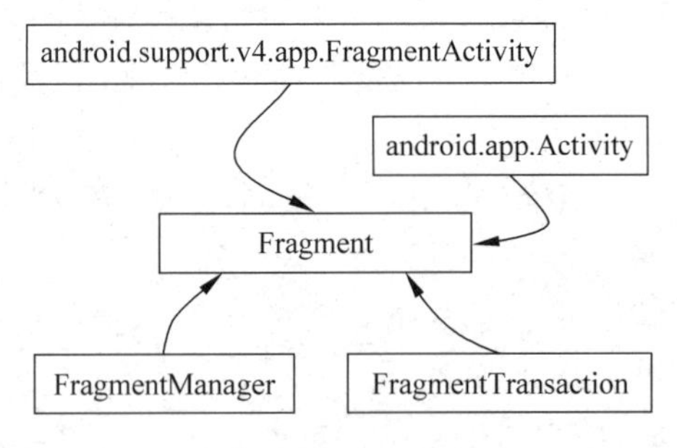

图 10-4　碎片相关类图

10.4.2　创建碎片

创建一个碎片需要做两件事情：

- 创建碎片类。
- 创建碎片布局文件。

1. 创建碎片类

碎片类必须直接或间接继承 Fragment 类，一般要重写 onCreateView 方法，类似下面的代码：

```
public class EventsDetailFragment extends Fragment {
    ...
    @Override
    public View onCreateView(LayoutInflater inflater,
                             ViewGroup container, Bundle savedInstanceState) {
        ...
        //从布局文件中创建视图
        View v = inflater.inflate(R.layout.fragment_detail, container, false);        ①
        return v;
    }
    ...
}
```

在 onCreateView()中，要求返回一个 View 用于碎片显示，返回 null 则这个碎片没有显示。代码第①行是从布局文件创建视图，其中参数 inflater 是布局填充器 LayoutInflater，布局填充器在第 8 章中介绍过，LayoutInflater 的 inflate()方法声明如下：

```
inflate(int resource, ViewGroup root, boolean attachToRoot)
```

其中，第一个参数 resource 是资源 id，第二个参数是 root 父视图，第三个参数 attachToRoot 为是否将创建的 View 自动添加到 root 视图中，如果是 true 则自动添加，由于在碎片中使用 inflate()方法的添加过程是由 FragmentManager 负责，因此碎片中使用 inflate()方法时第三个参数 attachToRoot 必须设置为 false。

2. 创建碎片布局文件

创建碎片布局 fragment_detail. xml 文件代码：

```
<?xml version = "1.0" encoding = "utf - 8"?>
<LinearLayout xmlns:android = "http://schemas.android.com/apk/res/android"
```

```
    android:layout_width = "match_parent"
    android:layout_height = "match_parent"
    android:orientation = "horizontal">

    < ImageView
        android:id = "@ + id/imageView_detail"
        android:layout_width = "wrap_content"
        android:layout_height = "wrap_content"
        android:paddingLeft = "20dp"
        android:paddingTop = "20dp" />

    < TextView
        android:id = "@ + id/textView_detail"
        android:layout_width = "match_parent"
        android:layout_height = "wrap_content"
        android:padding = "16dp"
        android:textSize = "18sp" />

</LinearLayout >
```

上述碎片布局文件与活动中使用的布局没有区别,这里不再赘述。

提示 虽然在大部分情况下,创建一个碎片需要做两件事情,即创建碎片类和创建碎片布局文件。但有两种情况除外:一是列表类型碎片,即继承 ListFragment 类;二是通过代码创建布局。列表类型碎片 ListFragment 与列表类型活动 ListActivity 类似,不需要指定布局文件,不需要重写 onCreateView()方法。

10.4.3 静态添加碎片到活动

静态添加就是在活动布局文件中,通过< fragment >标签包含到活动布局文件中,活动布局文件的参考代码如下:

```
<?xml version = "1.0" encoding = "utf - 8"?>
< LinearLayout xmlns:android = "http://schemas.android.com/apk/res/android"
    android:layout_width = "match_parent"
    android:layout_height = "match_parent"
    android:orientation = "horizontal">
    <! -- 比赛项目列表信息碎片 -- >
    < fragment
        android:id = "@ + id/fragment_master"
        android:name = "com.a51work6.fragmentsample.EventsMasterFragment"       ①
        android:layout_width = "0dp"
        android:layout_height = "match_parent"
        android:layout_weight = "1" />
    <! -- 比赛项目详细信息碎片 -- >
    < fragment
        android:id = "@ + id/fragment_detail"
        android:name = "com.a51work6.fragmentsample.EventsDetailFragment"       ②
        android:layout_width = "0dp"
        android:layout_height = "match_parent"
        android:layout_weight = "2" />
```

```
</LinearLayout>
```

在< fragment >标签中，android:name 属性指定了碎片的具体类，见代码第①和第②行，注意要包含完整的包名和类名。

注意 这种静态添加碎片到活动的方法，并不能在运行期间动态删除和替换。

从布局文件中返回碎片对象，可以通过 FragmentManager 提供的如下方法获得：

- Fragment findFragmentById (int id)。参数 id 是布局文件中 fragment 所声明的 id，不能重复。
- Fragment findFragmentByTag (String tag)。参数 tag 是布局文件中 fragment 所声明的标签，它是一个字符串，不能重复。

10.4.4 动态添加碎片到活动

动态添加碎片到活动就是使用程序代码实现动态添加，它是通过碎片事务 FragmentTransaction 实现的。动态添加碎片到活动需要重写活动的 onCreate()方法。实例代码如下：

```
public class MainActivity extends Activity {//AppCompatActivity                    ①

    @Override
    protected void onCreate(Bundle savedInstanceState) {
        super.onCreate(savedInstanceState);
        setContentView(R.layout.activity_main);

        if (savedInstanceState != null) {                                           ②
            return;
        }
        //创建碎片实例
        EventsMasterFragment firstFragment = new EventsMasterFragment();            ③
        //获得 FragmentManager 对象
        FragmentManager fragmentManager = getFragmentManager();                     ④
        //获得 FragmentTransaction 对象
        FragmentTransaction fragmentTransaction = fragmentManager.beginTransaction(); ⑤
        //添加 firstFragment 碎片到 fragment_container 容器
        fragmentTransaction.add(R.id.fragment_container, firstFragment);            ⑥
        //提交碎片
        fragmentTransaction.commit();
        ...
    }
    ...
}
```

上述代码第①行是声明活动实现父类，通常使用 Activity 或 AppCompatActivity 类。第②行判断 savedInstanceState 是否为 null，如果 savedInstanceState 为 null 则说明系统第一次调用 onCreate()方法，只有第一次调用 onCreate()方法才创建和添加碎片对象。

代码第③行创建碎片实例。代码第④行是从活动提供的 getFragmentManager()方法获得 FragmentManager 对象。

代码第⑤行的 fragmentManager. beginTransaction()语句是获得碎片事务对象 FragmentTransaction，这标志碎片事务开始。

代码第⑥行 fragmentTransaction. add(R. id. fragment_container, firstFragment)是添加碎片操作，第一个参数 R. id. fragment_container 是碎片所在容器，第二个参数是要添加的碎片对象。

还有两个 FragmentTransaction 添加碎片方法：

- FragmentTransaction add(Fragment fragment, String tag)。指定标签(tag)，添加碎片。
- FragmentTransaction add(int containerViewId, Fragment fragment, String tag)。添加碎片，指定容器 id(containerViewId)和标签(tag)。

10.4.5 管理碎片事务

碎片事务包括一连串的碎片操作，包括添加、删除和替换。10.4.4 节已经实现了添加碎片操作，下面介绍碎片删除和替换。

1. 碎片删除

碎片删除也是通过 FragmentTransaction 的 remove()方法实现，在活动中的实例代码如下：

```
getFragmentManager().beginTransaction()
        .remove(new EventsMasterFragment())
        .commit();
```

上述代码采用了 Fluent Interface(流接口)编程风格，使用 FragmentTransaction 对象方法级联方式调用的 remove()和 commit()方法。这种风格在 AlertDialog. Builder 部分介绍过。如果读者不喜欢这种风格，可以采用 10.4.4 节的添加碎片介绍的传统编码方式，参考代码如下：

```
FragmentManager fragmentManager = getFragmentManager();
FragmentTransaction fragmentTransaction = fragmentManager.beginTransaction();
fragmentTransaction.remove(new EventsMasterFragment());
fragmentTransaction.commit();
```

2. 碎片替换

替换碎片是通过 FragmentTransaction 的 replace()方法实现，在活动中的实例代码如下：

```
getFragmentManager().beginTransaction()
        .replace(R.id.fragment_container, new EventsMasterFragment())
        .commit();
```

通过容器 id(fragment_container)替换碎片对象。FragmentTransaction 还要一个重载 replace()方法，声明如下：

FragmentTransaction replace(int containerViewId, Fragment fragment, String tag)。containerViewId 容器 id，tag 替换后碎片对象的标签。

默认情况下，当碎片被替换后，希望用户单击 Back 键时，不会返回上一个碎片。如果想返回上一个碎片，可以将碎片添加到返回栈中，可以在事务提交 transaction. commit()之前执行 transaction. addToBackStack(null)，参考代码如下：

```
getFragmentManager().beginTransaction()
        .replace(R.id.fragment_container, new EventsMasterFragment())
        .addToBackStack(null)
        .commit();
```

10.4.6 碎片与活动之间的通信

在使用碎片时，经常需要在碎片和活动之间进行通信，如图 10-5 所示。

下面解释一下图 10-5 中标号的含义：

①号路径。在碎片中获得所在活动对象，通过 getActivity()表达式获得活动对。参考代码如下：

```
MainActivity activity = (MainActivity)getActivity();
```

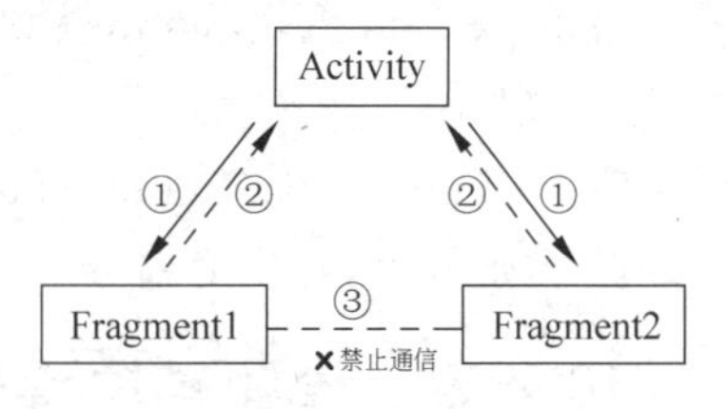

图 10-5 碎片与活动之间的通信

②号路径。在活动中获得碎片对象，通过 getFragmentManager().findFragmentById(id)或 getFragmentManager().findFragmentByTag(tag)表达式获得碎片对象。参考代码如下：

```
EventsDetailFragment detailFragment = (EventsDetailFragment)
        getFragmentManager().findFragmentById(R.id.fragment_detail)
```

③号路径。这是指两碎片之间的通信，碎片之间禁止通信和直接调用，而是通过活动这个“桥梁”实现，即碎片 1 先获得所在活动，通过活动获得碎片 2。

10.5 案例：比赛项目

下面通过一个案例完整地介绍如何在应用中使用碎片技术。图 10-6 和图 10-7 是同一个比赛项目在不同设备上运行的效果，可以在该应用中使用碎片技术。

图 10-6 比赛项目案例运行（手机设备）

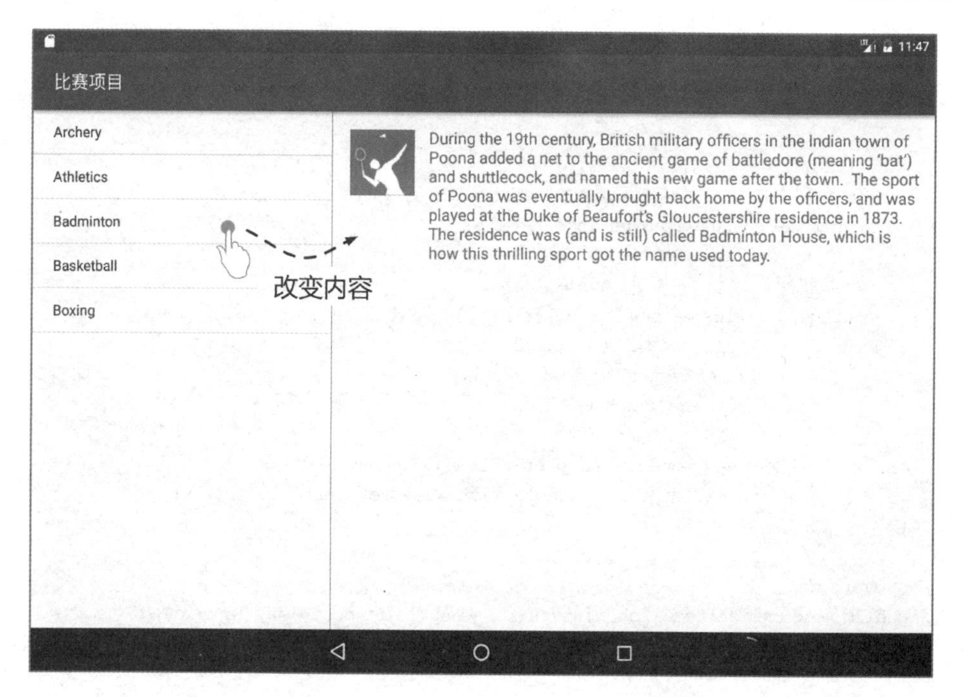

图 10-7 比赛项目案例运行(平板电脑)

10.5.1 创建两个碎片

从图 10-6 和图 10-7 可见,比赛项目信息应用需要设计两个碎片,如图 10-8 所示是 Master 碎片和 Detail 碎片。图 10-8(a)是在手机上运行,采用单栏布局,分两个屏幕显示;图 10-8(b)是在平板电脑上运行,采用双栏布局。

图 10-8 碎片设计

Master 碎片 EventsMasterFragment.java 代码如下:

```
...
import android.app.ListFragment;
```

```
public class EventsMasterFragment extends ListFragment {                    ①

    ...

    @Override
    public void onCreate(Bundle savedInstanceState) {
        super.onCreate(savedInstanceState);

        //返回所有项目名称 String 集合
        String[] titles = new String[EventsDAO.list.size()];                ②
        for (int i = 0; i < titles.length; i++) {
            Events e = EventsDAO.list.get(i);
            titles[i] = e.getName();
        }
        setListAdapter(new ArrayAdapter<String>(getActivity(),
                android.R.layout.simple_list_item_activated_1, titles));
    }

    @Override
    public void onListItemClick(ListView l, View v, int position, long id) { ③
        ...
    }

}
```

上述代码第①行声明碎片 EventsMasterFragment 继承 ListFragment。EventsMaster-Fragment 是一种列表类型碎片，这种碎片不需要提供布局文件。为了响应单击列表项事件处理，要求重写代码第③行 onListItemClick()方法。

代码第②行中的 EventsDAO 是对比赛项目数据访问，稍后再介绍。

Detail 碎片 EventsDetailFragment.java 代码如下：

```
public class EventsDetailFragment extends Fragment {

    //选中列表项位置
    int mCurrentPosition = -1;
    //保存选中列表项位置到 Bundle,所需要的键
    final static String EVENTS_POSITION = "position";

    @Override
    public View onCreateView(LayoutInflater inflater,
                             ViewGroup container, Bundle savedInstanceState) {

        if (savedInstanceState != null) {
            //恢复之前保存的选中列表项位置
            mCurrentPosition = savedInstanceState.getInt(EVENTS_POSITION);   ①
        }
        //从布局文件中创建视图
        View v = inflater.inflate(R.layout.fragment_detail, container, false);
        return v;
    }

    @Override
    public void onStart() {
```

```
        super.onStart();
        //获得碎片中的参数
        Bundle args = getArguments();                                        ②
        if (args != null) {
            //通过选中列表项位置,设置详细视图
            updateDetailView(args.getInt(EVENTS_POSITION));                  ③
        } else if (mCurrentPosition != -1) {
            //在 onCreateView 调用期间,设置详细视图
            updateDetailView(mCurrentPosition);
        }
    }

    @Override
    public void onSaveInstanceState(Bundle outState) {                      ④
        super.onSaveInstanceState(outState);
        //保存选中项目的位置,以备在碎片重新创建时使用
        outState.putInt(EVENTS_POSITION, mCurrentPosition);                 ⑤
    }

    /**
     * 设置详细视图
     */
    public void updateDetailView(int position) {

        //获取选中的比赛项目
        Events events = EventsDAO.list.get(position);
        //获取当前碎片所在的活动
        Activity activity = this.getActivity();

        //获得碎片中的 ImageView 对象
        ImageView imageView = (ImageView) activity.findViewById(R.id.imageView_detail);
        imageView.setImageResource(getLogoResId(events.getLogo()));         ⑥
        //获得碎片中的 TextView 对象
        TextView textView = (TextView) activity.findViewById(R.id.textView_detail);
        textView.setText(events.getDescription());

        mCurrentPosition = position;
    }

    //通过 logo 资源文件名获得资源 id
    private int getLogoResId(String logo) {                                 ⑦

        //获得活动的包名
        String packageName = this.getActivity().getPackageName();

        //截取掉文件后缀名
        int pos = logo.indexOf(".");
        String logoFile = logo.substring(0, pos);

        //资源文件名获得资源 id
        int resId = this.getActivity().getResources()
                .getIdentifier(logoFile, "mipmap", packageName);            ⑧

        return resId;
```

```
        }
    }
```

在 EventsDetailFragment 中有一个非常重要的成员变量 mCurrentPosition，mCurrentPosition 记录了选中的列表项位置，根据这个位置取出当前比赛项目的详细信息。因此，碎片的生命周期的不同阶段需要保存或更新 mCurrentPosition 状态。

首先，在代码第①行取出之前保存的 mCurrentPosition 状态，savedInstanceState != null 的条件说明这不是第一次显示碎片。代码第②行通过 getArguments()方法读取碎片中的参数，参数是 Bundle 类型，参数与代码第①行的 savedInstanceState 对象是同一对象。代码第③行是从参数中取出 mCurrentPosition 状态。

保存 mCurrentPosition 状态是在代码第④行的 onSaveInstanceState()方法中实现，该方法是在碎片停止时保存状态时调用的。具体保存方法是通过代码第⑤行的 outState.putInt(EVENTS_POSITION, mCurrentPosition)语句实现的。

提示 代码第⑥行中 ImageView 的 setImageResource()方法的参数资源图片 id 是 int 类型；而开发人员只知道资源图片文件名，不知道 id。如何通过资源文件名获得资源 id 呢？代码第⑦行的 getLogoResId()方法帮助实现转换，其中代码第⑧行语句是转化的核心语句，this.getActivity().getResources()返回 Resources 对象，再调用 Resources 对象的 getIdentifier(logoFile, "mipmap", packageName)方法，参数 logoFile 是资源图片文件名，注意不要包含后缀名；第二个参数是资源文件类型，即资源文件夹；第三个参数是资源文件包，就是 AndroidManifest.xml 中注册的包名。

Detail 碎片布局文件 fragment_detail.xml 代码如下：

```
<?xml version = "1.0" encoding = "utf - 8"?>
< LinearLayout xmlns:android = "http://schemas.android.com/apk/res/android"
    android:layout_width = "match_parent"
    android:layout_height = "match_parent"
    android:orientation = "horizontal">

    < ImageView
        android:id = "@ + id/imageView_detail"
        android:layout_width = "wrap_content"
        android:layout_height = "wrap_content"
        android:paddingLeft = "20dp"
        android:paddingTop = "20dp" />

    < TextView
        android:id = "@ + id/textView_detail"
        android:layout_width = "match_parent"
        android:layout_height = "wrap_content"
        android:padding = "16dp"
        android:textSize = "18sp" />

</LinearLayout >
```

10.5.2 创建 MainActivity 活动

活动 MainActivity 管理着两个碎片。MainActivity 活动类似于 MVC 设计模式中的 C(控制器)，而碎片是 V(视图)。MainActivity 担负着非常重要的职责，下面给出 MainActivity. java 代码：

```
public class MainActivity extends AppCompatActivity
        implements EventsMasterFragment.OnTitleSelectedListener {                ①

    @Override
    protected void onCreate(Bundle savedInstanceState) {
        super.onCreate(savedInstanceState);
        setContentView(R.layout.activity_main);                                  ②

        if (findViewById(R.id.fragment_container) != null) {                     ③

            if (savedInstanceState != null) {
                return;
            }

            //创建碎片实例
            EventsMasterFragment firstFragment = new EventsMasterFragment();     ④
            //将意图的附加数据(Extras),放到碎片参数中
            firstFragment.setArguments(getIntent().getExtras());
            //获得 FragmentManager 对象
            FragmentManager fragmentManager = getFragmentManager();
            //获得 FragmentTransaction 对象
            FragmentTransaction fragmentTransaction = fragmentManager.beginTransaction();
            //添加 firstFragment 碎片到 fragment_container 容器
            fragmentTransaction.add(R.id.fragment_container, firstFragment);
            //提交碎片
            fragmentTransaction.commit();                                        ⑤
        }

    }

    //用户从 Master 碎片选中列表项时调用
    @Override
    public void onEventsSelected(int position) {                                 ⑥
        ...
    }
}
```

上述代码第①行声明 MainActivity 活动实现 EventsMasterFragment. OnTitleSelectedListener 接口，代码第⑥行是实现该接口的方法，实现该接口的目的是让用户单击 Master 碎片选中列表项时调用 MainActivity 活动。稍后将介绍这个调用过程。

代码第②行加载布局文件 activity_main. xml。activity_main. xml 文件有两个版本，如图 10-9 所示，在 Android Studio 工程中有 res 目录结构，一个放到 layout 目录，另一个放到 layout-large 目录，layout-large 目录下的资源是为大屏幕设备准备的。

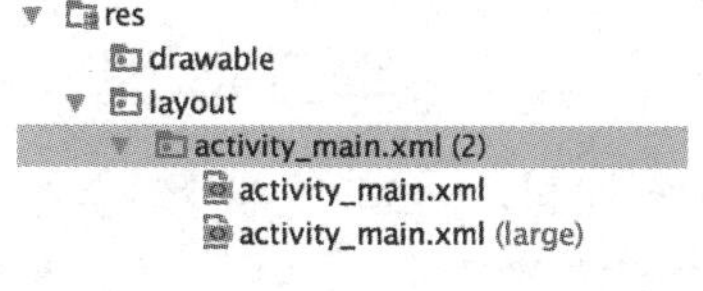

图 10-9　activity_main. xml 布局文件

Android 系统会根据设备屏幕情况加载 activity_main. xml 或 activity_main. xml(large)文件。

代码第③行 findViewById(R. id. fragment_

container) != null 表达式为 true 的情况是手机设备，为 false 的情况是平板电脑设备。因为 fragment_container 的 id 只是在 activity_main.xml 中声明了，而在 activity_main.xml(large)中没有。该应用在手机设备上采用动态加载碎片方式，代码第④行～第⑤行是动态添加 Master 碎片。而在平板电脑设备上采用静态加载碎片方式。

手机设备上加载 activity_main.xml 的代码如下：

```
<?xml version = "1.0" encoding = "utf - 8"?>
<FrameLayout xmlns:android = "http://schemas.android.com/apk/res/android"
    android:id = "@ + id/fragment_container"
    android:layout_width = "match_parent"
    android:layout_height = "match_parent" />
```

可以在布局文件中声明了 id 为 fragment_container 的帧布局，帧布局非常适合作为一个容器使用。

平板电脑设备上加载 activity_main.xml(large)的代码如下：

```
<?xml version = "1.0" encoding = "utf - 8"?>
<LinearLayout xmlns:android = "http://schemas.android.com/apk/res/android"
    android:layout_width = "match_parent"
    android:layout_height = "match_parent"
    android:orientation = "horizontal">
    <!-- 比赛项目列表信息碎片 -->
    <fragment
        android:id = "@ + id/fragment_master"
        android:name = "com.a51work6.fragmentsample.EventsMasterFragment"
        android:layout_width = "0dp"
        android:layout_height = "match_parent"
        android:layout_weight = "1" />
    <!-- 两个碎片之间的分割线 -->
    <View                                                                  ①
        android:layout_width = "0.6dp"
        android:layout_height = "wrap_content"
        android:background = "@color/colorPrimaryDark" />
    <!-- 比赛项目详细信息碎片 -->
    <fragment
        android:id = "@ + id/fragment_detail"
        android:name = "com.a51work6.fragmentsample.EventsDetailFragment"
        android:layout_width = "0dp"
        android:layout_height = "match_parent"
        android:layout_weight = "2" />

</LinearLayout>
```

在上述布局文件中声明了两个碎片，可见这是静态加载碎片方式。另外，需要注意代码第①行的 View 是为左右两个碎片中间添加一条分割线，如图 10-10(b)所示有分割线，这样用户体验比较好。如图 10-10(a)所示是没有分割线，很显然用户体验不好。

10.5.3 单击 Master 碎片列表项

单击 Master 碎片列表项会在 Detail 碎片呈现详细信息。但是由于两个碎片不能直接通信，则需要 Master 碎片回调 MainActivity 活动，再由 MainActivity 活动调用 Detail 碎片。由于调用处理比较复杂，所以笔者绘制了时序图，如图 10-11 所示。

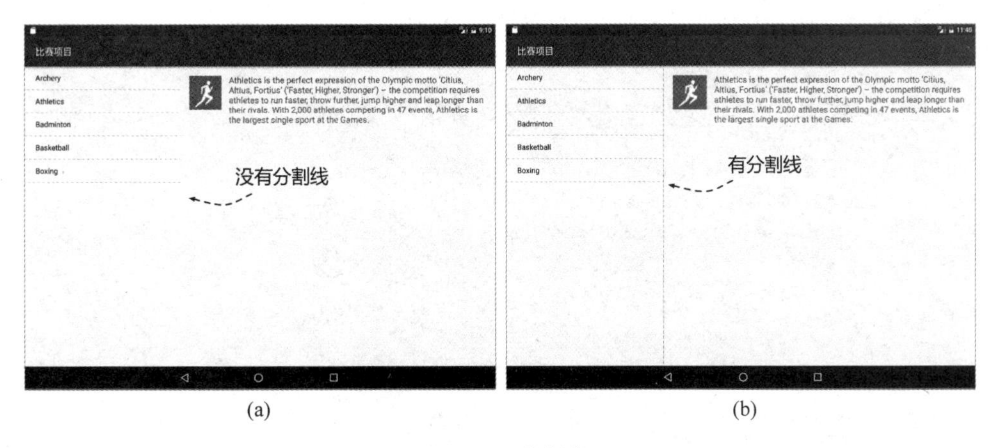

图 10-10 分割线

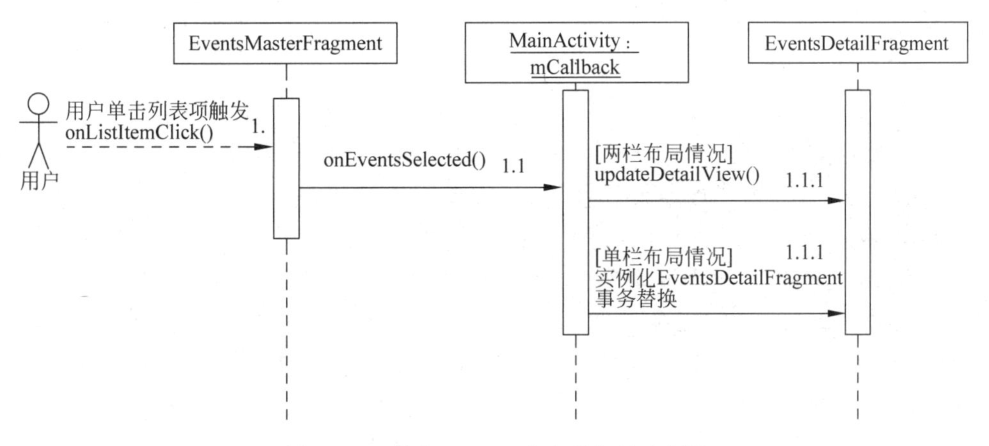

图 10-11 单击 Master 碎片列表项时序图

从图 10-11 可见，用户单击 Master 碎片列表项，会触发 EventsMasterFragment 的 onListItemClick()方法；方法又会调用 mCallback 对象(MainActivity 活动实例)的 onEventsSelected()方法。在该方法中需要判断两栏布局还是单栏布局的情况，如果是两栏布局则调用 EventsDetailFragment 的 updateDetailView()方法；如果是单栏布局，则实例化 EventsDetailFragment 对象，然后替换其他碎片。

Master 碎片 EventsMasterFragment.java 的相关代码如下：

```
public class EventsMasterFragment extends ListFragment {

    //实现 OnTitleSelectedListener 接口的回调对象
    OnTitleSelectedListener mCallback;                                        ①

    //当前碎片所在的活动必须实现该接口，碎片通过该接口可以回调所在活动
    public interface OnTitleSelectedListener {                                ②
        //单击列表项选择时候调用
        public void onEventsSelected(int position);                           ③
    }

    @Override
```

```
    public void onAttach(Context context) {                                    ④
        super.onAttach(context);

        //确保所在活动已经实现,如果没有实现则抛出异常
        try {
            mCallback = (OnTitleSelectedListener) context;                     ⑤
        } catch (ClassCastException e) {
            throw new ClassCastException(context.toString()
                    + " 必须实现 OnTitleSelectedListener 接口");
        }
    }

    @Override
    public void onListItemClick(ListView l, View v, int position, long id) {   ⑥
        //回调活动,通过活动选中的列表项位置
        mCallback.onEventsSelected(position);                                  ⑦
    }

    ...
}
```

上述代码第①行声明了一个成员变量 mCallback，它是 OnTitleSelectedListener 接口类型，这个接口是在代码第②行定义的。为什么需要定义这样一个接口呢？这是为了实现碎片 EventsMasterFragment 回调活动 MainActivity，由于活动中包含碎片，正常调用是活动调用碎片，如果想要碎片调用活动，需要回调方式。为了回调需要活动 MainActivity 必须实现 OnTitleSelectedListener 接口，实现接口第③行要求实现的方法。

成员变量 mCallback 事实上是 MainActivity 实例，它的初始化是在代码第⑤行 mCallback = (OnTitleSelectedListener) context 完成的，由于代码第④行的 onAttach (Context context)方法中的 context 参数事实上就是当前碎片所在的活动 MainActivity 实例，并且 MainActivity 还实现 OnTitleSelectedListener 接口，否则 mCallback = (OnTitleSelectedListener) context 语句就会抛出异常。

当用户单击列表项时，会触发代码第⑥行的 onListItemClick()方法，如图 10-11 所示序号为 1 的调用。代码第⑦行 mCallback.onEventsSelected(position)语句回调 MainActivity 中的 onEventsSelected 方法，如图 10-11 所示序号为 1.1 的调用。

活动 MainActivity.java 的相关代码如下：

```
public class MainActivity extends AppCompatActivity
        implements EventsMasterFragment.OnTitleSelectedListener {

    ...

    //用户从 Master 碎片选中列表项时调用
    @Override
    public void onEventsSelected(int position) {                               ①

        //使用 FragmentManager 通过 id 获得详细碎片
        EventsDetailFragment detailFragment = (EventsDetailFragment)
                getFragmentManager().findFragmentById(R.id.fragment_detail);   ②
```

```
        if (detailFragment != null) {                                                    ③
            //如果 Detail 碎片可用,则说明是两栏布局情况

            //调用该方法更新 Detail 碎片内容
            detailFragment.updateDetailView(position);                                  ④
        } else {
            //如果 Detail 碎片不可用,则说明是单栏布局情况

            //创建新的 Detail 碎片
            EventsDetailFragment newFragment = new EventsDetailFragment();              ⑤

            Bundle args = new Bundle();
            args.putInt(EventsDetailFragment.EVENTS_POSITION, position);
            newFragment.setArguments(args);

            FragmentTransaction transaction = getFragmentManager().beginTransaction();

            //替换 fragment_container 中的原有碎片
            transaction.replace(R.id.fragment_container, newFragment);
            //添加碎片事务到返回栈,以便于用户单击 Back 能够导航回到上一个碎片
            transaction.addToBackStack(null);

            //提交碎片事务
            transaction.commit();                                                       ⑥
        }
    }
}
```

上述代码第①行是实现 EventsMasterFragment.OnTitleSelectedListener 接口要求的方法 onEventsSelected(),在该方法中要判断两个碎片显示两栏布局还是单栏布局。

代码第②行是由 FragmentManager 通过碎片 id(fragment_detail)获得 Detail 碎片,代码第③行判断 Detail 碎片是否存在,如果存在则说明是双栏布局(即平板电脑设备),如果不存在则说明是单栏布局(即手机设备),这是因为 id 为 fragment_detail 碎片在平板电脑活动布局文件 activity_main.xml(large)中定义的,而其他地方没有定义过。

在两栏布局的情况下,不需要动态添加和替换碎片内容,只需要代码第④行调用 Detail 碎片 updateDetailView()方法更新内容。

在单栏布局情况下,需要动态替换碎片,见代码第⑤行~第⑥行,创建新的 Detail 碎片,然后替换,添加碎片操作到返回栈,最后提交事务。

10.5.4 数据访问对象

碎片中的数据是从数据访问对象 EventsDAO 取出的,EventsDAO.java 代码如下:

```
public class EventsDAO {
    //所有的 Events 数据
    public static List<Events> list;
    //初始化 Events 数据
    static {
        list = new ArrayList<Events>();

        Events events = new Events();
```

```
        events.setName("Archery");
        events.setLogo("archery.gif");
        events.setDescription("Archery dates back around 10,000 years, … ");
        list.add(events);

        events = new Events();
        events.setName("Athletics");
        events.setLogo("athletics.gif");
        events.setDescription("Athletics is the perfect expression… ");
        list.add(events);
        ...

    }
}
```

案例中的数据本应该是从本地数据库或云服务取出的，但本章还没有学习数据访问技术，所以数据是硬编码到程序代码中的。所有数据都在静态的 list 变量中，它是 List<Events>类型的集合数据。其中 Events 是比赛项目实体类，Events.java 代码如下：

```
public class Events {
    //比赛项目名称
    private String name;
    //项目图标
    private String logo;
    //项目描述信息
    private String description;

    public String getName() {
        return name;
    }

    public void setName(String name) {
        this.name = name;
    }

    public String getLogo() {
        return logo;
    }

    public void setLogo(String logo) {
        this.logo = logo;
    }

    public String getDescription() {
        return description;
    }

    public void setDescription(String description) {
        this.description = description;
    }
}
```

本章总结

本章重点介绍了 Android 的碎片技术，碎片在 Android 中非常重要。碎片的生命周期和开发过程是难点。最后介绍了使用碎片的案例。

本章练习题

1. 判断对错：碎片和活动十分相似，碎片用来描述在一个活动中部分界面，一个活动中可以合并多个碎片，而一个碎片也可以在多个不同活动中重用。（　　）

2. 请简述活动的生命周期。

3. 碎片相关类有哪些？

第11章 意图

在前面第10章介绍多个活动之间的跳转时，已经用到了意图(Intent)，只是没有详细介绍，本章将详细介绍意图和意图过滤器(Intent Filter)。

11.1 什么是意图

在Android中，应用程序可以说就是由活动、服务、广播接收器和内容提供者等组件构建的，除了内容提供者外，活动、服务和广播接收器这些组件之间的调用和消息传递都是通过意图实现的，意图是一种消息机制。如图11-1所示是意图与活动、服务和广播接收器之间调用的行为和所需要的数据。

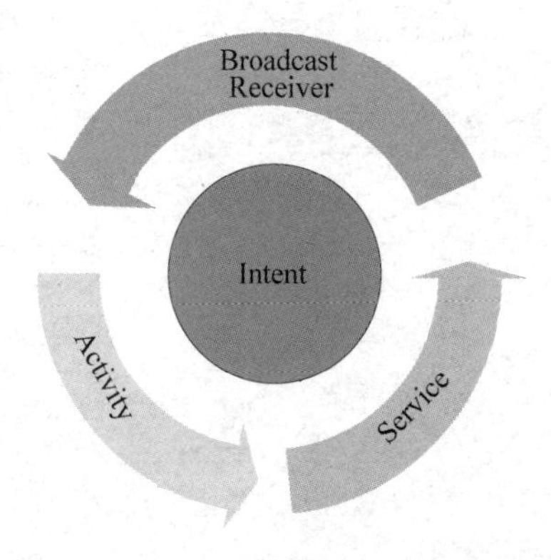

图11-1　意图与活动、服务和广播接收器之间的关系

11.1.1 意图与目标组件间的通信

意图就像快递员，穿行在各个目标组件之间。意图有三种主要的方式来实现组件间的通信：

- 启动活动。通过将意图对象传递给活动的startActivity()方法或startActivityForResult()方法来启动一个活动。这两种方法在第9章已经使用过了。
- 启动服务。通过将意图对象传递给服务startService()方法启动一个本地服务，通过将意图传递给服务bindService()方法，连接一个远程服务。这两个方法将在后面第15章介绍。

- 发送广播。通过调用给广播接收器 sendBroadcast()等方法可将广播发送给其他应用。该方法将在后面第 16 章介绍。

11.1.2 意图包含内容

一个意图对象包含的内容如图 11-2 所示。其中,目标组件(Component)可以帮助应用发送显式意图调用请求,而动作(Action)、数据(Data)以及类别(Category)可以构建一个意图过滤器(Intent Filter),这个意图过滤器可以帮助应用发送隐式意图调用请求,实现查询目标组件。附加数据(Extra)用于传递参数给目标组件,标志(Flag)是指定目标组件任务行为。

目标组件 (Component)
动作 (Action)
数据 (Data)
类别 (Category)
附加数据 (Extra)
标志 (Flag)

图 11-2 意图对象包含的内容

附加数据(Extra)和标志(Flag)已经在第 9 章介绍过了,本章重点介绍其他内容。

11.2 意图类型

意图分为两种类型:显式意图(Explicit Intent)和隐式意图(Implicit Intent)。

11.2.1 显式意图

显式意图请求是通过指定组件名称直接启动组件,可以通过下面的方法实现显式意图:

(1) setComponent(ComponentName name)。Intent 类的方法,其中 ComponentName 类是 Android 框架提供的组件封装类,需要提供包名、类名或 context(活动和服务)上下文对象。

(2) setClassName(String packageName, String classNameInThatPackage)。Intent 类的方法,提供包名和目标组件类名。

(3) setClassName(Context context, String classNameInThatContext)。Intent 类的方法,context(活动和服务)上下文对象和目标组件类名。

(4) setClass(Context context, Class classObjectInThatContext)。Intent 类的方法,context(活动和服务)上下文对象和目标组件类类型。

9.2 节的 LoginSample 实例在直接构造意图对象时，指定 context 上下文对象和目标组件类型，代码如下：

```
Intent it = new Intent(LoginActivity.this,FailureActivity.class);
startActivityForResult(it, 2);
```

也可以使用空构造方法，然后调用上述 4 种方法中的一个方法设置意图对象。上述代码可以修改为如下形式：

```
Intent it = new Intent();
it.setClass(LoginActivity.this, FailureActivity.class);     //使用第 4 个方法
startActivityForResult(it, 2);
```

使用其他方法的 LoginActivity.java 代码如下：

```
btnLogin.setOnClickListener(new View.OnClickListener() {
    @Override
    public void onClick(View v) {
        if (txtUserid.getText().toString().equals("tony")
                && txtPwd.getText().toString().equals("123")) {
            Intent it = new Intent();                                          ①
            it.setComponent(new ComponentName("com.a51work6.loginsample",
                    "com.a51work6.loginsample.SuccessActivity"));              ②
            it.putExtra("userid", txtUserid.getText().toString());
            startActivity(it);
        } else {
            Intent it = new Intent();                                          ③
            it.setClassName(LoginActivity.this,
                    "com.a51work6.loginsample.FailureActivity");               ④
            startActivity(it);
        }
    }
});
```

上述代码第①行和第③行是通过无参数构造方法实例化意图对象，然后再通过代码第②行和第④行设置意图目标组件。在代码第②行中，参数是 ComponentName 对象，它是通过包名与类名创建的，注意类名必须是全类名即“包名＋类名”。

提示 代码中的上下文对象就是当前活动(LoginActivity)对象。在匿名内部类中，当前实例采用 LoginActivity.this 表示，如果不是在内部类中应该是 this。

11.2.2 隐式意图

隐式意图一般应用于不同应用之间的调用。在不同的应用之间，由于不能共用上下文对象，也不能引用目标组件的类，因此隐式意图请求要求提供意图过滤器(Intent Filter)。

意图过滤器描述目标组件如何响应隐式意图。与显式意图请求不同，显式意图请求明确地指定了目标组件的类名，而隐式意图请求没有指定目标组件的类名，它是通过意图过滤器告诉调用者如何能够找到匹配的目标组件规则。

目标组件要在它所在应用的 AndroidManifest.xml 中注册该组件和意图过滤器：

```
<activity android:name = ".LoginActivity">
    <intent - filter >
        <action android:name = "android.intent.action.MAIN" />                    ①
        <category android:name = "android.intent.category.LAUNCHER" />            ②
    </intent - filter >
</activity>
```

上述代码声明 LoginActivity 活动，意图过滤器是嵌入在< activity >标签中的< intent-filter >中声明的。意图过滤器声明标签< intent-filter >也可以嵌入到< service >和< receiver >组件标签中。

由于 LoginActivity 活动应用第一个界面，是应用的入口；所以当用户单击桌面上应用图标时，系统会启动 LoginActivity 活动。为此需要为意图过滤器添加 ACTION_MAIN 动作，见代码第①行；并添加 CATEGORY_LAUNCHER 类别，见代码第②行。CATEGORY_LAUNCHER 类别指示 LoginActivity 活动图标(< activity >标签指定)放入系统应用启动器中。如果活动没有指定图标则使用应用(< application >标签指定)图标。

提示　显式意图请求的目标组件也需要在应用的 AndroidManifest.xml 中注册，但是该组件不需要注册意图过滤器，例如< activity android:name=".FailureActivity"/>。

11.3　匹配组件

为了能够找到应用程序的组件，Android 通过一些隐式意图请求实现，Android 系统查找所有与意图匹配的意图过滤器组件，找到之后启动目标组件。

匹配组件过程如图 11-3 所示。

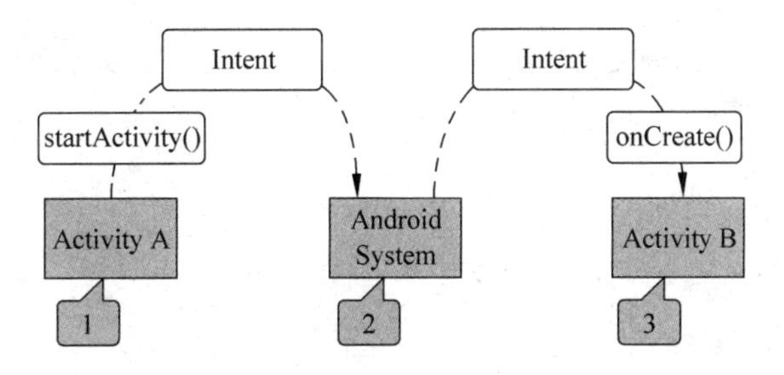

图 11-3　匹配组件(引自 Android 官方文档)

第 1 步：Activity A 创建包含动作、类别和数据等信息的隐式意图，并将其传递给 startActivity()。

第 2 步：Android 系统查找所有应用是否有隐式意图相匹配目标组件，即满足目标组件声明的意图过滤器条件。

第 3 步：如果找到匹配的过滤器，Android 系统启动目标组件 Activity(Activity B)的 onCreate()方法并将其传递给 Intent，以此启动匹配 Activity。

在进行匹配时，通过下面三个意图属性考虑匹配：

❑ 动作(Action)。

❑ 数据(Data)。

❑ 类别(Category)。

实际上,一个隐式意图请求要能够传递给目标组件,必须要通过这三个属性的检查。如果任何一方不匹配,Android 都不会将该隐式意图传递给目标组件。

接下来介绍这三个检查的具体规则。

11.3.1 动作

动作是指定意图要执行的任务。动作是用一个字符串常量描述。在 Android 系统中提供了一些预订的通用意图,如表 11-1 所示。

表 11-1 通用动作

常　　量	目 标 组 件	Action
ACTION_CALL	活动	初始化电话
ACTION_EDIT	活动	为编辑用户显示数据
ACTION_MAIN	活动	启动一个应用的初始 Activity
ACTION_VIEW	活动	显示数据
ACTION_SENDTO	活动	发送消息
ACTION_BATTERY_LOW	广播接收器	低电量警告
ACTION_HEADSET_PLUG	广播接收器	耳机插入或拔出
ACTION_SCREEN_ON	广播接收器	屏幕打开
ACTION_TIMEZONE_CHANGED	广播接收器	时区设置改变

在 AndroidManifest. xml 文件中,指定系统定义 SENDTO 动作过滤器的代码如下:

```
<activity android:name = "SendActivity">
    <intent-filter>
        <action android:name = "android.intent.action.SENDTO"/>                ①
        <category android:name = "android.intent.category.DEFAULT"/>
    </intent-filter>
</activity>
```

代码第①行的 android. intent. action. SENDTO 属性是系统定义的 SENDTO 动作字符串。那么,隐式意图则需要设置这个动作才能匹配,代码如下:

```
Intent it = new Intent();
it.setAction(Intent.ACTION_SENDTO);                                            ①
startActivity(it);
```

代码第①行的 Intent. ACTION _ SENDTO 常量也是保存了 android. intent. action. SENDTO 字符串内容。可以为意图设置的动作与意图过滤器< action >声明的动作匹配,才能找到目标组件。

另外,可以在自己的应用中指定动作,它的命名规则一般是"应用包名+自己动作"。自定义动作的意图过滤器在 AndroidManifest. xml 文件中的代码如下:

```
<activity android:name = ".SuccessActivity">
    <intent-filter>
        <action android:name = "com.a51work6.loginsample.SUCCESS" />           ①
        ...
```

```
    </intent-filter>
</activity>
```

隐式意图则需要设置 com.a51work6.loginsample.SUCCESS 动作才能匹配，代码如下：

```
public static final String ACTION_APP_SUCCESS = "com.a51work6.loginsample.SUCCESS";
...
Intent it = new Intent();
it.setAction(ACTION_APP_SUCCESS);
...
startActivity(it);
```

ACTION_APP_SUCCESS 是应用中自定义的常量。

11.3.2 数据

数据(Data)是指定目标组件需要的数据，它是由指定数据的 URI 和数据的 MIME 类型两部分组成。

URI 是统一资源标识符，它可以指定一个资源，URI 的每个部分均包含单独的 scheme、host、port 和 path 属性，URI 语法如下：

```
<scheme>://<host>:<port>/<path>
```

例如：

```
http://www.sina.com:80/index.html
```

在此 URI 中，scheme 是 http，主机是 www.sina.com，端口是 80，路径是 index.html。

MIME 类型是资源的数据类型，例如：

```
text/html
multipart/form-data
image/png
```

添加数据的意图过滤器在 AndroidManifest.xml 文件中的代码如下：

```
<intent-filter>
    <data android:mimeType="audio/MP3" android:scheme="http" ... />
    ...
</intent-filter>
```

<data>标签中声明过滤器中的数据，android:mimeType 属性设置数据类型，android:scheme 属性设置 URI 中的 scheme，如 http 是访问网络服务器资源，ftp 是访问本地资源，此外还包括 android:host、android:port 和 android:path 等属性。

隐式意图则需要设置数据的 MIME 类型和 URI 才能匹配，代码如下：

```
Intent it = new Intent();
Uri playUri = Uri.parse("http://www.51work6.com/mp3/ma_mma.mp3");
it.setDataAndType(playUri, "audio/MP3");                                    ①
startActivity(it);
```

在隐式意图中，单独设置 MIME 类型使用 setType()方法，单独设置 URI 使用 setData()方法，但是如果同时设置 MIME 与 URI 则需要使用 setDataAndType()，而不能同时使用

setType()和 setData()方法，这会覆盖数据的设置。

如果意图过滤器在 AndroidManifest. xml 中代码如下：

```
<intent-filter>
    <data android:scheme="ftp" ... />
    ...
</intent-filter>
```

则隐式意图匹配的 Java 代码如下：

```
Intent it = new Intent();
Uri playUri = Uri.parse("file://sdcard/ma_mma.mp3");
it.setData(playUri);
startActivity(it);
```

如果意图过滤器在 Android Manifest. xml 中代码如下：

```
<intent-filter>
    <data android:mimeType="audio/MP3" android:scheme="ftp" ... />
    ...
</intent-filter>
```

则隐式意图匹配的 Java 代码如下：

```
Intent it = new Intent();
Uri playUri = Uri.parse("file://sdcard/ma_mma.mp3");
it.setType("audio/MP3");
startActivity(it);
```

11.3.3 类别

类别(Category)包含了请求组件的一些附加信息，常用的类别有以下两种。

(1) android. intent. category. LAUNCHER 和 android. intent. action. MAIN 动作一起使用，表明该活动是一个启动的活动。

```
<activity android:name=".LoginActivity">
    <intent-filter>
        <action android:name="android.intent.action.MAIN" />

        <category android:name="android.intent.category.LAUNCHER" />
    </intent-filter>
</activity>
```

(2) android. intent. category. DEFAULT，指定默认的类别，意图过滤器必须要指定一个类别，默认情况下可以使用该类别。

```
<activity android:name=".FailureActivity">
    <intent-filter>
        <action android:name="com.a51work6.loginsample.FAILURE" />
        <category android:name="android.intent.category.DEFAULT" />
    </intent-filter>
</activity>
```

每一个通过测试的隐式意图都至少有一个类别，如果没有别的类别指定，默认要指定

"android. intent. category. DEFAULT"；如果没有任何类别，系统会抛出异常，导致隐式意图测试失败。

另外，开发人员可以根据自己的需要自定义类别。添加自定义类别意图过滤器在AndroidManifest. xml 文件中的代码如下：

```
<activity android:name = ".SuccessActivity">
    <intent-filter>
        <action android:name = "com.a51work6.loginsample.SUCCESS" />
        <category android:name = "android.intent.category.DEFAULT" />      ①
        <category android:name = "com.a51work6.loginsample.SUCCESS" />     ②
        <data android:mimeType = "text/html" />
    </intent-filter>
</activity>
```

上述代码第①行是系统提供的默认类别，代码第②行是自动类别。

隐式意图代码如下：

```
public static final String ACTION_APP_SUCCESS = "com.a51work6.loginsample.SUCCESS";
public static final String CATEGORY_APP_SUCCESS = "com.a51work6.loginsample.SUCCESS";
...
Intent it = new Intent();
it.setAction(ACTION_APP_SUCCESS);
it.addCategory(CATEGORY_APP_SUCCESS);     //添加自定义类别
it.setType("text/html");
...
startActivity(it);
```

虽然在 AndroidManifest. xml 文件中意图过滤器有两个类别(默认类别和自定义类别)，但是上述代码只需要添加自定义类别，不需要添加默认类别，这是因为意图本身就携带了默认类别。

11.4 实例：Android 系统内置意图

Android 提供了很多内置的意图用于调用 Android 系统内部的资源，例如可以使用这些内置的意图打开 Android 内置的浏览器、地图、播放 MP3、卸载和安装应用程序，拨打电话，发送短信和彩信等功能。

下面通过一个实例了解几个常用的内置意图，实例界面如图 11-4 所示。

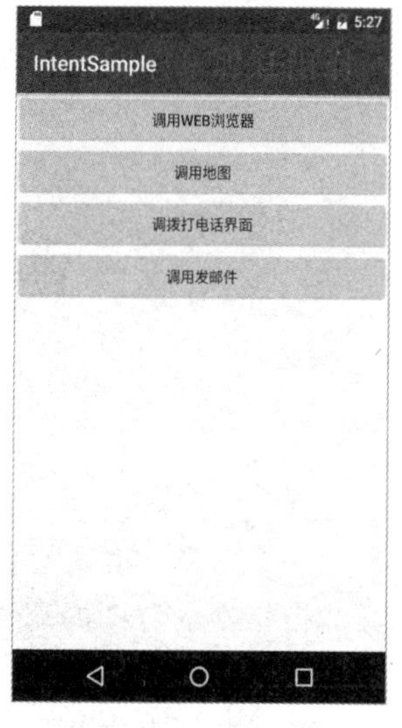

图 11-4 内置意图

MainActivity. java 代码如下：

```
public class MainActivity extends AppCompatActivity {
    ...
    @Override
    protected void onCreate(Bundle savedInstanceState) {
        super.onCreate(savedInstanceState);
        setContentView(R.layout.activity_main);
        ...
        btn1.setOnClickListener(new View.OnClickListener() {
```

```
            @Override
            public void onClick(View v) {
                //打开 Web 浏览器
                Uri uri = Uri.parse("http://www.sina.com/");                    ①
                Intent it = new Intent(Intent.ACTION_VIEW, uri);                ②
                startActivity(it);
            }
        });

        btn2.setOnClickListener(new View.OnClickListener() {
            @Override
            public void onClick(View v) {
                //打开地图
                Uri uri = Uri.parse("geo:39.904667,116.408198");                ③
                Intent it = new Intent(Intent.ACTION_VIEW, uri);
                startActivity(it);
            }
        });

        btn3.setOnClickListener(new View.OnClickListener() {
            @Override
            public void onClick(View v) {
                //拨打电话
                Uri uri = Uri.parse("tel:100861");                              ④
                Intent it = new Intent(Intent.ACTION_VIEW, uri);
                startActivity(it);
            }
        });

        btn4.setOnClickListener(new View.OnClickListener() {
            @Override
            public void onClick(View v) {
                //发送 Email
                Intent it = new Intent(Intent.ACTION_SEND);                     ⑤
                //发送内容
                it.putExtra(Intent.EXTRA_TEXT, "The email body text");          ⑥
                //发送主题
                it.putExtra(Intent.EXTRA_SUBJECT, "Subject");                   ⑦
                //设置数据类型
                it.setType("text/plain");
                startActivity(it);

            }
        });

    }
}
```

打开 Web 浏览器时，可以通过一个 URI 指定网址。例如，http://www.sina.com/通常称为一个 URL，事实上它是 URI 的一种。通过代码第①行将字符串转换成 URI 对象，代码第②行指定的意图的动作是 Intent.ACTION_VIEW。

打开地图时，可以通过一个 URI 指定经纬度，代码第③行的 geo:39.904667,116.408198 中，39.904667 是纬度，116.408198 是经度。

代码第④行是拨打电话URI，指定的意图的动作是Intent.ACTION_VIEW。用户单击该按钮时，系统会启动Android手机中的拨打电话界面。

发送Email有些复杂，没有使用URI，而是使用类意图的动作Action(Intent.ACTION_SEND)，见代码第⑤行。代码第⑥行是通过附加信息Intent.EXTRA_TEXT指定邮件的内容，代码第⑦行是通过附加信息Intent.EXTRA_SUBJECT指定邮件的标题，最后还要通过setType("text/plain")方法指定邮件的格式。

本章总结

本章重点介绍了Android的意图和意图过滤器。意图机制是Android最为独特的组件技术，通过意图和意图过滤器可以匹配要调用的组件，这些组件不受是否在同一个应用的限制。通过意图可以实现活动、服务和广播接收器互相调用。

本章练习题

1. 判断对错。内容提供者、活动、服务和广播接收器之间调用和消息传递是通过意图实现的。(　　)

2. 判断对错。意图分为两种类型：显式意图(Explicit Intent)和隐式意图(Implicit Intent)。(　　)

3. 意图包含内容有哪些？

第12章

数据存储

数据和信息已经成为我们现在生活中不能缺少的东西，例如电话号码本、QQ通讯录和消费记录等。这些数据和信息会以传统的方式（纸）展现，也会以流行的方式（PC、平板电脑、手机等）展现。

作为平板电脑和智能手机操作系统——Android，基于Android系统的很多应用软件都离不开数据的存储和读取。本章将讲述Android中的数据存取方式。

12.1 Android数据存储概述

在Android平台中，有四种数据存储形式：

- 文件系统。可以把数据放到本地文件中保存起来，使用Java的IO流技术实现对数据的读写。
- 数据库。移动设备可以安装一些嵌入式数据库，Android和iOS系统安装的都是SQLite数据库，从性能编程和安全的角度考虑，嵌入式数据库是不错的选择。
- 云服务。如果数据量比较大，或者需要进行复杂的数学计算，或者访问的时候要严格安全限制，这些情况下应该把数据放在云服务中，通过网络通信技术访问，例如天气信息、交通实时信息等。
- Shared Preferences。可以存放少量的"键-值"对形式的数据，可以用于保存设置参数，例如控件的状态、用户使用偏好（背景、字体）设置等。

本章案例的数据存储分别采用文件系统和数据库存取，而不使用Shared Preferences存取复杂的业务数据，常用来保存设置参数等"键-值"对形式数据。云服务访问方式将在网络通信的相关章节介绍。

12.2 健康助手应用

为了能够更好地介绍Android数据存取，本章给出了"健康助手"应用案例，并分别采用了文件系统方式和数据库存储方式实现，最后还使用了Shared Preferences保存应用系统的参数设置。

12.2.1 需求分析

健康助手应用的需求可以通过用例图说明，图 12-1 是健康助手用例图。

12.2.2 原型设计

原型设计草图对于应用设计人员、开发人员、测试人员、UI 设计人员及用户都是非常重要的，该案例的原型如图 12-2 所示。

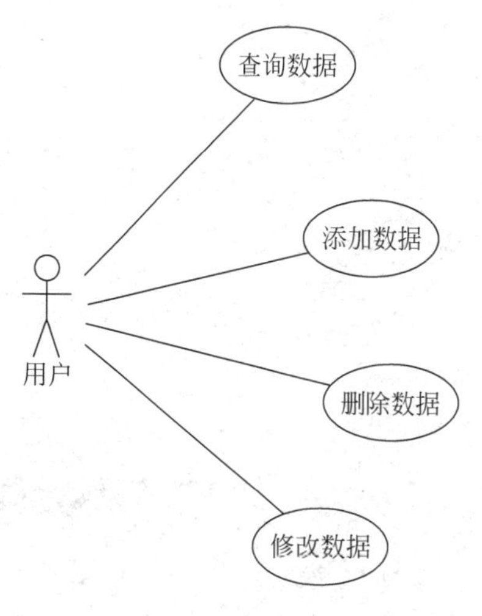

图 12-1 健康助手用例图

12.2.3 UI 设计

健康助手应用启动后进入如图 12-3(a)所示的列表界面，列表界面显示每天记录的信息，这些信息包括“日期”“摄入热量”“消耗热量”“体重”和“运动情况”等。在列表界面中，用户可以单击如图 12-3(b)所示的“添加”或“参数设置”菜单，“参数设置”菜单是为了设置应用的使用偏好，例如界面的背景、日期格式等。

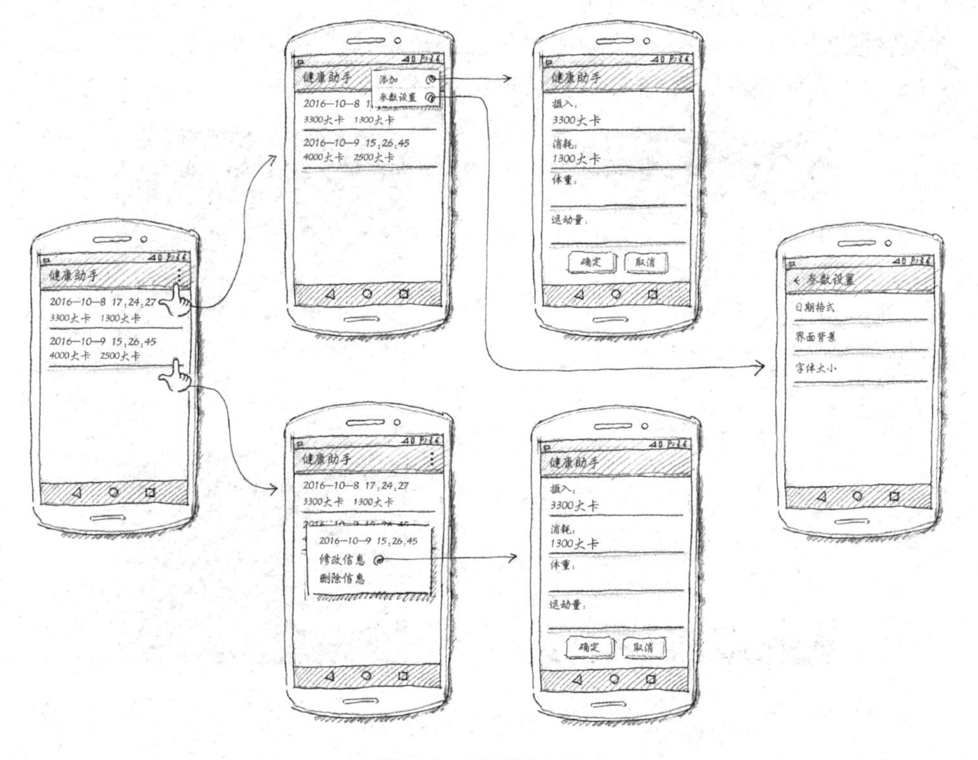

图 12-2 原型设计图

如果在列表界面单击“添加”菜单进入如图 12-4 所示的添加界面，输入相关数据后，单击“确定”按钮，数据被插入到文件或数据库中，如果单击“取消”按钮返回到列表界面。

如果在图 12-3(a)所示的列表界面单击 ListView 中的选择项，弹出如图 12-5 所示的

(a) (b)

图 12-3 列表界面

“修改信息”和“删除信息”操作对话框。

如果在图 12-5 所示的界面选择“修改信息”，会跳转到如图 12-3 所示的界面。如果选择“删除信息”，则将数据删除，删除数据后回到列表界面。

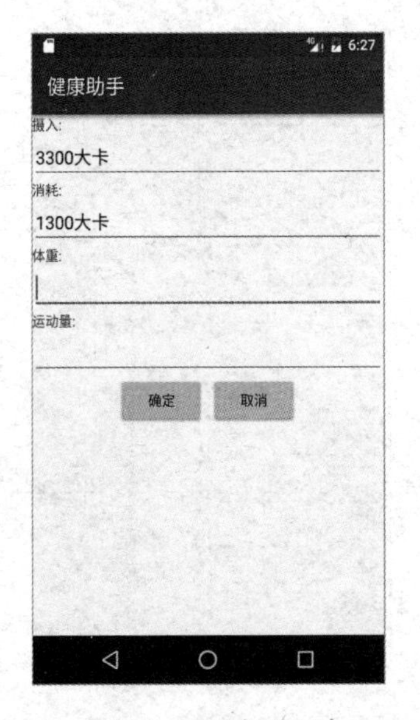

图 12-4 添加界面

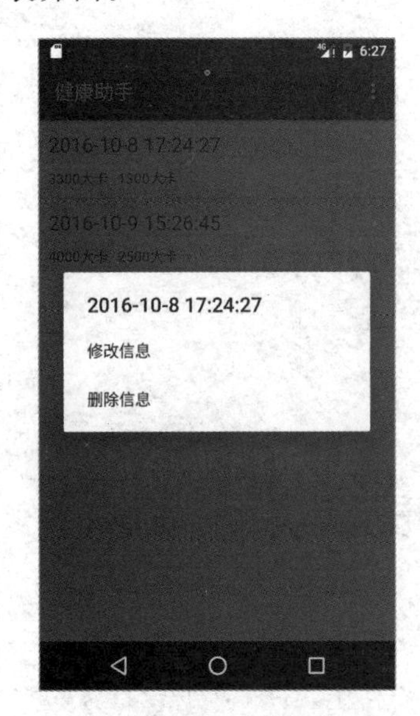

图 12-5 修改和删除对话框

12.2.4 数据库设计

健康助手应用数据库中的健康(Health)表结构如表 12-1 所示。

表 12-1　健康(Health)表

字段名称中文	字段名称英文	数据类型	主　键
日期	_id	long	是
摄入热量	input	Text	否
消耗热量	output	Text	否
体重	weight	Text	否
运动情况	amountExercise	Text	否

12.3　本地文件

数据是存储在文件中的，在 Android 中的文件系统是依赖于 Linux 系统的，文件的访问需要用户权限。作为一个应用，它能够访问的文件只能放在 SD 卡和应用程序自己的目录(/data/data/<应用包名>/files)下面。本地文件的数据结构完全由开发人员自己设计，按照自己设计的格式读写文件就可以了。

12.3.1　沙箱目录设计

在 Android 平台中，应用程序目录(/data/data/<应用包名>)采用沙箱目录设计。

提示　沙箱目录是一种数据安全策略，很多系统都采用沙箱设计，例如实现 HTML5 规范的一些浏览器也采用沙箱设计。沙箱目录设计的原理就是只能允许自己的应用访问目录，而不允许其他应用访问。

在运行一个应用时，系统会为应用分配一个用户，应用是通过这个用户运行的，可以通过查看系统进程了解这些内容。如图 12-6 所示，通过 adb 命令进入到 Android 的 shell，可见到应用与用户的关系。

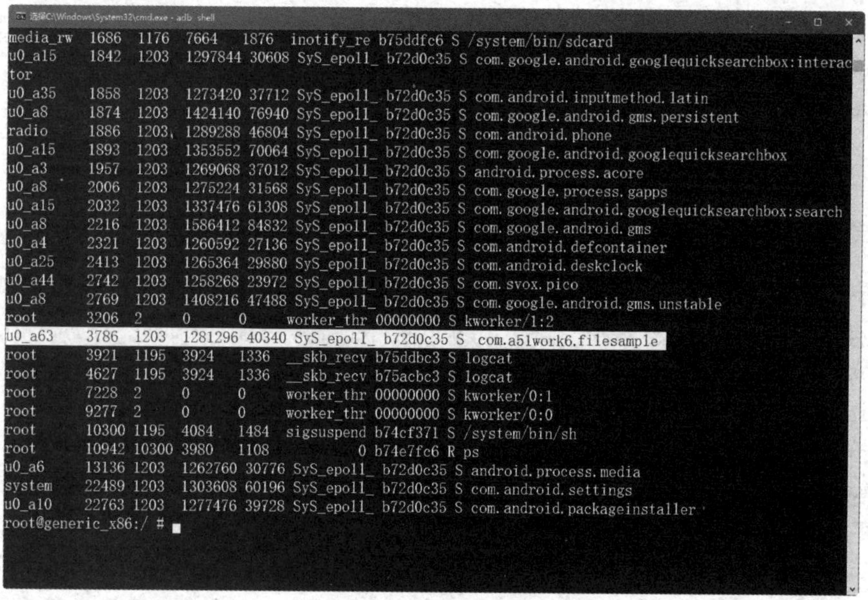

```
选择C:\Windows\System32\cmd.exe - adb shell
media_rw  1686  1176  7664    1876  inotify_re b75ddfc6 S /system/bin/sdcard
u0_a15    1842  1203  1297844 30608 SyS_epoll_ b72d0c35 S com.google.android.googlequicksearchbox:interac
tor
u0_a35    1858  1203  1273420 37712 SyS_epoll_ b72d0c35 S com.android.inputmethod.latin
u0_a8     1874  1203  1424140 76940 SyS_epoll_ b72d0c35 S com.google.android.gms.persistent
radio     1886  1203  1289288 46804 SyS_epoll_ b72d0c35 S com.android.phone
u0_a15    1893  1203  1353552 70064 SyS_epoll_ b72d0c35 S com.google.android.googlequicksearchbox
u0_a3     1957  1203  1269068 37012 SyS_epoll_ b72d0c35 S android.process.acore
u0_a8     2006  1203  1275224 31568 SyS_epoll_ b72d0c35 S com.google.process.gapps
u0_a15    2032  1203  1337476 61308 SyS_epoll_ b72d0c35 S com.google.android.googlequicksearchbox:search
u0_a8     2216  1203  1586412 84832 SyS_epoll_ b72d0c35 S com.google.android.gms
u0_a4     2321  1203  1260592 27136 SyS_epoll_ b72d0c35 S com.android.defcontainer
u0_a25    2413  1203  1265364 29880 SyS_epoll_ b72d0c35 S com.android.deskclock
u0_a44    2742  1203  1258268 23972 SyS_epoll_ b72d0c35 S com.svox.pico
u0_a8     2769  1203  1408216 47488 SyS_epoll_ b72d0c35 S com.google.android.gms.unstable
root      3206  2     0       0     worker_thr 00000000 S kworker/1:2
u0_a63    3786  1203  1281296 40340 SyS_epoll_ b72d0c35 S com.a51work6.filesample
root      3921  1195  3924    1336  __skb_recv b75ddbc3 S logcat
root      4627  1195  3924    1336  __skb_recv b75acbc3 S logcat
root      7228  2     0       0     worker_thr 00000000 S kworker/0:1
root      9277  2     0       0     worker_thr 00000000 S kworker/0:0
root      10300 1195  4084    1484  sigsuspend b74cf371 S /system/bin/sh
root      10942 10300 3980    1108           0 b74e7fc6 R ps
u0_a6     13136 1203  1262760 30776 SyS_epoll_ b72d0c35 S android.process.media
system    22489 1203  1303608 60196 SyS_epoll_ b72d0c35 S com.android.settings
u0_a10    22763 1203  1277476 39728 SyS_epoll_ b72d0c35 S com.android.packageinstaller
root@generic_x86:/ #
```

图 12-6　查看进程

从图 12-6 可见，应用 com.a51work6.filesample（Android 通过应用程序包名作为应用程序名）运行的用户是 u0_a63，u0_a63 用户一般只有运行本应用和访问应用自己目录（/data/data/<应用包名>）的权限。两个应用之间的目录（/data/data/<应用包名>）不能互相访问，那么数据就不能共享了吗？可以通过内容提供者（Content Provider）可以实现数据共享，内容提供者的相关内容将在下一章介绍。

提示 如何进入到模拟器的 shell 查看进程信息？启动模拟器后，进入系统终端（Windows 下进入 DOS），进入< sdk 安装目录>\sdk\platform-tools 目录，运行 adb shell 就进入到模拟器的 shell 了。可以使用 Linux 的 ps 命令查看进程情况。

12.3.2 访问应用程序 files 目录

应用程序目录（/data/data/<应用包名>/）下还有很多目录，如果是文件则要放到 files 目录下。访问文件主要是通过 Java IO 流技术访问，在活动或服务等组件中可通过如下方法打开文件 IO 流对象：

- FileInputStream openFileInput(String name) throws FileNotFoundException。打开文件输入流。
- FileOutputStream openFileOutput(String name, int mode) throws FileNotFoundException。打开文件输出流。

上面的两个方法 name 是文件名，它位于应用程序目录（/data/data/<应用包名>/）的 files 目录下，files 目录是放置文件的，因此不要指定 name 文件的路径，openFileOutput 方法中的 mode 指定文件访问方式（基本访问方式有四种）：

- MODE_APPEND。在文件末尾写入数据的方式打开文件。
- MODE_PRIVATE。只允许当前应用程序自己读写的模式创建文件。
- MODE_WORLD_READABLE。其他应用程序对文件可读的模式创建文件。
- MODE_WORLD_WRITEABLE。其他应用程序对文件可写的模式创建文件。

如果要使用多个模式，可以用“|”运算符号（位或运算符）连接起来，例如同时以 MODE_APPEND 和 MODE_WORLD_WRITEABLE 两种模式打开文件，代码如下：

```
OutputStreamout = openFileOutput("Health.csv", MODE_APPEND|MODE_WORLD_WRITEABLE);
```

12.3.3 实例：访问 CSV 文件

下面通过实例介绍一下本地文件的访问。实例运行界面如图 12-7 所示。当用户单击写入数据按钮，则将 CSV 数据写入到应用程序文件的 files 目录（/data/data/<应用包名>/files）下，如果单击读取数据按钮，则会读取刚刚写入的数据，并将读取的数据日志输出。

提示 CSV 被称为“逗号分隔值”（Comma-Separated Values，CSV），是一种通用的、相对简单的数据格式，最广泛的应用是在程序之间转移表格数据。CVS 是以英文逗号“,”分割数据项（字段），每一行有一个结束换行符号“\n”。本例中 CVS 结构：第一个数据项日期“_id”是描述时间的 13 位长整数（long）；第二个数据项“input”是一天的摄入热量，是字符类型；第三个数据项“output”是一天的消耗热量，是字符类型；第四个数据项“weight”是当

天体重，是字符类型；第五个数据项“amountExercise”当天运动情况是字符类型。

图 12-7 实例运行界面

1. 写入数据

写入数据在 MainActivity.java 的相关代码如下：

```
public class MainActivity extends Activity implements View.
OnClickListener {
    private static String TAG = "FileSample";
    @Override
    protected void onCreate(Bundle savedInstanceState) {
        super.onCreate(savedInstanceState);
        setContentView(R.layout.activity_main);
        Button btnRead = (Button) findViewById(R.id.button_
read);
        btnRead.setOnClickListener(this);
        ...
    }
    @Override
    public void onClick(View view) {
        switch (view.getId()) {
            case R.id.button_write:
                create();
                break;
            case R.id.button_read:
                ...
        }
    }

    private void create() {                                                    ①
        FileOutputStream out = null;
        try {
            StringBuffer rows = new StringBuffer();                            ②
            rows.append("1289645040579,1500 大卡,3000 大卡,90kg,5 公里");
            rows.append("\n");
            rows.append("1289732522328,2500 大卡,4000 大卡,95kg,5 公里");
            rows.append("\n");                                                 ③
            out = this.openFileOutput(SysConst.DATABASE_NAME, MODE_PRIVATE);   ④
            out.write(rows.toString().getBytes("utf-8"));                      ⑤
        } catch (IOException e) {
            e.printStackTrace();
        } finally {
            if (out != null) {
                try {
                    out.close();
                } catch (IOException e) {
                    e.printStackTrace();
                }
            }
        }
    }
    ...
}
```

上述代码第①行是声明写入数据 create 方法，代码第②行～第③行是准备 CVS 数据，注意每一行结束都用换行符"\n"。代码第④行是打开文件输出流，其中参数 SysConst.DATABASE_NAME 是自己定义的常量，第二个参数是 MODE_PRIVATE，说明只能允许自己的应用访问。代码第⑤行是将数据写入到文件中，采用 UTF-8 字符编码。

2. 读取数据

读取数据在 MainActivity.java 的相关代码如下：

```
public class MainActivity extends Activity implements View.OnClickListener {
    private static String TAG = "FileSample";
    @Override
    protected void onCreate(Bundle savedInstanceState) {
        …
        Button btnWrite = (Button) findViewById(R.id.button_write);
        btnWrite.setOnClickListener(this);
    }
    @Override
    public void onClick(View view) {
        switch (view.getId()) {
            case R.id.button_write:
                create();
                break;
            case R.id.button_read:
                List<Map<String, String>> list = findAll();
                for (Map<String, String> rows : list) {
                    Log.i(TAG, "===================================");
                    Log.i(TAG, "日期：" + rows.get(SysConst.TABLE_FIELD_DATE));
                    Log.i(TAG, "摄入热量：" + rows.get(SysConst.TABLE_FIELD_INPUT));
                    Log.i(TAG, "消耗热量：" + rows.get(SysConst.TABLE_FIELD_OUTPUT));
                    Log.i(TAG, "体重：" + rows.get(SysConst.TABLE_FIELD_WEIGHT));
                    Log.i(TAG, "运动情况：" + rows.get(SysConst.TABLE_FIELD_AMOUNTEXERCISE));
                }
        }
    }
    …
    private List<Map<String, String>> findAll() {                              ①
        FileInputStream in = null;
        List<Map<String, String>> list = new ArrayList<Map<String, String>>();
        try {
            in = this.openFileInput(SysConst.DATABASE_NAME);                   ②
            BufferedReader br = new BufferedReader(new InputStreamReader(in)); ③
            String line = br.readLine();                                       ④
            while (line != null) {
                String[] fields = line.split(",");                             ⑤
                Map<String, String> rows = new HashMap<String, String>();
                rows.put(SysConst.TABLE_FIELD_DATE, fields[0]);                ⑥
                rows.put(SysConst.TABLE_FIELD_INPUT, fields[1]);
                rows.put(SysConst.TABLE_FIELD_OUTPUT, fields[2]);
                rows.put(SysConst.TABLE_FIELD_WEIGHT, fields[3]);
                rows.put(SysConst.TABLE_FIELD_AMOUNTEXERCISE, fields[4]);      ⑦
                list.add(rows);                                                ⑧
                line = br.readLine();                                          ⑨
            }
```

```
            } catch (IOException e) {
                e.printStackTrace();
            } finally {
                if (in != null) {
                    try {
                        in.close();
                    } catch (IOException e) {
                        e.printStackTrace();
                    }
                }
            }
            return list;
        }
    }
```

上述代码第①行是声明查询 CSV 文件中所有数据的 findAll 方法。代码第②行是打开文件输入流，代码第③行是通过文件输入流构建高级输入流 BufferedReader，BufferedReader 具有一些高级读取数据方法，代码第④行 readLine()是 BufferedReader 提供的方法，可以一次读取一行数据。

代码第⑤行是将读取的一行数据分割成为数组。代码第⑥行～第⑦行是将数组放入到一个 Map 集合中，代码第⑧行是将 Map 集合放到一个 List 集合中。

代码第⑨行是读取下一行数据。

12.4 SQLite 数据库

SQLite 是一个开源的嵌入式关系数据库，它是 D. 理查德・希普在 2000 年开发的。SQLite 可移植性好，易使用，高效，可靠。SQLite 嵌入到使用它的应用程序中，他们共用相同的进程空间，而不是两个不同的进程。

SQLite 提供了对 SQL92 标准的支持，支持多表和索引、事务、视图、触发。SQLite 是无数据类型的数据库，就是字段不用指定类型，如下代码在 SQLite 中是合法的。

```
Create Table student(_id, name,class);
```

12.4.1 SQLite 数据类型

虽然 SQLite 可以忽略数据类型，但通常会在 Create Table 语句中指定数据类型，因为数据类型可以告知这个字段的含义，便于对代码的阅读和理解。SQLite 支持的常见数据类型：

- INTEGER。一个有符号的整数类型。
- REAL。浮点类型。
- TEXT。字符串类型，采用编码的 UTF-8、UTF-16。
- BLOB。大二进制对象类型，能够存放任何二进制数据。

在 SQLite 中没有 Boolean 类型，可以采用整数 0 和 1 替代。在 SQLite 中也没有日期和时间类型，而是存储在 TEXT、REAL 和 INTEGER 类型中的。

为了兼容 SQL99 中的其他数据类型，其他数据类型可以转换成为上述几种数据类型。

- VARCHAR、CHAR、CLOB 转换成为 TEXT 类型。

- FLOAT、DOUBLE 转换成为 REA。
- NUMERIC 转换成为 INTEGER 或者 REAL 类型。

12.4.2 Android 平台下管理 SQLite 数据库

SQLite 附带一个命令行管理工具，命令行可以管理数据库的全部 Shell 功能。在 Android 平台下进入 SQLite 数据库命令行有些麻烦，首先进入模拟器或设备的 Shell，然后在 Shell 下输入指令 sqlite3 <数据库文件名>，如图就可以进入 SQLite 的命令行。

例如，访问 Android 平台自带的邮件应用数据库，它的数据库文件是存放在/data/data/com.android.email/databases 下面，如图 12-8 所示。

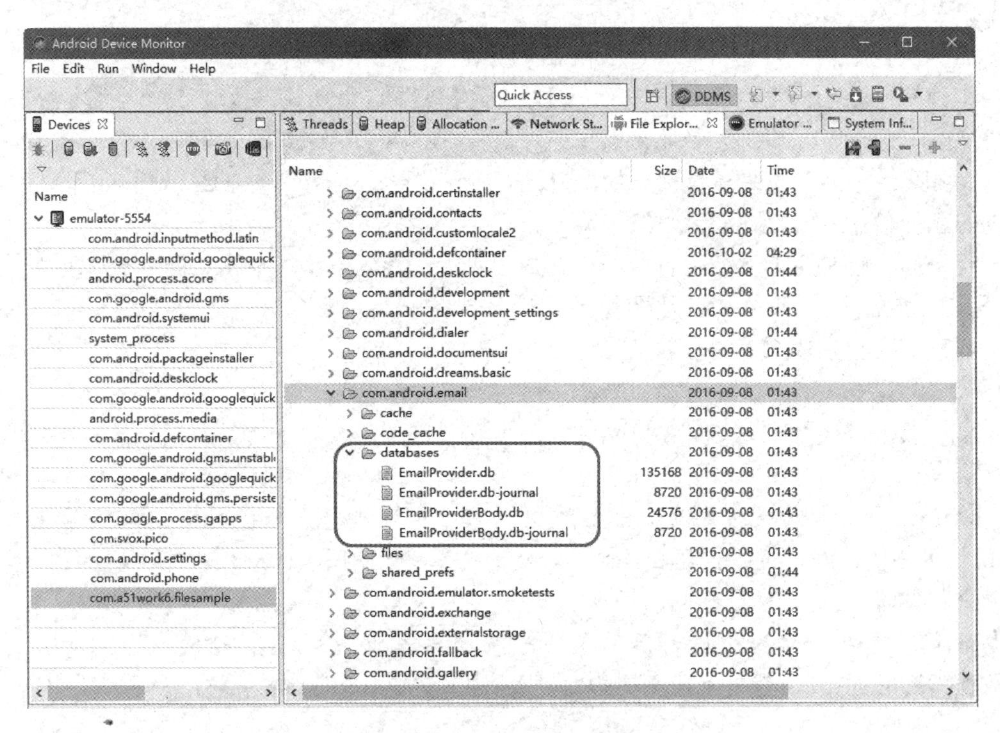

图 12-8 邮件应用数据库

进入 Android 系统 shell，如图 12-9 所示。在 Shell 中，进入到邮件应用数据库文件所在的目录，如图 12-10 所示。

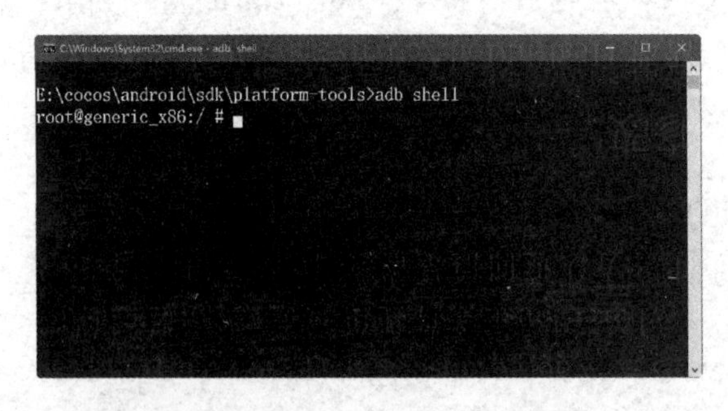

图 12-9 进入 Android 系统 Shell

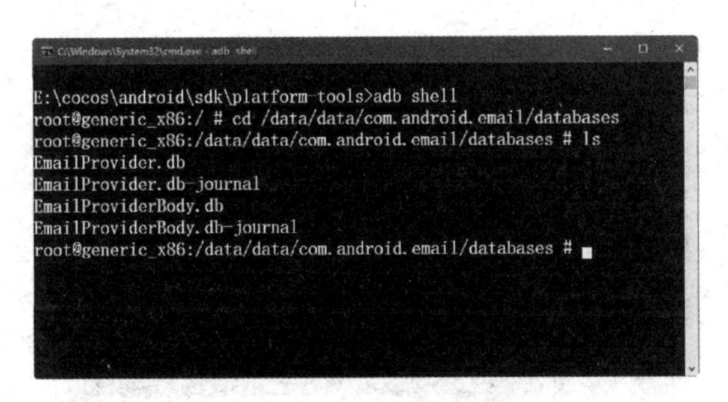

图 12-10　进入数据库文件

进入 sqlite 命令行是在 Shell 中输入指令 sqlite3 EmailProvider.db 进入到 EmailProvider.db 数据，进入 sqlite 命令行，如图 12-11 所示。

```
Microsoft Windows [版本 10.0.10586]
(c) 2015 Microsoft Corporation。保留所有权利。

E:\cocos\android\sdk\platform-tools>adb shell
root@generic_x86:/ # cd /data/data/com.android.email/databases
qlite3 EmailProvider.db
SQLite version 3.8.10.2 2015-05-20 18:17:19
Enter ".help" for usage hints.
sqlite>
```

图 12-11　进入 sqlite 命令行

注意　若不小心将文件名输错了，打开一个不存在的数据库文件。例如，命令写成 sqlite3 mydb.db 会出现什么情况呢？这会创建一个 mydb.db 数据库，并且创建了一个 android_metadata 表，当退出 sqlite 命令行管理工具回到 Shell 下的时候，会在当前目录下创建 mydb.db 数据文件。由于 mydb.db 数据文件是在 Shell 下创建的，它的权限是 root 用户创建权限，因此应用程序代码中访问这样的数据库会被拒绝。可以在 Shell 下通过命令 chmod 777 mydb.db 将这个文件访问权限分配给其他用户。另外，数据库文件的后缀名可以自己命名，及使文件写成 mydb.txt，它也不是一个文本文件，还是二进制文件。

在 SQLite 命令行管理中，需要熟悉一些管理指令，这些管理指令以“.”开头，结束的时候不加分号“;”。常用的指令有：

.help：查看帮助，这命令很有用，可以使用它查找其他命令帮助信息。

.quit(或.exit)：退出 sqlite 命令行。

.tables：显示该库中有所有的表。

.schema <表名>：显示表的结构信息。

图 12-12 是使用.tables 指令查看当前数据中所有的信息。

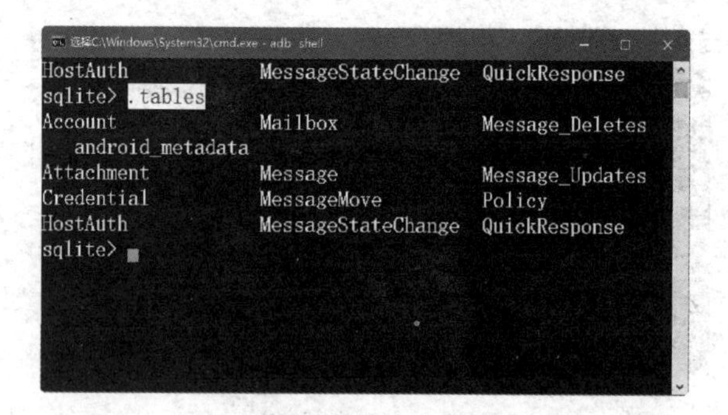

图 12-12 查看表结构

12.5 案例：SQLite 实现健康助手数据存储

下面详细介绍通过 Android 提供的 SQLite API 实现健康助手应用数据存储。

12.5.1 SQLiteOpenHelper 帮助类

为了实现对 SQLite 数据存储，Android 提供了一个帮助类 android.database.sqlite.SQLiteOpenHelper。SQLiteOpenHelper 是一个抽象类，必须实现下面两个方法：

(1) void onCreate(SQLiteDatabase db)。

(2) void onUpgrade(SQLiteDatabase db, int oldVersion, int newVersion)。

开发人员需要编写自己的帮助类，健康助手应用的帮助类 DBHelper.java 代码如下：

```
public class DBHelper extends SQLiteOpenHelper {

    private static final String TAG = "DBHelper";

    public DBHelper(Context context) {                                   ①
        super(context, SysConst.DATABASE_NAME, null,
                SysConst.DATABASE_VERSION);                              ②
    }

    @Override
    public void onCreate(SQLiteDatabase db) {                            ③
        try {
            StringBuffer sql = new StringBuffer();
            sql.append("CREATE TABLE ");
            sql.append(SysConst.TABLE_NAME);
            sql.append(" (");
            sql.append(SysConst.TABLE_FIELD_DATE);
            sql.append(" Text PRIMARY KEY,");
            sql.append(SysConst.TABLE_FIELD_INPUT);
            sql.append(" Text,");
            sql.append(SysConst.TABLE_FIELD_OUTPUT);
            sql.append(" Text,");
            sql.append(SysConst.TABLE_FIELD_WEIGHT);
            sql.append(" Text ,");
            sql.append(SysConst.TABLE_FIELD_AMOUNTEXERCISE);
```

```
            sql.append(" Text");
            sql.append(");");
            Log.i(TAG, sql.toString());

            db.execSQL(sql.toString());                                          ④
            //插入两条测试数据
            db.execSQL("insert into weight (_id,output,input) " +
                    "values('2016-10-8 17:24:27','1300大卡','3300大卡')");       ⑤
            db.execSQL("insert into weight (_id,output,input) " +
                    "values('2016-10-9 15:26:45','2500大卡','4000大卡')");

        } catch (Exception e) {
            Log.e(TAG, e.getMessage());
        }
    }

    @Override
    public void onUpgrade(SQLiteDatabase db, int oldVersion, int newVersion) {  ⑥
        db.execSQL("DROP TABLE IF EXISTS " + SysConst.TABLE_NAME);              ⑦
        onCreate(db);
    }
}
```

上述代码第①行是 DBHelper 构造方法，代码第②行调用父类构造方法，父类构造方法 API：

```
SQLiteOpenHelper(Context context, String name, CursorFactory factory, int version);
```

第一个参数 context 是上下文对象；第二个参数 name 是数据库文件名字；第三个参数 factory 是 CursorFactory 对象，用来构造查询完成后返回的 Cursor 的子类对象，为 null 时使用默认的 CursorFactory 构造；第四个参数 version 的数据库的版本号，数据库版本号是从 1 开始的，可以用来更新数据库。

代码第③行是实现 onCreate(SQLiteDatabase db)的方法，该方法的主要作用是创建和初始化数据库中的表等数据库对象，并且初始化表中的数据，该方法在第一次创建数据库时调用。代码第④行的 db.execSQL(sql.toString())语句是建表和初始化数据。有时，创建表后还需要插入一些测试数据，代码第⑤行就是通过 execSQL()方法插入数据。

代码第⑥行是实现 onUpgrade(SQLiteDatabase db, int oldVersion, int newVersion)的方法，该方法的作用是更新数据库，当数据库版本发生变化的时候 onUpgrade 被调用。代码第⑦行是删除数据库中的表。

提示　如果刚开始设定数据库的版本号是 1，后来由于业务等原因表结构发生了变化，需要重新建表或修改表，这个时候需要修改版本号，一般会在旧的版本号上加 1。在 Android 程序运行时，Android 系统会比较新的数据库版本号与旧数据库的版本号是否一致，如果不一致则调用 onUpgrade。

12.5.2　数据插入

准备工作做好后，就可以实现对数据库的增、删、改、查了。下面先介绍数据插入实现，数据插入是在添加活动 HealthAddActivity.java 中实现的，代码如下：

```
public class HealthAddActivity extends AppCompatActivity {

    private EditText txtInput;
    private EditText txtOutput;
    private EditText txtWeight;
    private EditText txtAmountExercise;
    private Button btnOk;
    private Button btnCancel;

    private DBHelper mDBHelper;                                              ①

    public void onCreate(Bundle savedInstanceState) {
        super.onCreate(savedInstanceState);
        setContentView(R.layout.add_mod);

        mDBHelper = new DBHelper(this);                                      ②

        txtInput = (EditText) findViewById(R.id.txtinput);
        txtOutput = (EditText) findViewById(R.id.txtoutput);
        txtWeight = (EditText) findViewById(R.id.txtweight);
        txtAmountExercise = (EditText) findViewById(R.id.txtamountExercise);

        btnOk = (Button) findViewById(R.id.btnok);
        btnCancel = (Button) findViewById(R.id.btncancel);

        btnOk.setOnClickListener(new View.OnClickListener() {
            @Override
            public void onClick(View v) {

                Date date = new Date();
                SimpleDateFormat df = new SimpleDateFormat(SysConst.DATE_FORMATE);

                SQLiteDatabase db = mDBHelper.getWritableDatabase();         ③
                ContentValues values = new ContentValues();                  ④
                values.put(SysConst.TABLE_FIELD_DATE, df.format(date));
                values.put(SysConst.TABLE_FIELD_INPUT, txtInput.getText().toString());
                values.put(SysConst.TABLE_FIELD_OUTPUT, txtOutput.getText().toString());
                values.put(SysConst.TABLE_FIELD_WEIGHT, txtWeight.getText().toString());
                values.put(SysConst.TABLE_FIELD_AMOUNTEXERCISE,
                           txtAmountExercise.getText().toString());          ⑤

                long rowId = db.insert(SysConst.TABLE_NAME, null, values);   ⑥

                finish();
            }
        });

        btnCancel.setOnClickListener(new View.OnClickListener() {
            @Override
            public void onClick(View v) {
                finish();
            }
```

```
        });
    }
}
```

代码第①行首先声明一个 DBHelper 的成员变量 mDBHelper，代码第②行是实例化 mDBHelper 对象。代码第③行是通过 mDBHelper 的 getWritableDatabase()方法获得一个可写入的 SQLiteDatabase 对象。

代码第④行～第⑤行是准备要插入的数据，数据要求放到 ContentValues 对象中，ContentValues 与 Map 类似，通过 put(key,value)方法把数据放入，需要注意 key 是表中字段名。

代码第⑥行是通过 SQLiteDatabase 的 insert()方法将数据插入到数据库，插入 insert()的方法有两个主要形式：

- public long insert(String table, String nullColumnHack, ContentValues values)。不会抛出异常插入方法。
- public long insertOrThrow(String table, String nullColumnHack, ContentValues values)。会抛出异常插入方法。

这两个方法返回值都是整数，代表行 id，这个 id 是 SQLite 维护的，发生错误情况返回－1。只允许当前方法中参数 table 是表名。参数 nullColumnHack 是指定一个列名，在 SQL 标准中不能插入全部字段为空的记录，但是有时用户需要插入全部字段为 NULL 的记录，那就使用 nullColumnHack 这个参数指定一个字段，为这个字段赋一个 NULL 值，然后再去执行 SQL 语句。参数 ContentValues 是要插入的字段值。

12.5.3 数据删除

先介绍数据插入实现，数据插入是在添加活动 HealthListActivity. java 中实现，HealthListActivity 删除相关代码如下：

```
SQLiteDatabase db = mDBHelper.getWritableDatabase();
String whereClause = SysConst.TABLE_FIELD_DATE + " = ?";

long rowId = db.delete(SysConst.TABLE_NAME, whereClause, new String[]{selectId});
```

mDBHelper 对象的 getWritableDatabase()方法获得一个可写入的 SQLiteDatabase 对象，通过这个 SQLiteDatabase 对象可以执行 SQL 语句，SQLiteDatabase 提供的 delete 方法 API 如下：

```
public int delete(String table, String whereClause, String[] whereArgs)
```

参数 table 是表名；参数 whereClause 是条件，可以带有占位符(?)；参数 whereArgs 是一个字符串数组，它为 whereClause 条件提供数据，实际运行时替换占位符。学过 JDBC 的读者对此写法并不陌生。方法返回值是整数，代表行 id，这个 id 是 SQLite 维护的，发生错误情况返回－1。

12.5.4 数据修改

修改数据是在修改活动 HealthModActivity. java 中实现的，代码如下：

```
public class HealthModActivity extends AppCompatActivity {

    private EditText txtInput;
    private EditText txtOutput;
    private EditText txtWeight;
    private EditText txtAmountExercise;
    private Button btnOk;
    private Button btnCancel;
    private DBHelper mDBHelper;

    public void onCreate(Bundle savedInstanceState) {
        super.onCreate(savedInstanceState);
        setContentView(R.layout.add_mod);

        mDBHelper = new DBHelper(this);

        txtInput = (EditText) findViewById(R.id.txtinput);
        txtOutput = (EditText) findViewById(R.id.txtoutput);
        txtWeight = (EditText) findViewById(R.id.txtweight);
        txtAmountExercise = (EditText) findViewById(R.id.txtamountExercise);

        Bundle bundle = this.getIntent().getExtras();
        final String selectId = bundle.getString(SysConst.TABLE_FIELD_DATE);               ①

        String intput = bundle.getString(SysConst.TABLE_FIELD_INPUT);
        txtInput.setText(intput);

        String weight = bundle.getString(SysConst.TABLE_FIELD_WEIGHT);
        txtWeight.setText(weight);

        String output = bundle.getString(SysConst.TABLE_FIELD_OUTPUT);
        txtOutput.setText(output);

        String amountExercise = bundle.getString(SysConst.TABLE_FIELD_AMOUNTEXERCISE);
        txtAmountExercise.setText(amountExercise);                                         ②

        btnOk = (Button) findViewById(R.id.btnok);

        btnOk.setOnClickListener(new View.OnClickListener() {
            @Override
            public void onClick(View v) {

                SQLiteDatabase db = mDBHelper.getWritableDatabase();

                ContentValues values = new ContentValues();
                values.put(SysConst.TABLE_FIELD_INPUT, txtInput.getText().toString());
                values.put(SysConst.TABLE_FIELD_OUTPUT, txtOutput
                        .getText().toString());
                values.put(SysConst.TABLE_FIELD_WEIGHT, txtWeight.getText().toString());
                values.put(SysConst.TABLE_FIELD_AMOUNTEXERCISE,
                                txtAmountExercise.getText().toString());

                String whereClause = SysConst.TABLE_FIELD_DATE + " = ?";
                long rowId = db.update(SysConst.TABLE_NAME, values,
```

```
                                    whereClause, new String[]{selectId});    ③
                finish();
            }
        });

        btnCancel = (Button) findViewById(R.id.btncancel);
        btnCancel.setOnClickListener(new View.OnClickListener() {
            @Override
            public void onClick(View v) {
                finish();
            }
        });
    }
}
```

上述代码第①行～第②行是从前一个活动(HealthListActivity)取出选中的数据,并赋值给响应的 EditText 控件。

代码第③行是执行更新操作,SQLiteDatabase 提供的 update 方法 API 如下:

```
public int update(String table, ContentValues values, String whereClause, String[] whereArgs)
```

update 方法中的参数与 inset 和 delete 方法类似,这里不再赘述。

12.5.5 数据查询

把查询放在最后介绍,主要是因为查询比较麻烦,而且查询和删除操作都是在 HealthListActivity 活动中执行的,HealthListActivity.java 中查询相关代码如下:

```
private void findAll() {

    SQLiteDatabase db = mDBHelper.getReadableDatabase();                    ①

    String[] colums = new String[]{SysConst.TABLE_FIELD_DATE,
        SysConst.TABLE_FIELD_INPUT, SysConst.TABLE_FIELD_OUTPUT,
        SysConst.TABLE_FIELD_WEIGHT,
        SysConst.TABLE_FIELD_AMOUNTEXERCISE};                               ②

    mCursor = db.query(SysConst.TABLE_NAME, colums, null, null, null, null,
        SysConst.TABLE_FIELD_DATE + " asc");                                ③

    while (mCursor.moveToNext()) {                                          ④
        Log.d(TAG, mCursor.getString(mCursor.getColumnIndex(SysConst.TABLE_FIELD_INPUT)));   ⑤
        Log.d(TAG, mCursor.getString(mCursor.getColumnIndex(SysConst.TABLE_FIELD_OUTPUT)));  ⑥
    }

    startManagingCursor(mCursor);                                           ⑦
    mCursorAdapter = new SimpleCursorAdapter(this, R.layout.listitem, mCursor,
            colums, new int[]{R.id.date, R.id.input, R.id.output,
            R.id.weight, R.id.amountExercise});                             ⑧

    mListView.setAdapter(mCursorAdapter);                                   ⑨
}
```

查询主要是在 findAll 方法中完成的，其中代码第①行是通过 mDBHelper 对象获得一个只读的数据对象。代码第②行是准备查询的表字段，这些字段放入到一个字符串数组中。

代码第③行是通过 query 方法执行查询，query 方法返回游标(Cursor)对象，query 方法有三个重载方法：

- public Cursor query(String table, String[] columns, String selection, String[] selectionArgs, String groupBy, String having, String orderBy)。
- public Cursor query(String table, String[] columns, String selection, String[] selectionArgs, String groupBy, String having, String orderBy, Stringlimit)。
- public Cursor query(boolean distinct, String table, String[] columns, String selection,String[] selectionArgs, String groupBy, String having, String orderBy, String limit)。

它们的参数分别为：table 是指定表名；columns 是查询的字段集合；selection 是 where 条件，类似于 delete 和 update 方法 whereClause，可以带有占位符(?)；selectionArgs 参数是为 selection 参数的占位符提供值；groupBy 是分组语句；having 是分组中的筛选；orderBy 是排序语句；distinct 是 SQL 中的剔除重复；limit 是限定返回记录的个数。下面的语句是在当查询结果超过三条的情况下返回前三条记录。

```
cursor = db.query(SysConst.TABLE_NAME, colums, null, null, null, null,
                SysConst.TABLE_FIELD_DATE + " asc", "3");
```

查询结果返回一个游标对象，游标对象可以理解为一个二维表格，在游标中的字段是通过 columns 参数指定的，数据的记录数的查询条件与 limit 有关。代码第④行是移动游标指针遍历游标，游标对象有关移动指针判断的方法如下：

- isAfterLast()：判断游标指针是否在最后记录之后。
- isBeforeFirst()：判断游标的指针是否在第一条记录之前。
- move(int offset)：移动指针，参数 offset 是偏移量。
- moveToFirst()：移动指针到第一条记录。
- moveToLast()：移动指针到最后一条记录。
- moveToNext()：移动指针到下一条记录。
- moveToPrevious()：移动指针到上一条记录。
- moveToPosition(int position)：移动指针到某个绝对位置，从 0 开始。

代码第⑤行和第⑥行是获取游标中有关 getXXX()取值的方法：

- getColumnCount()：获得列(字段)的个数。
- getColumnIndex(String columnName)：通过列的名字获得列索引，列的索引是从 0 开始的。
- getCount()：返回记录的个数。
- getFloat(int columnIndex)：通过列索引返回该列的值，改列应该是 float 类型。
- getInt(int columnIndex)：通过列索引返回该列的值，改列应该是 int 类型。
- getLong(int columnIndex)：通过列索引返回该列的值，改列应该是 long 类型。
- getShort(int columnIndex)：通过列索引返回该列的值，改列应该是 short 类型。

❑ getString(int columnIndex)：通过列索引返回该列的值，改列应该是 Stirng 类型。

这个几个获取列值的方法与 JDBC 很相似，但是 JDBC 中每一个 getXXX()方法都有两个重载版本，一个是按照列的索引取值，另一个是按照列的名字取值，而 Android 中的 getXXX()方法只能按照索引取值，可以先取出列索引再取列值，见代码第⑤行和第⑥行，其中 mCursor.getColumnIndex 方法先取出列索引，然后再通过 mCursor.getString 方法取出该列值。

代码第⑦行中的 startManagingCursor(cursor)语句是将游标对象交给 Activity 管理，按照 Activity 的生命周期管理游标对象。代码第⑧行创建 SimpleCursorAdapter 对象。代码第⑨行是把查询出来的游标对象放入 ListView 的适配器。

12.6　使用 SharedPreferences

SharedPreferences 用于简单的数据存储，是通过"键-值"对的机制存储数据，可以存储一些基本的数据类型，包括布尔类型、字符串、整型和浮点型等。

Android 平台在默认情况下可以保持控件的状态，当跳转到其他活动，再次回到这个活动时，还会保存上一次选择状态，除非这个活动被销毁了。如果需要长期保存控件状态，就可以把控件状态存放在 SharedPreferences 中。

12.6.1　实例：写入 SharedPreferences

下面通过实例介绍 SharedPreferences 的使用，可以为健康助手应用添加日期格式设置功能。设置的日期格式可以先保存在 SharedPreferences 中。

写入数据 SharedPreferences 是在设置活动 HealthConfigActivity 时实现的，HealthConfigActivity.java 代码如下：

```
public class HealthConfigActivity extends Activity {

    private RadioGroup rdgDateFormat;
    private RadioButton rdDateFormat1, rdDateFormat2;
    private SharedPreferences mSharedPreferences;

    public void onCreate(Bundle savedInstanceState) {
        super.onCreate(savedInstanceState);
        setContentView(R.layout.activity_config);

        //获得读取数据所用的 SharedPreferences 对象
        mSharedPreferences = getSharedPreferences(SysConst.PREFS_CONF, MODE_PRIVATE);   ①

        rdgDateFormat = (RadioGroup) findViewById(R.id.rdgDateFormat);
        rdDateFormat1 = (RadioButton) findViewById(R.id.rdDateFormat1);
        rdDateFormat2 = (RadioButton) findViewById(R.id.rdDateFormat2);

        //读取 DATE-KEY 键所对应的值
        String dateConf = mSharedPreferences.getString(SysConst.DATE_KEY, "YYYY-MM-DD");

        setDateFormat(dateConf);
```

```
        rdgDateFormat.setOnCheckedChangeListener(new OnCheckedChangeListener() {

            @Override
            public void onCheckedChanged(RadioGroup group, int checkedId) {

                //获得修改数据所用的 SharedPreferences 对象
                SharedPreferences.Editor editor = mSharedPreferences.edit();          ②
                if (checkedId == rdDateFormat1.getId()) {
                    editor.putString(SysConst.DATE_KEY, "YYYY - MM - DD");           ③
                    setDateFormat("YYYY - MM - DD");
                } else {
                    editor.putString(SysConst.DATE_KEY, "YYYY/MM/DD");               ④
                    setDateFormat("YYYY/MM/DD");
                }
                //确定修改
                editor.commit();                                                     ⑤
            }
        });
    }

    private void setDateFormat(String dateformat) {

        if ("YYYY - MM - DD".equals(dateformat)) {
            rdDateFormat1.setChecked(true);
            rdDateFormat2.setChecked(false);
        } else {
            rdDateFormat2.setChecked(true);
            rdDateFormat1.setChecked(false);
        }
    }
}
```

上述代码第①行是通过 getSharedPreferences()获得一个 SharedPreferences 对象，调用当前组件(活动或服务)的 getSharedPreferences()方法第一个参数是文件名字，文件保存在应用程序目录(/data/data/<应用包名>/)的 shared_prefs 目录下；第二个参数是文件访问限制，这个参数的含义与本地文件限制是一样的，读者可以参考 12.3.2 节，这里不再赘述。

代码第②行是获得可修改的 SharedPreferences.Editor 对象。代码第③行和第④行是通过 putString 方法设置参数，putString 方法的第一个参数是键，第二个参数是值。最后还要提交修改，见代码第⑤行。

文件名是 config.ini.xml 文件，设置完成之后的 xml 内容如下：

```
<?xml version = '1.0' encoding = 'utf - 8' standalone = 'yes' ?>
< map >
    < string name = "date"> YYYY/MM/DD </string >
</map >
```

提示 查看 config.ini.xml 文件内容，可以在 Shell 下进入/data/data/com.a51work6.weight/shared_prefs 目录，然后通过 cat config.ini.xml 命令查看。

12.6.2 实例：读取 SharedPreferences

在实例中读取 SharedPreferences 主要是在 HealthListActivity 的 onCreate 方法中处理的。HealthListActivity.java 相关代码如下：

```
public class HealthListActivity extends AppCompatActivity {

    private static final String TAG = "HealthListActivity";      //调试标签

    //添加菜单项
    public static final int ADD_MENU_ID = Menu.FIRST;
    public static final int CONF_MENU_ID = Menu.FIRST + 1;

    private ListView mListView;

    private DateFormat mDateFormat;
    private SharedPreferences mSharedPreferences;

    @Override
    public void onCreate(Bundle savedInstanceState) {
        super.onCreate(savedInstanceState);
        setContentView(R.layout.activity_main);

        mListView = (ListView) findViewById(R.id.listview);

    }

    @Override
    protected void onStart() {
        super.onStart();

        mSharedPreferences = getSharedPreferences(SysConst.PREFS_CONF, MODE_PRIVATE);   ①
        String dateConf = mSharedPreferences.getString(SysConst.DATE_KEY, "YYYY-MM-DD");   ②
        if ("YYYY-MM-DD".equals(dateConf)) {
            mDateFormat = new SimpleDateFormat("yyyy-MM-dd");
        } else {
            mDateFormat = new SimpleDateFormat("yyyy/MM/dd");
        }

        findAll();

    }

    @Override
    public boolean onCreateOptionsMenu(Menu menu) {

        super.onCreateOptionsMenu(menu);
        menu.add(0, ADD_MENU_ID, 1, R.string.add).setIcon(
                android.R.drawable.ic_menu_add);
        menu.add(0, CONF_MENU_ID, 2, R.string.conf).setIcon(
                android.R.drawable.ic_menu_compass);
        return true;
```

```
    }

    @Override
    public boolean onOptionsItemSelected(MenuItem item) {
        switch (item.getItemId()) {
            case ADD_MENU_ID:
                return true;
            case CONF_MENU_ID:
                Intent itconf = new Intent(this, HealthConfigActivity.class);
                startActivity(itconf);

        }
        return super.onOptionsItemSelected(item);
    }

    private void findAll() {
        Date now = new Date();                            //当前日期
        Date date = new Date(now.getTime() + 923456785);  //当前日期之后某个日期
        String[] sdate = {mDateFormat.format(now), mDateFormat.format(date)};

        ArrayAdapter<String> adapter = new ArrayAdapter<String>(this,
                android.R.layout.simple_list_item_1, sdate);
        mListView.setAdapter(adapter);
    }
}
```

上述代码第①行是获得 SharedPreferences 对象。代码第②行是读取数据，getString 方法中的 SysConst.DATE_KEY 参数是键，"YYYY-MM-DD"是保存的值。

本章总结

本章介绍了 Android 平台的几种数据存取方式：本地文件、SQLite 数据库、云服务和 SharedPreferences，其中本地文件和 SQLite 数据库是学习的重点。

本章练习题

1. 下列哪些选项中是 Android 平台数据存储形式？（　　）

A. 文件系统　　B. 数据库

C. 云服务　　D. Shared Preferences

2. 判断对错。沙箱目录是一种数据安全策略，沙箱目录只能允许自己的应用访问目录，而不允许其他的应用访问。（　　）

3. 判断对错。SQLite 提供了对 SQL92 标准支持，支持多表和索引、事务、视图、触发。（　　）

4. 判断对错。SQLite 是无数据类型的数据库，就是字段不用指定类型。（　　）

5. 判断对错。SharedPreferences 用于简单的数据存储，是通过“键-值”对的机制存储数据，可以存储一些基本的数据类型，包括：布尔类型、字符串、整型和浮点型等。（　　）

第13章

使用内容提供者共享数据

在 Android 中，一个应用的本地文件和 SQLite 数据库默认情况下都只能被本应用访问，如何能够把这些数据提供给其他的应用使用呢？那就是通过内容提供者（Content Provider）实现数据共享，通过内容提供者数据就能够被其他的应用存取了，本章主要介绍内容提供者，本章所涉及的知识有：

- 内置的内容提供者。
- 自定义的内容提供者。
- Content URI 含义。

13.1 内容提供者概述

Android 系统是基于 Linux 的，它对于文件访问权限控制很严格，不同的用户启动不同的应用。由于权限的限制，不同的应用之间无法互相访问数据，访问模型如图 13-1 所示。

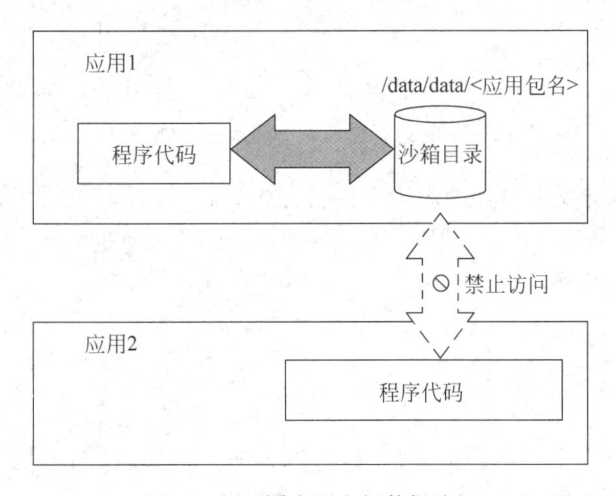

图 13-1 不同应用之间数据访问

Android 平台提供了一种共享数据技术——内容提供者（Content Provider），内容提供者能够实现不同的应用之间数据的共享，如图 13-2 所示使用内容提供者访问。

内容提供者除了实现数据共享外，还可以提供一定程度上的数据抽象，并提供一些访问

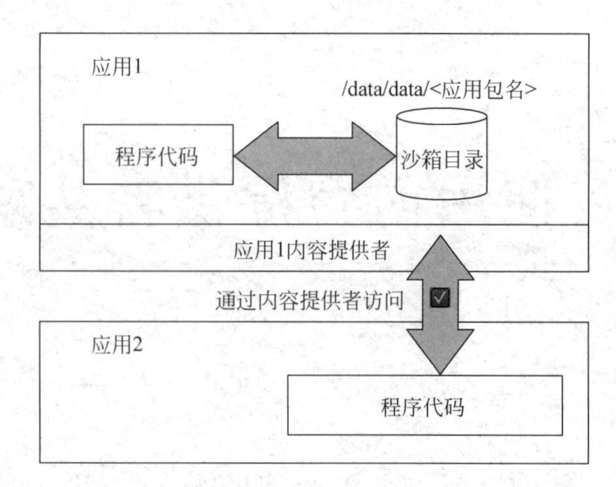

图 13-2　使用内容提供者访问

接口，使上层调用者不用关心下层数据的存储的实现细节。从这个角度看，它与 Java 中的接口很相似。如图 13-3 所示，内容提供者屏蔽数据存储细节。

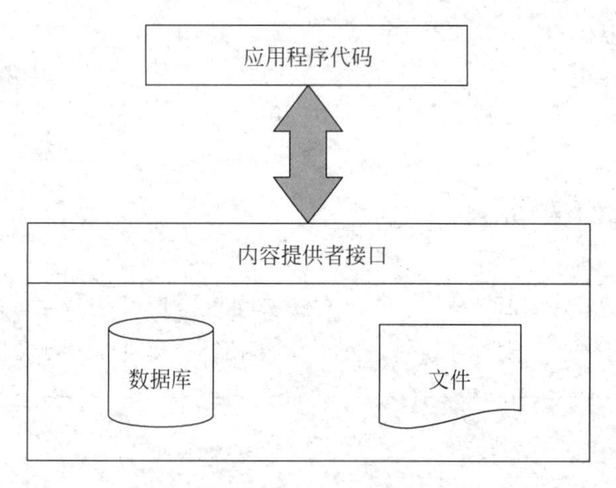

图 13-3　内容提供者屏蔽数据存储细节

Android 系统提供很多内置的内容提供者，这些内容提供者包括多媒体音频文件、视频文件、图片、联系人、电话记录和短信访问。除了 Android 内置的内容提供者外，开发人员还可以定义自己的内容提供者。

13.2　Content URI

在 Android 中有很多的内容提供者，包括内置的、自己编写的和他人编写的。那么，如何识别和找到需要的内容提供者呢？Android 提供了一种叫作 Content URI 技术，通过它可以指定一个内容提供者，访问内容提供者后面的资源。

13.2.1　Content URI 概述

Content URI 是一种 URL，URI 相关内容读者可参考 11.3.2 节。

Android 中的 Content URI 就是 Android 平台的内容资源定位符，与 Web 上的应用一样，Android 平台上的 Content URI 定义的时候也要全球唯一，因此它的命名可以借助所在应用的包名命名，但是要注意这种命名方式不是必需的，而是推荐的命名方式。因为一个应用的包名是唯一的，不会重复的。下面看一个 Content URI 实例，如图 13-4 所示。

```
content://com.work.weight.provider/Wdate/1289645040579
   1              2                  3        4
```

图 13-4　Content URI 实例

(1) 协议名字。content 是 URI 协议名字，content 表明这个 URI 是一个内容提供器。类似于 http://www.acme.com/icons/logo.gif 中的 HTTP，协议名不可以修改。

(2) 权限。URI 的权限部分，用来标识内容提供者，它的命名必须确保唯一性，类似于 http://www.acme.com/icons/logo.gif 中的 www.acme.com 部分。

(3) 路径。用来判断请求数据类型的路径。在 Content URI 中可以有 0 个或多个路径。类似 http://www.acme.com/icons/logo.gif 中的 icons 部分。

(4) id。被指定的特定记录的 id，如果没有指定特定 id 记录，这个部分可以省略，类似于 http://www.acme.com/icons/logo.gif 中的 logo.gif 部分。

13.2.2　内置 Content URI

Android 平台提供了丰富的 Content URI，使用这些 Content URI 获取系统资源，这些资源包括有关联系人(姓名、电话、Email)、音频文件、视频文件、电话记录和短信记录，见表 13-1 所示。

表 13-1　内置 URI 常量说明

URI 常量	说　明
ContactsContract.Contacts.CONTENT_LOOKUP_URI	获取联系人信息 URI 常量
ContactsContract.CommonDataKinds.Phone.CONTENT_URI	获取联系人电话号码 URI 常量
ContactsContract.CommonDataKinds.Email.CONTENT_URI	获取联系人 Email URI 常量
MediaStore.Audio.Media.EXTERNAL_CONTENT_URI	获取外部储存设备中音频文件 URI 常量
MediaStore.Audio.Media.INTERNAL_CONTENT_URI	获取内部储存设备中音频文件 URI 常量
MediaStore.Video.Media.EXTERNAL_CONTENT_URI	获取外部储存设备中视频文件 URI 常量
MediaStore.Video.Media.INTERNAL_CONTENT_URI	获取内部储存设备中视频文件 URI 常量
MediaStore.Images.Media.EXTERNAL_CONTENT_URI	获取外部储存设备中图片文件 URI 常量
MediaStore.Images.Media.INTERNAL_CONTENT_URI	获取内部储存设备中图片文件 URI 常量
CallLog.Calls.CONTENT_URI	获取最近电话记录信息 URI 常量
Telephony.Sms.CONTENT_URI	获取短信信息 URI，Android 没有定义常量
Telephony.Sms.Inbox.CONTENT_URI	获取接收短信信息 URI，Android 没有定义常量
Telephony.Sms.Sent.CONTENT_URI	获取发送短信信息 URI，Android 没有定义常量

Android 系统定义的这些 CONTENT_URI 是查询所有记录，例如，ContactsContract. CommonDataKinds. Email. CONTENT _ URI 对应的过滤 URI 是 ContactsContract. CommonDataKinds. Email. CONTENT_FILTER_URI。

接下来通过几个例子说明它们的用法。

13.3 实例：访问联系人信息

Android 2.0 平台上的联系人通过 ContactsContract. Contacts. CONTENT_URI 访问，与联系人相关的数据很多，一个联系人会对应多个电话、Email、通信地址、组织、即时通信工具(QQ 和 MSN)和网站。并且，一个联系人对应一个备注和昵称，图 13-5 是联系人有关的数据对应关系。给定联系人 id 就可以获得该联系人的其他信息，这些其他信息也都有 URI，都可以通过 URI 查询他们的内容。

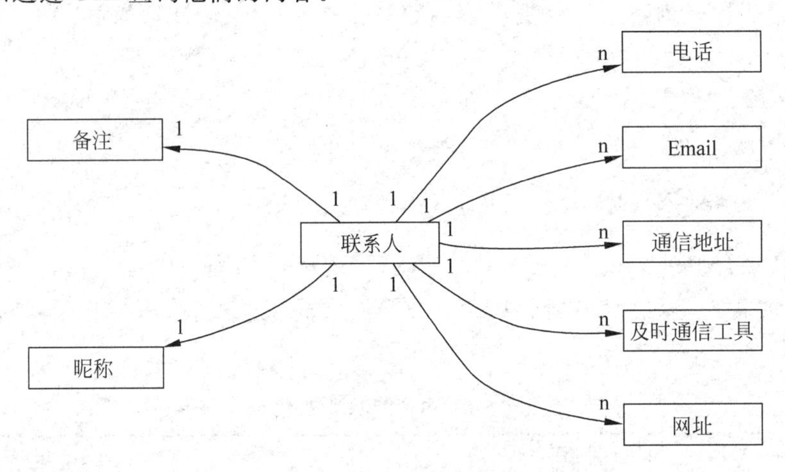

图 13-5 联系人数据对应关系

表 13-2 是一些有关联系人信息的内部类，它们封装了访问该部分信息对应字段和访问的 URI。

表 13-2 联系人信息内部说明

内 部	说 明
ContactsContract. CommonDataKinds. Email	封装 Email 信息的内部类
ContactsContract. CommonDataKinds. Im	封装及时消息的内部类
ContactsContract. CommonDataKinds. Nickname	封装昵称的内部类
ContactsContract. CommonDataKinds. Note	封装备注的内部类
ContactsContract. CommonDataKinds. Organization	封装组织的内部类
ContactsContract. CommonDataKinds. Phone	封装电话号码内部类
ContactsContract. CommonDataKinds. Photo	封装联系人图片内部类
ContactsContract. CommonDataKinds. Website	封装网站的内部类

首先，进入 Android 自带的通讯录，如图 13-6(a)所示，进入通讯录应用可见图 13-6(b)所示的联系人列表。单击图 13-6(b)右下角的添加联系人 按钮，进入添加联系人界面，如

图 13-7 所示。联系人信息填写完成就可以单击操作栏中的✓按钮，保存联系人信息。

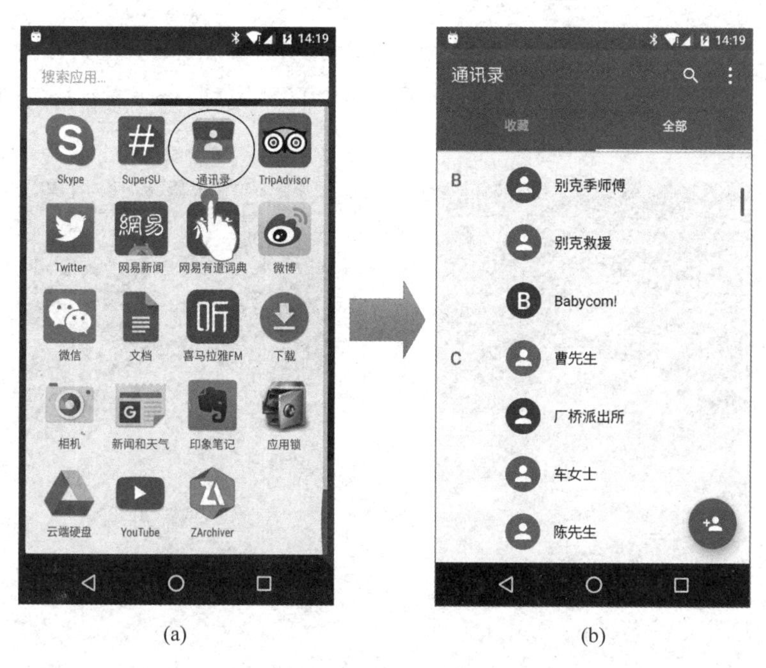

(a)　　(b)

图 13-6　通讯录应用

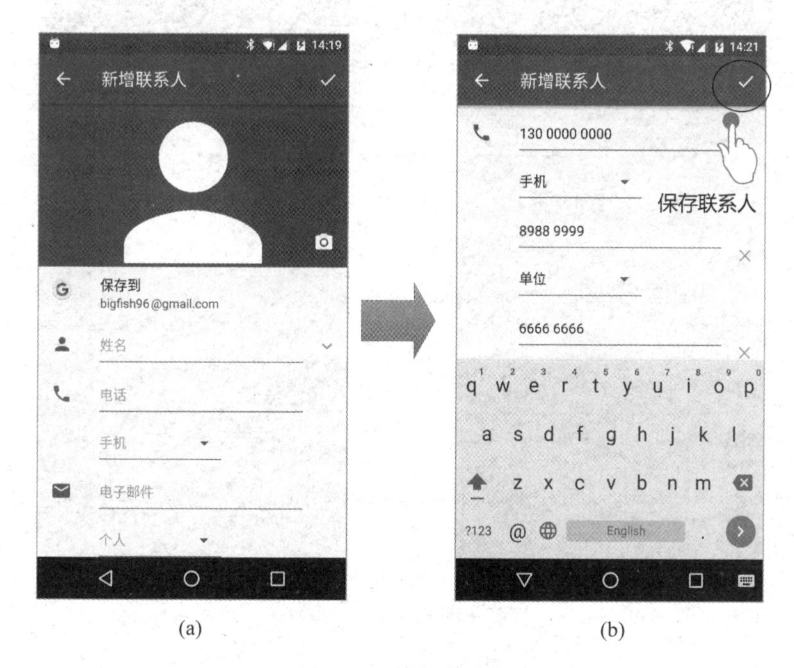

(a)　　(b)

图 13-7　添加联系人

13.3.1　查询联系人

联系人信息很多，最重要的是姓名，下面通过一个实例熟悉如何使用系统的内容提供者获取联系人姓名，然后显示在一个列表界面上。

提示 联系人姓名可以由多个字段构成，如图13-8(a)所示是姓名，它事实上是“显示名称”(Display Name)。单击显示名称后面的下拉按钮 ，如图13-8(b)所示，展示了更加详细的姓名信息。这些都属于联系人的姓名字段，如果不关心这些详细的姓名字段，可以使用显示名称。如果是中文名显示名称更适合一些。

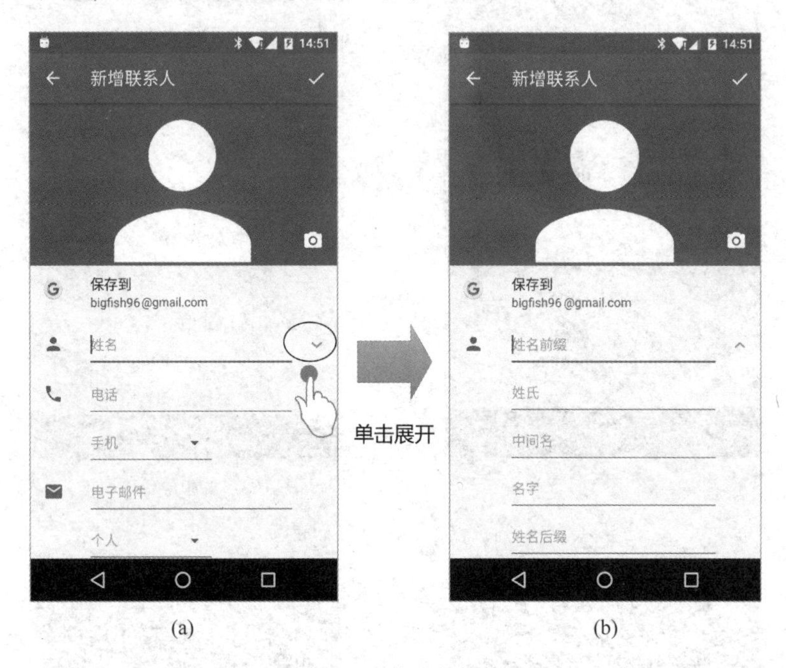

图 13-8 联系人名字

获取联系人显示在列表界面是在活动 MainActivity 中实现的，MainActivity.java 相关代码如下：

```
public class MainActivity extends AppCompatActivity
        implements AdapterView.OnItemLongClickListener, LoaderManager.LoaderCallbacks<Cursor> {①

    private static final String TAG = "ExampleContacts";    //调试标签
    //声明 ListView
    private ListView mListView;
    //声明游标适配器
    private SimpleCursorAdapter simpleCursorAdapter;

    @Override
    protected void onCreate(Bundle savedInstanceState) {
        super.onCreate(savedInstanceState);
        setContentView(R.layout.activity_main);

        //创建 SimpleCursorAdapter 游标适配器对象
        simpleCursorAdapter = new SimpleCursorAdapter(
                this, R.layout.listitem,
                null,//使用 CursorLoader 不需要游标对象了
                new String[]{ContactsContract.Contacts._ID,
                        ContactsContract.Contacts.DISPLAY_NAME},
                new int[]{R.id.textview_no, R.id.textview_name},
```

```
                CursorAdapter.FLAG_REGISTER_CONTENT_OBSERVER);                ②

        mListView = (ListView) findViewById(R.id.listview);
        mListView.setAdapter(simpleCursorAdapter);
        ...
        //从活动中获得 LoaderManager 对象
        LoaderManager loaderManager = getLoaderManager();                     ③
        //LoaderManager 初始化加载器
        loaderManager.initLoader(0, null, this);                              ④
    }
    ...
    //创建 CursorLoader 时调用
    @Override
    public Loader<Cursor> onCreateLoader(int id, Bundle args) {               ⑤
        //创建 CursorLoader 对象
         return new CursorLoader(this, ContactsContract.Contacts.CONTENT_URI, null, null,
null, null);                                                                  ⑥
    }
    //加载数据完成时调用
    @Override
    public void onLoadFinished(Loader<Cursor> loader, Cursor c) {             ⑦
        //采用新的游标与老游标交换,老游标不关闭
        simpleCursorAdapter.swapCursor(c);
    }
    //CursorLoader 对象被重置时调用
    @Override
    public void onLoaderReset(Loader<Cursor> loader) {                        ⑧
        //采用新的游标与老游标交换,老游标不关闭
        simpleCursorAdapter.swapCursor(null);
    }
    ...
}
```

注意　内容提供者返回的数据通常都是游标形式。本例采用了游标适配器 SimpleCursorAdapter，但是使用 SimpleCursorAdapter 时默认数据加载是在主线程中，这可能会导致出现 ANR(Application Not Responding)问题。因此在使用 SimpleCursorAdapter 时最好采用异步加载数据的方式。SimpleCursorAdapter 的构造方法的最后一个参数是 CursorAdapter.FLAG_REGISTER_CONTENT_OBSERVER，见代码第②行，它说明创建的游标适配器注册了内容监听器，监听游标内容变化。

为了实现 SimpleCursorAdapter 数据的异步加载，当前组件实现 LoaderManager.LoaderCallbacks< Cursor >接口，见代码第①行，该接口是 LoaderManager 的回调方法。该接口要求实现的方法有三个，见代码第⑤行、第⑦行和第⑧行，其中代码第⑤行的 onCreateLoader()方法是在 CursorLoader 初始化时调用的方法，CursorLoader 是游标加载对象，代码第⑥行创建 CursorLoader 对象，其中构造方法 API 定义如下：

```
CursorLoader (Context context,          //上下文对象
      Uri uri,                          //内容提供者 URI
      String[] projection,              //要查询的字段名的 String 数组
      String selection,                 //查询条件
      String[] selectionArgs,           //查询条件中的参数
      String sortOrder)                 //排序字段
```

代码第③行是通过获得 getLoaderManager()方法的 LoaderManager 对象，LoaderManager 用来将活动或碎片与加载器关联起来，加载器大多数情况下都是 CursorLoader 类型。代码第④行是初始化加载器，initLoader 方法第一个参数是加载器标识，第二个参数是加载器传递但类型是 Bundle，第三个参数是回调对象，this 表示当前活动实现回调接口。

13.3.2 普通权限和运行时权限

在 Android 系统中，为了提供安全性，应用中的一些操作是需要授权的，例如访问联系人、访问 SD 卡、电话通话记录、短信记录和访问网络等，这些操作在 Android 6.0（API level 23）之前，只需要在清单文件 AndroidManifest. xml 中注册就可以了，在 Android 6.0（API level 23）之后，包括 Android 6.0 版本，权限分为普通权限和运行时权限。

1. 普通权限

普通权限是那些不会导致危险的操作，只需要在清单文件 AndroidManifest. xml 中注册就可以了，清单文件 AndroidManifest. xml 被打包成 APK 安装包，所以被称为“安装时授权”。普通权限参考 Android 官网提供的网址 http://developer. android. com/guide/topics/security/normal-permissions. html。例如：

- ACCESS_NETWORK_STATE
- ACCESS_WIFI_STATE
- CHANGE_NETWORK_STATE
- CHANGE_WIFI_STATE
- INTERNET
- NFC
- VIBRATE

如果注册网络通信权限，实例如下：

```
<?xml version = "1.0" encoding = "utf - 8"?>
<manifest xmlns:android = "http://schemas.android.com/apk/res/android"
    package = "com.a51work6.examplecontacts">
    <application
        android:allowBackup = "true"
        android:icon = "@mipmap/ic_launcher"
        android:label = "@string/app_name"
        android:supportsRtl = "true"
        android:theme = "@style/AppTheme">
        <activity android:name = ".MainActivity">
            <intent - filter>
                <action android:name = "android.intent.action.MAIN" />

                <category android:name = "android.intent.category.LAUNCHER" />
            </intent - filter>
        </activity>
    </application>

    <uses - permission android:name = "android.permission.INTERNET" />

</manifest>
```

android. permission. INTERNET 权限是在< uses-permission >标签中注册的。

2. 运行时权限

运行时权限称为“危险权限”，就是那些会导致危险的操作。运行时权限不仅需要在清单文件 AndroidManifest. xml 中注册，还需要在运行时，由用户同意或在应用中进行设置。运行时权限参考 Android 官网提供的网址 https://developer. android. com/guide/topics/security/permissions. html#normal-dangerous。例如：

- READ_CONTACTS
- WRITE_CONTACTS
- READ_EXTERNAL_STORAGE
- WRITE_EXTERNAL_STORAGE

访问联系人属于运行时权限，其步骤如下：

首先，在清单文件 AndroidManifest. xml 中注册，AndroidManifest. xml 代码如下：

```
<?xml version = "1.0" encoding = "utf - 8"?>
<manifest xmlns:android = "http://schemas.android.com/apk/res/android"
    package = "com.a51work6.examplecontacts">
    <application
        android:allowBackup = "true"
        android:icon = "@mipmap/ic_launcher"
        android:label = "@string/app_name"
        android:supportsRtl = "true"
        android:theme = "@style/AppTheme">
        <activity android:name = ".MainActivity">
            <intent - filter>
                <action android:name = "android.intent.action.MAIN" />

                <category android:name = "android.intent.category.LAUNCHER" />
            </intent - filter>
        </activity>
    </application>
    <uses - permission android:name = "android.permission.READ_CONTACTS" />
</manifest>
```

其次，开发人员可以在程序代码的 ActivityCompat. checkSelfPermission()方法检查是否授权。如果没有授权，就通过 ActivityCompat. requestPermissions()方法请求授权。请求授权时会弹出对话框，如图 13-9 所示。由用户选择拒绝或允许，如果用户允许，则以后再运行应用时不再弹出对话框。用户可以在 Android 系统设置授权，具体步骤是打开：Android 设置→应用→<应用>→应用信息→权限，如图 13-10 所示，在应用所需权限中将通讯录开关设置为打开状态。

图 13-9 请求授权对话框

提示 但本例中没有添加 ActivityCompat. requestPermissions()请求授权代码，所以应用运行时不会弹出授权对话框，要想运行应用则需要用户在图 13-10 所示的系统设置中打开权限。有关 ActivityCompat. requestPermissions()请求授权的问题，将在 19.2 节介绍。

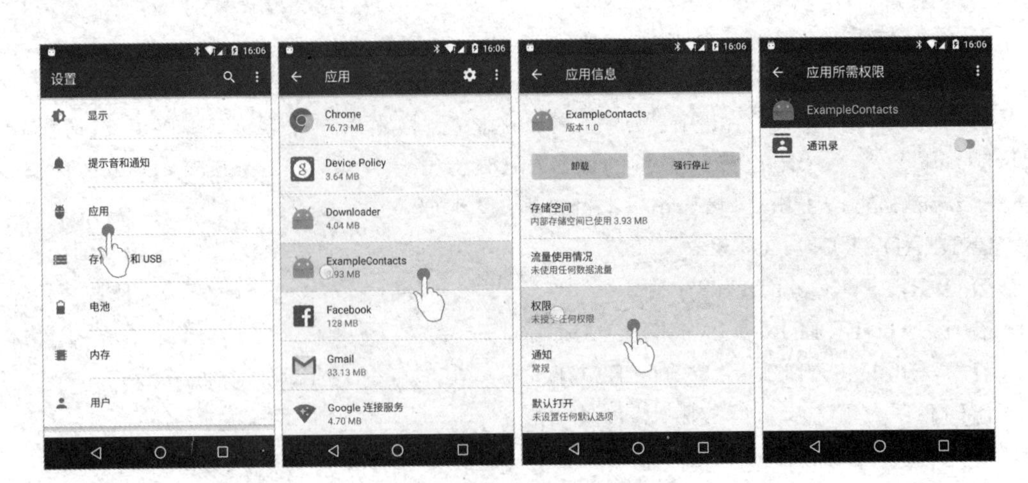

图 13-10 Android 系统中授权

这样就可以运行查询联系人实例，运行结果如图 13-11 所示。

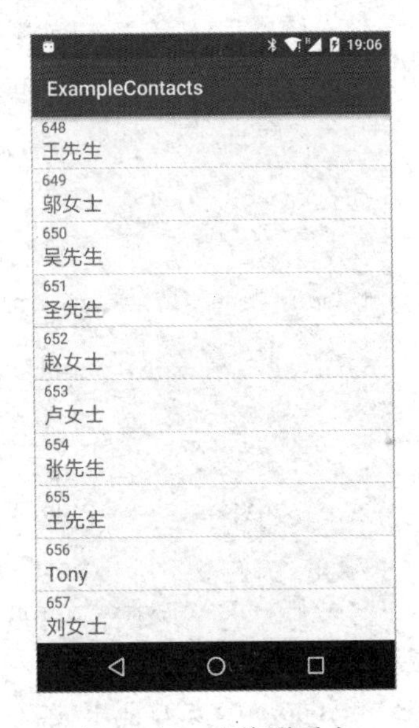

图 13-11 查询联系人

13.3.3 通过联系人 id 查询联系人的 Email

访问联系人 Email 的 URI 是 ContactsContract. CommonDataKinds. Email. CONTENT_URI，可以查询出联系人的 Email，联系人 Email 可以有多个。

现将 13.3.2 节的实例进行修改，添加查询 Email 功能，如图 13-12(a)所示，长按列表项，弹出对话框，如图 13-12(b)所示，单击“查看 Email”将选中联系人的 Email 日志输出到控制台。

MainActivity. java 相关代码如下：

```
public class MainActivity extends AppCompatActivity
        implements AdapterView.OnItemLongClickListener,                    ①
```

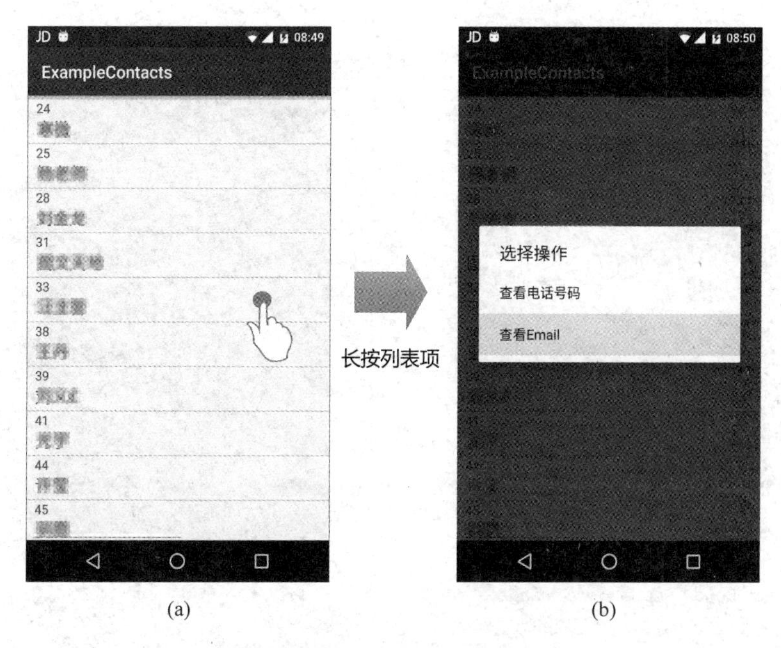

(a) (b)

图 13-12 查询联系人的 Email

```
        LoaderManager.LoaderCallbacks<Cursor> {
...
@Override
protected void onCreate(Bundle savedInstanceState) {
    super.onCreate(savedInstanceState);
    setContentView(R.layout.activity_main);
    ...
    mListView = (ListView) findViewById(R.id.listview);
    mListView.setOnItemLongClickListener(this);                                          ②
    ...
}

@Override
public boolean onItemLongClick(AdapterView<?> parent, View view, int position, long id) {   ③
    Uri uri = ContentUris.withAppendedId(ContactsContract.Contacts.CONTENT_URI, id);      ④
    String[] columns = {ContactsContract.Contacts._ID,
            ContactsContract.Contacts.DISPLAY_NAME};
    Cursor cursor = getContentResolver().query(uri, columns, null, null, null);          ⑤
    if (cursor.moveToFirst()) {                                                           ⑥
        final String contactId = cursor.getString(cursor
                .getColumnIndex(ContactsContract.Contacts._ID));                          ⑦
        final String contactName = cursor.getString(cursor
                .getColumnIndex(ContactsContract.Contacts.DISPLAY_NAME));
        Log.i(TAG, contactId + " | " + contactName);

        new AlertDialog.Builder(this).setTitle("选择操作")
            .setItems(R.array.select_dialog_items, new DialogInterface.OnClickListener() {
                @Override
                public void onClick(DialogInterface dialog, int which) {
                    Log.i(TAG, "联系人 : " + contactName);
                    //选择查看"电话号码"
```

```
                        if (which == 0) {
                            findPhones(contactId);
                        }
                        //选择查看"Email"
                        if (which == 1) {
                            findEmail(contactId);                                   ⑧
                        }
                    }
                }).show();
            }
            cursor.close();
            return false;
        }
        ...
        /**
         * 选择查看"Email"
         *
         * @param contactId 联系人 id
         */
        private void findEmail(String contactId) {

            Cursor cursor = getContentResolver().query(
                    ContactsContract.CommonDataKinds.Email.CONTENT_URI,
                    null,
                    ContactsContract.CommonDataKinds.Email.CONTACT_ID + " = " + contactId,
                    null, null);                                                    ⑨

            while (cursor.moveToNext()) {                                           ⑩
                String email = cursor.getString(
                        cursor.getColumnIndex(ContactsContract.CommonDataKinds.Email.DATA));   ⑪
                Log.i(TAG, "Email : " + email);
            }
            cursor.close();
        }
    }
```

上述代码第①行是声明活动实现 AdapterView.OnItemLongClickListener 接口，响应 ListView 长按列表项事件，代码第②行是注册 ListView 长按列表项事件监听器，代码第③行是实现 AdapterView.OnItemLongClickListener 接口方法。

代码第④行 ContentUris.withAppendedId(ContactsContract.Contacts.CONTENT_URI, id)是在 CONTENT_URI 后面追加一个 id，构建一个新的 URI。

代码第⑤行的 getContentResolver()方法返回 ContentResolver 对象，它是内容提供者的代理对象，ContentResolver 提供对共享数据的 insert()、delete()、query()和 update()方法等。getContentResolver().query()方法 API 定义如下：

```
Cursor query (Uri uri,                  //内容提供者 URI
      String[] projection,              //要查询的字段名的 String 数组
      String selection,                 //查询条件
      String[] selectionArgs,           //查询条件中的参数
      String sortOrder)                 //排序字段
```

这些参数类似于 CursorLoader 构造方法，读者可以参考 13.3.1 节的 CursorLoader 解

释，这里不再赘述。另外，getContentResolver(). query()返回的游标对象必须通过 cursor. close()语句手动关闭。

代码第⑥行 cursor. moveToFirst()是移动游标到第一行，如果返回值为 true 则说明数据是存在的。代码第⑦行是从游标中取出联系人 id。

代码第⑧行是在弹出的对话框中选中"查看 Email"项目时，调用自定义的 findEmail()方法。findEmail()方法可以根据选中的联系人 id 查询 Email，代码第⑨行 query 方法的 ContactsContract. CommonDataKinds. Email. CONTENT_URI 参数是 Email 的 URI，第三个参数 ContactsContract. CommonDataKinds. Email. CONTACT_ID + " = " + contactId 是查询条件。

代码第⑩行是向下移动游标，如果有数据存在则为 true，代码第⑪行是从游标中取出 Email 字段内容。

13.3.4　查询联系人的电话

ContactsContract. CommonDataKinds. Phone. CONTENT_URI 可以查询出联系人的电话，联系人的电话可以有多个。

现将 13.3.3 节的实例进行修改，添加查询电话功能，如图 13-12(b)所示，单击"查看电话号码"将选中联系人的电话号码日志输出到控制台。

查询联系人的电话代码与 13.3.3 节查询联系人的 Email 非常相似，有一些代码可共用，下面介绍不同的部分，MainActivity. java 相关代码如下：

```
private void findPhones(String contactId) {
    Cursor cursor = getContentResolver().query(
        ContactsContract.CommonDataKinds.Phone.CONTENT_URI,                    ①
        null,
        ContactsContract.CommonDataKinds.Phone.CONTACT_ID + " = " + contactId,  ②
        null, null);
    while (cursor.moveToNext()) {
        String phoneNumber = cursor.getString(cursor
                .getColumnIndex(ContactsContract.CommonDataKinds.Phone.NUMBER));
        Log.i(TAG, "电话号码 : " + phoneNumber);
    }
    cursor.close();
}
```

上述代码第①行是为查询提供联系人电话 URI，代码第②行是提供查询条件，contactId 是联系人 id。

13.4　实例：访问通话记录

手机上都有一个基本功能——查看通话记录，通话记录分为来电、去电和未接来电。首先，进入 Android 自带的电话应用，如图 13-13(a)所示，然后进入如图 13-13(b)所示的通话记录列表。

Android 系统访问的通话记录类主要是 android. provider. CallLog. Calls，该类是 CallLog 的内部类，它封装了通话记录信息和访问通话记录数据的 URI，这些 URI 包括 CallLog. Calls. CONTENT_URI 和 CallLog. Calls. CONTENT_FILTER_URI。

(a) (b)

图 13-13 通话记录

下面通过一个实例介绍 CallLog. Calls. CONTENT_URI 的使用，在图 13-14 所示的查询通话记录的界面，用户可以通过菜单查询来电、去电和未接来电通话信息。来电、去电和未接来电三种通话信息类型由三个常量定义：

- CallLog. Calls. INCOMING_TYPE。来电类型。
- CallLog. Calls. OUTGOING_TYPE。去电类型。
- CallLog. Calls. MISSED_TYPE。未接来电类型。

图 13-14 查询通话记录实例

活动 MainActivity.java 的主要相关代码如下：

```
public class MainActivity extends AppCompatActivity
            implements LoaderManager.LoaderCallbacks<Cursor>{
    //调试标签
    private static final String TAG = "ExampleCallLog";
    //添加菜单项
    public static final int INCOMING_TYPE_MENU_ID = Menu.FIRST;
    public static final int OUTGOING_TYPE_MENU_ID = Menu.FIRST + 1;
    public static final int MISSED_TYPE_MENU_ID = Menu.FIRST + 2;
    private ListView mListView;
    private CursorAdapter simpleCursorAdapter;
    //查询条件
    private String whereClause = null;

    @Override
    public void onCreate(Bundle savedInstanceState) {
        super.onCreate(savedInstanceState);
        setContentView(R.layout.activity_main);

        String[] columns = {CallLog.Calls.TYPE,
                CallLog.Calls.NUMBER,
                CallLog.Calls.CACHED_NAME};

        //创建 MySimpleCursorAdapter 游标适配器对象
        simpleCursorAdapter = new MySimpleCursorAdapter(                    ①
                this, R.layout.listitem,
                null, columns,
                new int[]{R.id.imageView,
                        R.id.textview_number, R.id.textview_name});

        mListView = (ListView) findViewById(R.id.listview);
        mListView.setAdapter(simpleCursorAdapter);

        //从活动中获得 LoaderManager 对象
        LoaderManager loaderManager = getLoaderManager();
        //CursorLoader 初始化
        loaderManager.initLoader(0, null, this);
    }
    @Override
    public boolean onCreateOptionsMenu(Menu menu) {
        menu.add(0, INCOMING_TYPE_MENU_ID, 1, R.string.incoming);
        menu.add(0, OUTGOING_TYPE_MENU_ID, 2, R.string.outgoing);
        menu.add(0, MISSED_TYPE_MENU_ID, 3, R.string.missed);
        return super.onCreateOptionsMenu(menu);
    }
    @Override
    public boolean onOptionsItemSelected(MenuItem item) {
        switch (item.getItemId()) {                                         ②
            case INCOMING_TYPE_MENU_ID:
                whereClause = CallLog.Calls.TYPE + " = " + CallLog.Calls.INCOMING_TYPE;    ③
                break;
            case OUTGOING_TYPE_MENU_ID:
                whereClause = CallLog.Calls.TYPE + " = " + CallLog.Calls.OUTGOING_TYPE;
```

```
                break;
            case MISSED_TYPE_MENU_ID:
                whereClause = CallLog.Calls.TYPE + " = " + CallLog.Calls.MISSED_TYPE;
                break;
            default:
                whereClause = null;                                              ④
        }

        //从活动中获得 LoaderManager 对象
        LoaderManager loaderManager = getLoaderManager();
        //CursorLoader 重新加载
        loaderManager.restartLoader(0, null, this);                              ⑤
        return super.onOptionsItemSelected(item);
    }

    //创建 CursorLoader 时调用
    @Override
    public Loader<Cursor> onCreateLoader(int id, Bundle args) {                   ⑥
        //创建 CursorLoader 对象
        return new CursorLoader(this, CallLog.Calls.CONTENT_URI,
                null, whereClause, null, CallLog.Calls.DEFAULT_SORT_ORDER);      ⑦
    }

    //加载数据完成时调用
    @Override
    public void onLoadFinished(Loader<Cursor> loader, Cursor c) {
        //采用新的游标与老游标交换,老游标不关闭
        simpleCursorAdapter.swapCursor(c);
    }

    //CursorLoader 对象被重置时调用
    @Override
    public void onLoaderReset(Loader<Cursor> loader) {
        //采用新的游标与老游标交换,老游标不关闭
        simpleCursorAdapter.swapCursor(null);
    }
    ...
    <省略自定义游标适配器代码>
}
```

本节实例与13.3节实例类似,都使用了游标适配器CursorLoader加载数据。不同的是,游标适配器是自定义的MySimpleCursorAdapter,代码第①行是实例化自定义游标适配器MySimpleCursorAdapter,它与SimpleCursorAdapter相似。

代码第②行响应菜单项单击事件,不同的菜单事件获得查询条件whereClause不同,例如代码第③行CallLog.Calls.TYPE + "=" + CallLog.Calls.INCOMING_TYPE是去电类型条件。代码第④行是设置默认为null,这个条件会查询出所有的通信信息。查询条件重新设置,则要求重新加载数据,代码第⑤行restartLoader方法是在不重新创建LoaderManager对象前提下,重新创建CursorLoader对象,接着代码第⑥行的onCreateLoader方法会马上被调用。代码第⑦行采用新的查询条件whereClause,重新创建CursorLoader对象。

下面再来介绍一下自定义游标适配器代码，从图13-13所示的界面中可见列表项中需要显示图标，简单游标适配器SimpleCursorAdapter不能满足这一需求。自定义游标适配器是在MainActivity.java定义的，自定义游标适配器相关代码如下：

```
class MySimpleCursorAdapter extends CursorAdapter {                              ①
    private Cursor cursor;
    private String[] from;
    private int[] to;
    private int layout;
    private LayoutInflater inflater;
    /**
     * 构造方法
     * @param context 上下文对象
     * @param layout  列表项布局文件的 id
     * @param c       游标对象
     * @param from    查询字段数组
     * @param to      布局文件中控件的 id 数组,要与 from 一一对应
     */
    MySimpleCursorAdapter(Context context, int layout, Cursor c,
                                String[] from, int[] to) {
        super(context, c, CursorAdapter.FLAG_REGISTER_CONTENT_OBSERVER);        ②
        inflater = LayoutInflater.from(context);
        this.layout = layout;
        this.cursor = c;
        this.from = from;
        this.to = to;
    }

    //把 Cursor 中的数据绑定到列表项控件上
    @Override
    public void bindView(View v, Context context, Cursor cursor) {              ③
        //获得图片视图
        ImageView icon = (ImageView) v.findViewById(R.id.imageView);
        //取出电话通信类型字段
        int type = cursor.getInt(cursor.getColumnIndex(CallLog.Calls.TYPE));    ④
        //设置要显示的图标
        switch (type) {                                                         ⑤
            case CallLog.Calls.INCOMING_TYPE:
                icon.setImageResource(android.R.drawable.sym_call_incoming);
                break;
            case CallLog.Calls.OUTGOING_TYPE:
                icon.setImageResource(android.R.drawable.sym_call_outgoing);
                break;
            case CallLog.Calls.MISSED_TYPE:
                icon.setImageResource(android.R.drawable.sym_call_missed);
                break;
        }                                                                       ⑥

        //取出电话字段
        String number = cursor.getString(cursor.getColumnIndex(CallLog.Calls.NUMBER));
        //为电话 TextView 赋值
        TextView textViewNumber = (TextView) v.findViewById(R.id.textview_number);
        textViewNumber.setText(number);
```

```
            //取出姓名字段
            String name = cursor.getString(cursor.getColumnIndex(CallLog.Calls.CACHED_NAME));
            //为姓名 TextView 赋值
            TextView textViewName = (TextView) v.findViewById(R.id.textview_name);
            textViewName.setText(name);
        }
        //创建一个列表项需要 View
        @Override
        public View newView(Context context, Cursor cursor, ViewGroup parent) {
            View v = inflater.inflate(layout, parent, false);
            return v;
        }
    }
```

自定义游标适配器需要继承 CursorAdapter 抽象类，并实现 newView 和 bindView 方法。代码第③行是实现 newView 方法，当列表项出现在屏幕中时，系统会调用该方法获取要显示视图的内容，因此开发人员需要在该方法中将游标中取出的数据绑定到列表项中的每一个控件上。例如代码第④行从游标中获得电话通信类型，代码第⑤行～第⑥行判断通信类型，通过 setImageResource 方法为 ImageView 设置不同的图标。

提示　代码中 sym_call_incoming 等图标资源是 Android 框架提供的，因为它们的资源 id 是"android"开头的。

编写完成代码后，还需要为应用程序授权，在 AndroidManifest.xml 添加读取通话记录权限 android.permission.READ_CALL_LOG，AndroidManifest.xml 代码如下：

```
<?xml version = "1.0" encoding = "utf - 8"?>
<manifest xmlns:android = "http://schemas.android.com/apk/res/android"
    package = "com.a51work6.examplecalllog">

    <application
        android:allowBackup = "true"
        android:icon = "@mipmap/ic_launcher"
        android:label = "@string/app_name"
        android:supportsRtl = "true"
        android:theme = "@style/AppTheme">
        <activity android:name = ".MainActivity">
            <intent - filter>
                <action android:name = "android.intent.action.MAIN" />

                <category android:name = "android.intent.category.LAUNCHER" />
            </intent - filter>
        </activity>
    </application>

    <uses - permission android:name = "android.permission.READ_CALL_LOG" />

</manifest>
```

另外，也要在系统中授权，参考联系人授权步骤，打开电话权限设置，如图 13-15 所示。

图 13-15 电话授权

13.5 实例：访问短信记录

短信也是手机上的重要基本功能，通过 Android 自带的 Messenger 应用（如图 13-16(a)所示），进入如图 13-16(b)所示的短信列表。

(a) (b)

图 13-16 Messenger 应用

访问短信记录可以通过下面的 URI 实现：

- Telephony. Sms. CONTENT_URI。获取所有的短信信息 URI。
- Telephony. Sms. Inbox. CONTENT_URI。获取接收的短信信息 URI。

❑ Telephony. Sms. Sent. CONTENT_URI。获取发送的短信信息 URI。

下面通过一个实例介绍访问短信记录的 URI 的使用。图 13-17 是查询短信记录的界面,用户可以通过菜单查询接收和发送短信记录。

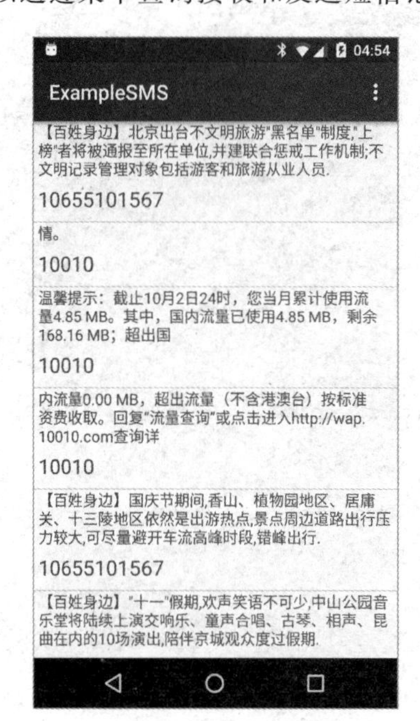

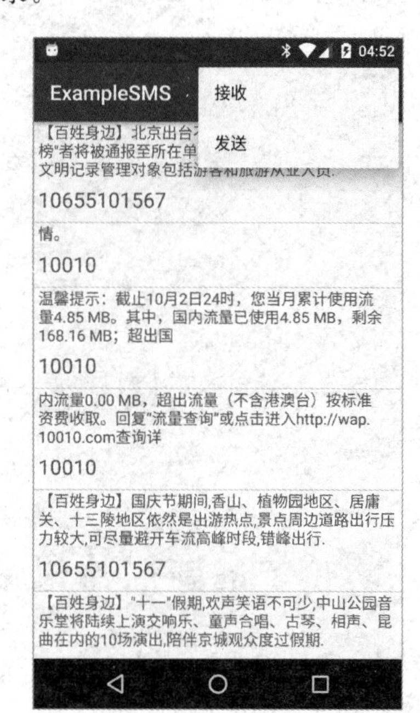

图 13-17 查询短信记录实例

活动 MainActivity. java 主要相关代码如下:

```
public class MainActivity extends AppCompatActivity
        implements LoaderManager.LoaderCallbacks<Cursor> {                    ①

    private static final String TAG = "ExampleSMS";        //调试标签
    public static final int INCOMING_TYPE_MENU_ID = Menu.FIRST;
    public static final int OUTGOING_TYPE_MENU_ID = Menu.FIRST + 1;
    private ListView mListView;
    private CursorAdapter simpleCursorAdapter;
    //当前查询的 URI
    private Uri CONTENT_URI = Telephony.Sms.CONTENT_URI;                       ②

    @Override
    public void onCreate(Bundle savedInstanceState) {
        super.onCreate(savedInstanceState);
        setContentView(R.layout.activity_main);
        String[] columns = { Telephony.TextBasedSmsColumns.BODY,
                Telephony.TextBasedSmsColumns.ADDRESS};
        //创建游标适配器对象
        simpleCursorAdapter = new SimpleCursorAdapter(
                this, R.layout.listitem,
                null, columns,
                new int[]{R.id.title, R.id.data1},
                CursorAdapter.FLAG_REGISTER_CONTENT_OBSERVER);                 ③
        mListView = (ListView) findViewById(R.id.listview);
```

```
        mListView.setAdapter(simpleCursorAdapter);
        //从活动中获得 LoaderManager 对象
        LoaderManager loaderManager = getLoaderManager();
        //CursorLoader 初始化
        loaderManager.initLoader(0, null, this);
    }
    @Override
    public boolean onCreateOptionsMenu(Menu menu) {
        super.onCreateOptionsMenu(menu);
        menu.add(0, INCOMING_TYPE_MENU_ID, 1, R.string.sms_incoming);
        menu.add(0, OUTGOING_TYPE_MENU_ID, 2, R.string.sms_outgoing);
        return true;
    }
    @Override
    public boolean onOptionsItemSelected(MenuItem item) {
        switch (item.getItemId()) {
            case INCOMING_TYPE_MENU_ID:
                CONTENT_URI = Telephony.Sms.Inbox.CONTENT_URI;                    ④
                break;
            case OUTGOING_TYPE_MENU_ID:
                CONTENT_URI = Telephony.Sms.Sent.CONTENT_URI;                     ⑤
                break;
            default:
                CONTENT_URI = Telephony.Sms.CONTENT_URI;                          ⑥
        }
        //从活动中获得 LoaderManager 对象
        LoaderManager loaderManager = getLoaderManager();
        //CursorLoader 重新加载
        loaderManager.restartLoader(0, null, this);                               ⑦

        return super.onOptionsItemSelected(item);
    }
    //创建 CursorLoader 时调用
    @Override
    public Loader<Cursor> onCreateLoader(int id, Bundle args) {
        //创建 CursorLoader 对象
        return new CursorLoader(this, CONTENT_URI, null, null, null, null);      ⑧
    }
    //加载数据完成时调用
    @Override
    public void onLoadFinished(Loader<Cursor> loader, Cursor c) {
        //采用新的游标与老游标交换,老游标不关闭
        simpleCursorAdapter.swapCursor(c);
    }
    //CursorLoader 对象被重置时调用
    @Override
    public void onLoaderReset(Loader<Cursor> loader) {
        //采用新的游标与老游标交换,老游标不关闭
        simpleCursorAdapter.swapCursor(null);
    }
}
```

从上述代码可见,本实例与 13.4 节实例非常相似,而且本例没有自定义游标适配器对象,而是使用系统提供的 SimpleCursorAdapter 游标对象。

上述代码第①行是声明实现 LoaderManager. LoaderCallbacks < Cursor >接口。代码第②行是一个类型为 Uri 的成员变量 CONTENT_URI,用来保存当前执行查询所使用的 URI。代码第③行是实例化 SimpleCursorAdapter,注意构造方法最后一个参数是 CursorAdapter. FLAG_REGISTER_CONTENT_OBSERVER,这是注册内容监听器,监听游标内容变化。

在响应菜单事件中,代码第④行～第⑤行是通过菜单项 id 判断用户单击了哪个菜单,根据不同的菜单,给成员变量 CONTENT_URI 赋值不同的 URI。

要想按照刚刚赋值的 URI 进行查询,需要调用代码第⑦行的 loaderManager. restartLoader(0, null, this)语句,它可以重新创建并加载 CursorLoader 对象,此时系统回调 onCreateLoader 方法,代码第⑧行通过一个新的 URI 创建 CursorLoader 对象。

编写完成代码后还需要为应用授权,在 AndroidManifest. xml 添加读取短信记录权限 android. permission. READ_SMS,AndroidManifest. xml 代码如下:

```
<?xml version = "1.0" encoding = "utf - 8"?>
<manifest xmlns:android = "http://schemas.android.com/apk/res/android"
    package = "com.a51work6.examplecalllog">

    <application
        android:allowBackup = "true"
        android:icon = "@mipmap/ic_launcher"
        android:label = "@string/app_name"
        android:supportsRtl = "true"
        android:theme = "@style/AppTheme">
        …
    </application>
    <uses - permission android:name = "android.permission.READ_SMS" />
</manifest>
```

另外,也要在系统中授权,参考联系人授权步骤,打开短信权限设置,如图 13-18 所示,在应用所需权限中短信,将其开关打开。

图 13-18 短信授权

本章总结

本章介绍了 Android 平台的数据共享技术内容提供者(ContentProvider)。由于 Android 系统是基于 Linux 系统,文件权限管理非常严格,不同的应用之间访问数据必须通过内容提供者技术。

另外,还介绍了 Android 系统本身内置的一些内容提供者和 Content URI,然后重点介绍了访问联系人访问、访问通话记录和访问短信。

本章练习题

1. 判断对错。内容提供者(Content Provider),内容提供者能够实现不同的应用之间数据的共享。(　　)

2. 通过内置 Content URI 可以访问哪些系统资源?(　　)

A. 音频文件　　B. 视频文件　　C. 电话记录　　D. 短信记录

3. 判断对错。访问联系人 Content URI 是 CallLog. Calls. CONTENT_URI。(　　)

进 阶 篇

第 14 章　Android 多线程开发

第 15 章　服务

第 16 章　广播接收器

第 17 章　多媒体开发

第 18 章　网络通信技术

第 19 章　百度地图与定位服务

第 20 章　Android 2D 图形与动画技术

第 21 章　手机功能开发

第 14 章 Android 多线程开发

多线程！多线程！这个令人生畏的“洪水猛兽”，很多人谈起多线程都心有余悸。多线程真的很难吗？多线程程序的“麻烦”源于它很抽象，与单线程程序运行模式不同。只要掌握它们的区别，编写多线程程序就会很容易了。

14.1 线程概念

那么线程究竟是什么？在 Windows 操作系统出现之前，个人计算机上的操作系统都是单任务系统，只有在大型计算机上才具有多任务和分时设计。随着 Windows、Linux 操作系统出现，原本只在大型计算机才具有的优点，也来到了个人计算机系统中。

14.1.1 进程概念

一般来说，可以在同一时间内执行多个程序的操作系统都有进程的概念。一个进程就是一个执行中的程序，而每一个进程都有自己独立的一块内存空间、一组系统资源。在进程的概念中，每一个进程的内部数据和状态都是完全独立的。在 Windows 操作系统下，可以通过 Ctrl＋Alt＋Del 组合键查看进程，在 UNIX 和 Linux 操作系统下可以通过 ps 命令查看进程。打开 Windows 当前运行的进程，如图 14-1 所示。

在 Windows 操作系统中，一个进程就是一个 exe 或者 dll 程序，它们相互独立，也可以互相通信。在 Android 操作系统中，进程间的通信应用也有很多。

14.1.2 线程概念

多线程指的是在单个程序中可以同时运行多个不同的线程，执行不同的任务。多线程意味着一个程序的多行语句可以看上去几乎在同一时间内同时运行。

线程与进程相似，是一段完成某个特定功能的代码，是程序中单个顺序的流控制。但与进程不同的是，同类的多个线程是共享一块内存空间和一组系统资源。所以，多个线程之间切换时，开销要比进程小得多，线程也被称为“轻量级进程”。一个进程可以包含多个线程。图 14-2 是进程、主线程和子线程的关系，其中主线程负责管理子线程，即子线程的启动、挂起、停止等操作。

任务管理器

文件(F) 选项(O) 查看(V)

进程 | 性能 | 应用历史记录 | 启动 | 用户 | 详细信息 | 服务

名称	1% CPU	16% 内存	2% 磁盘	0% 网络
igfxCUIService Module	0%	1.4 MB	0 MB/秒	0 Mbps
igfxEM Module	0%	6.4 MB	0 MB/秒	0 Mbps
igfxHK Module	0%	6.0 MB	0 MB/秒	0 Mbps
igfxTray Module	0%	7.0 MB	0 MB/秒	0 Mbps
Intel(R) Dynamic Application ...	0%	0.9 MB	0 MB/秒	0 Mbps
Intel(R) Local Management S...	0%	2.6 MB	0 MB/秒	0 Mbps
IntelCpHeciSvc Executable (3...	0%	1.2 MB	0 MB/秒	0 Mbps
Java Update Scheduler (32 位)	0%	0.9 MB	0 MB/秒	0 Mbps
Microsoft IME	0%	0.8 MB	0 MB/秒	0 Mbps
Microsoft Malware Protectio...	0%	1.8 MB	0 MB/秒	0 Mbps
Microsoft Windows Search F...	0%	0.7 MB	0 MB/秒	0 Mbps
Microsoft Windows Search P...	0%	0.9 MB	0 MB/秒	0 Mbps
Microsoft Windows Search P...	0%	1.4 MB	0 MB/秒	0 Mbps
Microsoft Windows Search ...	0%	12.0 MB	0 MB/秒	0 Mbps
MobileDeviceService	0%	2.3 MB	0 MB/秒	0 Mbps

简略信息(D) 结束任务(E)

图 14-1 Windows 操作系统进程

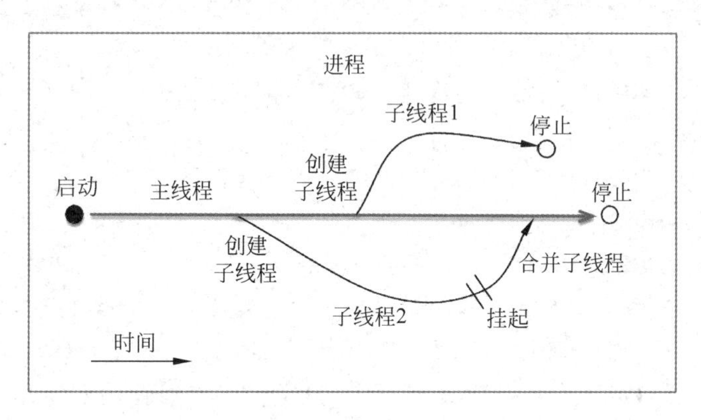

图 14-2 进程、主线程和子线程关系

14.2 计时器案例介绍

在学习多线程的时候可以参考一个计时器的案例，因为计时器案例是一个多线程经典的应用。计时器案例启动之后，进入如图 14-3 所示的屏幕，下面的标签显示不断逝去的时间。

计时器能够在界面上实时地显示时间的流逝，这必须要多线程程序才可以实现，单线程程序是无法实现的，即便有些计算机语言是可以通过封装好的类实现这一个功能，本质上来讲，这些封装好的类就是封装了一个线程而已。

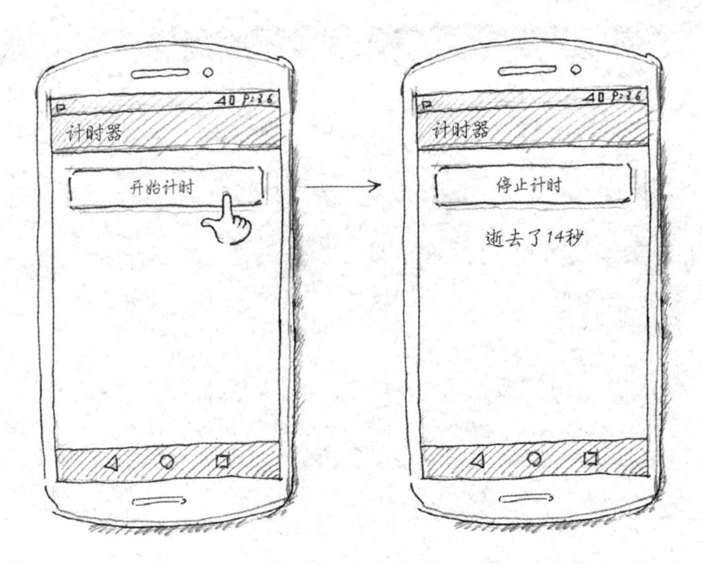

图 14-3 计时器界面

14.3 Java 中的线程

Java 的线程类是 java.lang.Thread 类。当生成一个 Thread 类的对象之后，一个新的线程就产生了。Java 中的每个线程都是通过某个特定的 Thread 对象的方法 run( )来完成其操作的，方法 run( )称为线程体。

下面是构建线程类的几个常用的构造方法：

- public Thread()
- public Thread(String name)
- public Thread(Runnable target)
- public Thread(Runnable target,String name)

参数 target 是线程体运行所在目标，它是一个实现 Runnable 接口的对象，它的作用是实现线程体的 run()方法，run()方法是在线程启动时马上调用的方法，target 可以省略。name 参数指定线程名字，name 参数没有指定的构造方法，线程的名字是 JVM(Java 虚拟机)分配的，例如 JVM 指定为 thread-1、thread-2 等名字。

在 Java 中有两种方法实现线程体：

(1) 继承线程类 Thread，重写 run()方法；

(2) 实现 Runnable 接口，并实现接口所要求的 run()方法。

14.3.1 Thread 类实现线程体

如果采用第一种方式，继承线程类 Thread 并重写其中的方法 run()，这种方式的缺点是：由于 Java 只支持单继承，用这种方法定义的类不能再继承其他父类。本节案例 ThreadSample.java 代码如下：

```
import java.io.BufferedReader;
```

```
import java.io.IOException;
import java.io.InputStreamReader;

public class ThreadSample extends Thread {
    //线程运行状态
    boolean isRunning = true;
    //计数器
    int mTimer = 0;
    //线程体代码
    @Override
    public void run() {                                                    ①
        while (isRunning) {                                                ②
            try {
                    Thread.currentThread().sleep(1000);                    ③
                    mTimer++;
                    System.out.println("逝去了 " + mTimer + " 秒");
            } catch (InterruptedException e) {
                    e.printStackTrace();
            }
        }
    }
    public static void main(String[] args) {
        ThreadSample thread1 = new ThreadSample();                         ④
        thread1.start();                                                   ⑤
        thread1.isRunning = true;                                          ⑥
        System.out.println("计时器启动...");
        BufferedReader br = new BufferedReader(new InputStreamReader(System.in));  ⑦
        try {
              String line = br.readLine();                                 ⑧
              if (line.equalsIgnoreCase("1")) {                            ⑨
                  thread1.isRunning = false;
              }
        } catch (IOException e) {
            e.printStackTrace();
        }
    }
}
```

线程类 ThreadSample 需要继承 Thread 类,重写代码第①行的 run()方法,该方法是子线程启动之后就开始调用 run()方法,run()是一个线程体,在子线程中要处理任务代码就是在这里编写的。本例中子线程要处理的任务是:休眠 1 秒钟、计时器加、再反复执行。代码第②行是线程循环,循环结束子线程停止。代码第③行 Thread.currentThread().sleep(1000)就是休眠 1 秒钟。

main 主方法是程序入口,所在线程为主线程,主线程负责管理其他的子线程。代码第④行是在 main 主方法中创建子线程 ThreadSample 对象,并通过代码第⑤行的 thread1.start()方法启动子线程,本例进程、主线程和子线程之间的关系如图 14-4 所示。

代码第⑥行初始化线程运行状态变量 isRunning,代码第⑦行是创建 BufferedReader 输入流对象,System.in 输入流是接收键盘收入,代码第⑧行是从键盘读入一个字符,代码第⑨行是判断用户键盘输入的字符是否为 1,如果为 1 则 isRunning 被设置为 false,结束子线程循环。

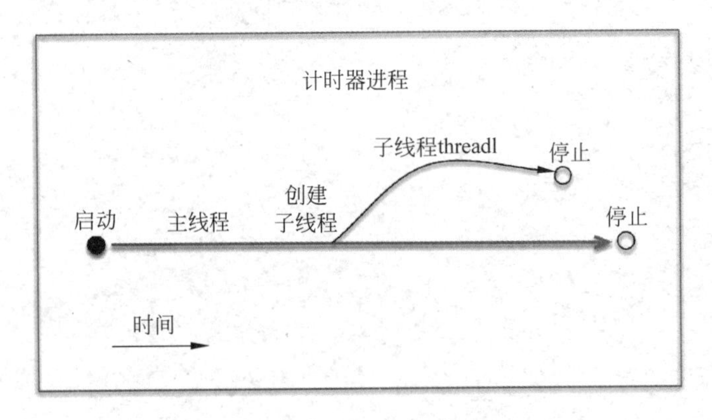

图 14-4 线程间关系图

注意 事实上，线程结束可以调用 stop()方法，但是由于这个方法会产生线程死锁问题，这个方法已经在新版 JDK 中废止了，替代解决方法就是增加线程状态标识(isRunning)，就是在本例中采用的方案，通过判断 isRunning 是否结束子线程循环，结束子线程循环则子线程自然结束。

程序运行后开始启动线程，线程启动后就计算逝去的时间，每隔 1 秒钟将结果输出到控制台。当输入 1 字符后线程停止，程序终止。

提示 ThreadSample. java 程序是一个简单的 Java 程序，编写和运行不能通过 Android Studio 工具编译和运行，可以用记事本等文本编辑工具编辑，然后再通过 JDK 编译和运行。编译指令 javac ThreadSample. java，如图 14-5(a)所示；运行指令 java ThreadSample，如图 14-5(b)所示。最后停止线程时候，通过键盘输入 1，然后马上按 Enter 键。

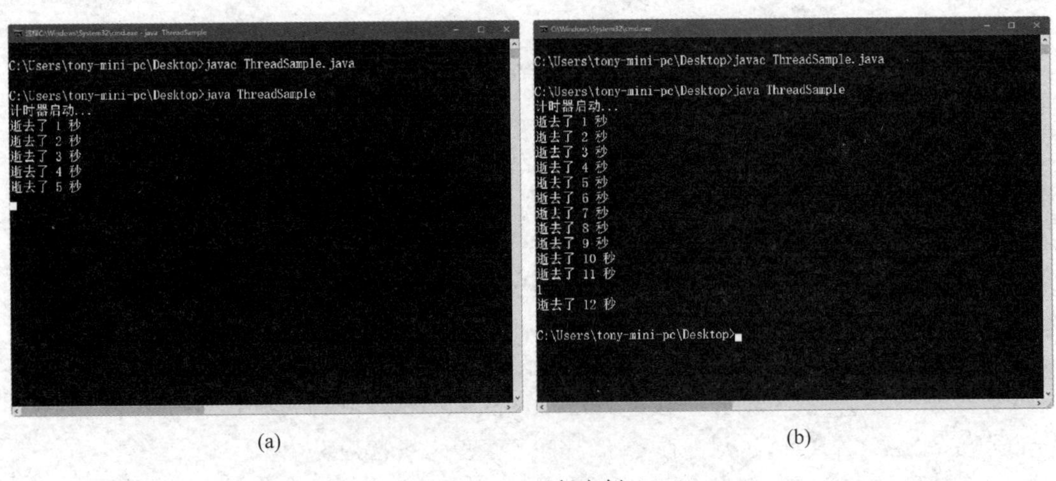

(a) (b)

图 14-5 运行实例

14.3.2 Runnable 接口实现线程体

14.3.1 节介绍了继承 Thread 方式实现线程体，下面介绍另一种方式，这种方式是提供一个实现接口 Runnable 的类，并要求采用 run()方法。Thread 构造方法中带有 Runnable target 参数的构造方法：

- Thread(Runnable target)；
- Thread(Runnable target,String name)。

其中，target 就是线程目标对象了，它是 Runnable 接口实现对象，在构造 Thread 对象类时把目标对象传递给这个线程。

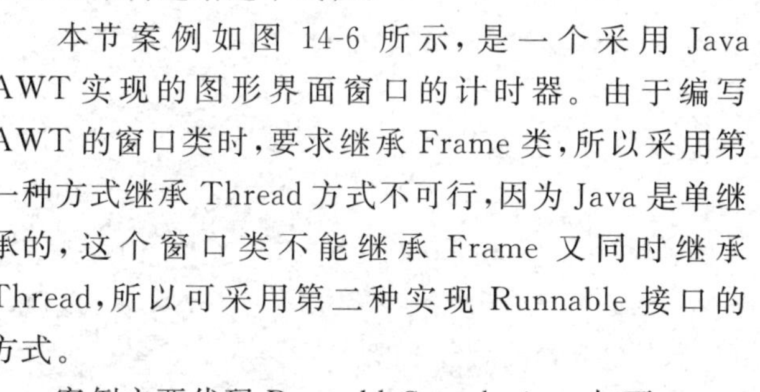

本节案例如图 14-6 所示，是一个采用 Java AWT 实现的图形界面窗口的计时器。由于编写 AWT 的窗口类时，要求继承 Frame 类，所以采用第一种方式继承 Thread 方式不可行，因为 Java 是单继承的，这个窗口类不能继承 Frame 又同时继承 Thread，所以可采用第二种实现 Runnable 接口的方式。

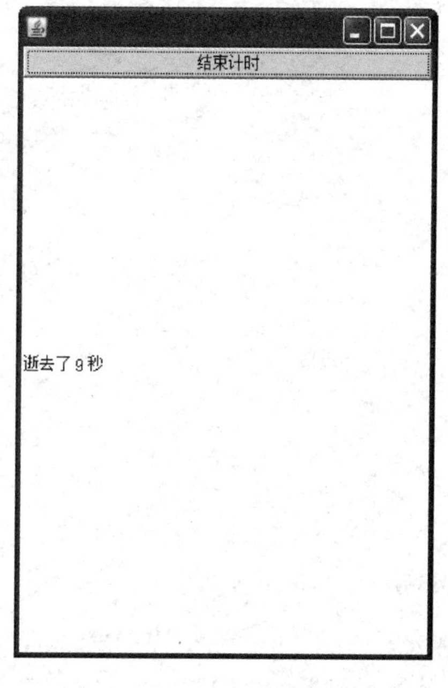

图 14-6　运行结果图

案例主要代码 RunnableSample.java 如下：

```
public class RunnableSample extends Frame
                                    implements ActionListener, Runnable {          ①
    private Label mLabel;
    private Button mButton;
    private Thread mClockThread;
    private boolean isRunning = false;
    private int mTimer = 0;
    public RunnableSample() {
        mButton = new Button("结束计时");
        mLabel = new Label("计时器启动…");
        //mButton 添加事件监听器
        mButton.addActionListener(this);
        setLayout(new BorderLayout());
        add(mButton, "North");
        add(mLabel, "Center");
        setSize(320, 480);
        setVisible(true);

        //创建线程对象,this 表示线程体是当前窗口 Frame 对象
        mClockThread = new Thread(this);                                            ②

        mClockThread.start();                       //启动线程                      ③
        isRunning = true;
    }

    //Runnable 接口要求实现方法
    @Override
```

```
        public void run() {                                                    ④
            while (isRunning) {
                try {
                        Thread.currentThread().sleep(1000);
                        mTimer++;
                        mLabel.setText("逝去了 " + mTimer + " 秒");
                } catch (InterruptedException e) {
                        e.printStackTrace();
                }
            }
        }

        //按钮的单击事件处理
        @Override
        public void actionPerformed(ActionEvent event) {                       ⑤
            isRunning = false;
        }
        //main 主方法,程序入口
        public static void main(String args[]) {
            new RunnableSample();
        }
    }
```

上述代码第①行是声明实现 ActionListener 和 Runnable 接口，ActionListener 接口是 AWT 按钮事件处理所要求的；Runnable 接口是实现线程体所要求的。

代码第②行是创建线程对象，使用的构造方法是 Thread(Runnable target)，target 目标对象是当前 AWT 窗口(Frame)对象本身，同时这个窗口对象实现了 Runnable 接口。代码第④行是 Runnable 接口，要求实现 run()方法，线程一旦创建就会调用该方法。

代码第⑤行是单击按钮事件处理，在该方法中将线程状态标识 isRunning 设置为 false，这样就会停止线程。

14.3.3 匿名内部类实现线程体

在 Android 中为了变化访问成员活动、服务等组件等成员变量，经常将线程类编写成内部类使用，无论是继承 Thread 类方式还是实现 Runnable 接口方法，都可以编写成为内部类形式。

采用内部类实现的计时器代码如下：

```
public class InnerThreadSample extends Frame implements ActionListener {
    private Label mLabel;
    private Button mButton;
    private Thread mClockThread;
    private boolean isRunning = false;
    private int mTimer = 0;
    public InnerThreadSample() {
    ...
    //创建线程对象构造方法参数是 target 目标对象,它采用内部类形式
    mClockThread = new Thread(new Runnable() {                                 ①
            //Runnable 接口要求实现方法
            @Override
            public void run() {                                                ②
```

```
                while (isRunning) {
                    try {
                        Thread.currentThread().sleep(1000);
                        mTimer++;
                        mLabel.setText("逝去了 " + mTimer + " 秒");
                    } catch (InterruptedException e) {
                        e.printStackTrace();
                    }
                }
            }
        });                                                                    ③
        mClockThread.start();                   //启动线程
        isRunning = true;
    }
    //按钮的单击事件处理
    @Override
    public void actionPerformed(ActionEvent event) {
        isRunning = false;
    }
    //main 主方法,程序入口
    public static void main(String args[]) {
        new InnerThreadSample();
    }
}
```

把上述代码与14.3.2节比较，读者会发现InnerThreadSample类不再实现Runnable接口了，而是代码第①行创建线程对象，构造方法参数是target目标对象，该参数是实现Runnable接口的匿名内部类，见代码第①行～第③行，代码第②行的run()方法是Runnable接口要求实现的方法。

提示　上面的匿名内部线程类实现了Runnable接口，事实上匿名内部线程类也可以通过继承Thread类实现。修改上面第①行～第③行代码如下：

```
mClockThread = new Thread() {
        @Override
        public void run() {
            while (isRunning) {
                try {
                        Thread.currentThread().sleep(1000);
                        mTimer++;
                        mLabel.setText("逝去了 " + mTimer + " 秒");
                } catch (InterruptedException e) {
                        e.printStackTrace();
                }
            }
        }
    };
```

有关Java多线程的内容还有很多，例如线程优先级、线程同步等，由于这些内容与本书关系不是很紧密，所以不再赘述，有关其他的线程知识可以参考Java方面的书籍。接下来介绍一下Android中的线程。

14.4 Android 中的多线程

在 Android 平台中多线程应用很广泛，在 UI 更新、游戏开发和耗时处理(网络通信等)等方面都需要多线程。

14.4.1 主线程之外更新 UI 问题

在 Android 多线程应用中，有些程序员可能试图在主线程之外更新 UI，这会导致抛出异常。下面把计时器的案例移植到 Android 系统上介绍一下这个问题，将 14.3.3 节案例中窗口 Frame 修改为 Android 的活动，活动 MainActivity.java 代码如下。

```
public class MainActivity extends AppCompatActivity {
    private String TAG = "ThreadSample";
    private TextView mLabel;
    private Button mButton;
    private Thread mClockThread;
    private boolean isRunning = true;
    private int mTimer = 0;

    @Override
    protected void onCreate(Bundle savedInstanceState) {
        super.onCreate(savedInstanceState);
        setContentView(R.layout.activity_main);
        mLabel = (TextView) findViewById(R.id.textView);
        mButton = (Button) findViewById(R.id.button);
        mButton.setOnClickListener(new View.OnClickListener() {
            @Override
            public void onClick(View v) {
                isRunning = false;
            }
        });
        //创建线程对象构造方法无参数
        mClockThread = new Thread() {
            @Override
            public void run() {
                while (isRunning) {
                    try {
                        Thread.currentThread().sleep(1000);
                        mTimer++;
                        mLabel.setText("逝去了 " + mTimer + " 秒");                  ①
                    } catch (InterruptedException e) {
                        e.printStackTrace();
                    }
                }
            }
        };
        mClockThread.start();                          //启动线程
    }
}
```

上述代码运行后会出现异常，打开 LogCat 窗口，出错日志信息如图 14-7 所示。

```
threadid=7: thread exiting with uncaught exception (group=0x4001d800)
FATAL EXCEPTION: Thread-8
android.view.ViewRoot$CalledFromWrongThreadException: Only the original thread that created a view hierarchy can touch its views.
    at android.view.ViewRoot.checkThread(ViewRoot.java:2802)
    at android.view.ViewRoot.invalidateChild(ViewRoot.java:607)
    at android.view.ViewRoot.invalidateChildInParent(ViewRoot.java:633)
    at android.view.ViewGroup.invalidateChild(ViewGroup.java:2505)
    at android.view.View.invalidate(View.java:5139)
    at android.widget.TextView.checkForRelayout(TextView.java:5364)
    at android.widget.TextView.setText(TextView.java:2688)
    at android.widget.TextView.setText(TextView.java:2556)
    at android.widget.TextView.setText(TextView.java:2531)
    at com.work.chapter8_3$2.run(chapter8_3.java:44)
    at java.lang.Thread.run(Thread.java:1096)
  Force finishing activity com.work/.chapter8_3
```

图 14-7　出错日志

系统抛出的异常信息是"Only the original thread that created a view hierarchy can touch its views",在 Android 中更新 UI 处理必须由创建它的主线程更新,而不能在子线程中更新。代码第①行 mLabel.setText("逝去了" + mTimer + "秒")语句是在子线程中更新 UI,因此会导致错误发生。

14.4.2　Android 异步消息处理机制

Android 平台的异步消息处理机制,并不是通过它可以在主线程中更新 UI 了,而是解决主线程和子线程之间异步通信问题,开发人员可以在子线程中进行计算、耗时处理等任务,完成之后将消息发送给主线程,然后由主线程更新 UI。

异步消息处理机制涉及的类包括 Message、MessageQueue、Handler 和 Looper。它们之间相互作用如图 14-8 所示。

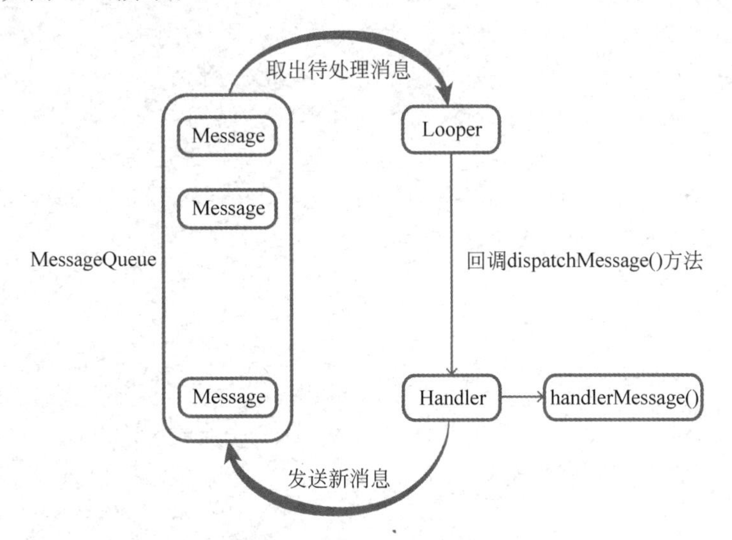

图 14-8　异步消息处理流程

- Message。消息,可以在线程之间传递,可以携带参数。
- MessageQueue。消息队列,一个可以容纳消息的队列容器。
- Handler。负责发送新消息到消息队列(MessageQueue)里面,在主线程接收消息(Message)更新 UI。
- Looper。消息循环。

1. Message(消息)

Message是在线程之间传递的消息,Message有一个obj属性可以携带任何可序列化的对象,Message的what属性是指定一个标志,接收线程可以通过这个what字段判断是哪个线程发送过来的消息。

2. MessageQueue(消息队列)

MessageQueue消息队列,主要用于存放所有通过Handler发送的消息。如图14-8所示,消息会一直存在于消息队列中,等待被处理。每个线程中只有一个MessageQueue对象。

3. Handler

Handler是消息处理者,主要是用于发送和处理消息。Handler发送消息到消息队列,而发出的消息经过一系列处理后,传递给Handler的handlerMessage()方法中,如图14-8所示。

4. Looper

Looper是一个消息循环。Looper从消息队列中取出待处理的消息,回调dispatchMessage()方法,并传递给Handler的handlerMessage()方法,如图14-8所示。

Handler发送的消息会一直存在于消息队列中,等待被处理。每个线程中只会有一个MessageQueue对象。每个线程中也只有一个Looper对象。

14.4.3 Handler发送消息方法

在Handler类中发送消息有send和post方法,这些方法会发送不同的对象。

1. send方法

send方法表示所有以send开头,能够发送Message对象的方法,这些方法有:

- sendEmptyMessage(int)。发送一个空的消息。
- sendMessage(Message)。发送消息,消息中可以携带参数。
- sendMessageAtTime(Message,long)。未来某一时间点发送消息。
- sendMessageDelayed(Message,long)。延时N毫秒发送消息。

要接收这些方法发需要重写Handler类的handleMessage(Message)方法,消息到达后会回调该方法,更新UI的处理可以在这个方法中实现,代码如下:

```
//接收消息
mHandler = new Handler() {
    @Override
    public void handleMessage(Message msg) {
        switch (msg.what) {
        case 0:
            mLabel.setText("逝去了 " + msg.obj + " 秒");
        }
    }
};
...
//发送消息
Message msg = new Message();
msg.obj = mTimer;
msg.what = 0;
mHandler.sendMessage(msg);
```

2. post方法

post方法表示所有以post开头,能够发送Runnable对象的方法,这些方法有:

- post(Runnable)。提交任务马上执行。
- postAtTime(Runnable,long)。提交任务在未来的时间点执行。
- postDelayed(Runnable,long)。提交任务延时N毫秒执行。

事实上,post方法最终还是通过sendMessageDelayed()方法的Message对象实现。Runnable被封装到Message对象中,存储在Message对象的callback属性中。所以post方法本质上还是发送Message对象。

通过Handler的post方法发出任务,实现Runnable接口的run()方法,更新UI的处理可以在这个方法中实现,代码如下:

```
mHandler = new Handler();
Runnable runnable = new Runnable() {
    @Override
    public void run() {                              //更新 UI 处理
        mLabel.setText("逝去了 " + mTimer + " 秒");
        mTimer++;
    }
};
//发送 Runnable 对象
mHandler.postDelayed(runnable, 1000);
```

14.4.4 计时器案例:异步消息机制实现

下面将计时器案例重新采用异步消息机制实现,修改Android活动的MainActivity.java代码如下:

```
public class MainActivity extends AppCompatActivity {
    private String TAG = "ThreadSample";
    private TextView mLabel;
    private Button mButton;
    private Thread mClockThread;
    private boolean isRunning = true;
    private int mTimer = 0;
    private Handler mHandler;

    @Override
    protected void onCreate(Bundle savedInstanceState) {
        super.onCreate(savedInstanceState);
        setContentView(R.layout.activity_main);

        mLabel = (TextView) findViewById(R.id.textView);
        mButton = (Button) findViewById(R.id.button);

        mButton.setOnClickListener(new View.OnClickListener() {
            @Override
            public void onClick(View v) {
                isRunning = false;
            }
        });

        //创建线程对象,构造方法无参数
        mClockThread = new Thread() {
            @Override
```

```
            public void run() {
                while (isRunning) {
                    try {
                        Thread.currentThread().sleep(1000);
                        mTimer++;
                        //mLabel.setText("逝去了 " + timer + " 秒");
                        Message msg = new Message();                                ①
                        msg.obj = mTimer;
                        msg.what = 0;
                        mHandler.sendMessage(msg);                                  ②
                        Log.d(TAG, "逝去了 " + mTimer + " 秒");
                    } catch (InterruptedException e) {
                        e.printStackTrace();
                    }
                }
            }
        };
        mClockThread.start();                          //启动线程
        mHandler = new Handler() {                                                  ③
            @Override
            public void handleMessage(Message msg) {                                ④
                switch (msg.what) {                                                 ⑤
                    case 0:
                        mLabel.setText("逝去了 " + msg.obj + " 秒");
                }
            }
        };
    }
}
```

上述代码第①行～第②行是在 mClockThread 子线程中消息发送，其中 msg.obj = mTimer 语句是将计算的时间放到消息的 obj 字段中，传递给接收方，what 字段设置为 0，注意不要与其他消息的 what 字符重复。

案例运行结果如图 14-9 所示，加载屏幕后马上开始计时了，也可以单击停止计时按钮来停止计时。

图 14-9　案例运行结果

本章总结

本章重点介绍了 Java 线程和 Android 中的线程。重点是 Android 线程，它与一般的 Java 多线程处理方式不同，其重点是消息发送，接收消息。

本章练习题

1. 请简述进程与线程的区别。
2. 下列哪些选项是 Thread 类的构造方法？（　　）
   A. public Thread()
   B. public Thread(String name)
   C. public Thread(Runnable target)
   D. public Thread(Runnable target, String name)
3. 判断对错。Android 多线程应用中，更新 UI 只能在主线程中进行。（　　）

第 15 章 服　务

有些应用很少与用户交互，它们只在后台处理一些任务，而且在运行期间用户仍然能运行其他的应用。Android 系统通过的服务（Service）和广播接收器（Broadcast Receiver）组件实现这一需求。

15.1 服务概述

为了处理这种后台进程，Android 引入了服务的概念。服务在 Android 中是一种长生命周期的后台运行组件，它不提供任何用户界面。最常见的例子是媒体播放器应用，它可以在转到后台运行的时候，仍然能播放歌曲。

15.1.1 创建服务

创建服务流程与创建活动是类似的，流程如下：

（1）编写相应的组件类。

（2）在 AndroidManifest. xml 文件中注册。

首先，编写相应的服务类，要求继承 android. app. Service 或其子类，并覆盖它的某些方法，活动类如图 15-1 所示，服务有很多重要的子类，常用的如下：

- android. app. Service。最基本的服务类。
- android. app. IntentService。处理异步请求的服务类。

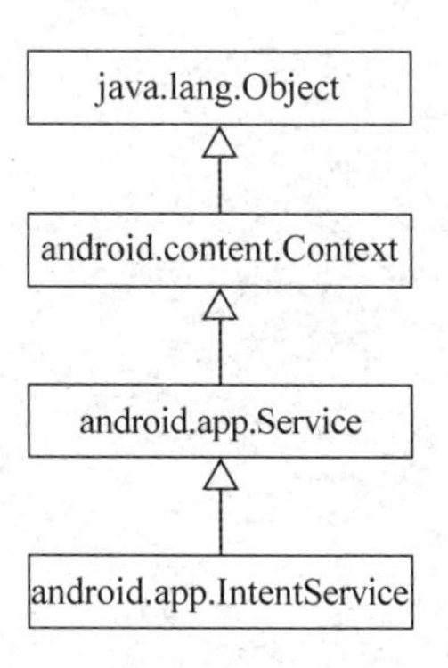

图 15-1　服务类图

创建服务类实例代码如下：

```
public class MyService extends Service {
    @Override
    public IBinder onBind(Intent intent) {
        //TODO
    }
    @Override
    public void onCreate() {
        //TODO
    }
    @Override
    public void onDestroy() {
```

```
            //TODO
        }
        @Override
        public int onStartCommand(Intent intent, int flags, int startId) {
            //TODO
        }
    }
```

其次，编写完成服务类后还要在 AndroidManifest.xml 文件中注册的，通过< service >标签实现注册。

```
<?xml version = "1.0" encoding = "utf - 8"?>
<manifest xmlns:android = "http://schemas.android.com/apk/res/android"
    package = "com.a51work6.startedservicesample">
    <application
        android:allowBackup = "true"
        android:icon = "@mipmap/ic_launcher"
        android:label = "@string/app_name">
        <activity android:name = ".MainActivity">
            <intent - filter>
                <action android:name = "android.intent.action.MAIN" />
                <category android:name = "android.intent.category.LAUNCHER" />
            </intent - filter>
        </activity>

        <service                                                              ①
            android:name = ".MyService"                                       ②
            android:enabled = "true"                                          ③
            android:exported = "true" />                                      ④

    </application>
</manifest>
```

代码第①行～第④行是注册服务，注册服务与注册活动类似，都是放置在< application ></application >之间。

注册服务是在< service >标签的 android:name=".MyService"属性完成的，见代码第①行。代码第②行.MyService 只是服务类名，加上 manifest 标签包声明 package="com.a51work6.startedservicesample"，构成完整的服务类 com.a51work6.startedservicesample.MyService。

代码第③行 android:enabled="true"是设置服务是否能够被系统实例化，true 表示能被实例化，false 不能，true 是默认值。

代码第④行 android:exported="true"是设置服务是否能够被其他应用启动，true 表示能够被启动；false 表示不能启动，即便使用显式意图时也如此。默认值是 true。

注意 为了确保应用的安全性，请不要使用隐式意图启动服务，因为服务是一种可以在后台长期运行的组件，如果 android:exported 属性设置为 true，又设置了隐式意图，就有可能被其他恶意程序在不知不觉中启动和运行。

15.1.2 服务的分类

服务基本上分为两种类型：

- 启动类型服务。当应用组件(活动或服务)通过调用 startService()启动服务时,服务即处于启动状态。一旦启动服务,启动它的组件就不能再管理和控制服务了,启动组件与服务是一种松耦合的关系。因此,启动类型服务通常是执行单一操作,不会将结果返回给调用方。
- 绑定类型服务。当应用组件(活动或服务)通过调用 bindService()绑定到服务时,服务即处于"绑定"状态。绑定服务提供了一个 C/S(客户端/服务器)接口,通过该接口组件能够与服务进行交互、发送请求、返回数据等,甚至可以通过进程间的通信(IPC)实现跨进程操作。相对于启动类型服务,绑定类型服务是高耦合等。多个组件可以同时绑定到该服务,但全部取消绑定后,该服务即会被销毁。

注意 与其他组件一样,服务也是运行在主线程中。这意味着如果服务要进行耗费CPU或阻塞的操作,它应该创建新的线程,在新线程里进行这些工作。

15.2 启动类型服务

启动组件(活动或服务)与服务之间是一种松耦合的状态,启动组件(活动或服务)一旦启动服务就不再管服务了。

15.2.1 启动服务生命周期

启动服务的生命周期如图 15-2 所示,了解其声明周期可以从两个不同角度(两个嵌套循环和三个方法)进行分析。

1. 两个嵌套循环

图 15-2 所示的生命周期事实上包含了两个嵌套循环,根据自己的业务需要监控这两个嵌套循环:

- 整个生命周期循环。服务的整个生命周期发生在 onCreate()调用与 onDestroy()调用之间。启动组件(活动或服务)可以通过调用 startService()方法并传递意图对象来启动服务,系统会根据意图查找这个服务。然后系统调用服务的 onCreate()方法,接着再调用服务的 onStartCommand()方法,启动组件数据可以通过 onStartCommand()方法的意图参数传递给服务。服务开始运行后,直到其他组件(活动或服务)调用 stopService()或者当前服务调用 stopSelf()方法,服务销毁的时候会调用 onDestory(),可以在这个方法中释放一些资源。
- 有效生命周期循环。服务的有效生命周期循环发生在 onStartCommand()调用与 onDestory()调用之间。组件多次启动会重复调用 onStartCommand()。

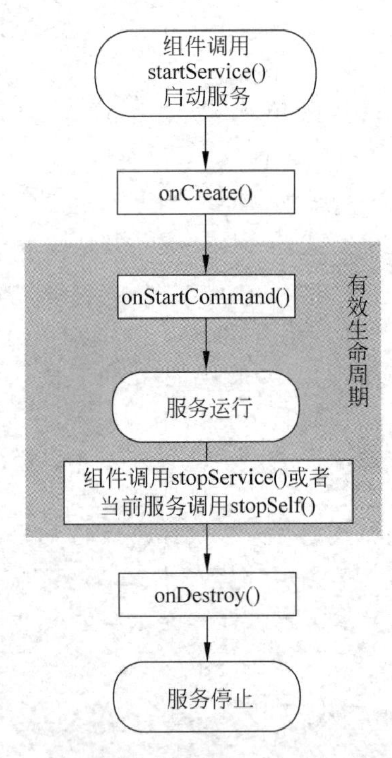

图 15-2 启动服务生命周期

2. 三个方法

服务的生命周期中有三个方法：

- onCreate()。第一次创建服务时调用该方法，在调用 onStartCommand()或 onBind()之前调用该方法。服务运行后，不再调用此方法。
- onStartCommand()。启动组件通过调用 startService()请求启动服务时，系统将调用此方法。如果是第一次启动，先调用 onCreate()再调用该方法。
- onDestroy()。当服务不再使用，即将被销毁时，系统将调用该方法。服务应该实现该方法来清理所有占有的资源。

15.2.2　实例：启动类型服务

下面通过一个实例来理解启动类型服务生命周期，实例运行效果如图 15-3 所示，单击启动服务按钮，则启动服务。如果单击停止服务按钮，则停止服务。

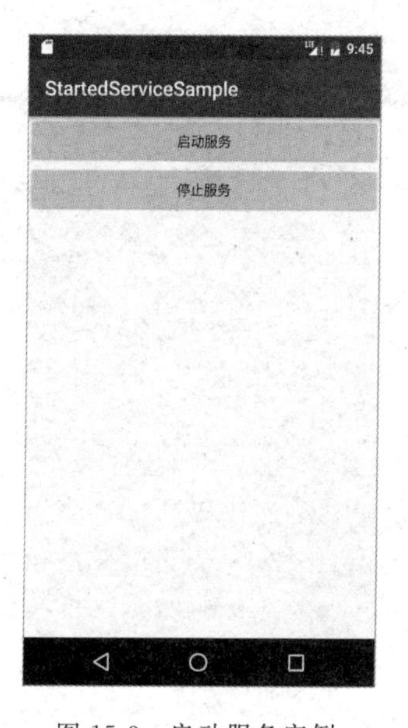

图 15-3　启动服务实例

1. 创建启动服务

创建一个服务类 MyService，它需要继承 Service 父类。MyService.java 的完整代码如下：

```
public class MyService extends Service {
    private static String TAG = "com.a51work6.startedservicesample.
MyService";
    @Override
    public IBinder onBind(Intent intent) {
        return null;
    }
    @Override
    public void onCreate() {
        Log.v(TAG, "调用 onCreate...");
    }
    @Override
    public int onStartCommand(Intent intent, int flags, int startId) {        ①
        Log.v(TAG, "调用 onStartCommand... startId = " + startId);
        return super.onStartCommand(intent, flags, startId);
    }
    @Override
    public void onDestroy() {
        Log.v(TAG, "调用 onDestroy...");
    }
}
```

代码第①行是重写 onStartCommand()方法，其中参数 startId 是启动请求 id，多次启动服务，虽然 onCreate()方法只调用一次，但是 onStartCommand()方法会被多次调用，只是 startId 不同。

2. 注册服务类

在 AndroidManifest.xml 文件中注册服务，具体代码请参考 15.1.1 节，这里不再赘述。

3. 启动组件代码

本例启动组件是一个活动，该活动 MainActivity.java 的代码如下：

```
public class MainActivity extends AppCompatActivity {
    @Override
    protected void onCreate(Bundle savedInstanceState) {
        super.onCreate(savedInstanceState);
        setContentView(R.layout.activity_main);
        //创建两个按钮控制服务
        Button btnStart = (Button) findViewById(R.id.button_start);
        Button btnStop = (Button) findViewById(R.id.button_stop);
        btnStart.setOnClickListener(new View.OnClickListener() {
            @Override
            public void onClick(View v) {
                //通过 Intent 来启动服务
                Intent serviceIntent = new Intent(MainActivity.this, MyService.class);  ①
                startService(serviceIntent);                                           ②
            }
        });
        btnStop.setOnClickListener(new View.OnClickListener() {
            @Override
            public void onClick(View v) {
                //通过 Intent 来停止服务
                Intent serviceIntent = new Intent(MainActivity.this, MyService.class);  ③
                stopService(serviceIntent);                                            ④
            }
        });
    }
}
```

上述代码第①行是定义一个显式意图，这与启动活动的一样。代码第②行是通过 startService(serviceIntent)方法启动服务，serviceIntent 参数是传递给服务的意图。

上述代码第③行也是定义一个显式意图，代码第④行的 stopService(serviceIntent)方法是停止服务方法。

15.3 绑定类型服务

启动组件与服务之间是一种紧耦合的状态，客户端绑定服务成功后，就建立连接，客户端就可以直接访问服务暴露出来的有公方法了。

15.3.1 绑定服务生命周期

绑定服务的生命周期如图 15-4 所示，了解其声明周期可以从两个不同角度（两个嵌套循环和四个方法）进行分析。

1. 两个嵌套循环

图 15-4 所示的生命周期事实上包含了两个嵌套循环，根据自己的业务需要监控这两个嵌套循环：

- 整个生命周期循环。服务的整个生命周期发生在 onCreate()调用与 onDestroy()调用之间。客户端通过调用 bindService()方法创建服务，然后系统调用服务的 onCreate()方法，接着再调用 onBind()方法。所有的绑定全部解除，然后系统调用 onUnbind()方法，再调用 onDestroy()方法释放资源。

- 有效生命周期循环。服务的有效生命周期循环发生在 onBind()开始到 onUnbind()结束。

2. 四个方法

服务的生命周期中至少有四个方法：

- onCreate()。绑定服务成功时调用该方法，在调用 onStartCommand()或 onBind()之前调用该方法。服务运行后，不再调用此方法。
- onBind()。这是绑定服务的至关重要的方法。绑定服务成功，系统会调用该方法，该方法必须返回 IBinder 接口类型对象，用于客户端与服务器之间的通信。
- onUnbind()。所有客户端通过调用 unbindService()解除绑定，系统调用该方法。
- onDestroy()。所有客户端解除绑定，系统调用 onUnbind()方法后调用该方法。服务应该实现该方法来清理所有占有的资源。

15.3.2　实例：绑定类型服务

下面通过一个实例理解绑定类型服务生命周期，实例运行效果如图 15-5 所示，单击调用服务中的按钮，则会调用服务共有方法。

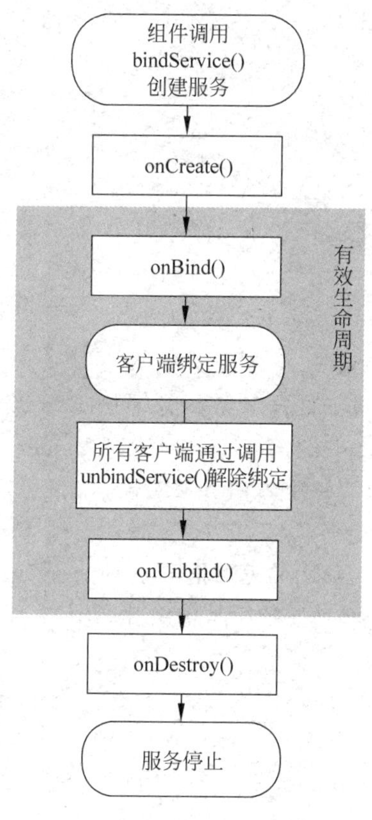

图 15-4　绑定服务生命周期

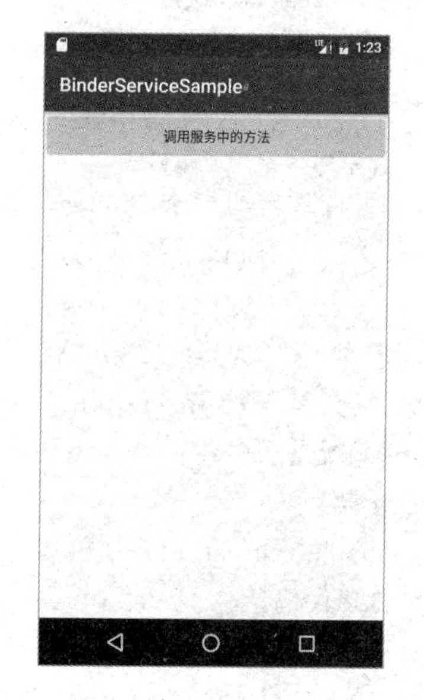

图 15-5　绑定服务实例

1. 创建绑定服务

创建一个服务类 BinderService，它需要继承 Service 父类。BinderService.java 的完整代码如下：

```
public class BinderService extends Service {
    private static String TAG = "BinderService";
    //Binder 对象
    private final IBinder mBinder = new LocalBinder();                         ①
    public class LocalBinder extends Binder {                                  ②
        BinderService getService() {                                           ③
            return BinderService.this;
        }
    }
    @Override
    public void onCreate() {
        Log.v(TAG, "调用 onCreate...");
    }
    @Override
    public IBinder onBind(Intent intent) {                                     ④
        Log.v(TAG, "调用 onBind...");
        return mBinder;
    }
    @Override
    public boolean onUnbind(Intent intent) {
        Log.v(TAG, "调用 onUnbind...");
        return super.onUnbind(intent);
    }
    @Override
    public void onDestroy() {
        Log.v(TAG, "调用 onDestroy...");
    }
    /** 服务中的公有方法 */
    public Date getDate() {                                                    ⑤
        Date date = new Date();
        return date;
    }
}
```

代码第①行是声明一个 Binder 对象，LocalBinder 是自定义类实现 IBinder 接口。代码第②行是定义 LocalBinder 类，该类并没有实现 IBinder 接口，而是继承了 Binder 类，Binder 类本身已经实现了 IBinder 接口。在该实现类中只有一个方法 getService()，通过这个方法可以返回 Binder 对象，见代码第③行。

代码第④行是重写 onBind(Intent intent)方法，其中的返回值不是 Binder 对象。

代码第⑤行是服务中一些共有方法，这些方法就是暴露给其他组件调用的。

2. 注册服务类

在 AndroidManifest.xml 文件中注册服务，具体代码请参考 15.1.1 节，这里不再赘述。

3. 客户端代码

本来绑定服务的客户端是一个活动，活动的 MainActivity.java 代码如下：

```
public class MainActivity extends AppCompatActivity {
    //绑定的服务
    BinderService mService;
    //绑定状态
    boolean mBound = false;
    @Override
```

```
    protected void onCreate(Bundle savedInstanceState) {
        super.onCreate(savedInstanceState);
        setContentView(R.layout.activity_main);
        Button btnCall = (Button) findViewById(R.id.button_call);

        btnCall.setOnClickListener(new View.OnClickListener() {
            @Override
            public void onClick(View v) {
                if (mBound) {
                    //调用 BinderService 中的方法
                    Date date = mService.getDate();                          ①
                    Toast.makeText(MainActivity.this,
                            "Date: " + date.toString(),Toast.LENGTH_SHORT).show();
                }
            }
        });
    }
    @Override
    protected void onStart() {                                               ②
        super.onStart();
        //绑定 BinderService
        Intent intent = new Intent(this, BinderService.class);
        bindService(intent, mConnection, Context.BIND_AUTO_CREATE);          ③
    }
    @Override
    protected void onStop() {                                                ④
        super.onStop();
        //解除绑定 BinderService
        if (mBound) {
            unbindService(mConnection);                                      ⑤
            mBound = false;
        }
    }
    private ServiceConnection mConnection = new ServiceConnection() {        ⑥
        @Override
        public void onServiceConnected(ComponentName className,
                                        IBinder service) {                   ⑦
            //强制类型转换 IBinder→BinderService
            BinderService.LocalBinder binder = (BinderService.LocalBinder) service;   ⑧
            mService = binder.getService();                                  ⑨
            mBound = true;
        }
        @Override
        public void onServiceDisconnected(ComponentName arg0) {⑩
            mBound = false;
        }
    };
}
```

上述代码第①行是调用服务的共有方法，然后通过 Toast 展示返回的信息。

代码第②行是重写活动的 onStart()方法，在该方法中绑定服务，代码第③行 bindService(intent,mConnection,Context.BIND_AUTO_CREATE)是绑定服务，其中第一个参数是意图对象，这个意图将传递给服务；第二参数是客户端与服务连接对象

ServiceConnection，第三个参数是个绑定标志，常量 Context. BIND_AUTO_CREATE 表示绑定并自动创建服务对象。

代码第④行是重写活动的 onStop()方法，其中代码第⑤行的 unbindService(mConnection)语句是解除绑定。

代码第⑥行是声明连接对象，由于 ServiceConnection 是一个接口，因此需要实现接口，代码第⑦行是连接建立时调用的方法，代码第⑩行的方法是连接断开时调用的方法。由于参数 service 是 IBinder 类型，代码第⑧行是将参数 service 强制类型转换 BinderService. LocalBinder 类型，能够转换成功是因为 BinderService. LocalBinder 实现 IBinder 接口，而且 service 也是 BinderService. LocalBinder 类的一个实例。代码第⑨行 mService = binder. getService()是从 Binder 对象中获得服务。

15.4 IntentService

由于服务是运行在主线程中，所以要进行耗费 CPU 或者阻塞的操作，它应该产生新的线程，在新线程里进行这些工作。开发人员可以在服务中实现多线程，但是这会大大增加编程的难度。为此，谷歌提供了一个特殊服务类——IntentService。

15.4.1 IntentService 优势

使用 IntentService 具有如下优势：

- 创建默认的工作线程，用于在主线程之后执行传递给 onStartCommand()所有意图。
- 创建工作队列，用于将意图逐一传递给 onHandleIntent()方法来实现，这样就不用担心多线程问题了。
- 处理完成所有的启动请求后自动停止服务，不需要调用 stopSelf()方法。
- 提供了 onBind()的默认实现，即返回 null。
- 提供了 onStartCommand()的默认实现，可将意图依次发送到工作队列和 onHandleIntent()实现。

15.4.2 实例：IntentService 与 Service 比较

下面通过一个实例理解 IntentService，实例运行效果如图 15-6(a)所示，界面中有两个按钮，单击启动服务按钮则启动普通服务，单击启动 INTENT 服务，则启动 IntentService。但多次连续单击启动服务按钮，容易出现 ANR(Application Not Responding)问题，如图 15-6(b)所示，而单击启动 INTENT 服务则不会出现 ANR 问题。

单击调用服务中的按钮，则会调用服务共有方法。

下面看代码部分，普通服务 MyService. java 代码如下：

```
public class MyService extends Service {
    private static String TAG = "MyService";
    @Override
    public IBinder onBind(Intent intent) {
        return null;
    }
```

(a)

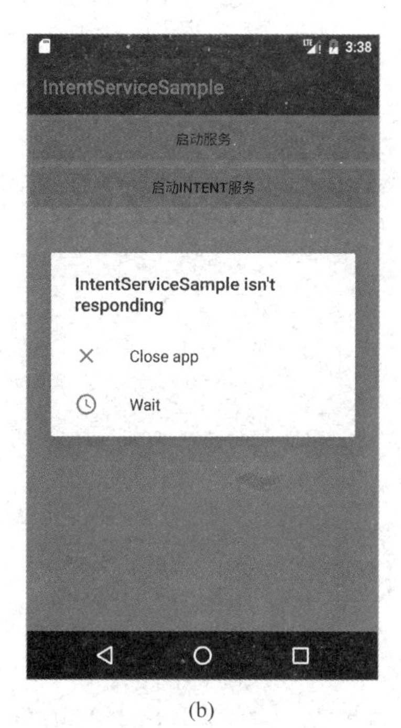

(b)

图 15-6　绑定服务实例

```
    @Override
    public void onCreate() {
        Log.v(TAG, "调用 onCreate...");
    }
    @Override
    public int onStartCommand(Intent intent, int flags, int startId) {
        Log.v(TAG, "调用 onStartCommand... startId = " + startId);
        synchronized (this) {                                          ①
            try {
                wait(5 * 1000);                                        ②
                stopSelf();                                            ③
            } catch (Exception e) {
            }
        }                                                              ④
        return super.onStartCommand(intent, flags, startId);
    }
    @Override
    public void onDestroy() {
        Log.v(TAG, "调用 onDestroy...");
    }
}
```

在重写 onStartCommand()方法中添加模拟耗费 CPU 操作的代码是第①行～第④行。代码第②行是使当前线程等待 5 秒，由于当前线程是主线程，所以等待 5 秒，会出现 ANR 问题。另外，普通服务要停止需要调用 stopSelf()方法，见代码第③行。

下面再来看看 IntentService 代码 MyIntentService.java：

```
public class MyIntentService extends IntentService {
```

```
    private static String TAG = "MyIntentService";
    public MyIntentService() {                                          ①
        super("MyIntentService");
    }
    @Override
    protected void onHandleIntent(Intent intent) {                      ②
        Log.v(TAG, "调用 onHandleIntent...");
        synchronized (this) {                                           ③
            try {
                wait(5 * 1000);                                         ④
            } catch (Exception e) {
            }
        }                                                               ⑤
    }

    @Override
    public void onDestroy() {                                           ⑥
        super.onDestroy();
        Log.v(TAG, "调用 onDestroy...");
    }
}
```

上述 MyIntentService 服务继承了 IntentService，可见代码比较简洁，服务的一些生命周期方法不需要重写。代码第⑥行的 onDestroy()方法也不需要重写，本例中重写的目的是为了测试服务的销毁。

IntentService 需要提供代码第①行的构造方法实现，以及代码第②行的 onHandleIntent()方法的重写。

代码第③行～第⑤行是执行耗费 CPU 处理，代码第④行也是使当前线程等待 5 秒，由于当前线程不是主线程，所以等待 5 秒，不会堵塞主线程，不会出现 ANR 问题。另外，IntentService 不需要调用 stopSelf()方法停止服务。

由于 IntentService 代码简洁方便，所以很多服务都采用 IntentService。

本章总结

本章介绍了服务组件技术，其中服务组件可以分为启动类型服务和绑定类型方法。最后还介绍了 IntentService 服务。

本章练习题

1. 判断对错。与其他组件一样，服务也是运行在主线程中。这意味着，如果服务要进行耗费 CPU 或者阻塞的操作，它应该产生新的线程，在新线程里进行这些工作。

2. 请简述启动服务生命周期。

3. 请简述绑定服务生命周期。

第16章 广播接收器

作为 Android 五个常用组件（活动、服务、广播接收器、内容提供者和意图）之一，广播接收器（BroadcastReceiver）是非常重要的。广播接收器与服务和活动有机地结合在一起使用，构成了丰富的 Android 应用系统。它们各有分工：广播接收器负责短时间处理任务；服务负责长时间处理任务；而活动负责界面显示。如果有数据共享，可以使用内容提供者实现，然后再由意图负责它们之间的调用。事实上，Android 应用就是由组件构成的。

本章重点介绍广播接收器以及通知（Notification）。

16.1 广播概述

广播接收器的主要职责就是在后台接收广播。这些广播相当于“触发器”，而广播接收器相当于“监听器”，这些广播是在整个系统范围内查找广播接收器，能匹配上就可以触发广播接收器，这里的匹配当然是通过意图实现的。

在 Android 中，有一些广播是系统发出的，例如时区改变、电池量低、照片已被拍、改变语言习惯等。也有一些广播是自己应用发出的，发出这些广播可以通过任何上下文（活动和服务）组件实现，其可以发送两种广播：

- 标准广播（Normal Broadcast）。采用异步方式并行发送广播，可以同时发出多个广播，sendBroadcast()可以发送标准广播。
- 有序广播（Ordered Broadcast）。采用同步方式串行发送广播，同一时刻只能接收一个广播，sendOrderedBroadcast()可以发送有序广播。

16.2 广播接收器概述

广播接收器和服务被称为非 UI 组件或后台组件。与服务不同，广播接收器是为后台短时间、少量处理功能而设计的，它的响应处理时间很短。而服务是为后台长时间大量处理功能而设计的，其响应时间比较长，一般还有多线程处理。广播接收器的最大特点是可以异步、跨进程（进程间通信）。一般情况下，广播接收器接收一个广播后，再启动一个服务，再由服务进行处理。

16.2.1 编写广播接收器

广播接收器必须继承 android.content.BroadcastReceiver 类。本节案例中广播接收器 MyBroadcastReceiver.java 的代码如下：

```
public class MyBroadcastReceiver extends BroadcastReceiver {

    @Override
    public void onReceive(Context context, Intent intent) {
        Toast.makeText(context, "您已经接收到了广播",
                Toast.LENGTH_LONG).show();

    }
}
```

从上述代码可见，广播接收比较简单，只需要重写 onReceive(Context context, Intent intent)方法，但接收到广播后会触发该方法，参数 context 是广播接收器所在的上下文组件(活动和服务)，参数 intent 是广播组件传递的意图对象。

另外，有时需要在发送组件内部创建一个广播接收器内部类，本节案例中活动 MainActivity.java 代码如下：

```
public class MainActivity extends AppCompatActivity {
    ...

    //当前组件的成员变量
    private BroadcastReceiver mReceiver = new BroadcastReceiver() {                ①
        @Override
        public void onReceive(Context context, Intent intent) {
            Toast.makeText(context, "您的内部广播接收器接收了广播",
                    Toast.LENGTH_LONG).show();
            //TODO 访问当前组件中成员变量
        }
    };

}
```

上述代码第①行是在活动组件 MainActivity 中声明广播接收器 mReceiver，采用内部类形式。采用内部类形式的广播接收器便于访问所在组件的成员变量。

16.2.2 注册广播接收器

与活动和服务一样，广播接收器使用前要进行注册。有两种方式可以注册广播接收器：

1. 静态注册

静态注册是在 AndroidManifest.xml 中通过标签<receiver>注册，与活动和服务一样可以带有过滤器，参考代码如下：

```
<?xml version="1.0" encoding="utf-8"?>
<manifest xmlns:android="http://schemas.android.com/apk/res/android"
    package="com.a51work6.brsample">
```

```
    <application
        android:allowBackup="true"
        android:icon="@mipmap/ic_launcher"
        android:label="@string/app_name"
        android:supportsRtl="true"
        android:theme="@style/AppTheme">
        <activity android:name=".MainActivity">
            <intent-filter>
                <action android:name="android.intent.action.MAIN" />

                <category android:name="android.intent.category.LAUNCHER" />
            </intent-filter>
        </activity>

        <receiver android:name=".MyBroadcastReceiver">                       ①
            <intent-filter>
                <action android:name="com.a51work6.brsample.MyBroadcastReceiver" />
            </intent-filter>
        </receiver>                                                          ②

    </application>

</manifest>
```

上述代码第①~②行是注册广播接收器，并带有一个过滤器声明。

2. 动态注册

动态注册是在程序中通过 registerReceiver()方法注册，通过 unregisterReceiver()方法注销。

注意 调用注册 registerReceiver()方法和注销 unregisterReceiver()方法，应该放置在上下文组件（活动或服务）的两个对应的生命周期方法中。例如，在活动中，如果在 onResume()方法中注册，就应该在 Activity.onPause()方法中注销；如果在 onCreate()方法中注册，就应该在 onDestroy()方法中注销。

请参考如下代码：

```
public class MainActivity extends AppCompatActivity {

    private static String ACTION_APP_BROADCAST
                            = "com.a51work6.brsample.MyBroadcastReceiver";
    private static String ACTION_APP_INNER_BROADCAST
                            = "com.a51work6.brsample.MyInnerBroadcastReceiver";

    @Override
    protected void onCreate(Bundle savedInstanceState) {
        super.onCreate(savedInstanceState);
        setContentView(R.layout.activity_main);
        ...
        IntentFilter filter = new IntentFilter();
        filter.addAction(ACTION_APP_INNER_BROADCAST);
        registerReceiver(mReceiver, filter);                                 ①

    }
```

```
    ...
    @Override
    protected void onDestroy() {
        super.onDestroy();
        unregisterReceiver(mReceiver);                                    ②
    }

    private BroadcastReceiver mReceiver = new BroadcastReceiver() {…}

}
```

上述代码第①行是注册广播接收器，其中指定了意图过滤器。代码第②行是注销广播接收器。

16.2.3 实例：发送广播

为了测试上面的广播接收器，这需要一个活动发送广播，活动界面如图16-1所示。

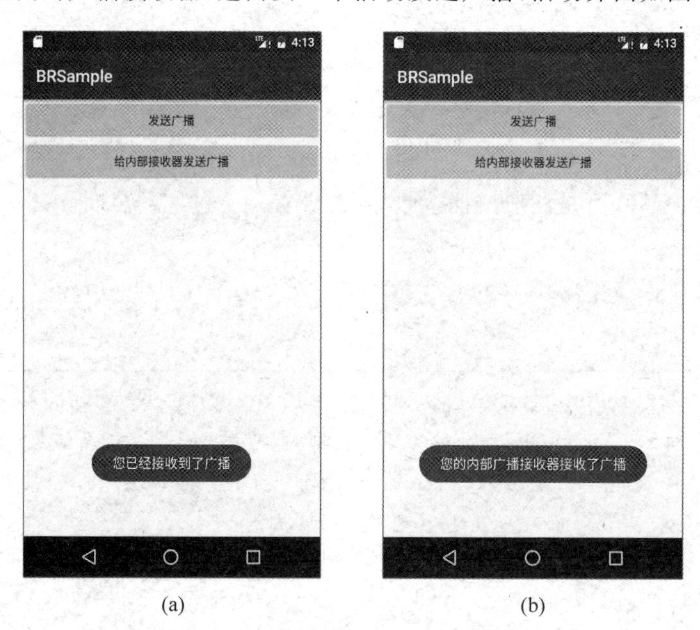

图16-1 发送广播实例

实例中活动MainActivity.java的完整代码如下：

```
public class MainActivity extends AppCompatActivity {

    private static String ACTION_APP_BROADCAST
                = "com.a51work6.brsample.MyBroadcastReceiver";
    private static String ACTION_APP_INNER_BROADCAST
                = "com.a51work6.brsample.MyInnerBroadcastReceiver";

    @Override
    protected void onCreate(Bundle savedInstanceState) {
        super.onCreate(savedInstanceState);
        setContentView(R.layout.activity_main);

        Button button1 = (Button) findViewById(R.id.button1);
```

```
        button1.setOnClickListener(new View.OnClickListener() {
            @Override
            public void onClick(View v) {
                Intent intent = new Intent();                                    ①
                intent.setAction(ACTION_APP_BROADCAST);                          ②
                sendBroadcast(intent);                                           ③
            }
        });


        Button button2 = (Button) findViewById(R.id.button2);

        button2.setOnClickListener(new View.OnClickListener() {
            @Override
            public void onClick(View v) {
                Intent intent = new Intent();                                    ④
                intent.setAction(ACTION_APP_INNER_BROADCAST);                    ⑤
                sendBroadcast(intent);                                           ⑥
            }
        });

        IntentFilter filter = new IntentFilter();
        filter.addAction(ACTION_APP_INNER_BROADCAST);
        registerReceiver(mReceiver, filter);

    }

    private BroadcastReceiver mReceiver = new BroadcastReceiver() {
        @Override
        public void onReceive(Context context, Intent intent) {
            Toast.makeText(context, "您的内部广播接收器接收了广播",
                    Toast.LENGTH_LONG).show();
            //TODO 访问当前组件中成员变量
        }
    };

    @Override
    protected void onDestroy() {
        super.onDestroy();
        unregisterReceiver(mReceiver);
    }
}
```

上述代码第①行～第③行是发送广播，其中第②行是设置意图动作 ACTION_APP_BROADCAST，这是自定义的常量，代码第③行 sendBroadcast(intent)是发送广播。

代码第④行～第⑥行是发送广播，其中第④行是设置意图动作 ACTION_APP_INNER_BROADCAST，这是自定义的常量，代码第⑥行 sendBroadcast(intent)是发送广播。

16.3 系统广播

在 Android 中，广播是普遍应用的，例如：时区改变、电池量低了、照片已经被拍、改变语言习惯、SD 卡的拔出和插入、耳机的拔出和插入、系统启动等等都会发出广播。

16.3.1 系统广播动作

那如何能判断是谁发出的广播呢？就是通过意图。意图中的动作可以看出是哪个广播。意图中定义的意图动作如表16-1所示。

表16-1 意图中定义的意图动作

常　量	说　明
Intent.ACTION_TIME_TICK	时间改变的时候发出的广播
Intent.ACTION_TIME_CHANGED	时间设置改变时候发出广播
Intent.ACTION_TIMEZONE_CHANGED	时区改变时候发出广播
Intent.ACTION_BOOT_COMPLETED	系统启动完成，发出的一次广播
Intent.ACTION_PACKAGE_ADDED	一个新的应用包程序安装到设备上发出的广播
Intent.ACTION_PACKAGE_REMOVED	一个新的应用包程序从设备上卸载时候发出的广播
Intent.ACTION_BATTERY_CHANGED	电池电量变低，或者是电池的状态发生变化时候发出的广播
AudioManager.VIBRATE_SETTING_CHANGED_ACTION	手机震动设置改变时候发出的广播
AudioManager.RINGER_MODE_CHANGED_ACTION	手机铃声模式改变时候发出的广播
ConnectivityManager.CONNECTIVITY_ACTION	网络连接状态改变时候发出的广播
WifiManager.WIFI_STATE_CHANGED_ACTION	WiFi连接状态改变时候发出的广播

提示 系统提供的意图动作大部分都是在Intent类中定义的常量，但也有一些意图动作是在自己的服务管理类中定义的，例如CONNECTIVITY_ACTION是在ConnectivityManager类中定义的。

16.3.2 实例：Downloader

下面通过一个实例(Downloader)介绍一下如何接收系统广播。Downloader实例运行界面如图16-2(a)所示，下拉控制中心后，如图16-2(b)所示，在控制中心单击WiFi可以切换WiFi连接状态，伴随WiFi连接状态的系统会发出广播。

本例设计了一个广播接收器接收WiFi连接状态变化广播，收到广播后广播接收器启动一个服务，由服务负责下载数据，服务擅长处理这种比较耗时的长期任务。下载任务的启动是由多个组件调用实现的，比较复杂，时序图如图16-3所示。

提示 从图16-3可见，接收系统广播，启动下载服务组件的过程并不涉及活动。

先看一下广播接收器SystemReceiver.java的代码：

```
public class SystemReceiver extends BroadcastReceiver {

    private final static String TAG = "SystemReceiver";

    @Override
```

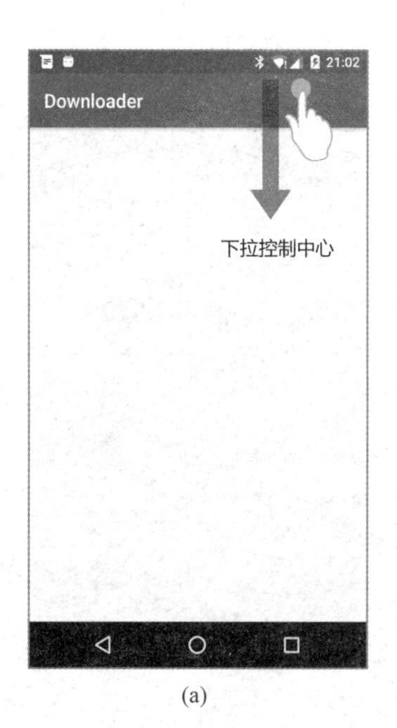

(a)

(b)

图 16-2　Downloader 实例

```
    public void onReceive(Context context, Intent intent) {
        Log.i(TAG, "SystemBootReceiver...");
        //接收到系统广播
        Intent it = new Intent(context, DownloadService.class);                  ①
        context.startService(it);                                                ②
    }
}
```

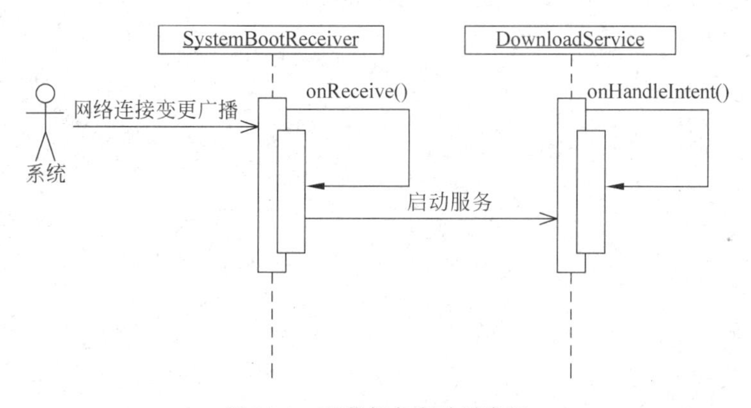

图 16-3　下载任务启动时序图

广播接收器 SystemReceiver 代码很简单，代码第①行是声明一个显式意图，代码第②行是通过这个意图启动 DownloadService 服务。

下载服务 DownloadService.java 代码如下：

```
public class DownloadService extends IntentService {                            ①

    private final static String TAG = "DownloadService";
```

```
    private boolean isRunning = true;

    public DownloadService() {
        super("DownloadService");
    }

    @Override
    protected void onHandleIntent(Intent intent) {                                    ②

        while (isRunning) {
            try {
                //休眠 5 秒
                Thread.sleep(1000 * 5);                                               ③
                //如果 WiFi 网络可用开始下载
                if (isConnected(ConnectivityManager.TYPE_WIFI)) {                     ④
                    Log.i(TAG, "Download thread start...");
                    //TODO 下载任务处理,任务处理完成 isRunning 设置为 false 停止任务
                }
            } catch (InterruptedException e1) {
                Log.i(TAG, "Download thread start failure...");
                //继续等待 5 小时,再次尝试
                continue;                                                             ⑤
            }
        }
    }

    private boolean isConnected(int type) {

        ConnectivityManager connMgr
            = (ConnectivityManager) this.getSystemService(Context.CONNECTIVITY_SERVICE);   ⑥

        Network[] networks = connMgr.getAllNetworks();                                ⑦
        NetworkInfo networkInfo;

        for (Network mNetwork : networks) {
            networkInfo = connMgr.getNetworkInfo(mNetwork);                           ⑧
            if (networkInfo != null
                    && networkInfo.getType() == type
                    && networkInfo.isConnected()) {                                   ⑨
                return true;
            }
        }
        return false;
    }
}
```

上述代码第①行是声明下载服务 DownloadService 类，继承 IntentService 服务类，IntentService 服务封装了工作线程，不在主线程中处理任务。IntentService 只需要重写 onHandleIntent(Intent intent)，见代码第②行。

代码第③行是休眠 5 秒，目的在 WiFi 不可用或不能连接情况下不断尝试。代码第④行是判断 WiFi 网络可用并开始下载任务，isConnected(int type)方法实现这个判断，ConnectivityManager.TYPE_WIFI 常量表示 WiFi 网络类型。代码第⑤行是在执行任务失败情况下也休眠 5 秒，然后再尝试。

提示　由于本章还没有学习相关的网络通信技术，因此代码第④行为 true 情况下没有具体的下载实现代码。本章先不考虑下载实现代码，在 18.3.4 节继续完善该案例。

16.4　本地广播

之前介绍的广播都属于全局广播，只要接收组件的意图能够匹配上，都可以接收这些广播。因此，全局广播有一定的风险性。如果你的应用只是在自己内部发送和接收广播，可以使用本地广播。

16.4.1　本地广播 API

本地广播是通过 LocalBroadcastManager 管理发送、注册和注销广播，而全局广播是通过上下文（活动和服务）对象发送、注册和注销广播。LocalBroadcastManager 常用的方法：

- boolean sendBroadcast(Intent intent)。发送广播，注意全局广播是通过上下文（活动和服务）对象的 sendBroadcast 发送。
- void registerReceiver(BroadcastReceiver receiver, IntentFilter filter)。注册广播，注意全局广播是通过上下文（活动和服务）对象的 registerReceiver 注册广播。
- void unregisterReceiver(BroadcastReceiver receiver)。注销广播，注意全局广播是通过上下文（活动和服务）对象的 unregisterReceiver 注销广播。

16.4.2　实例：发送本地广播

下面通过一个实例熟悉本地广播，该实例运行界面如图 16-4 所示，用户单击发送本地广播按钮，发送本地广播，接收到本地广播后弹出一个 Toast 提示用户。

图 16-4　发送本地广播实例

实例中活动 MainActivity.java 代码如下：

```
public class MainActivity extends AppCompatActivity {

    private static String ACTION_LOCAL_BROADCAST
            = "com.a51work6.brsample.MyBroadcastReceiver";

    private LocalBroadcastManager mLocalBroadcastManager;

    @Override
    protected void onCreate(Bundle savedInstanceState) {
        super.onCreate(savedInstanceState);
        setContentView(R.layout.activity_main);

        //获得本地广播管理器实例
        mLocalBroadcastManager = LocalBroadcastManager.getInstance(this);            ①

        //注册本地广播接收器
        IntentFilter filter = new IntentFilter();
        filter.addAction(ACTION_LOCAL_BROADCAST);
        mLocalBroadcastManager.registerReceiver(mReceiver, filter);                  ②

        Button button1 = (Button) findViewById(R.id.button1);

        button1.setOnClickListener(new View.OnClickListener() {
            @Override
            public void onClick(View v) {
                Intent intent = new Intent();
                intent.setAction(ACTION_LOCAL_BROADCAST);
                //发送本地广播
                mLocalBroadcastManager.sendBroadcast(intent);                        ③
            }
        });

    }

    @Override
    protected void onDestroy() {
        super.onDestroy();
        //注销本地广播接收器
        mLocalBroadcastManager.unregisterReceiver(mReceiver);                        ④
    }

    //本地广播接收器
    private BroadcastReceiver mReceiver = new BroadcastReceiver() {                  ⑤
        @Override
        public void onReceive(Context context, Intent intent) {
            Toast.makeText(context, "您接收了本地广播",
                    Toast.LENGTH_LONG).show();
        }
    };
}
```

上述代码第①行是获得本地广播管理器实例，LocalBroadcastManager 采用单例设计。代码第②行注册一个本地广播接收器，需要指定一个意图，并为意图添加动作。代码第③行 mLocalBroadcastManager.sendBroadcast(intent)是发送本地广播，发送本地广播是在用单击按钮时触发的事件。代码第④行是注销本地广播接收器。

代码第⑤行是声明一个广播接收器，从广播接收器的角度看，本地广播或全局广播都是一样的。

16.5 通知

使用服务和广播接收器的时候，虽然没有界面内容，但是有时需要将一些信息反馈给用户。当然可以采用Toast和通知(Notification)等多种形式。Toast不能保持状态，而通知是可以的。

16.5.1 实例：普通通知

下面通过一个实例熟悉通知，该实例运行界面如图16-5所示，用户单击图16-5(a)所示的发送通知按钮，3秒钟后通知到达，会在状态栏中出现小图标，如图16-5(b)所示。下拉控制中心如图16-5(c)所示，会看到全部的通知信息，包括大小图标、标题和内容等，如果设置了通知详细信息内容，可以单击通知信息，则跳转到消息内容，如图16-5(d)所示。

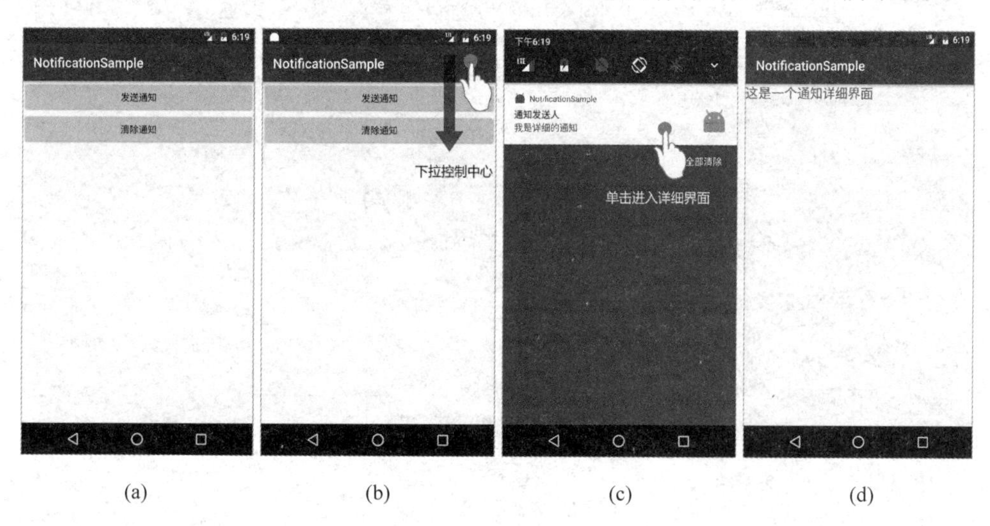

(a)　(b)　(c)　(d)

图16-5　发送通知实例

实例中活动MainActivity.java代码如下：

```
public class MainActivity extends AppCompatActivity {

    private static final int NOTIFY_ME_ID = 12345;
    //Timer是一个定时器
    private Timer timer = new Timer();                                   ①
    //通知管理器
    private NotificationManager mNotificationManager;                    ②

    @Override
    public void onCreate(Bundle savedInstanceState) {
        super.onCreate(savedInstanceState);
        setContentView(R.layout.activity_main);
```

```
        Button button1 = (Button) findViewById(R.id.notify);
        button1.setOnClickListener(new View.OnClickListener() {
            public void onClick(View view) {
                TimerTask task = new TimerTask() {                                      ③
                    public void run() {
                        notifyMe();
                    }
                };
                //延时 3 秒发送
                timer.schedule(task, 3000);                                              ④
            }
        });

        Button button2 = (Button) findViewById(R.id.cancel);
        button2.setOnClickListener(new View.OnClickListener() {
            public void onClick(View view) {
                //取消显示在通知列表中的指定通知
                mNotificationManager.cancel(NOTIFY_ME_ID);                               ⑤
            }
        });

        mNotificationManager = (NotificationManager) getSystemService(NOTIFICATION_SERVICE); ⑥
    }

    private void notifyMe() {


        //设置单击通知后所打开的详细界面
        PendingIntent pendingIntent = PendingIntent.getActivity(this, 0,
                new Intent(this, NotificationActivity.class), 0);                       ⑦

        //获得 res 的资源对象
        Resources res = this.getResources();
        //创建通知对象
        Notification notification = new Notification.Builder(this)
                .setSmallIcon(R.mipmap.ic_launcher)
                .setLargeIcon(BitmapFactory.decodeResource(res, R.mipmap.ic_launcher))
                .setContentTitle("通知发送人")
                .setContentText("我是详细的通知")
                .setContentIntent(pendingIntent).build();                               ⑧

        //发送通知
        mNotificationManager.notify(NOTIFY_ME_ID, notification);                        ⑨
    }
}
```

上述代码第①行是声明 Timer 定时器，它可以定时调度任务 TimerTask，可以实现任务在某一时间执行一次或反复执行。代码第③行是创建调度任务 TimerTask，TimerTask 是一个抽象类，它实现了 Runnable 接口。代码第④行 timer.schedule(task,3000)语句是设置 3 秒钟后开始执行任务。

代码第⑥行是获得通知管理器，它是一个服务，通过指定 NOTIFICATION_SERVICE 获得。

代码第⑦行是创建一个未来执行的意图(PendingIntent)，它是用单击通知后打开的详细内容。PendingIntent 就是一个意图的描述，可以把这个描述交给别的组件，别的组件根据这个描述在后面的时间里做一些事情。意图通常用于马上处理的事情，而 PendingIntent 通常用于未来处理的事情，常常与 Notification 和 AlarmManager 结合使用。

PendingIntent 对象可以通过下面的静态方法获得：

- PendingIntent. getActivity (Context context, int requestCode, Intent intent, int flags)。可以用来调用活动组件。
- PendingIntent getBroadcast (Context context, int requestCode, Intent intent, int flags)。可以用来调用广播通知组件。
- PendingIntent getService (Context context, int requestCode, Intent intent, int flags)。可以用来调用服务组件。

其中，参数含义如下：

- context 是上下文对象。
- requestCode 是请求编码 code。
- Intent 对象描述将来要处理的任务，在本例中设置为 null，这是不希望它未来做什么任务。
- flags 标志它可以指明 PendingIntent 的行为模式，默认是 0。

代码第⑧行是创建通知对象，Notification. Builder 用来创建 Notification，Notification 的各种属性设置，可以通过 Fluent Interface(流接口)编程风格的 setXXX()方法实现，这种风格在对话框中用到(读者可以参考 8. 3 节)。setSmallIcon 方法是设置小图标，setLargeIcon 方法是设置大图标，当通知下拉显示时可以看到，但是这个方法参数不能使用资源 id，必须是 Bitmap 或 Icon 对象，BitmapFactory. decodeResource(res, R. mipmap. ic_launcher)语句可以通过资源 id 创建 Bitmap 对象。

代码第⑨行的 mNotificationManager. notify(NOTIFY_ME_ID, notification)语句是发送通知，其中第一个参数是通知的序号，这个序号是整数就可以，不要与其他通知重复。代码第⑤行是清除响应序号的通知。

16.5.2 其他形式的 Notification

前面提到过的 Notification 形式很丰富，除了能以文本形式显示在状态栏中外，还可以有闪烁 LED 灯、震动、播放音乐形式。

1. 闪烁 LED 灯

Notification 定义了一些属性来设置 LED 的颜色和闪烁频率：

- ledARGB 属性。用于设置 LED 的颜色。
- ledOffMS 属性。LED 灯不亮的毫秒时间。
- ledOnMS 属性。LED 灯亮的毫秒时间。

ledOnMS 和 ledOffMS 属性能设置 LED 开关，交替使用就会产生闪烁的效果。如果设置 ledOnMS 属性为 1，ledOffMS 属性为 0，则 LED 灯会始终亮着；如果将两者设置为 0，LED 灯将关闭。一旦设置了 LED，必须为 Notification 的 flags 属性添加 FLAG_SHOW_LIGHTS 标志位。

下面的代码片段显示了如何将点亮红色的 LED，请参考如下代码：

```
notification.ledARGB = Color.RED;
notification.ledOffMS = 0;
notification.ledOnMS = 1;
notification.flags = notification.flags | Notification.FLAG_SHOW_LIGHTS;
```

注意 由于模拟器没有LED灯，因此在模拟器上没有办法测试，必须在真机上测试。即使是真机，有的手机在设计的时候是没有LED灯的，LED灯不是手机必需的设备。在真机移植Android时，如果设计的时候有LED功能，并且手机主板上有LED，还要有Linux下的LED驱动程序，这样才可以保证在Android应用中通过上面的API调用发出闪烁的LED通知，否则无法看到效果。

---

2. 震动通知

Notification的另一种形式是震动，Notification可以让手机执行特定样式的震动。为了设置震动样式，可以使用Notification的vibrate属性设定一个时间数组。数组中的每个数字相应地代表震动或暂停的毫秒时间长度。下面的代码片段执行之后的效果是：停止1秒→震动2秒→停止1秒→震动1秒→停止1秒→震动1秒。

```
long[] vibrate = new long[] {1000, 2000, 1000, 1000, 1000, 1000};
notification.vibrate = vibrate;
```

3. 播放声音通知

在Android中，一个Notification到来时可以发出声音。通过给sound属性设置一个位置URI，如下面的代码所示：

```
Uri ringURI = Uri.fromFile(new File("/system/media/audio/ringtones/ringer1.mp3"));
notification.sound = ringURI;
```

本章总结

本章介绍了广播通知和通知等技术，其中广播通知组件与服务组件往往配合使用，当接收到一个广播后，如果是长时间的处理会启动一个服务。广播通知没有界面，如果要给用户一些反馈信息可以通过通知实现，通知状态可以保存的，而且单击通知可以调用其他的组件。

本章练习题

1. 判断对错。广播接收器负责短时间处理任务；服务负责长时间处理任务；而活动负责界面显示。（　　）

2. 判断对错。广播接收器最大特点是可以异步、跨进程(进程间通信)。（　　）

3. 哪些选项能给用户反馈信息形式？（　　）

A. LogCat日志　　B. Toast

C. 通知(Notification)　　D. 对话框

第 17 章

多媒体开发

在以娱乐为主的 Android 和 iPhone 等移动设备中，多媒体开发占有很大比重，随着移动设备硬件性能的提高和外部存储设备容量的增加，高质量音频文件和视频文件播放和存储都不是问题了，能否开发出功能完善、高质量播放等就交给了软件程序本身。本章学习如何开发音频和视频应用。

17.1 多媒体文件介绍

作为移动设备操作系统的 Android，当然要对多媒体有很好的支持，媒体文件有很多种格式，大体上分为音频文件和视频文件，两种媒体文件有很大差别。

17.1.1 音频多媒体文件介绍

音频多媒体文件主要是存放音频数据信息，音频文件在录制的过程中把声音信号通过音频编码，变成音频数字信号保存到某种格式的文件中。在播放过程中再对音频文件解码，解码出的信号通过扬声器等设备就可以转成音波。音频文件在编码的过程中数据量很大，所以有的文件格式对于数据进行了压缩，因此音频文件可以分为：

- 无损格式，是非压缩数据格式，例如 WAV、AU、APE 等文件，文件很大，一般不适合移动设备。
- 有损格式，对于数据进行了压缩，压缩后丢掉了一些数据，例如 MP3、Windows Media Audio(WMA)等文件。

1. WAV 文件

WAV 文件目前是最流行的无损压缩格式。WAV 文件的格式灵活，可以储存多种类型的音频数据。由于文件较大，不太适合移动设备等存储容量小的设备。

2. MP3 文件

MP3(MPEG Audio Layer 3)格式现在非常流行，它是一种有损压缩格式，它尽可能地去掉人耳无法感觉的部分和不敏感的部分。MP3 是利用 MPEG Audio Layer 3 的技术，将数据以 1∶10 甚至 1∶12 的压缩率，压缩成容量较小的文件。这么高的压缩比率非常适合于移动设备等存储容量小的设备。

3. WMA 文件

WMA(Windows Media Audio)格式是微软发布的文件格式，也是有损压缩格式。在低比特率渲染情况下，WMA 格式表现出比 MP3 更多的优点，压缩比 MP3 更高，音质更好。但是在高比特率渲染情况下 MP3 还是占有优势。

17.1.2 视频多媒体文件介绍

视频多媒体文件主要是存放视频数据信息，视频数据量要远远大于音频数据文件，而且视频编码和解码算法非常复杂，因此早期的计算机由于 CPU 处理能力差，要采用视频解压卡硬件支持，视频采集和压缩也要采用硬件卡。按照视频来源可以分为：

- 本地视频是将视频文件放在本地播放，因此速度快、画质好，例如 AVI、MPEG、MOV 等文件。
- 网络流媒体视频，来源于网络且不需要存储，广泛应用于视频点播、网络演示、远程教育、网络视频广告等互联网信息服务领域，例如 ASP、WMV、RM、RMVB 等文件。

1. AVI 文件

AVI 是音频视频交错(Audio Video Interleaved)的英文缩写，它是 Microsoft 公司开发的一种符合 RIFF 文件规范的数字音频与视频文件格式，是将音频与视频同步组合在一起的文件格式。它对视频文件采用了一种有损压缩方式，但压缩比较高，画面质量不是太好。

2. MOV 文件

MOV 即 QuickTime 影片格式，它是苹果公司开发的一种音频、视频文件格式，用于存储常用数字媒体类型。MOV 格式文件是以轨道(track)的形式组织起来的，一个 MOV 格式文件结构中可以包含很多轨道。MOV 格式文件，画面效果较 AVI 格式要稍微好一些。

3. WMV 文件

WMV 是微软推出的一种流媒体格式。在同等视频质量的情况下，WMV 格式的体积非常小，因此很适合在网上播放和传输。可是由于微软本身的局限性，WMV 的应用发展并不顺利。首先，它是微软的产品，所以它必定要依赖 Windows 以及 PC，起码要有 PC 的主板。这就增加了机顶盒的造价，从而影响了视频广播点播的普及。其次，WMV 技术的视频传输延迟要十几秒钟。

4. RMVB 文件

RMVB 是一种视频文件格式，RMVB 中的 VB 指 Variable Bit Rate(可改变比特率)，它打破了压缩的平均比特率，使静态画面下的比特率降低，来达到优化整个影片中比特率、提高效率并节约资源的目的。RMVB 的最大特点是在保证文件清晰度的同时具有体积小巧的特点。

5. 3GP 文件

3GP 是一种 3G 流媒体的视频编码格式，是为了配合 3G 网络的高传输速度而开发的，也是手机中的一种视频格式。3GP 使用户能够发送大量的数据到移动电话网络，从而明确传输大型文件。是新的移动设备标准格式，应用在手机、PSP 等移动设备上，优点是文件体积小，移动性强，适合移动设备使用，缺点是在 PC 上兼容性差，支持软件少，且播放质量差，帧数低，较 AVI 等格式相差很多。

17.2 Android 音频/视频播放 API

音频和视频的播放要调用底层硬件，实现播放、暂停、停止和快进退等工作，在硬件层基础之上是框架层，框架层音频和视频播放采用 C 和 C++，比较复杂。这里不需要修改框架层，掌握应用层 API 开发音频和视频播放应用程序已经足够了。

17.2.1　核心 API——MediaPlayer 类

音频和视频播放的核心 API 是 android. media. MediaPlayer 类，在 MediaPlayer 中与播放有关的方法有 6 个：

- pause()。暂停播放方法。
- start()。开始播放方法。
- stop()。停止播放方法。
- prepare()。同步预处理方法，适用于本地文件播放。
- prepareAsync()。异步预处理方法，适用于网络文件播放。
- reset()。在未知状态下调用该方法进入 Idle(闲置)状态，如果已经创建了 MediaPlayer 对象，当再次播放时候使用该方法，不用再创建 MediaPlayer 对象以便节省系统开销。

此外，还有些播放中常用的方法：

- seekTo(int n)。跳过到 n 毫秒播放。
- getCurrentPosition()。获得当前媒体文件播放到第 n 毫秒处。
- getDruation()。获得整个媒体文件播放需要的全部时间(毫秒单位)。
- getVideoWidth()。获得视频文件的宽度，用于视频播放。
- getVideoHeight()。获得视频文件的高度，用于视频播放。
- setAudioStreamType()。设置音频输出格式，用于音频录制。
- setLooping()。设置循环播放。
- setVolume()。设置音量。
- release()。有关 MediaPlayer 资源被释放。

17.2.2　播放状态

音频和视频播放的重点是播放状态和状态转移，图 17-1 是 Android 音频/视频播放状态图。

Android 音频/视频播放有 10 个状态：

(1) Idle(闲置)。闲置状态是 MediaPlayer 对象创建或调用 reset()方法，进入这个状态，在这个状态时，媒体文件还没有加载，因此在这个状态时不能调用 start()、stop()、pause()和 prepare()播放方法。

(2) Initialized(初始化)。闲置状态通过调用 setDataSource()方法进入初始化状态，初始化状态 setDataSource()方法可以加载媒体文件，这些文件可以是本地媒体文件也可能是网络媒体文件，如果媒体文件不存在或损坏，都会抛出异常。

(3) Prepared(预处理完成)。媒体播放之前必须预处理完成才能播放，如果采用同步播放方法，在初始化状态调用 prepare()进入该状态。但如果是异步播放方法，需要初始化状态调用 prepareAsync()进入该 Preparing(预处理中)状态，再进入预处理完成状态。

(4) Preparing(预处理中)。是在异步调用特有状态，因为网络媒体文件，由于受网络环境的影响导致预处理时间较长，因此会有这个状态。

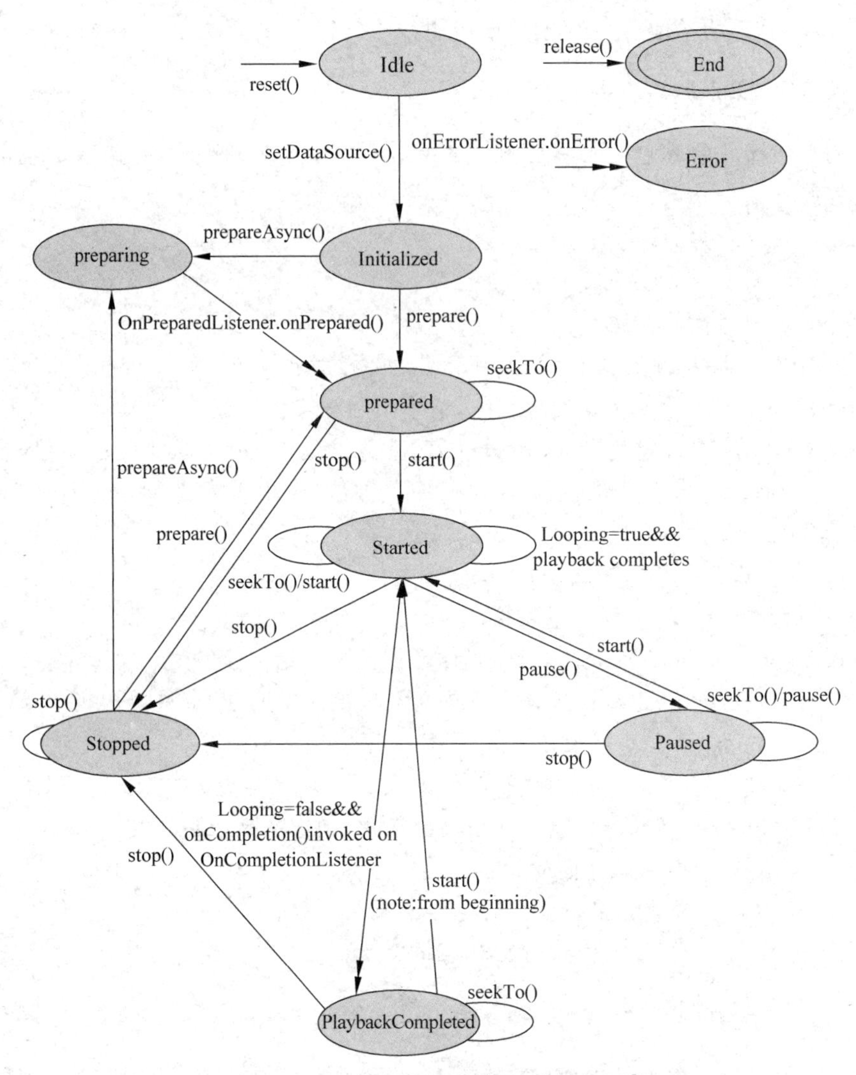

图 17-1 Android 音频/视频播放状态图①

(5) Started(开始)。开始状态调用 start()方法进行播放,可以调用 seekTo(int n)方法跳过到 n 毫秒播放。

(6) Paused(暂停)。暂停状态是开始状态调用 pause()方法进入暂停状态,在暂停状态中可以调用 start()方法回到播放状态,可以调用 seekTo(int n)方法跳过到 n 毫秒处。

(7) Stopped(停止)。可以在预处理完成、开始、暂停和 PlaybackCompleted(播放完成)状态下调用 stop()方法进入停止状态。在停止状态下,如果同步播放可调用 prepare()进入预处理完成状态;如果异步播放可调用 prepareAsync()进入该预处理状态。

(8) PlaybackCompleted(播放完成)。如果媒体播放正常结束,可以进入两种状态:当循环播放模式设置为 true 时,保持 Started(开始)状态不变;当循环播放模式设置为 false 时,onCompletionListener. onCompletion()方法会被调用,进入到播放完成状态。播放完

① 引自于谷歌官方文档 https://developer. android. com/reference/android/media/MediaPlayer. html。

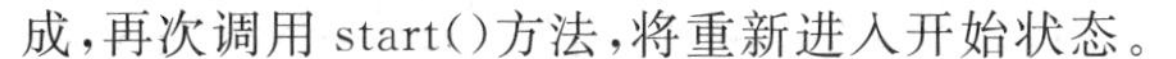

成，再次调用 start()方法，将重新进入开始状态。

(9) Error(错误)。错误状态会在媒体加载、播放过程中以及读取媒体属性过程中发生错误时触发 OnErrorListener. onError()方法，进入错误状态。

(10) End(结束)。结束状态，在多种状态时调用 release()进入结束状态，结束状态后还有播放媒体文件就要重新播放，不能使用 reset()，否则会引发异常，必须重新创建。

17.3　实例：音频播放

按照音频文件来源不同可以分为资源文件、系统文件和网络文件。下面通过一些实例介绍音频播放过程。实例运行界面如图 17-2(a)所示，此时没有播放音频，可能处于空闲、暂停或停止状态，如果用户单击播放按钮开始播放，开始按钮图标变为暂停按钮，如图 17-2(b)所示，此时处于播放状态。无论在哪个状态下，用户单击停止按钮都会马上停止播放。

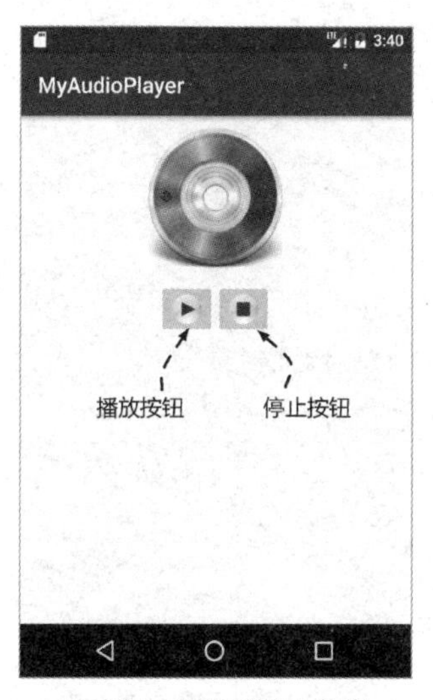

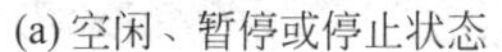

(a) 空闲、暂停或停止状态

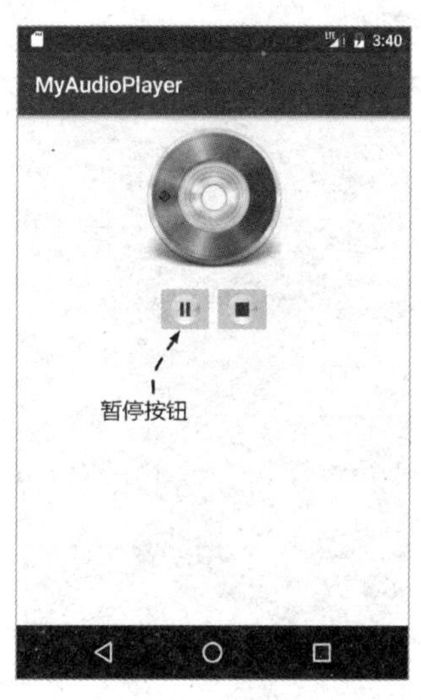

(b) 播放状态

图 17-2　实例运行效果

17.3.1　资源音频文件播放

资源文件播放是放在资源目录/res/raw，然后发布的时候被打成 APK 包一起安装在手机上。很显然这种方式不适合用于播放娱乐为主的多媒体文件，由于娱乐的多媒体文件是经常更新的，而放置在这个 raw 下面的文件用户是没有权限更新的，因此这种方式一般用于应用自己的一些音频和视频播放，如按键音、开机启动音、信息提示音等应用使用的声音，以及游戏类型应用的音效或背景音乐等。

播放资源音频文件时，需要通过如下的 create()方法创建 MediaPlayer 对象：

MediaPlayer create(Context context,int resid)。resid 资源文件 id。

提示　默认情况下使用 Android Studio 工具创建工程，res 目录下没有 raw 目录，开发人员可以在资源管理器下的 res 目录中创建一个 raw 目录，或者使用 Android Studio 提供

的功能创建 raw 目录。使用 Android Studio 创建过程是：右击，在弹出的快捷菜单中选择 New → Android resource directory，弹出新建资源目录对话框，如图 17-3 所示，在 Resource type 下拉列表中选择 raw，然后单击 OK 按钮确认添加。

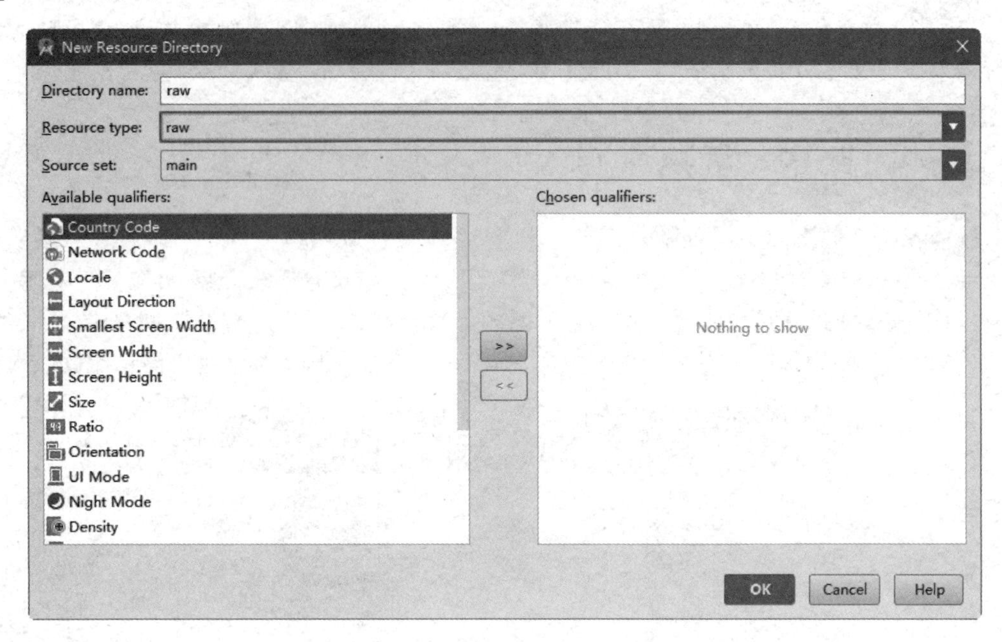

图 17-3 新建资源目录对话框

下面看看播放资源音频文件的代码，MainActivity.java 代码如下：

```
public class MainActivity extends AppCompatActivity {
    //播放按钮
    private ImageButton play;
    //暂停按钮
    private ImageButton stop;

    private MediaPlayer mMediaPlayer;

    //播放状态
    private static final int PLAYING = 0;
    //暂停状态
    private static final int PAUSE = 1;
    //停止状态
    private static final int STOP = 2;
    //空闲状态
    private static final int IDLE = 3;
    //当前状态
    private int state = IDLE;

    @Override
    protected void onCreate(Bundle savedInstanceState) {
        super.onCreate(savedInstanceState);
        setContentView(R.layout.activity_main);
```

```
        //初始化播放按钮
        play = (ImageButton) findViewById(R.id.play);
        play.setOnClickListener(new Button.OnClickListener() {                    ①
            public void onClick(View v) {
                if (state == PLAYING) {
                    pause();
                } else {
                    start();
                }
            }
        });

        //初始化停止按钮
        stop = (ImageButton) findViewById(R.id.stop);
        stop.setOnClickListener(new Button.OnClickListener() {                    ②
            public void onClick(View v) {
                stop();
            }
        });
    }
    //暂停
    private void pause() {                                                        ③
        mMediaPlayer.pause();
        state = PAUSE;
        play.setImageResource(R.mipmap.play);
    }
    //开始
    private void start() {                                                        ④
        if (state == IDLE || state == STOP ) {
            play();
        } else if (state == PAUSE) {
            mMediaPlayer.start();
            state = PLAYING;
        }
        play.setImageResource(R.mipmap.pause);
    }
    //停止
    private void stop() {                                                         ⑤
        mMediaPlayer.stop();
        state = STOP;
        play.setImageResource(R.mipmap.play);
    }
    //播放
    private void play() {                                                         ⑥
        try {
            if (mMediaPlayer == null || state == STOP) {                          ⑦
                //创建 MediaPlayer 对象并设置 Listener
                mMediaPlayer = MediaPlayer.create(this, R.raw.ma_mma);            ⑧
                mMediaPlayer.setOnPreparedListener(listener);                     ⑨
            } else {
                //复用 MediaPlayer 对象
                mMediaPlayer.reset();
            }
        } catch (Exception e) {
```

```
            e.printStackTrace();
        }
    }
    //MediaPlayer 进入 prepared 状态开始播放
    private MediaPlayer.OnPreparedListener listener
            = new MediaPlayer.OnPreparedListener() {⑩
        public void onPrepared(MediaPlayer mediaPlayer) {
            mMediaPlayer.start();
            state = PLAYING;
        }
    };
}
```

上述代码比较复杂，下面分成几个过程（播放、暂停和停止）介绍。

1. 播放过程

播放过程如图 17-4 所示，代码第①行是用户单击播放按钮或暂停按钮事件处理，如果 state == PLAYING 为 false，也就是当前没有播放音频，则调用代码第④行定义的 start() 方法。在 start() 方法中判断 state == IDLE ‖ state == STOP 为 true，则调用代码第⑥行定义的 play() 方法。在 play() 方法中判断 mMediaPlayer == null ‖ state == STOP 为 true，则通过代码第⑧行的 MediaPlayer.create(this, R.raw.ma_mma) 语句创建 MediaPlayer 对象，方法第二个参数 R.raw.ma_mma 是音频资源文件 id。代码第⑨行 mMediaPlayer.setOnPreparedListener(listener) 语句是注册预处理监听器，其中 listener 是在代码第⑩行定义。代码第⑩行是创建 MediaPlayer.OnPreparedListener 监听器对象，需要重新使用 onPrepared() 方法，在预处理完成之后系统会回调 onPrepared() 方法；开发人员应该在这里调用 mMediaPlayer.start() 语句开始播放音频。最后，将当前状态变量 state 设置为 PLAYING。

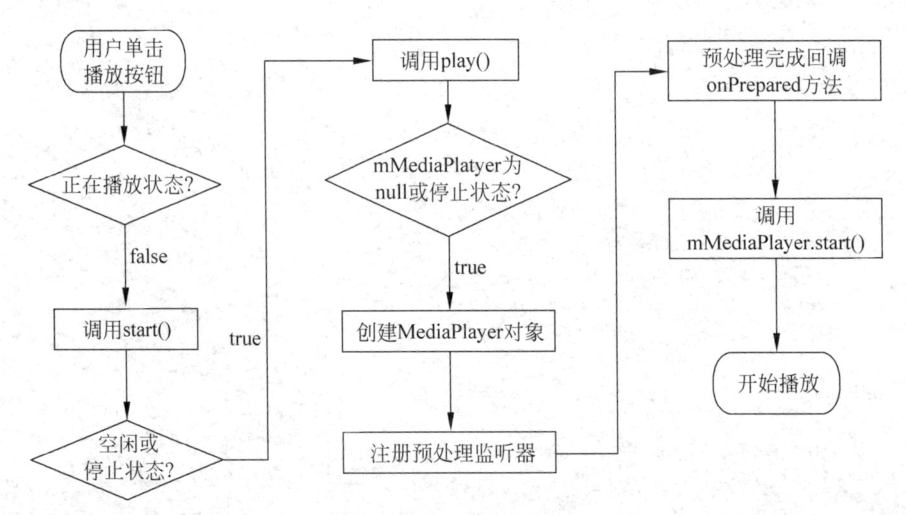

图 17-4　播放过程流程图

2. 暂停过程

暂停过程如图 17-5 所示，代码第①行是用户单击播放按钮或暂停按钮事件处理，如果 state == PLAYING 为 false，也就是当前没有播放音频，则调用代码第④行定义的 pause() 方法。在 pause()方法中通过 mMediaPlayer.pause()语句暂停播放。然后将当前状态变量 state 设置为 PAUSE。

3. 停止过程

停止过程如图 17-6 所示，代码第②行是用户单击停止按钮事件处理，则调用代码第⑤行定义的 stop()方法。在 stop()方法中通过 mMediaPlayer.stop()语句停止播放。然后，将当前状态变量 state 设置为 STOP。

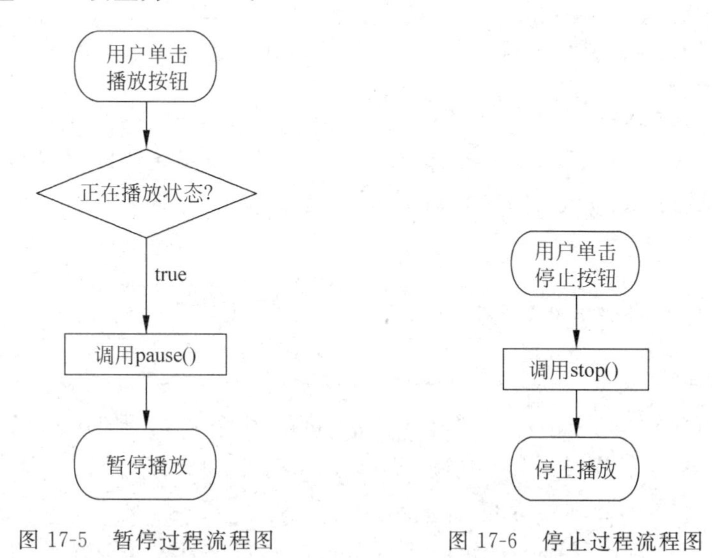

图 17-5　暂停过程流程图　　图 17-6　停止过程流程图

17.3.2　本地音频文件播放

本地文件就是指文件放在 Android 系统的外部存储设备(如 SD 卡)和内部存储设备中的文件，SD 卡比较方便，容易更新音频文件，适合于以娱乐为主的应用系统。

资源文件和本地文件的差别就在于创建 MediaPlayer 对象的方法不同，本地文件通过调用构造方法 MediaPlayer()创建对象，然后通过 MediaPlayer.setDataSource(path)方法设置本地音频文件路径，还需要调用 MediaPlayer.prepare()进行预处理。

修改 17.3.1 节实例中 MainActivity.java 的 play()方法，代码如下：

```
//播放
private void play() {
File sdCardDir = Environment.getExternalStorageDirectory();                     ①
    String path = sdCardDir.getPath() + "/ma_mma.mp3";                          ②
    try {
        if (mMediaPlayer == null || state == STOP) {                            ③
            //创建 MediaPlayer 对象并设置 Listener
            mMediaPlayer = new MediaPlayer();                                   ④
            mMediaPlayer.setOnPreparedListener(listener);                       ⑤
        } else {
            //复用 MediaPlayer 对象
            mMediaPlayer.reset();
        }
        mMediaPlayer.setDataSource(path);                                       ⑥
        mMediaPlayer.prepare();                                                 ⑦
```

```
        } catch (Exception e) {
            e.printStackTrace();
        }
    }
    //MediaPlayer 进入 prepared 状态开始播放
    private MediaPlayer.OnPreparedListener listener = new MediaPlayer.OnPreparedListener() {
        public void onPrepared(MediaPlayer mediaPlayer) {
            mMediaPlayer.start();
            state = PLAYING;
        }
    };
```

代码第①行 Environment.getExternalStorageDirectory()语句可以获得设备的外部存储路径，外部存储设备一般是 SD 卡，代码第②行是返回 SD 卡中 ma_mma.mp3 文件的完整路径。

提示 在测试运行时，不要忘记将 ma_mma.mp3 文件导入到 SD 卡中，导入过程参考3.4 节。

当 mMediaPlayer == null ‖ state == STOP 条件为 true 时(见代码第③行)，创建 MediaPlayer 对象，然后通过语句 mMediaPlayer.setOnPreparedListener(listener)注册预处理监听器，listener 是预处理监听器。

代码第⑥行 mMediaPlayer.setDataSource(path)是设置要播放文件的路径，代码第⑦行 mMediaPlayer.prepare()，如果预处理完成则回调预处理监听器中的 onPrepared()方法，开始播放音频。

编写完代码后，还需要为应用程序授权，在 AndroidManifest.xml 添加读取外部存储权限 android.permission.READ_EXTERNAL_STORAGE，AndroidManifest.xml 代码如下：

```
<?xml version = "1.0" encoding = "utf - 8"?>
<manifest xmlns:android = "http://schemas.android.com/apk/res/android"
    package = "com.a51work6.myaudioplayer">

    <application
        android:allowBackup = "true"
        android:icon = "@mipmap/ic_launcher"
        android:label = "@string/app_name"
        android:supportsRtl = "true"
        android:theme = "@style/AppTheme">
        <activity android:name = ".MainActivity">
            <intent - filter>
                <action android:name = "android.intent.action.MAIN" />

                <category android:name = "android.intent.category.LAUNCHER" />
            </intent - filter>
        </activity>
    </application>

    <uses - permission android:name = "android.permission.READ_EXTERNAL_STORAGE"/>
```

```
</manifest>
```

读取外部存储权限属于运行时权限,所以需要在系统中授权,打开应用所需权限设置界面,如图 17-7 所示,将存储空间开关打开。

图 17-7 读取外部存储授权

17.4 Android 音频/视频录制 API

音频和视频录制是移动设备可娱乐性的一个亮点,在本节中主要介绍音频录制。重点掌握应用层 API 开发音频录制应用程序。

音频和视频技术的核心 API 是 MediaRecorder 类,MediaRecorder 可以对应音频和视频录制,MediaRecorder 中与状态转移有关的方法有 4 个:

- start()。开始录制音频/视频方法。
- stop()。停止录制音频/视频方法。
- prepare()。预处理方法。
- reset()。在未知状态下调用该方法进入 Initial(闲置)状态,如果已经创建了 MediaRecorder 对象,当再次录制时使用该方法,不要再创建 MediaRecorder 对象,这样会节省系统开销。

此外,播放中常用的方法如下:

- setAudioSource()。设置录制的声音源。
- setVideoSource()。设置录制的视频源。
- setOutputFormat()。设置录制的音频/视频输出格式,它要与 setAudioSource 和 setVideoSource 保持一致。
- setAudioEncoder()。设置音频解码方式。
- setVideoEncoder()。设置视频解码方式。

- setOutputFile()。设置录制的音频/视频文件路径。
- release()。有关 MediaRecorder 资源被释放。

17.5 实例：音频录制

下面通过实例介绍音频录制过程。实例运行界面如图 17-8(a)所示，没有开始录制音频，此时处于空闲状态；单击录制按钮开始录制，进入录制状态，如图 17-8(b)所示，再单击停止按钮停止录制，此时界面如图 17-8(a)所示，停止之后应用会马上播放刚刚录制的音频。

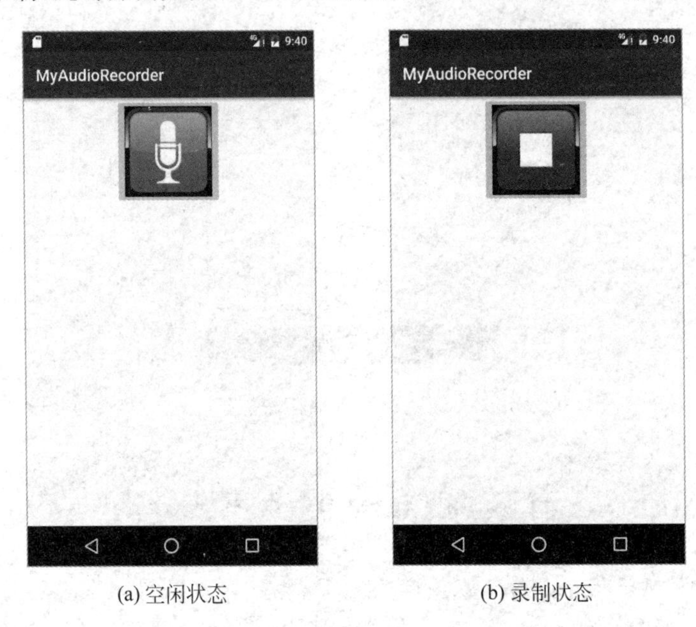

(a) 空闲状态　　(b) 录制状态

图 17-8　实例运行效果

下面看看实现音频录制的 MainActivity.java 代码。

```
public class MainActivity extends AppCompatActivity {
    //录音器对象
    private MediaRecorder recorder;
    //播放器对象
    private MediaPlayer player;
    //播放按钮
    private ImageButton record;
    //空闲状态
    private static final int IDLE = 0;
    //录制状态
    private static final int RECORDING = 1;
    //当前状态
    private int state = IDLE;
    //录制文件路径
    private String path = "/mnt/sdcard/test.3gp";

    @Override
    protected void onCreate(Bundle savedInstanceState) {
        super.onCreate(savedInstanceState);
```

```
        setContentView(R.layout.activity_main);

        //初始化录音\停止按钮
        record = (ImageButton) findViewById(R.id.record);
        record.setOnClickListener(new View.OnClickListener() {
            public void onClick(View v) {
                if (state == IDLE) {
                    //如果文件正在播放停止播放
                    if (player != null && player.isPlaying()) {
                        player.stop();
                    }
                    record();
                } else if (state == RECORDING) {
                    stop();
                }
            }
        });
    }

    //录制音频文件
    private void record() {                                                          ①
        try {
            if (recorder == null)
                recorder = new MediaRecorder();                                      ②
            //设置输入为麦克风
            recorder.setAudioSource(MediaRecorder.AudioSource.MIC);                  ③
            //设置输出的格式为3GP文件
            recorder.setOutputFormat(MediaRecorder.OutputFormat.THREE_GPP);          ④
            //音频的编码采用AMR
            recorder.setAudioEncoder(MediaRecorder.AudioEncoder.AMR_NB);             ⑤

            recorder.setOutputFile(path);                                            ⑥
            recorder.prepare();                                                      ⑦
            recorder.start();                                                        ⑧
            state = RECORDING;

        } catch (Exception e) {
            e.printStackTrace();
        }

        record.setImageResource(R.mipmap.stop);
    }

    //停止音频录制
    private void stop() {                                                            ⑨
        //停止录音,释放recorder对象
        if (recorder != null) {
            recorder.stop();                                                         ⑩
            recorder.release();                                                      ⑪
        }
        recorder = null;
        state = IDLE;
        record.setImageResource(R.mipmap.record);

        //录制完成之后马上播放
        play(path);
    }
```

```
    ...
    <省略播放音频代码>

}
```

上述代码比较复杂，下面分成几个过程（录制和停止）介绍。

1. 音频录制

音频录制的核心是代码第①行的 record()方法。代码第②行是实例化 MediaRecorder 对象。代码第③行是设置音频输入源，MediaRecorder. AudioSource. MIC 是指音频输入源为麦克风。代码第④行是设置输出格式，MediaRecorder. OutputFormat. THREE_GPP 为 3GP 文件，3GP 是流行的 3G 多媒体格式。代码第⑤行是设置音频解码方式，MediaRecorder. AudioEncoder. AMR_NB 是采用 AMR 解码，AMR 主要用于移动设备的音频，压缩比比较大，但相对于其他的压缩格式质量比较差。代码第⑥行是设置输出的文件路径。代码第⑦行是调用 recorder. prepare()方法，预处理音频录制器 MediaRecorder 对象。代码第⑧行是调用 recorder. start()开始录制。

2. 停止录制

停止录制是代码第⑨行的 record()方法，方法中代码第⑩行是调用 recorder. stop()停止录制，代码第⑪行调用 recorder. release()是释放 MediaRecorder 对象所占用的资源。

编写完代码后，还需要为应用程序授权，在 AndroidManifest. xml 添加写入外部存储和音频录制权限，添加的代码如下：

```
<uses-permission android:name="android.permission.WRITE_EXTERNAL_STORAGE" />
<uses-permission android:name="android.permission.RECORD_AUDIO" />
```

写入外部存储和音频录制的权限都是运行时权限，所以需要在系统中授权，打开应用所需权限的设置界面，如图 17-9 所示，将存储空间和麦克风开关打开。

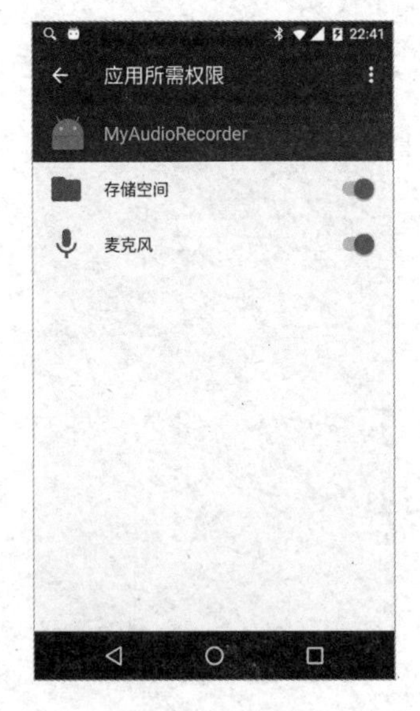

图 17-9 授权

17.6 视频播放

Android 视频播放与音频播放一样，都可以采用 MediaPlayer 类，状态和状态的管理都是一样的。由于 MediaPlayer 类开发视频播放，控制播放的进度、快进、快退、播放和暂停都是要自己添加 UI 控件和编写代码，与音频播放一样比较麻烦，因此 Android 又给出了一个封装好的视频播放控件——VideoView 控件。下面介绍采用 VideoView 控件实现视频播放。

17.6.1 VideoView 控件

Android 平台为视频播放提供了 VideoView 控件实现视频的播放，不需要管理各种复杂的状态，使用起来非常简单。

但是，VideoView 控件本身也不包含控制播放的进度、快进、快退、播放和暂停等按钮，需要结合 MediaController 控件一起使用，MediaController 专门为各种播放器提供播放控制，它负责显示播放\暂停按钮、快进按钮、快退按钮、进度控制条、播放当前时间和总体播放时间，并且可以自动隐藏，如图 17-10 所示。

图 17-10 MediaController 控件

MediaController 能够通过这些按钮控制 VideoView 中的视频播放，那是由于 VideoView 本身实现了 MediaController. MediaPlayerControl 接口，只要实现了 MediaController. MediaPlayerControl 接口，MediaController 就可以控制了。

17.6.2 实例：VideoView 播放视频

下面通过实例介绍使用 VideoView 控件播放视频。实例运行效果如图 17-11 所示，启动实例进入如图 17-11(a)所示的界面，然后播放指定 SD 卡中的视频。单击播放中的视频，在界面下方出现视频播放控制栏，如图 17-11(b)所示。

首先看看布局文件 activity_main. xml 代码如下：

```
<?xml version = "1.0" encoding = "utf - 8"?>
< LinearLayout xmlns:android = "http://schemas.android.com/apk/res/android"
    android:layout_width = "match_parent"
    android:layout_height = "match_parent"
    android:layout_gravity = "top"
    android:orientation = "vertical"
    android:background = "@android:color/black">

    < VideoView
        android:id = "@ + id/videoview"
        android:layout_width = "match_parent"
        android:layout_height = "match_parent"
        android:layout_gravity = "center"/>

</LinearLayout >
```

(a)

(b)

图 17-11 实现运行效果

布局文件很简单，VideoView 控件的标签是< VideoView >，通过 android: layout_gravity="center"设置视图居中。

提示 如果设备屏幕分辨率很大，而视频又比较小，则需要设置 android:layout_width 和 android:layout_height 属性为 match_parent，这样会尽可能利用屏幕空间。否则需要设置 android:layout_width 和 android:layout_height 属性为 wrap_content。

再看看 Java 代码部分，活动 MainActivity，MainActivity. java 的代码如下：

```
public class MainActivity extends AppCompatActivity {

    @Override
    public void onCreate(Bundle savedInstanceState) {
        super.onCreate(savedInstanceState);
        setContentView(R.layout.activity_main);

        VideoView videoView = (VideoView) findViewById(R.id.videoview);
        //文件路径
        Uri uri = Uri.parse(Environment.getExternalStorageDirectory().getPath()
                + "/nobody.3gp");                                              ①
        //创建 MediaController
        MediaController mc = new MediaController(this);                        ②
        //设置 VideoView
        videoView.setMediaController(mc);                                      ③
        //设置播放文件路径
        videoView.setVideoURI(uri);                                            ④
        videoView.start();                                                     ⑤

    }
}
```

代码第①行是创建一个 Uri 对象，指向 SD 卡中的视频文件，这里使用 Uri 对象，是因为代码第④行中的 videoView. setVideoURI(uri)设置播放路径参数要求是 Uri 类型。

代码第②行是创建 MediaController，构造方法要求提供上下文对象，当前活动就是上下文对象。

代码第③行是设置 VideoView，将 VideoView 和 MediaController 关联起来。代码第④行是设置播放路径。设置完成后，通过代码第⑤行调用 VideoView 的 start()方法开始播放视频。

本章总结

本章介绍了 Android 平台的多媒体技术，其中包括音频播放、音频录制、视频播放以及多媒体文件格式等，其中 MediaPlayer 类可以实现音频和视频的播放，MediaRecorder 类可以实现音频的录制和视频的录制。但是，视频的录制受硬件的限制，实现起来有一定难度，所以本章没有介绍视频的录制。最后还介绍了 VideoView 实现视频播放。

本章练习题

1. 下列选项中哪些是无损压缩音频文件？(　　)
   A. MP3　　B. WAV　　C. WMA　　D. APE
2. 下列选项中哪些是网络流媒体视频文件？(　　)
   A. AVI　　B. MOV　　C. RMVB　　D. WMV
3. 判断对错。android. media. MediaPlayer 类可以播放音频但不能播放视频。(　　)
4. 请简述音频和视频播放时状态转移过程。

第18章

网络通信技术

如果数据不在本地，而放在远程服务器上，那么如何取得这些数据呢？服务器能给提供一些服务，这些服务大多是基于HTTP/HTTPS协议。HTTP/HTTPS协议基于请求和应答，在需要的时候建立连接提供服务，在不需要的时候断开连接。

18.1 网络通信技术介绍

事实上，网络通信技术有很多内容，就应用层的网络通信技术而言，可以包括Socket、HTTP、HTTPS和Web Service等内容。

18.1.1 Socket通信

Socket是一种原始的通信方式。要编写服务器端代码和客户端代码，自己开端口，自己制定通信协议，验证数据安全和合法性，而且通常还是多线程的，开发起来比较繁琐。但是它也有优点——灵活，不受编程语言、设备、平台和操作系统的限制，通信速度快而高效。

在Java中，Socket的相关类都是在java.net包中，其中主要的类是Socket和ServerSocket。Socket通信方式不是主流，因此本书对Socket通信编程不进行详细论述，希望广大读者能够理解。

18.1.2 HTTP协议

HTTP是Hypertext Transfer Protocol的缩写，即超文本传输协议。HTTP是一个属于应用层的面向对象的协议，其简捷、快速的方式适用于分布式超文本信息的传输。它于1990年提出，经过多年的发展，得到了不断完善和扩展。HTTP协议支持C/S网络结构，是无连接协议，即每一次请求时建立连接，服务器处理完客户端的请求后，应答给客户端然后断开连接，不会一直占用网络资源。

HTTP/1.1协议共定义了8种请求方法：OPTIONS、HEAD、GET、POST、PUT、DELETE、TRACE和CONNECT。作为Web服务器，必须实现GET和HEAD方法，其他方法都是可选的。

- GET方法是向指定的资源发出请求，发送的信息"显式"地跟在URL后面。GET方法应该只用于读取数据，例如静态图片等。GET方法有点像使用明信片给别人写信,"信内容"写在外面,接触到的人都可以看到,因此是不安全的。

- POST方法是向指定资源提交数据,请求服务器进行处理,例如提交表单或者上传文件等。数据包含在请求体中。POST方法像是把"信内容"装入信封中,接触到的人都看不到,因此是安全的。

18.1.3 HTTPS协议

HTTPS是Hypertext Transfer Protocol Secure,即超文本传输安全协议,是超文本传输协议和SSL的组合,用以提供加密通信及对网络服务器身份的鉴定。

简单地说,HTTPS是HTTP的升级版,与HTTPS的区别是:HTTPS使用https://代替http://,HTTPS使用端口443,而HTTP使用端口80来与TCP/IP进行通信。SSL使用40位关键字作为RC4流加密算法,这对于商业信息的加密是合适的。HTTPS和SSL支持使用X.509数字认证,如果需要的话,用户可以确认发送者是谁。

18.1.4 Web服务

Web服务(Web Service)技术通过Web协议提供服务,保证不同平台的应用服务可以相互操作,为客户端程序提供不同的服务。类似Web服务的技术不断问世,如Java的RMI(Remote Method Invocation,远程方法调用)、Java EE的EJB(Enterprise JavaBean,企业级JavaBean)、CORBA(Common Object Request Broker Architecture,公共对象请求代理体系结构)和微软的DCOM(Distributed Component Object Model,分布式组件对象模型)等。

目前,3种主流的Web服务实现方案有REST①、SOAP②和XML-RPC③。XML-RPC和SOAP都是比较复杂的技术,XML-RPC是SOAP的前身。与复杂的SOAP和XML-RPC相比,REST风格的Web服务更加简洁,越来越多的Web服务开始采用REST风格设计和实现。例如,亚马逊已经提供了REST风格的Web服务进行图书查找。

SOAP Web服务数据交换格式是固定的,而REST Web服务数据交换格式是自定义的,使用比较方便。本章所介绍的网络通信事实上就是基于REST Web服务的。

18.2 案例:MyNotes

为了便于学习网络通信,作者为广大读者免费提供了我的备忘录(MyNotes)Web服务,使用时需要注意如下几个问题:

1. 用户注册

为了防止未经许可的网络请求,使用MyNotes Web服务的用户需要到本书服务网站www.51work6.com注册,并填写邮箱(这个邮箱用于激活用户),然后就可以使用

---

① REST(Representational State Transfer,表征状态转移)是2000年Roy Fielding博士在他的博士论文中提出来的一种软件架构风格。——引自维基百科 http://zh.wikipedia.org/zh-cn/REST

② SOAP(Simple Object Access Protocol,简单对象访问协议)是交换数据的一种协议规范,用在计算机网络Web服务(Web service)中,交换带结构的信息。——引自维基百科 http://zh.wikipedia.org/wiki/SOAP

③ XML-RPC是一个远程过程调用(远端程序呼叫)(Remote Procedure Call,RPC)的分布式计算协议,通过XML封装调用函数,并使用HTTP协议作为传送机制。——引自维基百科 http://zh.wikipedia.org/wiki/XML-RPC

MyNotes Web 服务了。网络请求需要提交注册的 email 参数。

2. 请求网址

MyNotes Web 服务请求网址是 http://www.51work6.com/service/mynotes/WebService.php,注意网址区分大小写。

3. 请求方法

MyNotes Web 服务可以接收 HTTP 请求的 GET 方法和 POST 方法,暂时不能接收 HTTPS 请求。

4. 请求参数

请求参数很多也非常重要,参数说明见表 18-1。

表 18-1 请求参数说明

action 参数	type 参数	email 参数	id 参数	date 参数	content 参数
add	需要	需要	不需要	需要	需要
modify	需要	需要	需要	需要	需要
remove	需要	需要	需要	不需要	不需要
query	需要	需要	需要	不需要	不需要

对表 18-1 中的各个参数说明如下:

- action。指定调用 MyNotes Web 服务的一些方法,这些方法有 add、remove、modify 和 query,分别代表插入、删除、修改和查询处理。
- type。数据交换类型,MyNotes Web 服务提供了三种方式的数据: JSON、XML 和 SOAP。
- email。www.51work6.com 网站的注册用户邮箱。用来识别用户是否授权,以及用户身份,用户首先需要到这个网站注册成为会员,然后提供自己注册的邮箱。
- id。MyNotes Web 服务后台备忘录表中主键,当删除和修改时,需要把它传给 MyNotes Web 服务。
- date。MyNotes Web 服务后台备忘录表中的日期字段数据。
- content。MyNotes Web 服务后台备忘录表中的内容字段数据。

5. 返回数据

从 MyNotes Web 服务返回的数据有三种格式: JSON、XML 和 SOAP,至于返回哪一种是由参数 type 决定的。JSON 和 XML 是本书重点推荐的数据交换格式。

18.3 发送网络请求

发送网络请求所使用的具体类库包括:

- Java 的 java.net.URL 类,但是这个类只能发出 GET 请求。
- Apache 组织(http://www.apache.org)提供的 HttpClient 类库,HttpClient 类库已经集成到 Android 平台中了。但 Android 6.0(API level 23)之后不可用了,谷歌废弃这个库,要想使用需要自己移植到应用中。
- HttpURLConnection,谷歌在 Android 6.0(API level 23)之后推荐使用该类进行网络通信。本书重点介绍 HttpURLConnection 的使用。

18.3.1　使用 java.net.URL

Java 的 java.net.URL 类用于请求 Web 服务器上的资源，采用 HTTP 协议，请求方法是 GET 方法，一般是请求静态的、少量的服务器端数据。

下面通过一个实例介绍如何使用 java.net.URL 类，实例运行结果如图 18-1 所示，用户单击 GO 按钮，请求 MyNotes Web 服务，返回的字符串显示在按钮的下面。

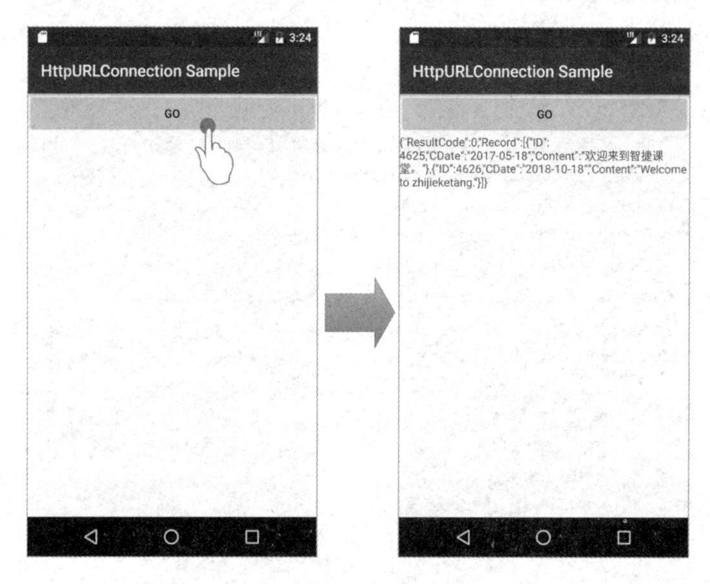

图 18-1　实例运行结果

实例布局文件 activity_main.xml 代码如下：

```
<?xml version = "1.0" encoding = "utf - 8"?>
<LinearLayout xmlns:android = "http://schemas.android.com/apk/res/android"
    android:layout_width = "match_parent"
    android:layout_height = "match_parent"
    android:orientation = "vertical">
    <Button                                                          ①
        android:id = "@ + id/button_go"
        android:layout_width = "match_parent"
        android:layout_height = "wrap_content"
        android:text = "GO" />

    <ScrollView                                                      ②
        android:layout_width = "match_parent"
        android:layout_height = "match_parent">
        <TextView                                                    ③
            android:id = "@ + id/textView_text"
            android:layout_width = "match_parent"
            android:layout_height = "wrap_content" />
    </ScrollView>
</LinearLayout>
```

布局采用的是线性布局，其中代码第①行声明一个 Button。代码第③行是声明 TextView 视图，由于内容可能会比较多，有可能在屏幕中无法完整显示，因此需要将

TextView 放到 ScrollView 视图中，代码第②行是声明 ScrollView 视图。

屏幕活动 MainActivity.java 代码如下：

```
public class extends AppCompatActivity {
    private static String TAG = "urlsample";
    //Web 服务网址
    private static String urlFormat = "http://www.51work6.com/service/mynotes/WebService.php?" +
            "email = % s&type = % s&action = % s";                                          ①
    private Button mButtonGO;
    private TextView mTextViewText;

    @Override
    protected void onCreate(Bundle savedInstanceState) {
        super.onCreate(savedInstanceState);
        setContentView(R.layout.activity_main);
        mTextViewText = (TextView) findViewById(R.id.textView_text);
        mButtonGO = (Button) findViewById(R.id.button_go);
        mButtonGO.setOnClickListener(new View.OnClickListener() {
            @Override
            public void onClick(View v) {
                //调用 java.net.URL 需要在子线程中
                Thread t = new Thread() {
                    @Override
                    public void run() {
                        //调用 Notes Web 服务
                        requestNotes();                                                      ②
                    }
                };
                t.start();
            }
        });
    }
    //调用 Notes Web 服务
    private void requestNotes() {
         String url = String.format(urlFormat, <51work6.com 注册的用户邮箱>, "JSON",
"query");                                                                                    ③
        BufferedReader br = null;
        try {
            java.net.URL reqURL = new URL(url);                                              ④
            //打开网络通信输入流
            InputStream is = reqURL.openStream();                                            ⑤
            //通过 is 创建 InputStreamReader 对象
            InputStreamReader isr = new InputStreamReader(is, "utf - 8");
            //通过 isr 创建 BufferedReader 对象
            br = new BufferedReader(isr);                                                    ⑥

            StringBuilder sb = new StringBuilder();
            String line;
            while ((line = br.readLine()) != null) {                                         ⑦
                sb.append(line);                                                             ⑧
            }
            //日志输出
            Log.i(TAG, sb.toString());
            //创建消息
```

```
                Message msg = new Message();
                //设置消息内容
                msg.obj = sb.toString();
                //发送消息到主线程
                mHandler.sendMessage(msg);                                    ⑨
            } catch (Exception e) {
                e.printStackTrace();
            } finally {
                if (br != null) {
                    try {
                        br.close();
                    } catch (IOException e) {
                        e.printStackTrace();
                    }
                }
            }
        }
        //创建 Handler 对象 mHandler,mHandler 是 Handler 类型的成员变量
        private Handler mHandler = new Handler() {                            ⑩
            @Override
            public void handleMessage(Message msg) {
                String text = (String)msg.obj;
                mTextViewText.setText(text);
            }
        };
    }
```

上述代码第①行声明一个 Web 服务网址，它是一个格式化字符串，其中包含了三个字符串参数(%s)，在代码第③行会替换这三个参数。

代码第②行是在子线程中调用 requestNotes()方法，这个方法中包含了网络通信 java.net.URL 代码。因为网络通信耗时，可能会导致堵塞主线程，Android 系统要求这种网络情况只能在子线程。

代码第③行是替换格式化字符串中的三个参数，其中第二个参数是用户在 51work6.com 注册的用户邮箱。代码第④行是实例化 java.net.URL 对象，这个类是由 Java 核心库提供的。

代码第⑤行～第⑥行打开网络通信输入流，其中代码第⑤行是打开用于网络通信的输入流 InputStream，InputStream 是一个低级字节输入流，操作起来很不方便，因此需要高级字符输入流 BufferedReader，代码第⑥行是构建字符输入流 BufferedReader，BufferedReader 是缓冲字符输入流，构造方法中参数是 InputStreamReader，它是字节流到字符流之间的桥梁。

代码第⑦行的 br.readLine()语句是读取一行字符串，readLine()是缓冲字符输入流的特有方法，使用起来很方便，while((line = br.readLine())!= null)可以反复读取服务器返回的数据，直到 readLine()为 null 时，说明数据读取完成。代码第⑧行是将每次读取一行数据添加到 StringBuilder 变量 sb 中。

从服务器读取完成数据后，不能直接更新 UI(给 TextView 赋值等)，因为当前线程是子线程。代码⑨行是通过 mHandler.sendMessage(msg)语句发送消息到主线程。代码第⑩行是创建 Handler 对象，Handler 对象中的 handleMessage(Message msg)方法用来接收消息更新 UI。

编写完成代码后，还需要为应用程序授权，在 AndroidManifest. xml 添加网络访问权限 android. permission. INTERNET，AndroidManifest. xml 代码如下：

```
<?xml version = "1.0" encoding = "utf - 8"?>
< manifest xmlns:android = "http://schemas.android.com/apk/res/android"
    package = "com.a51work6.httpurlconnectionsample">

    < application
        android:allowBackup = "true"
        android:icon = "@mipmap/ic_launcher"
        android:label = "@string/app_name"
        android:supportsRtl = "true"
        android:theme = "@style/AppTheme">
        < activity android:name = ".MainActivity">
            < intent - filter >
                < action android:name = "android.intent.action.MAIN" />

                < category android:name = "android.intent.category.LAUNCHER" />
            </intent - filter >
        </activity >
    </application >
    < uses - permission android:name = "android.permission.INTERNET" />
</manifest >
```

由于网络访问权限 android. permission. INTERNET 不属于运行时权限，不需要在系统中授权。

18.3.2 使用 HttpURLConnection 发送 GET 请求

由于 java. net. URL 类只能发送 HTTP 的 GET 方法请求，如果要想发送其他的情况或者对网络请求有更深入的控制时，可以使用 HttpURLConnection 类型。

下面对 18. 3. 1 节的实例，修改活动 MainActivity. java 代码如下：

```
private void requestNotes() {
    String urlString = String.format(urlFormat, < 51work6.com 注册的用户邮箱>, "JSON",
"query");
    BufferedReader br = null;
    HttpURLConnection conn = null;
    try {
        URL reqURL = new URL(urlString);
        conn = (HttpURLConnection) reqURL.openConnection();                    ①
        //打开网络通信输入流
        InputStream is = conn.getInputStream();                                ②
        //通过 is 创建 InputStreamReader 对象
        InputStreamReader isr = new InputStreamReader(is, "utf - 8");
        //通过 isr 创建 BufferedReader 对象
        br = new BufferedReader(isr);
        StringBuilder sb = new StringBuilder();
        String line;
        while ((line = br.readLine()) != null) {
            sb.append(line);
        }
        //日志输出
```

```
                Log.i(TAG, sb.toString());
                //创建消息
                Message msg = new Message();
                //设置消息内容
                msg.obj = sb.toString();
                //发送消息到主线程
                mHandler.sendMessage(msg);
            } catch (Exception e) {
                e.printStackTrace();
            } finally {
                if (conn != null) {
                    conn.disconnect();                                          ③
                }
                if (br != null) {
                    try {
                        br.close();
                    } catch (IOException e) {
                        e.printStackTrace();
                    }
                }
            }
        }
```

上述代码第①行是获得 HttpURLConnection 对象，它是通过 reqURL.openConnection()方法获得的，事实上该方法返回的是 URLConnection 类型，需要强制类型转换为 HttpURLConnection，能够转换成功是因为 HttpURLConnection 是 URLConnection 的子类。

代码第②行是通过 conn.getInputStream()打开输入流，18.3.1 节实例使用 URL.openStream()获得输入流。代码第③行 conn.disconnect()是断开连接，这可以释放资源。

18.3.3　使用 HttpURLConnection 发送 POST 请求

18.3.2 节实例和 18.3.1 节实例看起来区别不是很大，是因为它们发送的都是 GET 请求。下面介绍使用 HttpURLConnection 发送 POST 请求。

下面对 18.3.2 节实例，修改活动 MainActivity.java 代码如下：

```
    private void requestNotes() {
        BufferedReader br = null;
        HttpURLConnection conn = null;
        try {
            URL reqURL = new URL(urlString);
            conn = (HttpURLConnection) reqURL.openConnection();                 ①
            conn.setRequestMethod("POST");                                      ②
            conn.setDoOutput(true);
            String paramFormat = "email = %s&type = %s&action = %s";            ③
            String paramString = String.format(paramFormat, <51work6.com 注册的用户邮箱>, "JSON",
    "query");                                                                   ④
            //设置参数
            DataOutputStream dStream = new DataOutputStream(conn.getOutputStream());  ⑤
            dStream.writeBytes(paramString);                                    ⑥
            dStream.close();                                                    ⑦
```

```
            //打开网络通信输入流
            InputStream is = conn.getInputStream();
            //通过 is 创建 InputStreamReader 对象
            InputStreamReader isr = new InputStreamReader(is, "utf-8");
            //通过 isr 创建 BufferedReader 对象
            br = new BufferedReader(isr);
            StringBuilder sb = new StringBuilder();
            String line;
            while ((line = br.readLine()) != null) {
                sb.append(line);
            }
            //日志输出
            Log.i(TAG, sb.toString());
            //创建消息
            Message msg = new Message();
            //设置消息内容
            msg.obj = sb.toString();
            //发送消息到主线程
            mHandler.sendMessage(msg);
        } catch (Exception e) {
            e.printStackTrace();
        } finally {
            if (conn != null) {
                conn.disconnect();
            }
            if (br != null) {
                try {
                    br.close();
                } catch (IOException e) {
                    e.printStackTrace();
                }
            }
        }
    }
```

上述代码第①行 reqURL.openConnection()是建立连接 HttpURLConnection 对象。代码第②行是设置 HTTP 请求方法为 POST，代码第③行是设置请求参数格式化字符串"email=%s&type=%s&action=%s"，其中%s 是占位符，代码第④行替换占位符。

代码第⑤行～第⑧行是将请求参数发送给服务器，代码第⑤行中的 conn.getOutputStream()是打开输出流，new DataOutputStream(conn.getOutputStream())是创建基于数据输出流。代码第⑥行 dStream.writeBytes(paramString)是向输出流中写入数据，dStream.close()是关闭流，并将数据写入到服务器端。

18.3.4 实例：Downloader

还记得 16.3.2 节的 Downloader 实例吗？Downloader 实例运行接收系统广播（WiFi 连接成功），然后启动下载服务组件，本节将下载部分完善。

修改下载服务 DownloadService.java 代码如下：

```
public class DownloadService extends IntentService {
    private final static String TAG = "DownloadService";
```

```
private boolean isRunning = true;
//Web 服务网址
private static String urlString = "https://ss0.bdstatic.com/5aV1bjqh_Q23odCf/" +
        "static/superman/img/logo/bd_logo1_31bdc765.png";
@Override
protected void onHandleIntent(Intent intent) {
    while (isRunning) {
        try {
            //休眠 5 秒
            sleep(1000 * 5);
            //如果 WiFi 网络可用开下载
            if (isConnected(ConnectivityManager.TYPE_WIFI)) {
                Log.i(TAG, "Download thread start...");
                //下载任务处理,任务处理完成 isRunning 设置为 false 停止任务
                download();                                                      ①
            }
        } catch (InterruptedException e1) {
            Log.i(TAG, "Download thread start failure...");
            continue;
        }
    }
}

//下载方法
synchronized private void download() {                                           ②

    InputStream inputStream = null;
    OutputStream outputStream = null;
    HttpURLConnection conn = null;
    byte[] buffer = new byte[1024];

    try {
        URL reqURL = new URL(urlString);
        conn = (HttpURLConnection) reqURL.openConnection();

        //打开网络通信输入流
        inputStream = conn.getInputStream();                                     ③
        outputStream = new FileOutputStream("/mnt/sdcard/download.png");         ④

        int bytesRead;
        while ((bytesRead = inputStream.read(buffer)) != -1) {
            outputStream.write(buffer, 0, bytesRead);
        }

        isRunning = false;                                                       ⑤
        //发送消息到主线程
        mHandler.sendEmptyMessage(1);                                            ⑥

    } catch (Exception e) {
        e.printStackTrace();
    } finally {
        if (conn != null) {
            conn.disconnect();
        }
```

```
                if (inputStream != null) {
                    try {
                        inputStream.close();
                    } catch (IOException e) {
                        e.printStackTrace();
                    }
                }
                if (outputStream != null) {
                    try {
                        outputStream.close();
                    } catch (IOException e) {
                        e.printStackTrace();
                    }
                }
            }
        }

        //创建 Handler 对象 mHandler,mHandler 是 Handler 类型的成员变量
        private Handler mHandler = new Handler() {
            @Override
            public void handleMessage(Message msg) {
                if (msg.what == 1) {                                                ⑦
                    Toast.makeText(DownloadService.this, "下载完成",
                            Toast.LENGTH_LONG).show();                             ⑧
                }
            }
        };
        ...
    }
```

上述代码第①行是在子线程中调用 download()方法,代码第②行是定义下载任务,该方法一定要声明为 synchronized,保证 download()方法同步。代码第③行是打开网络通信输入流,代码第④行是创建文件输出流,下载的文件保存到 SD 卡中。

下载成功之后在代码第⑤行设置 isRunning 为 false,结束子线程循环。代码第⑥行是发送一个空消息给主线程。

代码第⑦行是在主线程中接收消息后,判断消息 what 字段是为 1,如果为 1 则说明是从下载子线程返回,代码第⑧行是调用 Toast 显示下载完成信息。

18.4 数据交换格式

数据交换格式就像两个人在聊天一样,采用彼此都能听得懂的语言,你来我往,其中的语言就相当于通信中的数据交换格式。有时候,为了防止聊天被人偷听,可以采用暗语。同理,计算机程序之间也可以通过数据加密技术防止“偷听”。

数据交换格式主要分为纯文本格式、XML 格式和 JSON 格式,其中纯文本格式是一种简单的、无格式的数据交换方式。

例如,为了告诉别人一些事情,我会写下如图 18-2 所示的留言条。

留言条有一定的格式,共有 4 部分——称谓、内容、落款和时间,如图 18-3 所示。

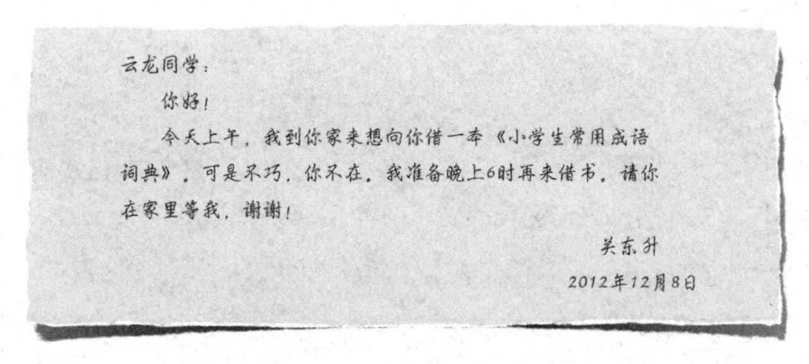

云龙同学：

你好！

今天上午，我到你家来想向你借一本《小学生常用成语词典》，可是不巧，你不在，我准备晚上6时再来借书，请你在家里等我，谢谢！

关东升

2012年12月8日

图 18-2 留言条

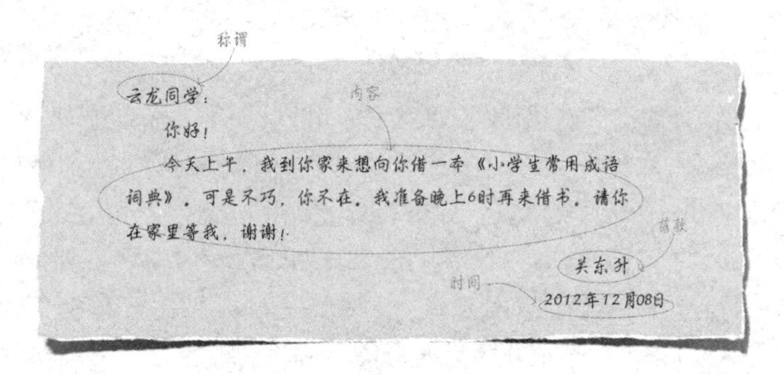

云龙同学：

你好！

今天上午，我到你家来想向你借一本《小学生常用成语词典》，可是不巧，你不在，我准备晚上6时再来借书，请你在家里等我，谢谢！

关东升

2012年12月08日

图 18-3 留言条格式

如果用纯文本格式描述留言条，可以按照如下的形式：

```
"云龙同学","你好!\n今天上午,我到你家来想向你借一本«小学生常用成语词典».可是不巧,你不
    在。我准备晚上6时再来借书.请你在家里等我,谢谢!","关东升","2012年12月08日"
```

留言条中的4部分数据可按照顺序存放，各个部分之间用逗号分隔。数据量小的时候，可以采用这种格式。但是随着数据量的增加，问题也会暴露出来，可能会搞乱它们的顺序。如果各个数据部分能有描述信息就好了。而XML格式和JSON格式可以带有描述信息，它们叫作“自描述的”结构化文档。

将上面的留言条写成XML格式，具体如下：

```
<?xml version = "1.0" encoding = "UTF - 8"?>
<note>
    <to>云龙同学</to>
    <content>你好!\n今天上午,我到你家来想向你借一本«小学生常用成语词典»。
        可是不巧,你不在。我准备晚上6时再来借书。请你在家里等我,谢谢!</content>
    <from>关东升</from>
    <date>2012年12月08日</date>
</note>
```

上述代码中位于尖括号中的内容(<to>…</to>等)就是描述数据的标识，在XML中称为“标签”。

将上面的留言条写成JSON格式，具体如下：

```
{to:"云龙同学",content:"你好!\n今天上午,我到你家来想向你借一本«小学生常用成语词典»。可
是不巧,你不在.我准备晚上6时再来借书.请你在家里等我,谢谢!",from:"关东升",date:"2012年
```

12 月 08 日"}

数据放置在大括号{}之中，每个数据项目之前都有一个描述名字（如 to 等），描述名字和数据项目之间用冒号（:）分开。

可以发现，一般来讲，JSON 所用的字节数要比 XML 少，这也是很多人喜欢采用 JSON 格式的主要原因，因此 JSON 也称为“轻量级”的数据交换格式。接下来，重点介绍 XML 和 JSON 数据交换格式。

18.4.1 XML 文档结构

XML 是一种自描述的数据交换格式。虽然 XML 数据交换格式不如 JSON“轻便”，但也是非常重要的数据交换格式，多年来一直用于各种计算机语言中，是经典的、灵活的数据交换方式。

在读写 XML 文档之前，我们需要了解 XML 文档结构。前面提到的留言条 XML 文档，它由开始标签< flag >和结束标签</flag >组成，它们就像括号一样，把数据项括起来。这样不难看出，标签< to ></to >之间是“称谓”，标签< content ></content >之间是“内容”，标签< from ></from >之间是“落款”，标签< date ></date >之间是“日期”。

XML 文档结构要遵守一定的格式规范。XML 虽然在形式上与 HTML 很相似，但是它有严格的语法规则。只有严格按照规范编写的 XML 文档才是有效的文档，也称为“格式良好”的 XML 文档。XML 文档的基本架构可以分为下面几部分。

- 声明。在图 18-4 中，<? xml version＝"1.0" encoding＝"UTF-8"? >就是 XML 文件的声明，它定义了 XML 文件的版本和使用的字符集，这里为 1.0 版，使用中文 UTF-8 字符。
- 根元素。在图 18-4 中，note 是 XML 文件的根元素，< note >是根元素的开始标签，</note >是根元素的结束标签。根元素只有一个，开始标签和结束标签必须一致。
- 子元素。在图 18-4 中，to、content、from 和 date 是根元素 note 的子元素。所有元素都要有结束标签，开始标签和结束标签必须一致。如果开始标签和结束标签之间没有内容，可以写成< from/>，这称为“空标签”。

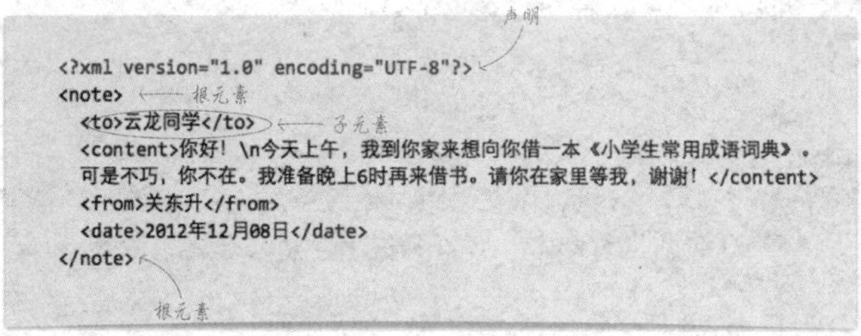

```
<?xml version="1.0" encoding="UTF-8"?>      ← 声明
<note>   ← 根元素
  <to>云龙同学</to>   ← 子元素
  <content>你好！\n今天上午，我到你家来想向你借一本《小学生常用成语词典》。
  可是不巧，你不在。我准备晚上6时再来借书。请你在家里等我，谢谢！</content>
  <from>关东升</from>
  <date>2012年12月08日</date>
</note>   ← 根元素
```

图 18-4 XML 文档结构

- 属性。图 18-5 是具有属性的 XML 文档，而留言条的 XML 文档中没有属性。它定义在开始标签中。在开始标签< Note id＝"1">中，id＝"1"是 Note 元素的一个属性，id 是属性名，1 是属性值，其中属性值必须放置在双引号或单引号之间。一个元素不能有多个相同名字的属性。

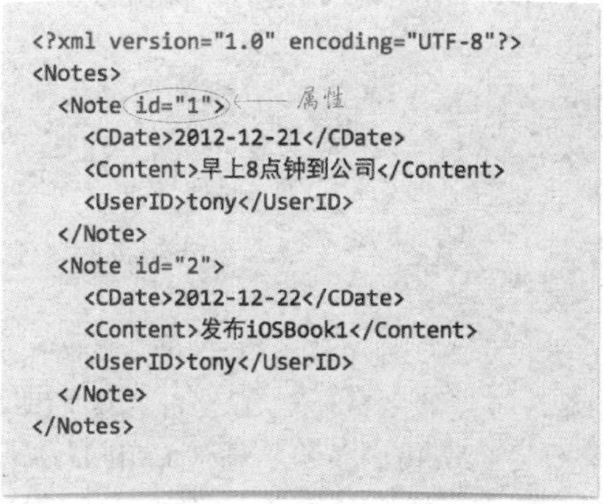

```
<?xml version="1.0" encoding="UTF-8"?>
<Notes>
  <Note id="1">
    <CDate>2012-12-21</CDate>
    <Content>早上8点钟到公司</Content>
    <UserID>tony</UserID>
  </Note>
  <Note id="2">
    <CDate>2012-12-22</CDate>
    <Content>发布iOSBook1</Content>
    <UserID>tony</UserID>
  </Note>
</Notes>
```

属性

图 18-5 有属性的 XML 文档

- 命名空间。用于为 XML 文档提供名字唯一的元素和属性。例如,在一个学籍信息的 XML 文档中,需要引用到教师和学生,它们都有一个子元素 id,这时直接引用 id 元素会造成名称冲突,但是如果将两个 id 元素放到不同的命名空间中就会解决这个问题。图 18-6 中以 xmlns:开头的内容都属于命名空间。

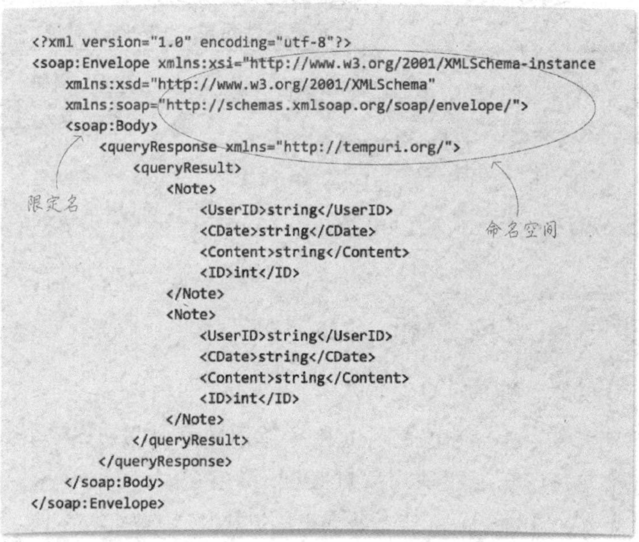

```
<?xml version="1.0" encoding="utf-8"?>
<soap:Envelope xmlns:xsi="http://www.w3.org/2001/XMLSchema-instance
    xmlns:xsd="http://www.w3.org/2001/XMLSchema"
    xmlns:soap="http://schemas.xmlsoap.org/soap/envelope/">
    <soap:Body>
        <queryResponse xmlns="http://tempuri.org/">
            <queryResult>
                <Note>
                    <UserID>string</UserID>
                    <CDate>string</CDate>
                    <Content>string</Content>
                    <ID>int</ID>
                </Note>
                <Note>
                    <UserID>string</UserID>
                    <CDate>string</CDate>
                    <Content>string</Content>
                    <ID>int</ID>
                </Note>
            </queryResult>
        </queryResponse>
    </soap:Body>
</soap:Envelope>
```

限定名

命名空间

图 18-6 命名空间和限定名的 XML 文档

- 限定名。它是由命名空间引出的概念,定义了元素和属性的合法标识符。限定名通常在 XML 文档中用作特定元素或属性引用。图 18-6 中的标签< soap:Body >就是合法的限定名,前缀 soap 是由命名空间定义的。

18.4.2 解析 XML 文档

Java 支持 XML 应用程序的开发,目前提供数个扩展的 API,可以用来建立 XML 基础的应用程序。也有很多第三方的 Java 解析 XML 的 API,例如 JDOM 和 DOM4J 等,而这些第三方的 XML API 由于内部使用了 Android 平台不支持的 JavaSE 类,因此不能在

Android 平台使用；而 Android 平台能够使用的 API，都是 JavaSE 中最为原始的 API，它们主要有 SAX 和 DOM 方式。

SAX 和 DOM 都是指的 XML 文档的解析方式，即程序如何分析 XML 文档。SAX 是一种基于事件驱动的解析模式，解析 XML 时候程序从上到下读取 XML 文档，如果遇到开始标签、结束标签、属性等，就会触发相应的事件，但是这种解析 XML 文件有一个弊端就是只能读取 XML 文档，不能写入 XML 文档。SAX 方式解析起来不是很普遍，本书不介绍这种方式。

DOM 方式是将 XML 文档作为一棵树状结构，提供节点的相关属性和方法获取各元素的内容，或是新增、删除和修改节点的内容。XML 解析器在加载 XML 文件以后，DOM 将 XML 文件的元素视为一个树状结构的节点。需要使用 Document、NodeList 和 Node、Attr、Element 等 API 访问元素和属性的内容，请参考表 18-2。

表 18-2　DOM API

DOM API	说　明
Document	树状结构表示整个 XML 文档
Node	节点对象，新增、删除和修改节点的对象
NodeList	节点列表对象，就是指定节点的子节点整个树状结构
Element	XML 元素对象，也是节点对象
Attr	XML 元素属性对象，也是节点对象

Document、NodeList、Node、Attr 和 Element 等 API 类图如图 18-7 所示，其中 Document、Attr 和 Element 接口继承了 Node 接口，NodeList 接口是 Node 集合。也就是说 Document、NodeList、Element 和 Attr 都是 Node。

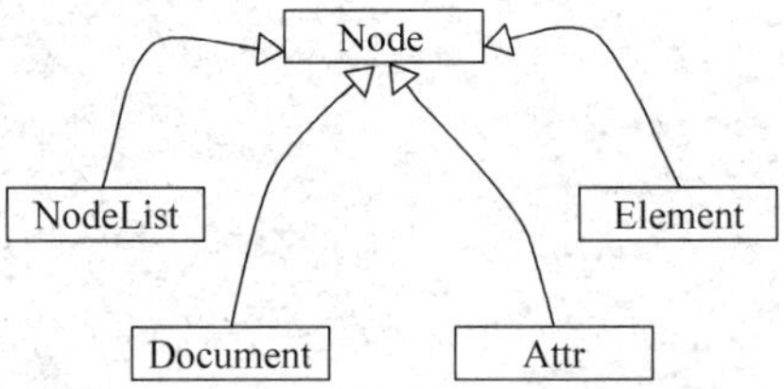

图 18-7　DOM API 类图

18.4.3　实例：DOM 解析 XML 文档

本节通过 DOM 方式解析 MyNotes Web 服务返回的 XML 文件，在此之前从 MyNotes Web 服务返回的都是 XML 或 JSON 字符串，开发人员需要将它们解析成为客户端能够使用数据类型。

下面的代码是从 MyNotes Web 服务返回的 XML 文档，从文档中可见 Notes 元素包含多个 Note 元素，每一个 Note 所包含的内容就是数据中一条记录，下面的 XML 文档中包含两个 Note 元素，就是从服务器数据库查询出两条 Note 记录。Note 数据可以显示在 ListView 控件上，如图 18-8 所示。

```
<?xml version = "1.0" encoding = "utf - 8"?>
<Notes>
  <ResultCode>0</ResultCode>
  <Note id = "4625">
    <CDate>2017 - 05 - 18</CDate>
    <Content>欢迎来到智捷课堂。</Content>
  </Note>
  <Note id = "4626">
```

```
        <CDate>2018-10-18</CDate>
        <Content>Welcome to zhijieketang.</Content>
    </Note>
</Notes>
```

实例布局文件 activity_main.xml 代码如下：

```
<?xml version="1.0" encoding="utf-8"?>
<LinearLayout xmlns:android="http://schemas.android.com/apk/res/android"
    android:layout_width="match_parent"
    android:layout_height="match_parent"
    android:orientation="vertical">

    <Button
        android:id="@+id/button_go"
        android:layout_width="match_parent"
        android:layout_height="wrap_content"
        android:text="GO" />

    <ListView
        android:id="@+id/listview"
        android:layout_width="match_parent"
        android:layout_height="wrap_content" />

</LinearLayout>
```

布局采用线性布局，里面有两个视图——Button 和 ListView。ListView 的每一个列表项布局 listitem.xml 代码如下：

```
<?xml version="1.0" encoding="utf-8"?>
<LinearLayout xmlns:android="http://schemas.android.com/apk/res/android"
    android:layout_width="match_parent"
    android:layout_height="wrap_content"
    android:orientation="vertical"
    android:paddingLeft="20dp"
    android:paddingTop="6dp">

    <TextView
        android:id="@+id/textView_content"
        android:layout_width="match_parent"
        android:layout_height="wrap_content"
        android:textSize="20sp" />

    <TextView
        android:id="@+id/textView_date"
        android:layout_width="match_parent"
        android:layout_height="wrap_content"
        android:textSize="15sp" />

</LinearLayout>
```

下面看看 Java 代码部分，为了便于保存数据，本例中创建备忘录信息实体类 Note，Note 代码如下：

```
public class Note {
    private int id;
    private String date;
    private String content;
    public int getId() {
        return id;
    }
    public void setId(int id) {
        this.id = id;
    }
    public String getContent() {
        return content;
    }
    public void setContent(String content) {
        this.content = content;
    }
    public String getDate() {
        return date;
    }
    public void setDate(String date) {
        this.date = date;
    }
}
```

Note 类中声明了三个成员变量，以及访问它们的 getter 和 setter 方法。

显示界面活动 MainActivity.java 代码如下：

```
public class MainActivity extends AppCompatActivity {
    ...
    //Web 服务网址
    private static String urlString
            = "http://www.51work6.com/service/mynotes/WebService.php";
    @Override
    protected void onCreate(Bundle savedInstanceState) {
        super.onCreate(savedInstanceState);
        setContentView(R.layout.activity_main);
        ...
    }
    //调用 Notes Web 服务
    private void requestNotes() {
        HttpURLConnection conn = null;
        try {
            URL reqURL = new URL(urlString);
            conn = (HttpURLConnection) reqURL.openConnection();
            ...
            //打开网络通信输入流
            InputStream is = conn.getInputStream();
            //解析 XML 返回 List
            List<Note> list = parseXML(is);                                    ①

            //创建消息
            Message msg = new Message();
            //将解析 List 对象放置到消息 obj 字段中
            msg.obj = list;
```

```
            //发送消息到主线程
            mHandler.sendMessage(msg);
        } catch (Exception e) {
            e.printStackTrace();
        } finally {
            if (conn != null) {
                conn.disconnect();
            }
        }
    }

    /**
     * 解析 XML 文档
     * @param is InputStream 输入流
     * @return List 集合,元素是 Note 类型
     */
    private List<Note> parseXML(InputStream is) {
        List<Note> list = new ArrayList<>();
        try {
            //创建 DocumentBuilder 工厂实例
            DocumentBuilderFactory dbf = DocumentBuilderFactory.newInstance();
            //创建 DocumentBuilder 实例
            DocumentBuilder db = dbf.newDocumentBuilder();
            //通过 DocumentBuilder 解析 XML 文档
            Document doc = db.parse(is);                                          ②

            //取出所有的 Note 元素
            NodeList items = doc.getElementsByTagName("Note");                   ③
            for (int i = 0; i < items.getLength(); i++) {
                Log.v(TAG, String.format("---------- %d --------", i));
                //从集合中取出一个元素
                Node item = items.item(i);                                       ④
                //取出元素 Note 的 id 属性值
                String id = item.getAttributes().item(0).getNodeValue();         ⑤

                //创建 Note 实体类对象
                Note note = new Note();
                //字符串 id 转换为 int 类型,放到 Note 对象中
                note.setId(Integer.parseInt(id));
                Log.v(TAG, "id = " + id);
                //取出 Node 所有子元素
                NodeList childeNodes = item.getChildNodes();                     ⑥
                for (int j = 0; j < childeNodes.getLength(); j++) {
                    //从集合中取出一个 Note 子元素
                    Node child = childeNodes.item(j);                            ⑦
                    //如果这个 Note 是一个元素类型节点
                    if (child.getNodeType() == Node.ELEMENT_NODE) {
                        //判断是否是 CDate 元素
                        if (child.getNodeName().equals("CDate")) {
                            //如果是 CDate 元素,则取出 CDate 节点下文本节点值
                            String date = child.getFirstChild().getNodeValue();  ⑧
                            note.setDate(date);
                            Log.v(TAG, "CDate = " + date);
                        }
```

```
                        //判断是否是 Content 元素
                        if (child.getNodeName().equals("Content")) {
                            //如果是 Content 元素,则取出 Content 节点下文本节点值
                            String content = child.getFirstChild().getNodeValue();
                            note.setContent(content);
                            Log.v(TAG, "Content = " + content);
                        }
                    }
                }
                //将 Note 实体类对象添加到 list 集合中
                list.add(note);
            }
        } catch (Exception e) {
            e.printStackTrace();
        }
        return list;
    }
```

上述代码第①行是 parseXML(is)方法解析 XML 文档,参数输入流对象,返回值是元素为 Note 类型的 List 集合。

代码第②行 Document doc = db.parse(is)通过 DocumentBuilder 解析 XML 文档,parse()方法有多个不同版本:

- parse(File f)。将给定文件解析 XML 文档。
- parse(InputSource is)。从输入源解析 XML 文档。
- parse(InputStream is)。从输入流解析 XML 文档。
- parse(String uri)。从 URI 指定的资源解析 XML 文档。

代码第③行 doc.getElementsByTagName("Note")方法是通过元素标签名查找所有的 Note 元素,所以返回值是 NodeList。由于是 NodeList 是一个集合,因此需要进行循环遍历。代码第④行 Node item = items.item(i)是从集合取出一个节点,这个节点就是 Note 元素。代码第⑤行 item.getAttributes().item(0)是 Note 元素的第一个属性,因为 Note 元素只有一个属性,即 id 属性。由于属性也是节点,所以可以调用 getNodeValue()方法取出属性值。

由于 Note 元素下面还有 CDate 和 Content 元素,所以通过代码第⑥行取出 Node 所有子元素,包括 CDate 和 Content 等多个元素,要取出所有的子元素需要采用遍历方式,代码第⑦行的 Note 子元素,可能是 CDate 或 Content 元素。代码第⑧行是判断结果为 CDate 元素情况下,此时 CDate 元素的内容形式如下:

```
<CDate>2018-10-18</CDate>
```

那么,如何能够取出 CDate 元素中的文本内容呢? child.getFirstChild().getNodeValue()表达式可以取出 CDate 中的文本内容,child.getFirstChild()获得第一个子节点,第一个子节点是 2018-10-18 文本,注意文本也是节点。解析 Content 元素与解析 CDate 元素类似,这里不再赘述。

18.4.4 JSON 文档结构

JSON(JavaScript Object Notation)是一种轻量级的数据交换格式。所谓轻量级,是与

XML文档结构相对而言的，描述项目的字符少，所以描述相同数据所需的字符个数要少，那么传输速度就会提高，而流量却会减少。

如果留言条采用JSON描述，可以设计如下：

```
{"to":"云龙同学",
    "content": "你好!\n今天上午,我到你家来想向你借一本«小学生常用成语词典»。可是
        不巧,你不在。我准备晚上6时再来借书。请你在家里等我,谢谢!"
    "from": "关东升",
    "date": "2012年12月08日"}
```

由于Web和移动平台开发对流量的要求是尽可能少，对速度的要求是尽可能快，而轻量级的数据交换格式JSON就成为理想的数据交换格式。

构成JSON文档的两种结构为对象和数组。对象是"名称-值"对集合，它类似于Java中的Map类型，而数组是一连串元素的集合。

对象是一个无序的"名称/值"对集合，一个对象以"{"(左括号)开始，以"}"(右括号)结束。每个"名称"后跟一个":"(冒号)，"名称-值"对之间使用，(逗号)分隔。JSON对象的语法表如图18-8所示。

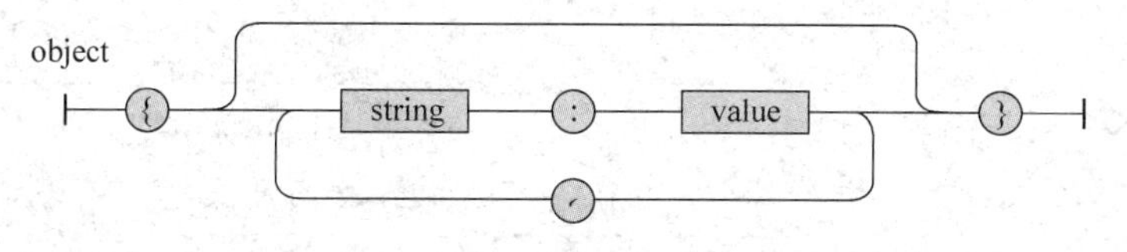

图18-8　JSON对象的语法表

下面是一个JSON对象的例子：

```
{
    "name":"a.htm",
    "size":345,
    "saved":true
}
```

数组是值的有序集合，以"["(左中括号)开始，以"]"(右中括号)结束，值之间使用，(逗号)分隔。JSON数组的语法表如图18-9所示。

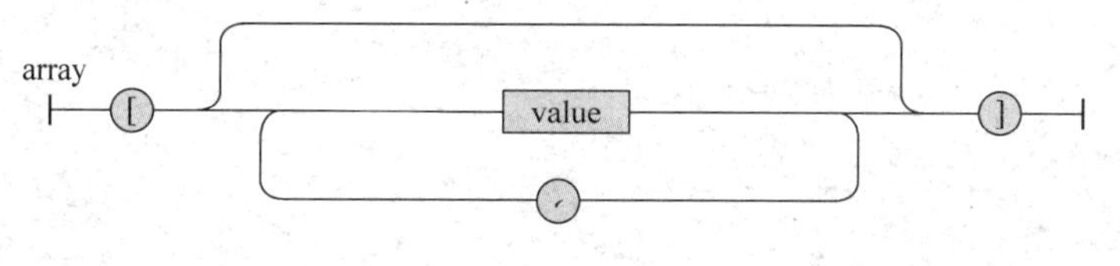

图18-9　JSON数组的语法表

下面是一个JSON数组的例子：

```
["text","html","css"]
```

在数组中，值可以是双引号括起来的字符串、数值、true、false、null、对象或者数组，而且这些结构可以嵌套。数组中值的JSON语法结构如图18-10所示。

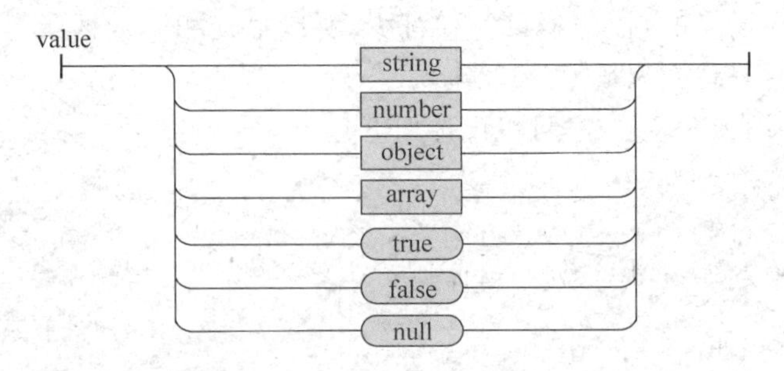

图 18-10 JSON 值的语法结构图

18.4.5 JSON 数据编码和解码

JSON 和 XML 在真正进行数据交换时,它们的存在形式就是一个很长的字符串,这个字符串在网络中传输或者存储于磁盘等介质中。在传输和存储之前,需要把 JSON 对象转换成为字符串才能传输和存储,这个过程称为"编码"过程。接收方需要将接收到的字符串转换成为 JSON 对象,这个过程称为"解码"过程。编码和解码过程就像发电报时发送方把语言变成能够传输的符号,而接收时将符号转换成能够看得懂的语言。

提示 谷歌早已将 http://www.json.org/java/index.html 提供的 JSON 库移植到 Android 系统中,不需要额外导入 JSON 库。熟悉 JSON 库的开发人员能够很快上手。

下面具体介绍一下 JSON 数据编码和解码过程。

1. 编码

如果想获得如下这样 JSON 字符串:

```
{"name": "tony", "age": 30, "a": [1, 3]}
```

应该如何实现编码过程,参考代码如下:

```
try {
    JSONObject jsonObject = new JSONObject();                 ①
    jsonObject.put("name", "tony");                           ②
    jsonObject.put("age", 30);                                ③

    JSONArray jsonArray = new JSONArray();                    ④
    jsonArray.put(1).put(3);                                  ⑤
    jsonObject.put("a", jsonArray);                           ⑥
    //编码完成
    System.out.println(jsonObject.toString());                ⑦
} catch (JSONException e) {
    e.printStackTrace();
}
```

上述代码第①行是创建 JSONObject(JSON 对象),代码第②行和第③行是把 JSON 数据项添加到 JSON 对象 jsonObject 中,代码第④行创建 JSONArray(JSON 数组),代码第⑤行是向 JSON 数组中添加 1 和 3 两个元素。代码第⑥是将 JSON 数组 jsonArray 作为 JSON 对象 jsonObject 的数据项添加到 JSON 对象。

代码第⑦行 jsonObject. toString()是将 JSON 对象转换为字符串，真正完成了 JSON 编码过程。

2. 解码

解码过程是编码反向操作，如果有如下的 JSON 字符串：

```
{"name":"tony", "age":30, "a":[1, 3]}
```

那么，如何把这个 JSON 字符串解码成 JSON 对象或数组，参考代码如下：

```
String jsonString = "{\"name\":\"tony\", \"age\":30, \"a\":[1, 3]}";       ①
try {
    JSONObject jsonObject = new JSONObject(jsonString);                        ②
    String name = jsonObject.getString("name");                                ③
    System.out.println("name : " + name);
    int age = jsonObject.getInt("age");
    System.out.println("age : " + age);
    JSONArray jsonArray = jsonObject.getJSONArray("a");                        ④
    int n1 = jsonArray.getInt(0);                                              ⑤
    System.out.println("数组 a 第一个元素 : " + n1);
    int n2 = jsonArray.getInt(1);
    System.out.println("数组 a 第二个元素 : " + n2);
} catch (JSONException e) {
    e.printStackTrace();
}
```

上述代码第①行是声明一个 JSON 字符串，网络通信过程中 JSON 字符串是从服务器返回的。代码第②行通过 JSON 字符串创建 JSON 对象，这个过程事实上就是 JSON 字符串解析的过程，如果能够成功地创建 JSON 对象，说明解析成功，如果发生异常则说明解析失败。

代码第③行从 JSON 对象中按照名称取出 JSON 中对应的数据。代码第④行是取出一个 JSON 数组对象，代码第⑤行取出 JSON 数组第一个元素。

注意 如果按照规范的 JSON 文档要求，每个 JSON 数据项目的“名称”必须使用双引号括起来，不能使用单引号或没有引号。在下面的代码文档中，“名称”省略了双引号，该文档在其他平台解析时会出现异常，而在 Java 等平台则可以通过，这得益于 Java 解析类库的强大，但这并不是规范的做法。如果与其他平台进行数据交换时，采用不规范的 JSON 文档编写，那么很有可能导致严重的问题发生。

```
{ResultCode:0,Record:[
    {ID:'1',CDate:'2012-12-23',Content:'发布 iOSBook0',UserID:'tony'},
    {ID:'2',CDate:'2012-12-24',Content:'发布 iOSBook1',UserID:'tony'}]}
```

18.4.6 实例：解码 JSON 数据

下面的代码是从 MyNotes Web 服务返回的 JSON 数据，从文档可见 Record 数据项是中括号，说明它是 JSON 数组，其中每一个元素是又是 JSON 对象。

```
{
```

```
    "ResultCode": 0,
    "Record": [
        {"ID": 4625, "CDate": "2017-05-18", "Content": "欢迎来到智捷课堂。"},
        {"ID": 4626, "CDate": "2018-10-18", "Content": "Welcome to zhijieketang."}
    ]
}
```

修改 18.4.3 节实例将 XML 数据换成 JSON 数据。

```
private void requestNotes() {
    BufferedReader br = null;
    HttpURLConnection conn = null;
    try {
        URL reqURL = new URL(urlString);
        conn = (HttpURLConnection) reqURL.openConnection();
        conn.setRequestMethod("POST");
        String paramFormat = "email=%s&type=%s&action=%s";
        String paramString = String.format(paramFormat, <51work6.com 注册的用户邮箱>, "JSON",
"query");
        //设置参数
        DataOutputStream dStream = new DataOutputStream(conn.getOutputStream());
        dStream.writeBytes(paramString);
        dStream.close();
        //打开网络通信输入流
        InputStream is = conn.getInputStream();
        //通过 is 创建 InputStreamReader 对象
        InputStreamReader isr = new InputStreamReader(is, "utf-8");
        //通过 isr 创建 BufferedReader 对象
        br = new BufferedReader(isr);
        StringBuilder sb = new StringBuilder();
        String line;
        while ((line = br.readLine()) != null) {
            sb.append(line);
        }
        //日志输出
        Log.i(TAG, sb.toString());
        //解码 JSON 数据返回 List
        List<Note> list = decodeJSON(sb.toString());                        ①

        //创建消息
        Message msg = new Message();
        //将解析 List 对象放置到消息 obj 字段中
        msg.obj = list;
        //发送消息到主线程
        mHandler.sendMessage(msg);

    } catch (Exception e) {
        e.printStackTrace();
    } finally {
        if (conn != null) {
            conn.disconnect();
        }
        if (br != null) {
            try {
                br.close();
            } catch (IOException e) {
```

```
                e.printStackTrace();
            }
        }
    }
}

/**
 * 解码 JSON 数据
 *
 * @param jsonString JSON 字符串
 * @return List 集合,元素是 Note 类型
 */
private List<Note> decodeJSON(String jsonString) {

    List<Note> list = new ArrayList<>();
    try {
        JSONObject jsonObject = new JSONObject(jsonString);                    ②
        JSONArray jsonArray = jsonObject.getJSONArray("Record");               ③

        for (int i = 0; i < jsonArray.length(); i++) {                         ④
            Log.v(TAG, String.format("---------- %d --------", i));
            //从集合中取出一个元素
            JSONObject row = jsonArray.getJSONObject(i);                       ⑤
            //创建 Note 实体类对象
            Note note = new Note();
            note.setId(row.getInt("ID"));                                      ⑥
            Log.v(TAG, "ID = " + note.getId());
            note.setDate(row.getString("CDate"));
            Log.v(TAG, "CDate = " + note.getDate());
            note.setContent(row.getString("Content"));
            Log.v(TAG, "Content = " + note.getContent());
            //将 Note 实体类对象添加到 list 集合中
            list.add(note);                                                    ⑦
        }
    } catch (Exception e) {
        e.printStackTrace();
    }
    return list;
}
```

上述代码第①行是调用 decodeJSON()方法解码 JSON 字符串,参数是字符串。

代码第②行创建 JSON 对象,参数中传入 JSON 字符串,如果能够成功创建则说明解析成功。代码第③行是获得 Record 数据内容,它是 JSON 数组。代码第④行是通过 for 循环遍历 JSON 数组 jsonArray。代码第⑤行是从 JSON 数组中取出一个元素 row,注意 row 又是 JSON 对象。代码第⑥行是从 JSON 对象 row 中获得 ID 数据内容。代码第⑦行是将 Note 实体对象放到 List 集合中。

本章总结

本章重点介绍了网络请求技术,其中 HttpURLConnection 是学习的重点,此外还介绍了网络通信中数据交换格式,包括 XML 和 JSON。最后还介绍了如何解析 XML 文档,如何解码和编码 JSON 数据等内容。

本章练习题

1. 判断对错。HTTPS是超文本传输安全协议，HTTPS是HTTP的升级版，HTTPS使用端口443，而HTTP使用端口80与TCP/IP进行通信。(　　)

2. 请列举几个网络请求类库。

3. 主要的数据交换格式有哪些？(　　)

A. AVI　　B. JSON　　C. 纯文本格式　　D. 纯文本格式

第19章 百度地图与定位服务

在移动设备上，越来越多的应用是基于地图，而在地图中又有很多是使用定位服务的。移动设备的优势就是能够到处移动，往往需要知道自己所在的位置，然后再查询自己周围的饭店、影院和交通路线等信息。查找自己的位置是通过GPS等方式提供定位服务的。找到饭店、影院和交通路线等信息再通过地图标示出来。

19.1 使用百度地图

虽然谷歌地图也非常优秀，但是在中国大陆地区使用起来不如百度地图方便。而且，百度地图还有一个非常大的优势，就是离线地图，使用离线地图可以减少数据流量开销，提高地图加载速度。

19.1.1 申请API Key

要想使用百度地图服务编写应用，需要申请百度地图移动版的API Key，并把Key加载到你的应用中，这样才能使用百度地图服务，否则无法显示地图。

要申请API Key，首先需要有百度账户，注册百度账户后，通过http://lbsyun.baidu.com网址登录百度开放平台页面，如图19-1所示。在首页中单击“申请密钥”超链接，进入如图19-2所示的页面，如果已经通过百度账号登录，也可以直接在浏览器地址栏中输入http://lbsyun.baidu.com/apiconsole/key网址进入。

在图19-2所示的页面中单击“创建应用”按钮，进入创建应用页面，输入内容，如图19-3所示。在应用类型中选择Android SDK；启用服务中选择你需要的服务，默认全部选中；SHA1是Android签名证书，可分为发布版或开发版，输入相应的SHA1值(稍后再介绍如何生成SHA1)；包名中输入应用包名，SHA1+包名构成了安全码。输入完成后单击“提交”按钮确定，然后页面会返回到19-2所示的页面，在应用列表中“访问应用(AK)”列内容就是API Key了。

19.1.2 获得Android签名证书中的SHA1值

在申请API Key时要求通过Android签名证书中的SHA1值。Android签名证书可以分为发布版或开发版。发布版要在应用打包时创建，安装Android SDK之后，会在当前用户目录下的.android目录中生成签名证书文件(debug.keystore)。例如：

图 19-1　百度开放平台

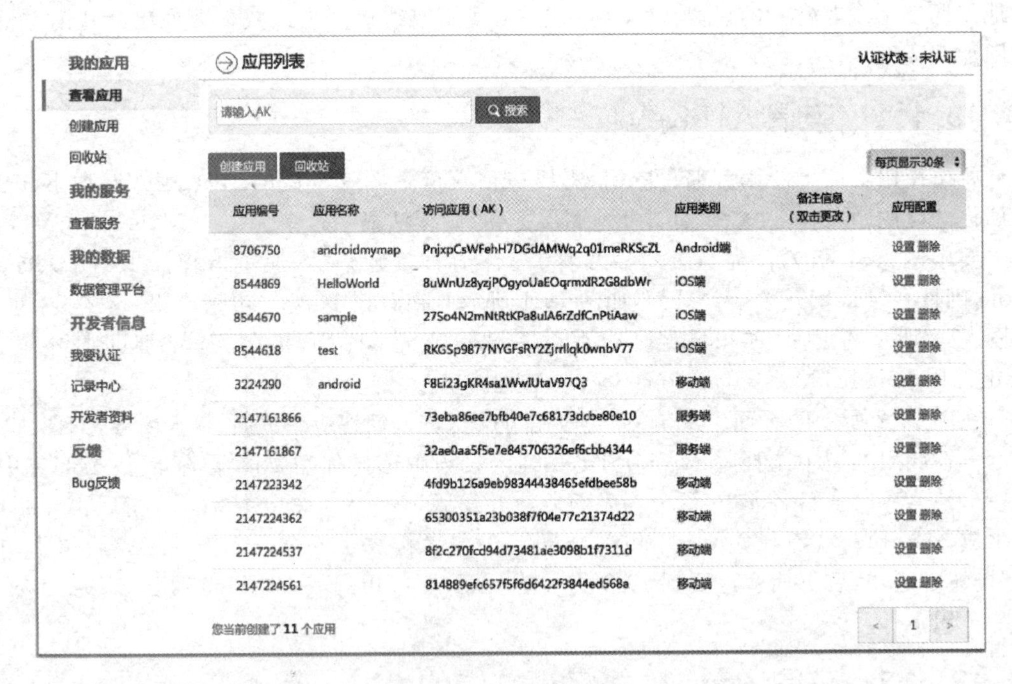

图 19-2　申请 API Key

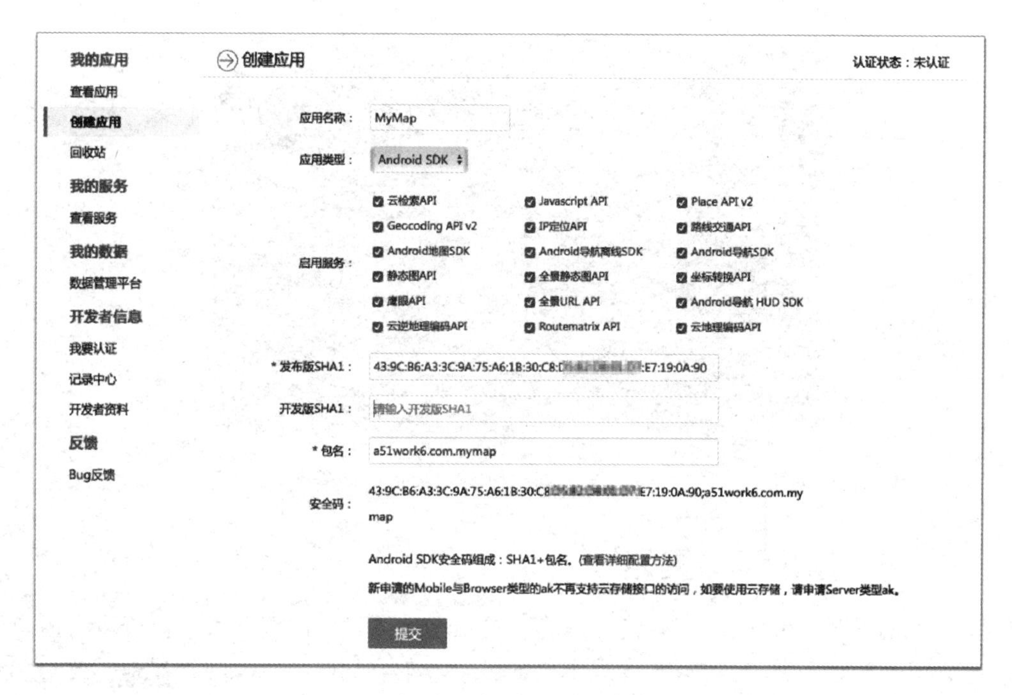

图 19-3 创建应用页面

C:\Users\tony - mini - pc\.android\debug.keystore

.android 是一个隐藏目录。

从签名证书文件获得 SHA1 值，具体过程如下：

首先，通过 DOS(或 Mac 终端)进入.android 目录，然后执行 keytool -list -v -keystore debug.keystore 指令，如图 19-4 所示，要求输入签名证书的密码，注意 debug.keystore 的密码是 android。

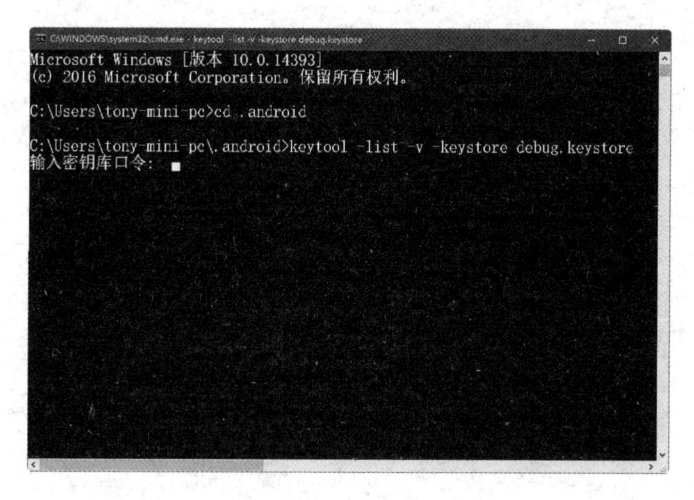

图 19-4 获得 SHA1 值

输入正确的密码后，按 Enter 键会生成一个不同算法的证书指纹值，如图 19-5 所示。其中，SHA1 值就是百度地图所需要的了。

```
C:\WINDOWS\system32\cmd.exe
别名: androiddebugkey
创建日期: 2016-6-20
条目类型: PrivateKeyEntry
证书链长度: 1
证书[1]:
所有者: C=US, O=Android, CN=Android Debug
发布者: C=US, O=Android, CN=Android Debug
序列号: 1
有效期开始日期: Mon Jun 20 16:07:42 CST 2016, 截止日期: Wed Jun 13 16:07:42 CS
证书指纹:
         MD5: CA:2E:B3:09:D5:29:B5:  :B6:BC
         SHA1: 24:05:07:28:68:58:B5:  F:BC:D7:48:DD:FA:DE
         SHA256: E5:C9:60:0A:A1:82:  :44:6F:D1:2B:6B:14:F9:5
         签名算法名称: SHA1withRSA
         版本: 1

*******************************************
*******************************************

C:\Users\tony-mini-pc\.android>
```

图 19-5　证书指纹

19.1.3 搭建和配置环境

百度地图是第三方的类库，开发人员需要在工程中搭建和配置环境。由于本书主要使用 Android Studio 工具开发应用，因此本章重点介绍在 Android Studio 工程中搭建和配置百度地图环境。

1. 下载

首先需要下载百度地图相关文件。输入下载地址 http://lbsyun.baidu.com/index.php?title=androidsdk/sdkandev-download，进入如图 19-6 所示的页面，在页面中单击“一键下载”，可以下载开发包、示例代码和 API 文档。

图 19-6　下载页面

解压下载压缩包 BaiduMap_AndroidSDK_v4.0.0_All，BaiduMap_AndroidSDK_v4.0.0_All 内容如图 19-7 所示，从目录可见 BaiduMap_AndroidSDK_v4.0.0_Docs.zip 是开发文档，BaiduMap_AndroidSDK_v4.0.0_Sample.zip 是示例代码，在 libs 目录中是百度地图库，其中有一些与硬件平台无关的 jar 包文件，另外还有一些与硬件平台(CPU 架构)相关的 so 库文件。

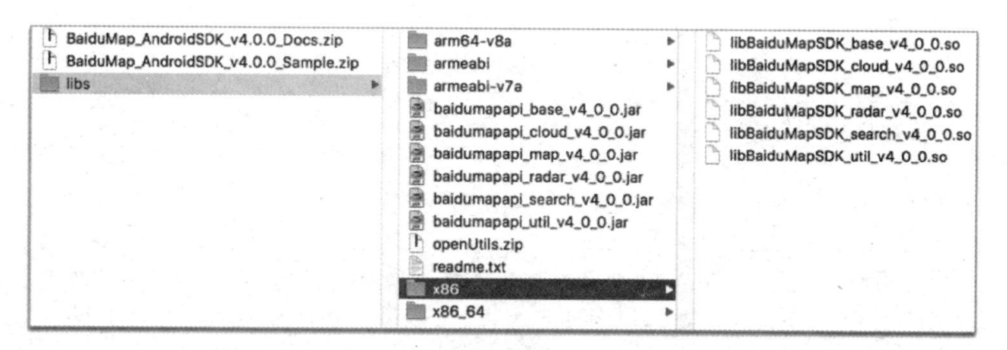

图 19-7　BaiduMap_AndroidSDK_v4.0.0_All 内容

2. 配置环境

首先需要将下载开发包 BaiduMap_AndroidSDK_v4.0.0_All\libs 目录中的所有 jar 文件，并复制到工程 app\libs 目录中，如图 19-8 所示。然后选中这些 jar 文件，右击菜单，选中 Add As Library 并添加到工程类库中，这会在 build.gradle 添加工程所依赖的 jar 文件声明，代码如下：

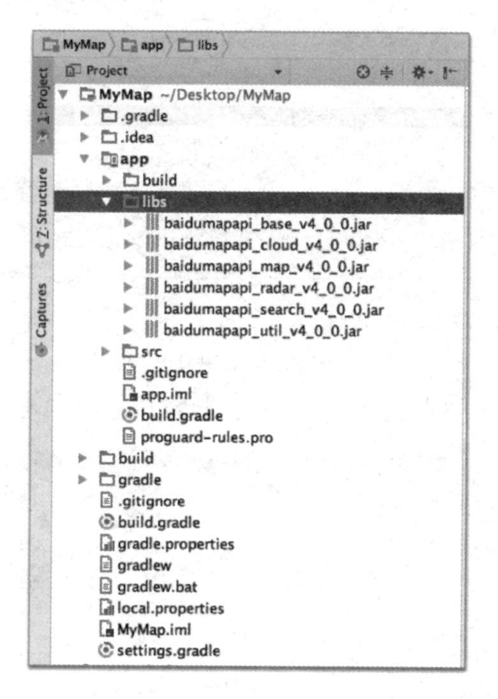

图 19-8　复制 jar 文件

```
...
dependencies {
    compile fileTree(include: ['*.jar'], dir: 'libs')
    androidTestCompile('com.android.support.test.espresso:espresso-core:2.2.2', {
        exclude group: 'com.android.support', module: 'support-annotations'
    })
    compile 'com.android.support:appcompat-v7:24.2.1'
    testCompile 'junit:junit:4.12'
    compile files('libs/baidumapapi_base_v4_0_0.jar')                              ①
    compile files('libs/baidumapapi_cloud_v4_0_0.jar')
```

```
    compile files('libs/baidumapapi_map_v4_0_0.jar')
    compile files('libs/baidumapapi_radar_v4_0_0.jar')
    compile files('libs/baidumapapi_search_v4_0_0.jar')
    compile files('libs/baidumapapi_util_v4_0_0.jar')                ②
}
```

在 build.gradle 文件中增加了代码第①行～第②行的内容。

提示 有时，在 Android Studio 中的 app 下看不到 libs 目录，这是因为选中的视图不同。默认视图是 Android，如图 19-9 所示。单击 Android 下拉列表，选择其中的 Project，就会进入 Project 视图，如图 19-8 所示。Project 视图类似于操作系统下看到的目录结构。

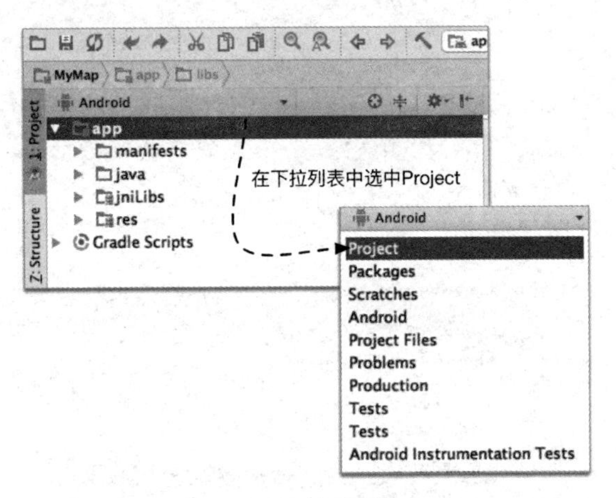

图 19-9 改变视图到 Project

其次，还需要将平台相关的 so 文件导入到工程中。在 Android Studio 的 Project 视图下，右击 app\src\main 目录。在弹出的快捷菜单中选择 New→Directory 创建 jniLibs 目录，如图 19-10 所示。将 so 文件及文件夹全部复制到 jniLibs 目录下。

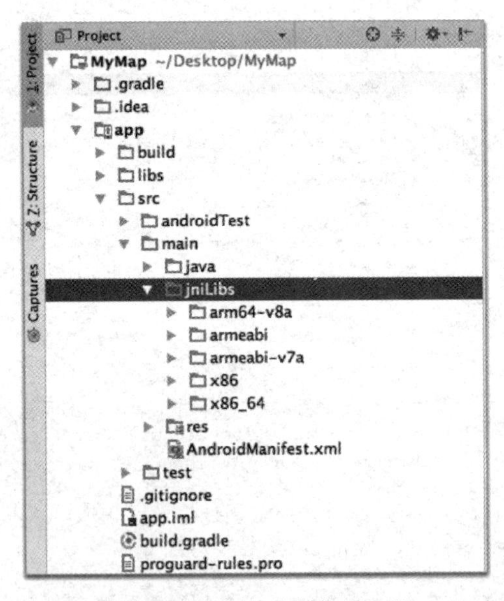

图 19-10 导入 so 文件到工程

19.1.4 实例：显示地图

开发 API Key 申请完成，并且环境配置成功，就可以开发地图应用了。下面通过一个实例介绍如何使用 API Key，如何显示并控制地图视图，如图 19-11 所示。图 19-11(a)是普通视图，图 19-11(b)是显示菜单视图，图 19-11(c)是显示交通状况，图 19-11(d)是卫星地图。

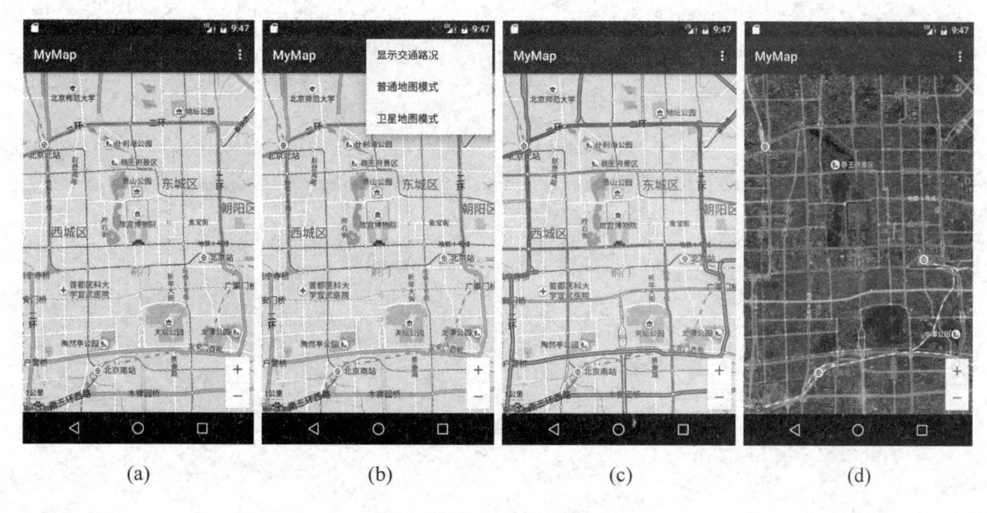

图 19-11 显示地图实例

首先，看看应用清单文件 AndroidManifest.xml 代码：

```
<?xml version="1.0" encoding="utf-8"?>
<manifest xmlns:android="http://schemas.android.com/apk/res/android"
    package="com.a51work6.mymap">

    <application
        android:allowBackup="true"
        android:icon="@mipmap/ic_launcher"
        android:label="@string/app_name"
        android:supportsRtl="true"
        android:theme="@style/AppTheme">
        <activity android:name=".MainActivity">
            <intent-filter>
                <action android:name="android.intent.action.MAIN" />

                <category android:name="android.intent.category.LAUNCHER" />
            </intent-filter>
        </activity>

        <meta-data
            android:name="com.baidu.lbsapi.API_KEY"
            android:value="换成自己第 Key" />                                    ①
    </application>
    <uses-permission android:name="android.permission.ACCESS_NETWORK_STATE"/>       ②
    <uses-permission android:name="android.permission.INTERNET"/>
    <uses-permission android:name="com.android.launcher.permission.READ_SETTINGS" />
    <uses-permission android:name="android.permission.WAKE_LOCK"/>
```

```
    <uses-permission android:name="android.permission.CHANGE_WIFI_STATE" />
    <uses-permission android:name="android.permission.ACCESS_WIFI_STATE" />
    <uses-permission android:name="android.permission.WRITE_EXTERNAL_STORAGE"/>
    <uses-permission android:name="android.permission.WRITE_SETTINGS" />                ③

</manifest>
```

代码第③行是通过<meta-data>标签设置开发 API Key，需要把 value 换成自己申请的 API Key。代码第②行～第③行为应用添加权限。这些是百度地图所需要的。

其次，活动布局文件 activity_main.xml 代码如下：

```
<?xml version="1.0" encoding="utf-8"?>
<LinearLayout xmlns:android="http://schemas.android.com/apk/res/android"
    android:layout_width="fill_parent"
    android:layout_height="fill_parent"
    android:orientation="vertical">

    <com.baidu.mapapi.map.MapView                                                      ①
        android:id="@+id/bmapView"
        android:layout_width="fill_parent"
        android:layout_height="fill_parent"
        android:clickable="true" />

</LinearLayout>
```

代码第①行是声明百度地图视图，类型是 com.baidu.mapapi.map.MapView，android:clickable="true"是设置视图能够响应用户单击事件。

活动文件 MainActivity.java 代码如下：

```
public class MainActivity extends AppCompatActivity {

    //菜单项
    final private int MENU_TRAFFIC = Menu.FIRST;             //显示交通路况
    final private int MENU_NORMAL = Menu.FIRST + 1;          //普通地图模式
    final private int MENU_SATELLITE = Menu.FIRST + 2;       //卫星地图模式

    MapView mMapView = null;
    BaiduMap mBaiduMap = null;

    @Override
    protected void onCreate(Bundle savedInstanceState) {
        super.onCreate(savedInstanceState);

        //注意该方法要在 setContentView 方法之前实现
        SDKInitializer.initialize(getApplicationContext());                       ①
        setContentView(R.layout.activity_main);                                   ②

        //获取地图控件对象
        mMapView = (MapView) findViewById(R.id.bmapView);                         ③
        //BaiduMap 操作地图对象
        mBaiduMap = mMapView.getMap();                                            ④
    }
```

```
    @Override
    public boolean onCreateOptionsMenu(Menu menu) {
        menu.add(0, MENU_TRAFFIC, 0, R.string.traffic);
        menu.add(0, MENU_NORMAL, 0, R.string.normal);
        menu.add(0, MENU_SATELLITE, 0, R.string.satellite);
        return super.onCreateOptionsMenu(menu);
    }

    @Override
    public boolean onOptionsItemSelected(MenuItem item) {
        switch (item.getItemId()) {
            case MENU_TRAFFIC:
                if (mBaiduMap.isTrafficEnabled()) {                        ⑤
                    mBaiduMap.setTrafficEnabled(false);
                } else {
                    mBaiduMap.setTrafficEnabled(true);
                }
                break;
            case MENU_NORMAL:
                mBaiduMap.setMapType(BaiduMap.MAP_TYPE_NORMAL);            ⑥
                break;
            case MENU_SATELLITE:
                mBaiduMap.setMapType(BaiduMap.MAP_TYPE_SATELLITE);         ⑦
        }
        return super.onOptionsItemSelected(item);
    }

    @Override
    protected void onDestroy() {                                           ⑧
        super.onDestroy();
        mMapView.onDestroy();
    }

    @Override
    protected void onResume() {
        super.onResume();
        mMapView.onResume();
    }

    @Override
    protected void onPause() {
        super.onPause();
        mMapView.onPause();
    }                                                                      ⑨
}
```

上述代码第①行是在使用SDK各组件之前初始化上下文对象，getApplicationContext()方法可以获得上下文对象，它一定要放到代码第②行setContentView(R.layout.activity_main)语句之前。代码第③行是获得百度地图对象。代码第④行是通过地图getMap()方法获得操作地图BaiduMap对象。

代码第⑤行mBaiduMap.isTrafficEnabled()判断是否显示交通路况，mBaiduMap.setTrafficEnabled(false)是设置不显示交通路况，mBaiduMap.setTrafficEnabled(true)是

设置显示交通路况。代码第⑥行是设置地图为普通地图模式,常量 BaiduMap. MAP_TYPE_NORMAL 是普通地图模式,代码第⑦行的常量 BaiduMap. MAP_TYPE_SATELLITE 是卫星地图模式。

代码第⑧行～第⑨行是设置地图视图生命周期,与活动生命周期相同。

19.1.5 实例:设置地图状态

百度提供的 MapStatus 类可以保存地图状态。MapStatus 中常用的地图状态如下:

- overlook。设置地图俯仰角度,范围在－45°～0°。
- rotate。地图旋转角度。
- target。地图操作的中心点,参数是 LatLng 类型。
- zoom。地图缩放级别,范围 3～21。

修改 19.1.4 节实例,活动 MainActivity.java 代码如下:

```
@Override
protected void onCreate(Bundle savedInstanceState) {
    super.onCreate(savedInstanceState);

    //注意该方法要在 setContentView 方法之前实现
    SDKInitializer.initialize(getApplicationContext());
    setContentView(R.layout.activity_main);

    //获取地图控件对象
    mMapView = (MapView) findViewById(R.id.bmapView);
    //BaiduMap 操作地图对象
    mBaiduMap = mMapView.getMap();

    //设定中心点坐标
    LatLng cenpt = new LatLng(41.820455141, 123.4259033123);          ①
    //定义地图状态
    MapStatus mapStatus = new MapStatus.Builder()                     ②
            .target(cenpt)                                            ③
            .zoom(12)                                                 ④
            .build();                                                 ⑤

    MapStatusUpdate mapStatusUpdate
        = MapStatusUpdateFactory.newMapStatus(mapStatus);             ⑥
    //改变地图状态
    mBaiduMap.setMapStatus(mapStatusUpdate);                          ⑦
}
```

上述代码第①行是创建 LatLng 对象,LatLng 是地理坐标基本数据结构类型,主要包含属性纬度 latitude,经度 longitude。

代码第②行～第⑤行是定义地图状态。MapStatus.Builder 采用类似于创建对话框 AlertDialog.Builder 的风格,采用 Fluent Interface(流接口)编程风格,代码第③行是 target(cenpt)方法,是设置操作地图的中心点。代码第④行的 zoom(12)方法是设置地图缩放级别 12。代码第⑤行是创建 MapStatus 对象。

代码第⑥行是创建 MapStatusUpdate 对象,它是地图更新状态。代码第⑦行是设置改变地图状态。

实例运行效果如图 19-12 所示。

19.1.6　实例：地图覆盖物

有时需要在地图上添加一些标志来提供一些信息，例如在一个旅游区标出来旅游点的位置，以及有关该位置的说明。百度地图提供的是基本的地图图片，这样就需要一些方法在地图上面放置图片，并有响应这些图片的事件。这里的图片就是覆盖物(Overlay)，百度地图覆盖类是 Overlay，开发人员可以直接使用 Overlay 的子类，Overlay 的子类有 Arc、Circle、Dot、GroundOverlay、Marker、Polygon、Polyline 和 Text。其中，Marker(标注)是在地图上添加一个图标，Text 是在地图上添加文本。

向地图上添加覆盖物，可以通过 BaiduMap 类的如下方法实现：

```
OverlayaddOverlay(OverlayOptions options)
```

返回值是覆盖物 Overlay，参数是 OverlayOptions(覆盖物可选参数)类型，它是一个抽象类，有很多具体的子类，例如：与覆盖物 Marker 对应的覆盖物可选参数是 MarkerOptions。

下面通过实例介绍在地图上添加 Marker 覆盖物，如图 19-13 所示。

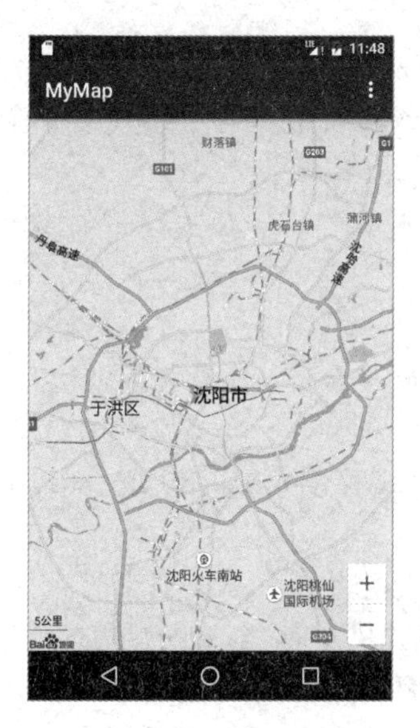

图 19-12　实例运行效果

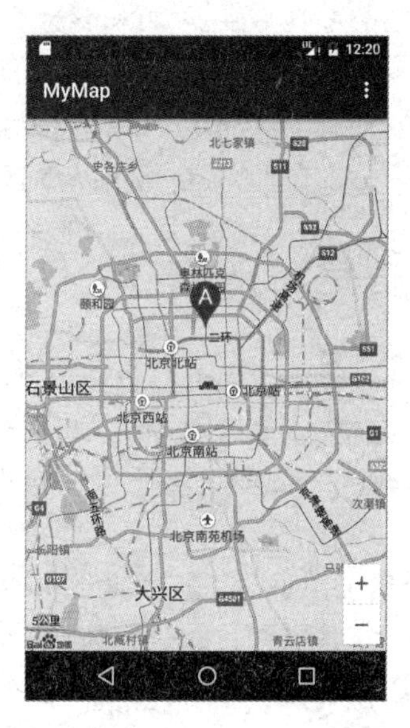

图 19-13　Marker 覆盖物实例

修改 19.1.4 节的实例，活动文件 MainActivity.java 代码如下：

```
@Override
protected void onCreate(Bundle savedInstanceState) {
    super.onCreate(savedInstanceState);

    //注意该方法要在 setContentView 方法之前实现
    SDKInitializer.initialize(getApplicationContext());
    setContentView(R.layout.activity_main);

    //获取地图控件对象
```

```
        mMapView = (MapView) findViewById(R.id.bmapView);
        //BaiduMap 操作地图对象
        mBaiduMap = mMapView.getMap();

        //创建坐标点坐标
        LatLng point = new LatLng(39.963175, 116.400244);                    ①
        //创建 Marker 图标
        BitmapDescriptor bitmap = BitmapDescriptorFactory
                .fromResource(R.drawable.icon_marka);                        ②
        //创建 MarkerOptions,用于在地图上添加 Marker
        OverlayOptions option = new MarkerOptions()                          ③
                .position(point)                                             ④
                .icon(bitmap);                                               ⑤
        //在地图上添加 Marker,并显示
        mBaiduMap.addOverlay(option);                                        ⑥

    }
```

上述代码第①行是创建 LatLng 对象，它是 Mark 覆盖物坐标点。

代码第②行是通过资源 id 创建 Marker 图标，BitmapDescriptorFactory 是位图描述信息工厂类，它的 fromResource(R.drawable.icon_marka)方法返回 BitmapDescriptor 位图描述信息。这些类都是百度提供的。

代码第③行创建 MarkerOptions，MarkerOptions 也用 Fluent Interface（流接口）编程风格，代码第④行的 position(point)方法是设置 Marker 覆盖物的位置。代码第⑤行的 icon(bitmap)方法是设置 Marker 覆盖物的图标。

19.2 定位服务

现在的移动设备大多都提供定位服务。Android 平台目前支持两种定位方式：

- GPS 定位——通过 GPS 卫星定位；
- 移动网络定位——通过移动运营商的蜂窝式移动电话基站或 WiFi 访问点实现定位。

GPS（全球定位系统）是 20 世纪 70 年代由美国陆海空三军联合研制的新一代空间卫星导航定位系统。其主要目的是为陆、海、空三大领域提供实时、全天候和全球性的导航服务，并用于情报收集、核爆监测和应急通信等一些军事目的。经过 20 余年的研发，耗资数百亿美元，到 1994 年 3 月，全球覆盖率高达 98%的 24 颗 GPS 卫星已布设完成。到 2010 年 11 月，中国也成功发射六颗北斗导航卫星。这些导航卫星都分为军用频道和民用频道，军用频道是加密的，定位精度极高；民用频道定位精度要低一些。总体来说，GPS 定位优点是准确、覆盖面广阔；缺点是不能被遮挡（例如在建筑物里面收不到 GPS 卫星信号）、GPS 开启后比较费电。

移动网络定位是通过移动运营商的蜂窝式移动电话基站或 WiFi 访问点实现定位，这种定位方式误差比较大。

19.2.1 定位服务授权

定位服务是经常使用的功能，用户的位置信息是非常敏感的隐私，Android 6.0（API

level 23)之后，访问定位服务需要严格地授权，这属于运行时授权。在前面的章节中也介绍了运行时授权，但是并没有采用弹出授权对话框形式。本节定位服务授权将采用对话框形式授权。

定位服务所需要的权限有两个：

- ACCESS_COARSE_LOCATION。粗略定位，主要是通过网络定位。
- ACCESS_FINE_LOCATION。精确定位，通过 GPS 定位，比较耗费电量。

定位服务授权分成如下几个步骤。

1. 注册

在清单文件 AndroidManifest. xml 中注册，AndroidManifest. xml 代码如下：

```
<?xml version = "1.0" encoding = "utf - 8"?>
< manifest xmlns:android = "http://schemas.android.com/apk/res/android"
    package = "com.a51work6.mylocation">

    < application
        android:allowBackup = "true"
        android:icon = "@mipmap/ic_launcher"
        android:label = "@string/app_name"
        android:supportsRtl = "true"
        android:theme = "@style/AppTheme">
        < activity android:name = ".MainActivity">
            < intent - filter >
                < action android:name = "android.intent.action.MAIN" />
                < category android:name = "android.intent.category.LAUNCHER" />
            </intent - filter >
        </activity >
    </application >

    < uses - permission android:name = "android.permission.ACCESS_FINE_LOCATION" />

</manifest >
```

ACCESS_FINE_LOCATION 权限包含了 ACCESS_COARSE_LOCATION。一般声明 ACCESS_FINE_LOCATION，就不用声明 ACCESS_COARSE_LOCATION。

2. 请求授权

参考代码如下：

```
public class MainActivity extends AppCompatActivity implements LocationListener {
    ...
    //定位服务管理类
    private LocationManager mLocationManager;
    //授权请求 Code
    private static final int PERMISSION_REQUEST_CODE = 9;
    @Override
    protected void onCreate(Bundle savedInstanceState) {
        super.onCreate(savedInstanceState);
        setContentView(R.layout.activity_main);

        //判断是否授权
        if (ActivityCompat.checkSelfPermission(this, Manifest.permission.ACCESS_FINE_LOCATION)
```

```
                != PackageManager.PERMISSION_GRANTED) {                    ①
            //请求授权
            ActivityCompat.requestPermissions(this,
                    new String[]{Manifest.permission.ACCESS_FINE_LOCATION},
                    PERMISSION_REQUEST_CODE);                              ②
        } else {
            //已经授权
            …
        }
    }
    @Override
    public void onRequestPermissionsResult(int requestCode,
                                    String permissions[], int[] grantResults) { ③
        switch (requestCode) {
            case PERMISSION_REQUEST_CODE: {
                if (grantResults.length > 0
                        && grantResults[0] == PackageManager.PERMISSION_GRANTED) {   ④
                    //授权成功
                    …
                }
            }
        }
    }
    …
}
```

代码第①行的 ActivityCompat.checkSelfPermission()方法是判断是否授权，Manifest.permission.ACCESS_FINE_LOCATION 常量是指定清单文件中是否已经注册了 ACCESS_FINE_LOCATION 权限。如果在清单文件中没有授权，通过代码第②行的 ActivityCompat.requestPermissions()方法请求授权，第二个参数是权限的数组，可以有多个权限，第三个参数是请求权限返回编码。请求返回后会调用代码第③行的 onRequestPermissionsResult(int requestCode,String permissions[],int[] grantResults)方法，该方法是重写当前活动方法，其中的 requestCode 参数是请求权限返回编码，与代码第②行的编码对应。代码第④行是请求授权成功。

添加上述代码后，第一次运行会弹出如图 19-14(a)所示的对话框，如果用户单击了"允许"，则以后不再弹出；如果用户单击"拒绝"，那么再次运行之后仍会弹出如图 19-14(b)所示的对话框。

19.2.2 位置信息提供者

Android 系统的定位服务的位置信息来源有三个提供者：

- LocationManager.GPS_PROVIDER。通过 GPS 获得位置信息，能够获得精确的位置信息，但是只能在户外，没有遮挡环境，耗电量大。
- LocationManager.NETWORK_PROVIDER。通过网络(WiFi 和移动基站)获得位置信息，没有 GPS 精度高，但耗电量低，只要有网络室内室外都可以。
- LocationManager.PASSIVE_PROVIDER。被动方式，通过其他的应用更新位置信息。

(a)　(b)

图 19-14　授权对话框

在上面的定位方式中,GPS_PROVIDER 和 NETWORK_PROVIDER 使用最为普遍,PASSIVE_PROVIDER 很少使用。

有时希望根据自己的条件采用更符合自己位置信息的提供者,可以使用 LocationManager 方法:

String getBestProvider(Criteria criteria,boolean enabledOnly)。criteria 是条件,enabledOnly 是否为开启状态。

示例代码如下:

```
Criteria criteria = new Criteria();
criteria.setAccuracy(Criteria.ACCURACY_FINE);                    //设置定位精准度
criteria.setAltitudeRequired(false);                             //是否要求海拔
criteria.setBearingRequired(true);                               //是否要求方向
criteria.setCostAllowed(true);                                   //是否要求收费
criteria.setSpeedRequired(true);                                 //是否要求速度
criteria.setPowerRequirement(Criteria.POWER_LOW);                //设置相对省电
criteria.setBearingAccuracy(Criteria.ACCURACY_HIGH);             //设置方向精确度
criteria.setSpeedAccuracy(Criteria.ACCURACY_HIGH);               //设置速度精确度
criteria.setHorizontalAccuracy(Criteria.ACCURACY_HIGH);          //设置水平方向精确度
criteria.setVerticalAccuracy(Criteria.ACCURACY_HIGH);            //设置垂直方向精确度
String rovider = mLocationManager.getBestProvider(criteria,true);
```

Criteria 是定位条件类。

19.2.3　管理定位服务

使用定位服务需要开启,为了接收位置变化信息还需要注册位置监听器,此外还要注销位置监听器。

(1) 开启定位服务是以下面的方式实现：

```
LocationManager locationManager
                    = (LocationManager) getSystemService(Context.LOCATION_SERVICE);
```

(2) 开启服务之后,要注册定位服务监听器,当前的定位状态或者是位置等发生变化时发出通知给监听器。注册是通过 requestLocationUpdates 方法实现：

```
locationManager.requestLocationUpdates(LocationManager.GPS_PROVIDER,
                1000, 0, mLocationListener);
```

第一个参数是采用哪种定位服务方式,LocationManager.GPS_PROVIDER 说明是采用 GPS 定位,LocationManager.NETWORK_PROVIDER 是采用移动网络定位。第二个参数是发出通知的最小时间间隔(单位为毫秒),第三个参数是发出通知的最小移动距离(单位为米)。第四个参数是服务事件监听器,需要实现 LocationListener 接口,该接口的方法：

- public void onProviderDisabled(String provider)。服务不可用时候回调该方法。
- public void onProviderEnabled(String provider)。服务开启时候回调该方法。
- public void onStatusChanged(String provider,int status,Bundle extras)。定位服务状态发生变化回调该方法。
- public void onLocationChanged(Location location)。定位服务发生变化时候回调该方法,这里的变化是指在 requestLocationUpdates 方法中值指定的最小时间间隔和最小移动距离。

一般情况下,只需要实现 onLocationChanged 方法就可以了：

```
public void onLocationChanged(Location location) {
    double lat = location.getLatitude();
    double lng = location.getLongitude();
    …
}
```

在 onLocationChanged 方法中,参数 Location 可以获得当前设备所在的经纬度。

(3) 注销定位服务监听器：

```
locationManager.removeUpdates(this);
```

定位服务监听器的注册和注销,应该在相对的活动(或服务)生命周期中。如果在活动 onStart()方法中注册,就需要在 onStop()方法中注销。如果在活动 onCreate()方法中注册,就需要在 onDestroy()方法中注销。

19.2.4 实例：MyLocation

下面通过一个实例介绍定位服务的基本过程。实例运行结果如图 19-15 所示,界面中显示经度、纬度和海拔高度。

布局文件 activity_main.xml 代码如下：

```
<GridLayout xmlns:android = "http://schemas.android.com/apk/res/android"
    android:layout_width = "match_parent"
    android:layout_height = "match_parent"
```

```
        android:columnCount = "2"
        android:gravity = "center_horizontal"
        android:padding = "20dp"
        android:rowCount = "3">

        <TextView
            android:layout_width = "150dp"
            android:gravity = "end"
            android:text = "@string/longitude"
            android:textSize = "20sp" />

        <TextView
            android:id = "@ + id/textView_longitude"
            android:layout_marginLeft = "30dp"
            android:gravity = "center_vertical"
            android:text = "0.0"
            android:textSize = "20sp" />
...
</GridLayout>
```

图 19-15　MyLocation 实例运行结果

整个布局采用的网格布局，有两列三行。

活动 MainActivity. java 代码如下：

```
public class MainActivity extends AppCompatActivity implements LocationListener {
    private static final String TAG = "MyLocation";
    private TextView mLatitude, mLongitude, mAltitude;
    //定位服务管理类
    private LocationManager mLocationManager;
    //授权请求编码
    private static final int PERMISSION_REQUEST_CODE = 9;
    @Override
    protected void onCreate(Bundle savedInstanceState) {
        super.onCreate(savedInstanceState);
        setContentView(R.layout.activity_main);

        mLatitude = (TextView) findViewById(R.id.textView_latitude);
        mLongitude = (TextView) findViewById(R.id.textView_longitude);
        mAltitude = (TextView) findViewById(R.id.textView_altitude);

        //判断是否授权
        if (ActivityCompat.checkSelfPermission(this, Manifest.permission.ACCESS_FINE_LOCATION)
                != PackageManager.PERMISSION_GRANTED) {
            //请求授权
            ActivityCompat.requestPermissions(this,
                    new String[]{Manifest.permission.ACCESS_FINE_LOCATION},
                    PERMISSION_REQUEST_CODE);
        } else {
            //已经授权
            startLocation();                                              ①
        }
    }
    @Override
    public void onRequestPermissionsResult(int requestCode,
                                           String permissions[], int[] grantResults) {
        switch (requestCode) {
```

```
            case PERMISSION_REQUEST_CODE: {
                if (grantResults.length > 0
                        && grantResults[0] == PackageManager.PERMISSION_GRANTED) {
                    //授权成功
                    startLocation();                                          ②
                }
            }
        }
    }
    private void startLocation() {                                            ③
        mLocationManager = (LocationManager) getSystemService(Context.LOCATION_SERVICE);
        mLocationManager.requestLocationUpdates(getBestProvider(),
                1000, 0, this);
    }
    @Override
    protected void onDestroy() {
        super.onDestroy();
        if (mLocationManager != null)
            mLocationManager.removeUpdates(this);                             ④
        mLocationManager = null;
    }
    @Override
    public void onLocationChanged(Location location) {                        ⑤
        double latitude = location.getLatitude();
        double longitude = location.getLongitude();
        double altitude = location.getAltitude();
        String msg = String.format("经度: %f, 纬度: %f, 海拔高度: %f", longitude,
latitude, altitude);
        Log.i(TAG, msg);
        mLatitude.setText(String.valueOf(latitude));
        mLongitude.setText(String.valueOf(longitude));
        mAltitude.setText(String.valueOf(altitude));
    }
    @Override
    public void onStatusChanged(String provider, int status, Bundle extras) {
        Log.i(TAG, "onStatusChanged...");
    }
    @Override
    public void onProviderEnabled(String provider) {
        Log.i(TAG, "onProviderEnabled...");
    }
    @Override
    public void onProviderDisabled(String provider) {
        Log.i(TAG, "onProviderDisabled...");
    }
    //获得符合条件的位置信息提供者
    private String getBestProvider() {                                        ⑥
        Criteria criteria = new Criteria();                  //位置信息提供者条件
        criteria.setAccuracy(Criteria.ACCURACY_FINE);        //高精度
        criteria.setCostAllowed(true);                       //允许产生资费
        criteria.setPowerRequirement(Criteria.POWER_LOW); //低功耗
        String bestProvider = mLocationManager.getBestProvider(criteria, true);
        return bestProvider;
    }
}
```

代码第①行和第②行是授权成功后调用 startLocation()方法，该方法是在代码第③行定义的，在该方法中获得位置服务管理器，然后注册位置服务，其中 getBestProvider()方法是在代码第⑥行定义，用来获得符合条件的位置信息提供者。

代码第④行是在 onDestroy()方法中注销位置服务。在活动的生命周期中与 onDestroy()方法相对应的方法是 onCreate()。

代码第⑤行是位置发生变化时的回调方法，可以在该方法中获得经度、纬度和海拔高度。

19.2.5 测试定位服务

定位服务应用已编写完成，在没有真机的时候如何测试呢？Android Studio 工具提供给 Android 模拟器，在模拟器的右边控制面板，如图 19-16 所示。单击控制面板下面的 ··· 按钮，可以打开扩展控制面板，如图 19-17 所示，在扩展控制面板中可以模拟定位、电话、指纹等。

图 19-16 控制面板

单击控制面板中的 Location（定位），在 Longitude 和 Latitude 中输入想要模拟的经度和纬度，Altitude 是海拔高度，单位是米。输入完成后单击 SEND 按钮可以将单个位置信息发送给模拟器。

如果想模拟连续位置变化，可以创建 GPX[①] 和 KML[②] 文件来描述多个坐标点。下面是一个简单的 KML 文件，请参考如下代码：

```
<?xml version = "1.0" encoding = "UTF - 8"?>
<kml xmlns = "http://earth.google.com/kml/2.2">
    <Placemark>
        <name>北京天安门</name>
        <Point>
            <coordinates>116.408198,39.904667,0</coordinates>
        </Point>
    </Placemark>
    <Placemark>
        <name>天坛 01</name>
        <Point>
            <coordinates>116.408398,39.902667,0</coordinates>
        </Point>
    </Placemark>
    <Placemark>
        <name>天坛 02</name>
        <Point>
            <coordinates>116.408598,39.900667,0</coordinates>
```

① GPX(GPS Exchange Format)是基于 XML 格式的，GPX 可以表述一组坐标点。

② KML(Keyhole Markup Language)是 Google 发布并主要应用于 Google Earth 的客户端。KML 描述的功能很强，除了可以描述一个点地理坐标，还可以描述线、图片、折线，并可以包含视角、高度等信息。

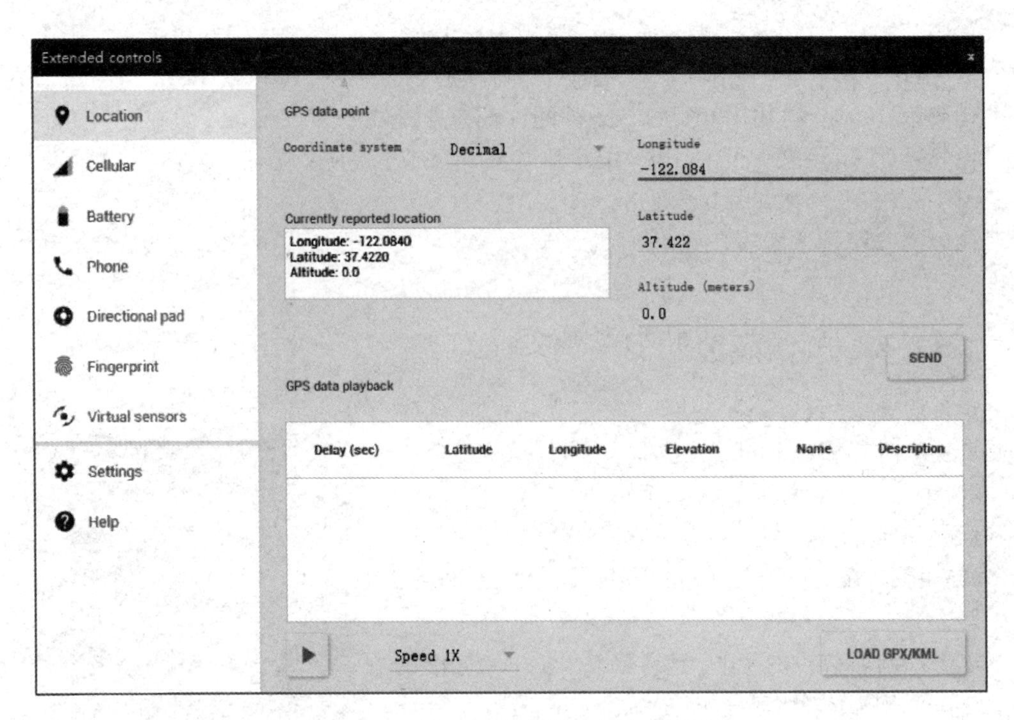

图 19-17　Android 模拟器扩展控制面板

```
        </Point>
    </Placemark>
    <Placemark>
        <name>天坛 03</name>
        <Point>
            <coordinates>116.408798,39.898667,0</coordinates>
        </Point>
    </Placemark>
    <Placemark>
        <name>天坛 04</name>
        <Point>
            <coordinates>116.408998,39.896667,0</coordinates>
        </Point>
    </Placemark>
    <Placemark>
        <name>天坛 05</name>
        <Point>
            <coordinates>116.409198,39.894667,0</coordinates>
        </Point>
    </Placemark>
    <Placemark>
        <name>天坛 06</name>
        <Point>
            <coordinates>116.409398,39.892667,0</coordinates>
        </Point>
    </Placemark>
    <Placemark>
        <name>天坛 07</name>
        <Point>
```

```
            <coordinates>116.409598,39.890667,0</coordinates>
        </Point>
    </Placemark>
    <Placemark>
        <name>天坛 08</name>
        <Point>
            <coordinates>116.409798,39.888667,0</coordinates>
        </Point>
    </Placemark>
    <Placemark>
        <name>天坛 09</name>
        <Point>
            <coordinates>116.411133,39.882079,0</coordinates>
        </Point>
    </Placemark>
</kml>
```

<Placemark>标签描述的是一个地理坐标点，<name>标签是这个坐标点的名字，<coordinates>标签是坐标点的经纬度。

在 KML 文件中，可以单击 LOAD GPX/KML 按钮选择 KML 文件，加载成功后，控制面板如图 19-18 所示，可以通过 Speed 1X 改变速度，然后单击 ▶ 开始按钮，开始发送连续的位置信息给模拟器。

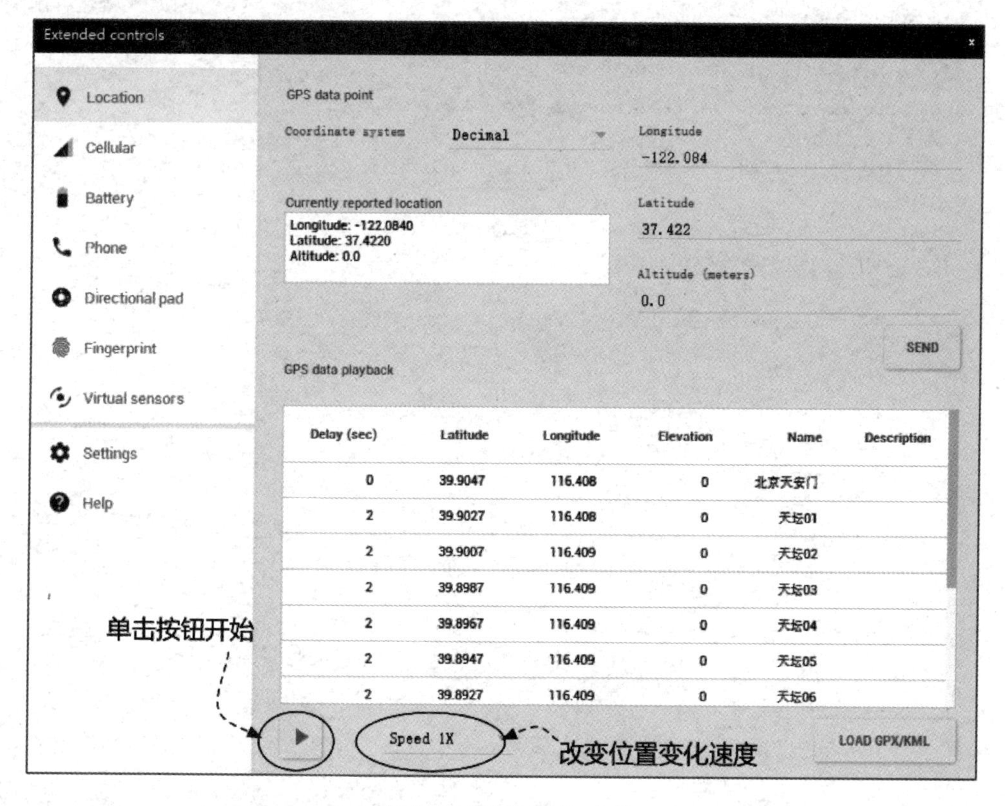

图 19-18　加载 KML 文件

19.3 定位服务与地图结合实例：WhereAMI

如果用户想查询一个位置，给他看那些枯燥的数字是不明智的。设计人员和开发人员应该把这些枯燥的数字标注在地图上。很多基于位置服务的应用都需要将枯燥的经纬度标注在地图上，下面通过一个实例(WhereAMI)介绍如何将定位服务与地图结合起来。

WhereAMI 实例运行结果如图 19-19 所示，界面上显示用户当前位置(粉色圆点标注)，当用户位置变化时标注也会跟着变化。

该实例与 19.1.6 实例类似，可以在 19.1.6 实例基础上修改，相同部分不再赘述。

图 19-19 WhereAMI 实例运行结果

```
public class MainActivity extends AppCompatActivity
        implements LocationListener {
    private static final String TAG = "WhereAmI";
    MapView mMapView = null;
    BaiduMap mBaiduMap = null;
    EditText mSearchKey = null;
    Button mButtonSearch = null;
    //定位服务管理类
    private LocationManager mLocationManager;
    //授权请求编码
    private static final int PERMISSION_REQUEST_CODE = 9;
    @Override
    protected void onCreate(Bundle savedInstanceState) {
        super.onCreate(savedInstanceState);
        //注意该方法要在 setContentView 方法之前实现
        SDKInitializer.initialize(getApplicationContext());
        setContentView(R.layout.activity_main);
        //获取地图控件对象
        mMapView = (MapView) findViewById(R.id.bmapView);
        //BaiduMap 操作地图对象
        mBaiduMap = mMapView.getMap();
        //判断是否授权
        if (ActivityCompat.checkSelfPermission(this, Manifest.permission.ACCESS_FINE_LOCATION)
                != PackageManager.PERMISSION_GRANTED) {
            //请求授权
            ActivityCompat.requestPermissions(this,
                    new String[]{Manifest.permission.ACCESS_FINE_LOCATION},
                    PERMISSION_REQUEST_CODE);
        } else {
            //已经授权
            startLocation();
        }
    }
    @Override
    public void onRequestPermissionsResult(int requestCode,
```

```
                                       String permissions[], int[] grantResults) {
        switch (requestCode) {
            case PERMISSION_REQUEST_CODE: {
                if (grantResults.length > 0
                        && grantResults[0] == PackageManager.PERMISSION_GRANTED) {
                    //授权成功
                    startLocation();
                }
            }
        }
    }
    private void startLocation() {
        mLocationManager = (LocationManager) getSystemService(Context.LOCATION_SERVICE);
        mLocationManager.requestLocationUpdates(getBestProvider(),
                1000, 0, this);
    }
    @Override
    protected void onDestroy() {
        super.onDestroy();
        mMapView.onDestroy();
        if (mLocationManager != null)
            mLocationManager.removeUpdates(this);
        mLocationManager = null;
    }
    @Override
    protected void onResume() {
        super.onResume();
        mMapView.onResume();
    }
    @Override
    protected void onPause() {
        super.onPause();
        mMapView.onPause();
    }
    @Override
    public void onLocationChanged(Location location) {                          ①
        Log.i(TAG, "onLocationChanged...");
        double lat = location.getLatitude();
        double lng = location.getLongitude();
        //设定中心点坐标
        LatLng point = new LatLng(lat, lng);                                     ②
        //定义地图状态
        MapStatus mapStatus = new MapStatus.Builder()
                .target(point)
                .build();
        MapStatusUpdate mapStatusUpdate
                = MapStatusUpdateFactory.newMapStatus(mapStatus);
        //改变地图状态
        mBaiduMap.setMapStatus(mapStatusUpdate);
        //创建 Marker 图标
        BitmapDescriptor bitmap = BitmapDescriptorFactory
                .fromResource(R.drawable.icon_geo);
        //创建 MarkerOptions,用于在地图上添加 Marker
        OverlayOptions option = new MarkerOptions()
```

```
                .position(point)
                .icon(bitmap);
        mBaiduMap.clear();
        //在地图上添加 Marker,并显示
        mBaiduMap.addOverlay(option);                                    ③
    }
    @Override
    public void onStatusChanged(String provider, int status, Bundle extras) {
        Log.i(TAG, "onStatusChanged...");
    }
    @Override
    public void onProviderEnabled(String provider) {
        Log.i(TAG, "onProviderEnabled...");
    }
    @Override
    public void onProviderDisabled(String provider) {
        Log.i(TAG, "onProviderDisabled...");
    }
    //获得符合条件的位置信息提供者
    private String getBestProvider() {
        Criteria criteria = new Criteria();                 //位置信息提供者条件
        criteria.setAccuracy(Criteria.ACCURACY_FINE);       //高精度
        criteria.setCostAllowed(true);                      //允许产生资费
        criteria.setPowerRequirement(Criteria.POWER_LOW);   //低功耗
        String bestProvider = mLocationManager.getBestProvider(criteria, true);
        return bestProvider;
    }
}
```

上述代码第①行的 onLocationChanged()方法是用户位置变化时的回调方法。从 location 参数取出经纬度,在代码第②行创建一个新的 LatLng 对象,代码第②行～第③行是在 LatLng 坐标点上添加地图遮盖物。

本章总结

本章重点介绍百度地图和 Android 定位服务,在百度地图中如何申请 API Key,以及地图环境搭建和配置。然后介绍了定位服务,包括定位服务授权、位置信息授权、管理定位服务。最后介绍了定位服务与地图结合实例。

本章练习题

1. 判断对错。使用百度地图服务是免费的,但是需要申请百度地图移动版的开发 API Key,并把 Key 加载到你的应用中,这样才能使用百度地图服务,否则无法显示地图。(　　)

2. 移动设备中定位方式有哪些?(　　)

A. GPS 定位　　　　B. 移动网络定位

C. 蜂窝式移动电话基站定位　　　　D. WiFi 定位

第 20 章

Android 2D 图形与动画技术

在移动平台开发中，图形绘制和生动的动画都是非常重要的技术。可以帮助开发一些有趣的应用和游戏。在游戏开发中，图形绘制和动画是必不可少的技术。

20.1 Android 2D 绘图技术

很多游戏都没有使用本地标准控件，而是使用绘图技术绘制到界面上。图形技术主要分为 2D 和 3D 技术。Android 平台提供了 2D 技术和 3D 技术，2D 是 Android 基本组件构成，而 3D 主要是通过 OpenGL ES 技术实现。

Android 图形系统结构如图 20-1 所示。

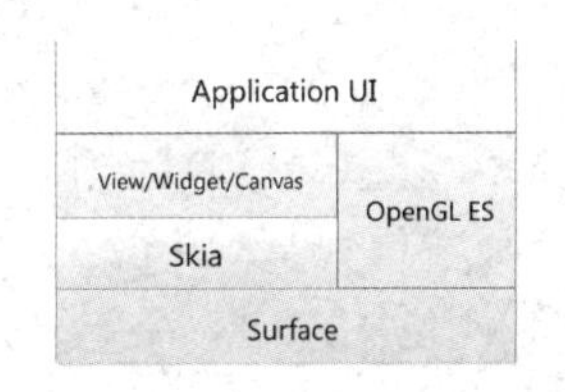

图 20-1　Android 图形系统结构

Android 采用了两种图形引擎技术：一个是 Skia，另一个是 OpengGL ES。Skia 是已经被谷歌收购了，除了在 Android 使用外，还在 Chrome 浏览器中使用该技术，Skia 提供了 2D 图形库，OpenGL ES 则是 2D/3D 图形库。在 Android 中使用的很多 View 及其子类（如 TextView、Button）事实上都是通过 Skia 绘制出来的。

20.1.1 画布和画笔

画布（Canvas）是 Android 的 2D 图形绘制的中枢，绘制方法的参数中通常包含一个画笔（Paint）对象，画笔可以设定要绘制的图形、图像和文本的样式与颜色。

Paint 类有很多设置方法，这些设置方法大体上可以分为两类：一类与图形绘制相关，另一个与绘制文本相关，Paint 类常用方法如下：

- setColor(int color)。设置颜色。
- setAlpha (int a)。设置透明度，a 从 0～255。
- setStyle。设置样式。
- setTextAlign。设置文本对齐方式。
- setTextSzie。设置文本的字号。

Canvas 类常用绘图方法如下：

- drawPoint。绘制单个点。

- drawPoints。绘制多个点。
- drawLine。绘制单条线。
- drawLines。绘制多条线。
- drawText。制文本。
- drawArc。绘制弧线。
- drawRect。绘制矩形。
- drawBitmap。绘制图像。

20.1.2 实例：绘制点和线

绘制点和线可以采用 Canvas 类的如下方法：

(1) void drawPoint(float x,float y,Paint paint)。绘制单个点。

(2) void drawPoints(float[] pts,Paint paint)。绘制多个点,pts 绘制点数组集合,其中两个元素为一个坐标点,pts 格式是[x0 y0 x1 y1 x2 y2…]。

(3) void drawPoints(float[] pts,int offset,int count,Paint paint)绘制多个点。offset 是偏移量,是跳过 pts 数组元素个数。count 是所使用 pts 数组元素的个数。

(4) void drawLine(float startX, float startY, float stopX,float stopY,Paint paint)。绘制单条线。

(5) void drawLines(float[] pts,Paint paint)。绘制多条线,pts 参数格式是[x0 y0 x1 y1 x2 y2…],其中两个元素为一个坐标点。

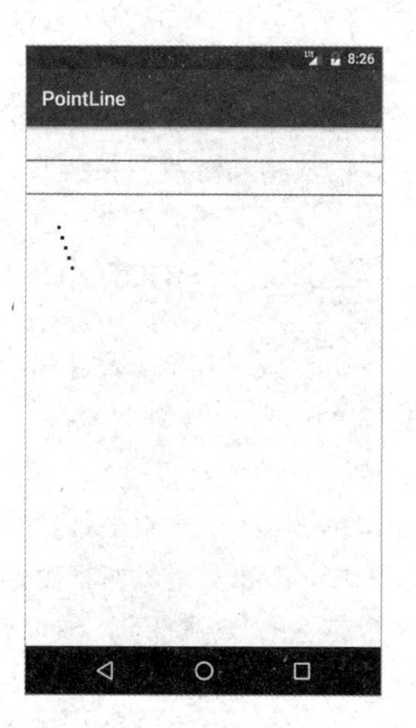

图 20-2 绘制点和线

下面通过实例介绍如何绘制点和线,如图 20-2 所示。

活动 MainActivity.java 代码如下：

```
public class MainActivity extends AppCompatActivity {
    @Override
    protected void onCreate(Bundle savedInstanceState) {
        super.onCreate(savedInstanceState);
        //通过自定义视图 MyView 设置活动内容
        setContentView(new MyView(this));                                   ①
    }
    private class MyView extends View {                                     ②

        public MyView(Context context) {                                    ③
            super(context);
        }

        @Override
        public void onDraw(Canvas canvas) {                                 ④

            float x = 0.0f, y = 100.0f;
            int height = 100;
```

```
            //创建画笔对象
            Paint paint = new Paint();                                    ⑤
            //设置画笔颜色
            paint.setColor(Color.RED);
            //设置笔的粗细
            paint.setStrokeWidth(5.0f);
            //在画布上画线
            canvas.drawLine(x, y, x + canvas.getWidth() - 1, y, paint);
            canvas.drawLine(x, y + height - 1, x + canvas.getWidth(), y
                    + height - 1, paint);

            //重新设置画笔
            paint.setColor(Color.BLACK);
            paint.setStrokeWidth(10.0f);
            //准备 100 个数据
            float[] pts = new float[100];
            for (int i = 0; i < 100; i = i + 2) {
                pts[i] = i * 5;
                pts[i + 1] = i * 15;
            }
            //在画布上画点
            canvas.drawPoints(pts, 20,10, paint);                         ⑥
        }
    }
}
```

上述代码第①行的 setContentView(new MyView(this))语句，将一个自定义的视图 MyView 设置为活动内容视图。类似于 setContentView(R. layout. activity_main)语句，内容视图来源于布局文件 activity_main. xml。自定义的视图方式是 Android 绘图技术的常用手段。

MyView 是开发人员自定义的视图内部类，继承了 android. view. View(见代码第②行)，并重写 onDraw(Canvas canvas)方法(见代码第④行)。代码第③行是构造方法，它需要一个上下文对象调用父类构造方法。

代码第⑤行是创建画笔对象，并根据自己的需求设置画笔，然后开始绘制。

代码第⑥行的 canvas. drawPoints(pts,20,10,paint)语句是在画布上绘制多个点，其中 pts 是所需要数据的数组；20 表示跳过 pts 数组前 20 个元素；10 表示需要 pts 数组 10 个元素(从第 21 个元素开始)。由于是两个一组描述一个点，因此 10 个元素就是 5 个点，因此图 20-2 的界面上绘制了 5 个点。

20.1.3 实例：绘制矩形

绘制矩形使用 Canvas 类的方法 drawRect，drawRect 方法有三个重载方法：

- drawRect(float left，float top，float right，float bottom，Paint paint)。该方法通过一个指定矩形的左边(left)、顶边(top)、右边(right)和底边(bottom)距离定义矩形，这些参数如图 20-3 所示。
- drawRect(RectF rect，Paint paint)。通过 RectF 对象绘制矩形，RectF 是具有浮点类型的 bottom、left、right 和 top 属性坐标的矩形对象。

- drawRect(Rect r,Paint paint)。通过 Rect 对象绘制矩形，Rect 是具有整数类型的 bottom、left、right 和 top 属性坐标的矩形对象。

下面通过一个实例介绍如何绘制矩形，如图 20-4 所示。

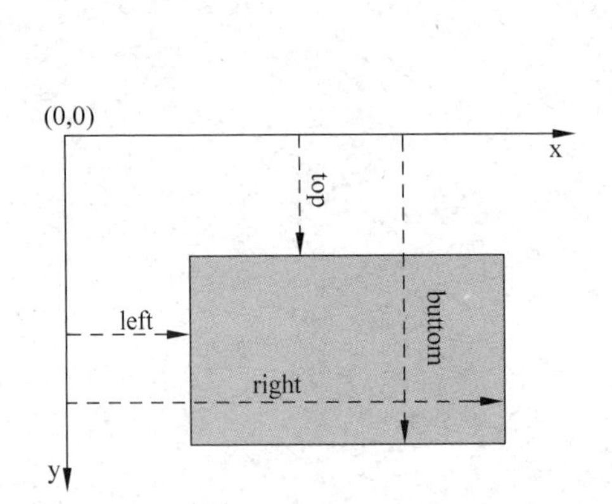

图 20-3 矩形 bottom、left、right 和 top 属性

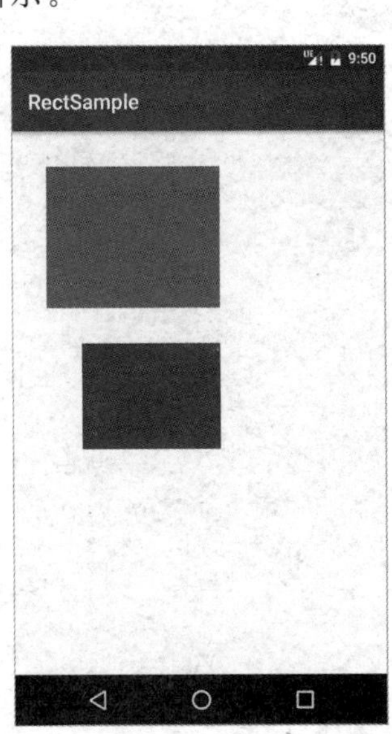

图 20-4 绘制矩形

活动 MainActivity.java 代码如下：

```
public class MainActivity extends AppCompatActivity {

    @Override
    protected void onCreate(Bundle savedInstanceState) {
        super.onCreate(savedInstanceState);
        setContentView(new MyView(this));
    }

    private class MyView extends View {
        public MyView(Context context) {
            super(context);
        }

        @Override
        public void onDraw(Canvas canvas) {
            //创建画笔
            Paint paint = new Paint();
            //设置画笔颜色
            paint.setColor(Color.RED);

            Rect r1 = new Rect(100, 100, 600, 500);                    ①
            //绘制矩形
            canvas.drawRect(r1, paint);

            paint.setColor(Color.BLUE);
            RectF r2 = new RectF(200.0f, 900.0f, 600.0f, 600.0f);      ②
            canvas.drawRect(r2, paint);
```

```
        }
    }
}
```

上述代码第①行创建整数类型 Rect 对象，代码第②行是创建浮点类型 RectF 对象。

20.1.4 实例：绘制弧线

绘制弧线使用 Canvas 类的方法：

```
drawArc(RectF oval, float startAngle, float sweepAngle, boolean useCenter, Paint paint)
```

其中，参数含义如下：

- oval 表示这个弧形的边界。这里用一个矩形限定了弧形的边界。
- startAngle 是指圆弧开始的角度。顺时针为正，单位是“度”。
- sweepAngle 是指圆弧扫过的角度。顺时针为正，单位是“度”。
- useCenter 是指绘制圆弧包含圆心。
- paint 是画笔对象。

其中难以理解的参数是 oval 和 useCenter，下面通过一个例子理解这些参数的使用，实例运行如图 20-5 所示。

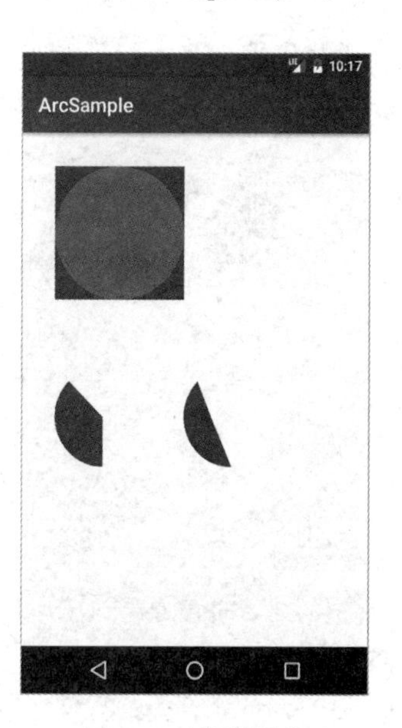

图 20-5 绘制弧线

活动 MainActivity.java 代码如下：

```
public class MainActivity extends AppCompatActivity {
    @Override
    protected void onCreate(Bundle savedInstanceState) {
        super.onCreate(savedInstanceState);
        setContentView(new MyView(this));
    }

    private class MyView extends View {
        public MyView(Context context) {
            super(context);
        }
        @Override
        public void onDraw(Canvas canvas) {
            //创建画笔
            Paint paint = new Paint();
            //开启抗锯齿效果
            paint.setAntiAlias(true);                                           ①
            paint.setColor(Color.BLUE);

            RectF oval1 = new RectF(100.0f, 100.0f, 500.0f, 500.0f);
            canvas.drawRect(oval1, paint);

            paint.setColor(Color.RED);
            //绘制 360 度的圆
            canvas.drawArc(oval1, 0, 360, true, paint);                         ②
```

```
            paint.setColor(Color.BLUE);
            RectF oval2 = new RectF(100.0f, 700.0f, 400.0f, 1000.0f);
            //绘制 90～135 度的圆弧,包含圆心
            canvas.drawArc(oval2, 90, 135, true, paint);                ③

            RectF oval3 = new RectF(500.0f, 700.0f, 800.0f, 1000.0f);
            //绘制 90～135 度的圆弧,不包含圆心
            canvas.drawArc(oval3, 90, 135, false, paint);               ④
        }
    }
}
```

上述代码第①行的 paint.setAntiAlias(true)语句是开启抗锯齿效果，如果关闭抗锯齿效果会在圆弧的周围有“毛边”，这是因为在计算机里任何的弧线都是通过很短的直线描绘的，弧线看起来越圆滑、锯齿越少，这些直线段越短数量就越多。

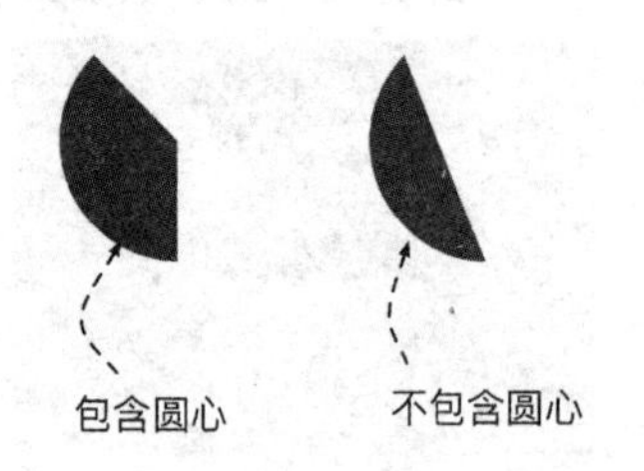

图 20-6 绘制弧线中 useCenter 参数

代码第②行是绘制 360 度的圆，参数 oval1 是一个正方形，这个正方形限定了要绘制圆弧的边界。

代码第③行和第④行都是绘制 90°～135°的圆弧，useCenter 设定为 true 包含圆心，useCenter 设定为 false 不包含圆心，如图 20-6 所示。

20.1.5 实例：绘制位图

位图是由像素表示的图像，每一个像素点用 3 个 0～255 的整数表示，即 RGB 表示。任何颜色都可以通过红、绿、蓝调配出来。在 Android 平台采用 RGBA 表示，除了 3 个颜色值外，还用 A 表示透明度，取值范围也是 0～255 的整数。

Android 支持的图片格式有 png、jpg、gif 和 bmp，但是如果 gif 本身有动画是不能实现的。在 Android 中获得位图(Bitmap)对象有两种方式：

(1) 使用 BitmapFactory 获取位图。BitmapFactory 工厂从资源文件中创建位图。

(2) 使用 BitmapDrawable 获取位图。通过一个资源 id 获得输入流，再创建位图，这种方法比较麻烦。

绘制位图使用 canvas 的 drawBitmap(Bitmap bitmap, float left, float top, Paint paint)方法。其中，bitmap 是位图对象，left 是位图左边坐标，top 是位图的顶边坐标。

下面通过一个实例熟悉绘制位图，实例运行如图 20-7 所示。

图 20-7 绘制位图

活动 MainActivity.java 代码如下：

```
public class MainActivity extends AppCompatActivity {
    @Override
```

```
    protected void onCreate(Bundle savedInstanceState) {
        super.onCreate(savedInstanceState);
        setContentView(new MyView(this));
    }

    private class MyView extends View {
        public MyView(Context context) {
            super(context);
        }

        @Override
        public void onDraw(Canvas canvas) {
            //创建 Bitmap 对象
            Bitmap bitmap = BitmapFactory.decodeResource(getResources(), R.drawable.cat);
                                                                                ①
            //创建画笔对象
            Paint paint = new Paint();
            //绘制位图
            canvas.drawBitmap(bitmap, 180, 60, paint);                          ②
        }
    }
}
```

上述代码第①行是通过 BitmapFactory 的 decodeResource()方法获取位图，getResources()返回 Resources 对象，R.drawable.cat 是资源 id。

代码第②行是绘制位图，其中(180,60)就是位图的左上角坐标。为了达到在活动上放置一个图片的目标，可以采用 XML 布局文件作为活动的内容视图，然后放置一个图片视图，属性设定代码如下：

```
<ImageView
        android:layout_width = "wrap_content"
        android:layout_height = "wrap_content"
        android:src = "@drawable/cat" />
```

20.2 位图变换

在实际使用位图过程中，原始图片的大小不能满足用户的需要，它们往往或大或小，因此需要对这些位图进行变换，位图变换有三种基本形式：平移、旋转和缩放。

提示 位图变换本质上是进行矩阵计算，每一种变换都有一个矩阵。对原始位图中的像素点坐标，进行矩阵计算，生成新的像素点坐标，然后重新绘制这些像素到视图。这里涉及线性代数和解析几何的相关知识。

20.2.1 矩阵

位图变换涉及矩阵(Matrix)类，Matrix 是一个 3×3 的矩阵用于坐标变换，Matrix 类中有很多方法，Matrix 中三种变换常用方法如下：

- setScale(float sx,float sy,float px,float py)。设置缩放矩阵，参数 sx、sy 是缩放比

例，px、py 是缩放中心点坐标。

- setRotate(float degrees,float px,float py)。设置旋转矩阵，degrees 是旋转的度数，px、py 是旋转中心点坐标。
- setTranslate(float dx,float dy)。设置平移矩阵，dx 是在 x 轴方向平移的距离，dy 是在 y 轴方向平移的距离。

另外，在 Matrix 中每个变换方法中有三个不同的前缀：

- set 方法。直接设置矩阵值，当前矩阵会被替换。
- post 方法。当前矩阵乘以参数。可以连续多次使用 post，来完成所需的整个变换。
- pre 方法。参数乘以当前矩阵。所以矩阵计算是发生在当前矩阵之前。

例如：setScale(float sx,float sy,float px,float py)方法是设置缩放矩阵；postScale(float sx,float sy)方法是当前矩阵乘以缩放矩阵(即先进行当前矩阵变换，然后进行缩放变换)；preScale(float sx,float sy)是缩放矩阵乘以当前矩阵(即先进行缩放变换，然后进行当前矩阵变换)。

20.2.2 实例：位图变换

下面通过一个实例熟悉位图变换，实例运行如图 20-8 所示，变换前后有比较大的差别。图 20-8(b)所示的变换经历了三次变换：缩放变换→旋转变换→平移变换。

(a) 变换前

(b) 变换后

图 20-8 位图变换

活动 MainActivity.java 代码如下：

```
public class MainActivity extends AppCompatActivity {

    @Override
    protected void onCreate(Bundle savedInstanceState) {
        super.onCreate(savedInstanceState);
        setContentView(new MyView(this));
    }
```

```
    private class MyView extends View {
        public MyView(Context context) {
            super(context);
        }

        @Override
        public void onDraw(Canvas canvas) {

            Bitmap bitmap = BitmapFactory.decodeResource(getResources(), R.drawable.cat);
            Matrix matrix = new Matrix();                                              ①
            matrix.setScale(0.8f, 0.8f, 40, 40);                                       ②
            matrix.postRotate(40, 300, 600);                                           ③
            matrix.postTranslate(100, 200);                                            ④
            //创建画笔对象
            Paint paint = new Paint();
            //绘制位图
            canvas.drawBitmap(bitmap, matrix, paint);                                  ⑤
        }
    }
}
```

上述代码第①行是创建矩阵 Matrix 对象，代码第②行缩小 0.8 倍，以(40,40)为缩放中心点。代码第③行是围绕(300,600)坐标点进行 40°旋转。代码第④行是在 x 轴方向平移 100，在 y 轴方向上平移 200。

代码第⑤行是按照矩阵 matrix 绘制位图。

注意　需要注意 set 和 post 方法的区别，如果将代码第③行的 matrix.postRotate(40,300,600)语句改为 matrix.setRotate(40,300,600)语句，那么代码第②行的 matrix.setScale(0.8f,0.8f,40,40)缩放 0.8 倍就不起作用了，直接替换为旋转矩阵了。比较结果如图 20-9 所示。

(a) setRotate(40,300,600)

(b) postRotate(40,300,600)

图 20-9　set 和 post 方法的区别

20.3 调用 Android 照相机获取图片

在移动设备中获取图片的常用手段是调用 Android 照相机拍一张图片。

20.3.1 调用 Android 照相机

调用 Android 照相机其实很简单，就是通过指定一个意图实现。谷歌为调用 Android 照相机的意图定义了一个动作 android.media.action.IMAGE_CAPTURE，对应的常量是 MediaStore.ACTION_IMAGE_CAPTURE。

提示 拍摄视频的动作是 android.media.action.VIDEO_CAPTURE，对应的常量是 MediaStore.ACTION_VIDEO_CAPTURE。

拍摄完成之后，可以将图片保存起来，或者直接使用返回的数据。发起 Android 照相机调用一般是在活动中，数据返回可以重写活动的 onActivityResult()方法。示例代码如下：

```
Intent intent = new Intent(MediaStore.ACTION_IMAGE_CAPTURE);
startActivityForResult(intent, REQ_CODE_DATA);
...
@Override
protected void onActivityResult(int requestCode, int resultCode, Intent data) {
    ...
}
```

20.3.2 实例：调用 Android 照相机

下面通过一个简单实例来了解调用 Android 照相机的过程。如图 20-10 所示，用户单击图 20-10(a)中的按钮，会显示系统提供照相机界面，如图 20-10(b)所示，用户确定拍照后，返回开始界面，如图 20-10(c)所示。

活动 MainActivity.java 代码如下：

```
public class MainActivity extends AppCompatActivity {
    //返回数据的请求编码
    private final static int REQ_CODE_DATA = 100;
    //保存文件的请求编码
    private final static int REQ_CODE_SAVE = 101;
    //保存的图片文件路径,位于 SD 卡中
    private final static String FILE_PATH = "/mnt/sdcard/test.jpg";

    @Override
    protected void onCreate(Bundle savedInstanceState) {
        super.onCreate(savedInstanceState);
        setContentView(R.layout.activity_main);

        Button buttonTake = (Button) findViewById(R.id.buttonTake);
        buttonTake.setOnClickListener(new View.OnClickListener() {
            @Override
            public void onClick(View v) {
```

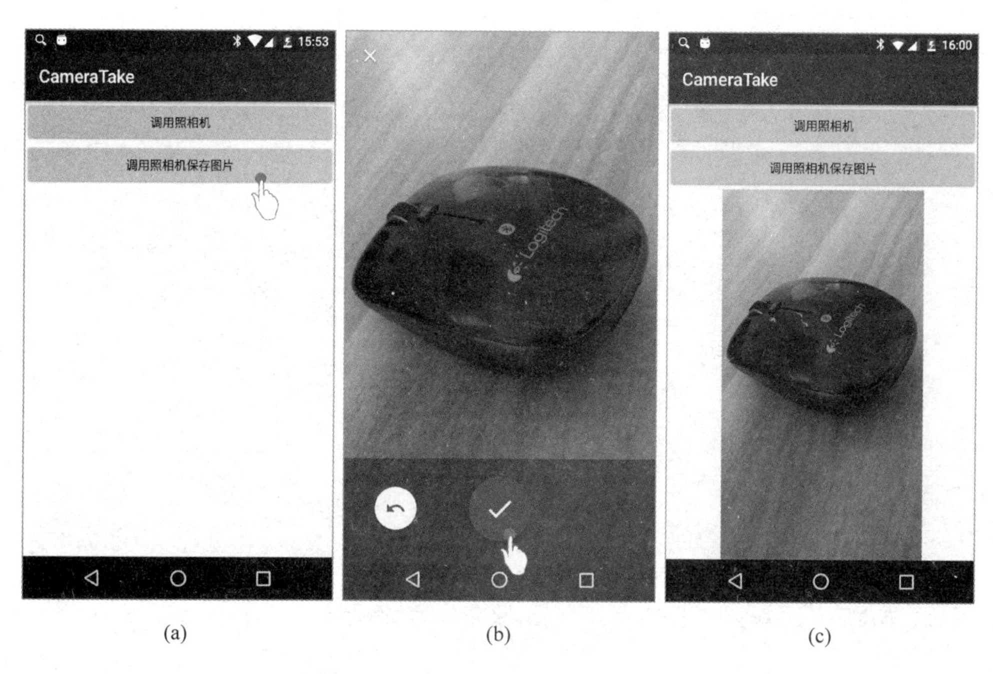

图 20-10 调用 Android 照相机实例

```
                //定义访问照相机意图
                Intent intent = new Intent(MediaStore.ACTION_IMAGE_CAPTURE);            ①
                //启动意图,返回请求编码为 REQ_CODE_DATA
                startActivityForResult(intent, REQ_CODE_DATA);                          ②
            }
        });

        Button buttonTakeSave = (Button) findViewById(R.id.buttonTakeSave);
        buttonTakeSave.setOnClickListener(new View.OnClickListener() {
            @Override
            public void onClick(View v) {
                //定义访问照相机意图
                Intent intent = new Intent(MediaStore.ACTION_IMAGE_CAPTURE);            ③
                //创建访问文件的 URI
                Uri uri = Uri.fromFile(new File(FILE_PATH));
                //设置意图附加信息
                intent.putExtra(MediaStore.EXTRA_OUTPUT, uri);                          ④
                //启动意图,返回请求 Code 为 REQ_CODE_SAVE
                startActivityForResult(intent, REQ_CODE_SAVE);                          ⑤
            }
        });
    }

    @Override
    protected void onActivityResult(int requestCode, int resultCode, Intent data) {    ⑥
        super.onActivityResult(requestCode, resultCode, data);

        ImageView imageView = (ImageView) findViewById(R.id.imageView);
        Bitmap bitmap = null;
        if (resultCode == Activity.RESULT_OK) {
```

```
                switch (requestCode) {
                    case REQ_CODE_DATA: //判断请求编码是否为 REQ_CODE_DATA                ⑦
                        Bundle extras = data.getExtras();                                 ⑧
                        bitmap = (Bitmap) extras.get("data");                             ⑨
                        imageView.setImageBitmap(bitmap);                                 ⑩
                        break;
                    case REQ_CODE_SAVE: //判断请求编码是否为 REQ_CODE_DATA
                        try {
                            InputStream is = new FileInputStream(FILE_PATH);
                            bitmap = BitmapFactory.decodeStream(is);
                            imageView.setImageBitmap(bitmap);
                        } catch (Exception e) {
                            e.printStackTrace();
                        }
                }
            }
        }
    }
```

上述代码第①行定义的意图，是在用户单击“调用照相机”按钮时触发，代码第②行是启动意图，这样会启动系统照相机界面，用户拍照完成后，回调代码第⑥行的 onActivityResult 方法。

上述代码第③行定义的意图，在用户单击“调用照相机保存图片”按钮时触发，代码第④行是设置意图附件信息，其中键是 MediaStore.EXTRA_OUTPUT，表示设置输出文件路径。代码第⑤行是启动意图，这样会启动系统照相机界面，用户拍照完成后，保存数据到 uri 指定的路径，然后回调代码第⑥行的 onActivityResult 方法。

代码第⑦行是从代码第①行定义的意图请求返回，代码第⑧行是从 data 中获得 Bundle 对象，data 是 onActivityResult 方法回传的参数，代码第⑨行是从附加信息中通过 data 键获取 Bitmap 对象，代码第⑩行 imageView.setImageBitmap(bitmap)是设置位图到图片视图。

另外，需要开启实例运行时，还需要开启 android.permission.WRITE_EXTERNAL_STORAGE 和 android.permission.CAMERA 权限，需要在应用程序清单 AndroidManifest.xml 文件中进行注册：

```
<uses-permission android:name="android.permission.WRITE_EXTERNAL_STORAGE" />
<uses-permission android:name="android.permission.CAMERA" />
```

由于这两个权限是运行时权限，需要在系统设置中进行开启，具体内容请参考 13.3.2 节。

20.4 Android 动画技术

Android 支持两种类型的动画：渐变动画和帧动画。渐变动画是对 Android 中的视图增加渐变动画效果。而帧动画是显示 res 资源目录下面的一组有序图片，用于播放一个类似于 GIF 的图片效果。

20.4.1 渐变动画

Android 的动画由 4 种基本类型组成：

- 透明度渐变动画。通过它可以改变视图的透明度。
- 平移动画。通过它可以移动视图的位置。
- 缩放动画。通过它可以缩放视图。
- 旋转动画。通过它可以旋转视图。

所有的动画都有两种实现方式：编程实现和 XML 实现。

1. 编程实现

编程实现首先实例化动画类 Animation，然后设置动画属性，再调用要发生动画的视图的 startAnimation()方法开始动画，示例代码如下：

```
Animation an = new AlphaAnimation(1.0f,0.0f);
view.startAnimation(an);
```

编程中用到的动画类如图 20-11 所示，Animation 是抽象类，所有动画类基于 Animation。除了 AlphaAnimation、TranslateAnimation、ScaleAnimation 和 RotateAnimation 4 个基本动画类外，AnimationSet 类也是几个动画的集合。

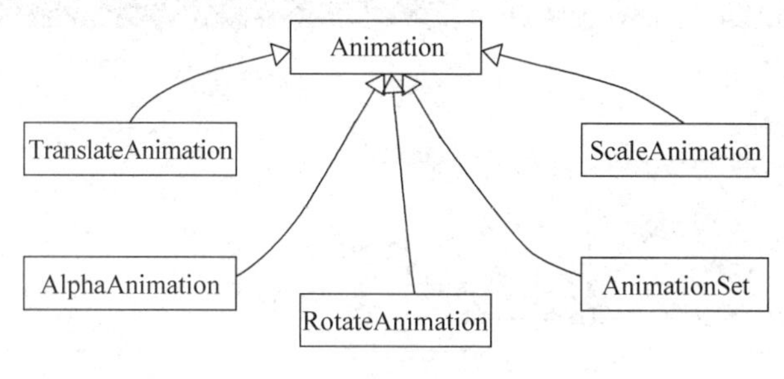

图 20-11　动画类

2. XML 实现

XML 实现类似于布局文件，在 XML 中描述动画类型、动画属性等，然后再把这些动画的 XML 文件放置于资源目录/res/anim/目录下。XML 实现动画的示例代码如下：

```
<alpha xmlns:android="http://schemas.android.com/apk/res/android"
    android:fromAlpha="0.0"
    android:toAlpha="1.0"
    android:duration="5000" />
```

alpha 标签是描述透明度渐变动画，其中 android:fromAlpha="0.0"属性是设置动画开始的透明度，android:toAlpha="1.0"是设置动画结束的透明度，android:duration="5000"属性是动画过程持续 5 秒。也就是这个动画效果是透明度在 5 秒内从 0.0 变化到 1.0，动画结束。

20.4.2　实例：渐变动画

下面通过几个实例熟悉一下这 4 种动画的使用过程，实例运行界面如图 20-12 所示。单击界面中的按钮触发下面小球的动画。

1. 透明度渐变动画

活动 MainActivity.java 中的透明度渐变动画相关代码如下：

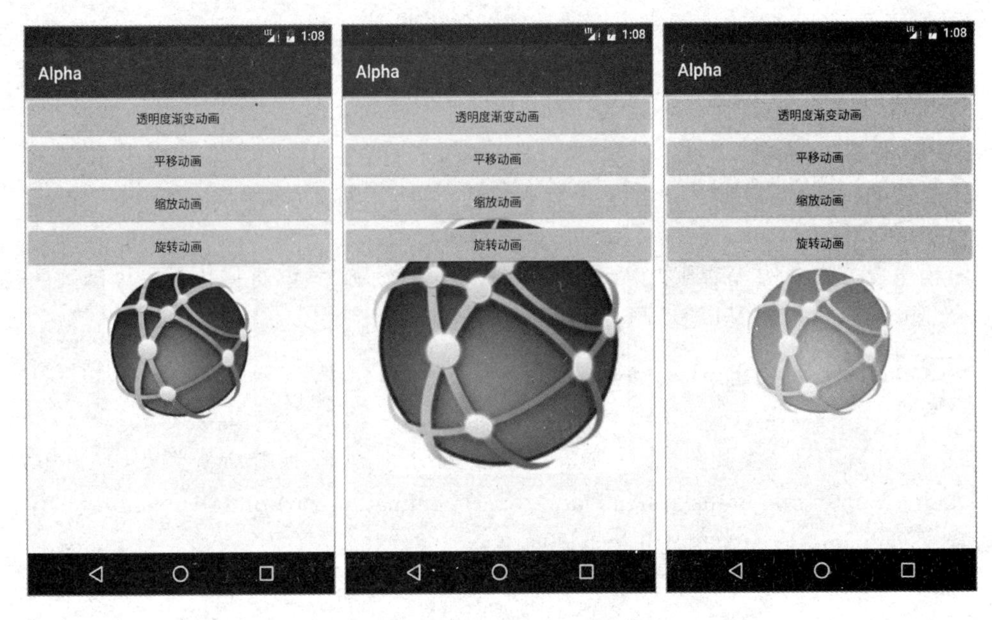

图 20-12 渐变动画实例

```
public class MainActivity extends AppCompatActivity {

    @Override
    protected void onCreate(Bundle savedInstanceState) {
        super.onCreate(savedInstanceState);
        setContentView(R.layout.activity_main);

        Button alphaButton = (Button) findViewById(R.id.alpha_button);
        alphaButton.setOnClickListener(new View.OnClickListener() {
            @Override
            public void onClick(View v) {

                ///1. 编程实现
                //Animation anim = new AlphaAnimation(1.0f, 0.0f);                  ①
                //anim.setDuration(5000);                                           ②

                ///2.XML 实现
                //从动画 XML 文件中加载动画对象
                Animation anim = AnimationUtils.loadAnimation(MainActivity.this,
                        R.anim.alpha_anim);                                          ③
                View view = findViewById(R.id.imageView);
                    //在视图 view 上设置并开始动画
                view.startAnimation(anim);                                           ④
            }
        });
    }
}
```

上述代码第①行～第②行是编程方式实现动画，代码第①行是创建透明度渐变动画AlphaAnimation 对象，构造方法第一个参数是开始的透明度，第二个参数是结束透明度，注意透明度的取值范围是 0.0f～1.0f。代码第②行是设置持续时间。

代码第③行～第④行是 XML 实现的动画，其中代码第③行是通过 AnimationUtils 静态方法 loadAnimation 加载动画对象，其中第一个参数是上下文对象，第二个参数是动画文件资源 id，位于资源目录/res/anim/下的 alpha_anim.xml 文件。

alpha_anim.xml 文件代码如下：

```
<alpha xmlns:android = "http://schemas.android.com/apk/res/android"
    android:duration = "5000"
    android:fromAlpha = "1.0"
    android:toAlpha = "0.0"
    />
```

2. 平移动画

活动 MainActivity.java 中的平移动画相关代码如下：

```
Button translateButton = (Button) findViewById(R.id.translate_button);
translateButton.setOnClickListener(new View.OnClickListener() {
    @Override
    public void onClick(View v) {
        //从动画 XML 文件中加载动画对象
        Animation anim = AnimationUtils.loadAnimation(MainActivity.this,
                R.anim.translate_anim);
        View view = findViewById(R.id.imageView);
        //在视图 view 上设置并开始动画
        view.startAnimation(anim);
    }
});
```

动画 translate_anim.xml 的文件代码如下：

```
<translate xmlns:android = "http://schemas.android.com/apk/res/android"
    android:duration = "1500"
    android:fromXDelta = "0"                                              ①
    android:fromYDelta = "0"                                              ②
    android:toXDelta = "50"                                               ③
    android:toYDelta = "50" />                                            ④
```

translate 描述平移动画，代码第①行的属性设置是动画起始时 x 坐标上的移动位置。代码第②行属性设置是动画起始时 y 坐标上的移动位置。代码第③行是设置动画结束时 x 坐标上的移动位置。代码第④行设置动画结束时 y 坐标上的移动位置。

3. 缩放动画

活动 MainActivity.java 中缩放动画的相关代码如下：

```
Button scaleButton = (Button) findViewById(R.id.scale_button);
scaleButton.setOnClickListener(new View.OnClickListener() {
    @Override
    public void onClick(View v) {
        //从动画 XML 文件中加载动画对象
        Animation anim = AnimationUtils.loadAnimation(MainActivity.this,
                R.anim.scale_anim);
        View view = findViewById(R.id.imageView);
        //在视图 view 上设置并开始动画
        view.startAnimation(anim);
```

```
    }
});
```

动画 scale_anim. xml 文件代码如下：

```
<scale xmlns:android="http://schemas.android.com/apk/res/android"
    android:duration="5000"
    android:fromXScale="1.0"                                    ①
    android:fromYScale="1.0"                                    ②
    android:pivotX="50%"                                        ③
    android:pivotY="50%"                                        ④
    android:toXScale="2.0"                                      ⑤
    android:toYScale="2.0" />                                   ⑥
```

scale 描述缩放动画，上述代码第①行属性是设置动画起始时 x 坐标上的缩放比例。代码第②行属性是设置动画起始时 y 坐标上的缩放比例。代码第③行是轴心点 x 轴的相对位置。代码第④行是轴心点 y 轴的相对位置。代码第⑤行是设置动画结束时 x 坐标上的缩放比例。代码第⑥行属性设置是动画结束时 y 坐标上的缩放比例。

4. 缩放动画

活动 MainActivity. java 中缩放动画的相关代码如下：

```
Button rotateButton = (Button) findViewById(R.id.rotate_button);
rotateButton.setOnClickListener(new View.OnClickListener() {
    @Override
    public void onClick(View v) {
        //从动画 XML 文件中加载动画对象
        Animation anim = AnimationUtils.loadAnimation(MainActivity.this,
                R.anim.rotate_anim);
        View view = findViewById(R.id.imageView);
        //在视图 view 上设置并开始动画
        view.startAnimation(anim);
    }
});
```

动画 rotate_anim. xml 文件代码如下：

```
<rotate xmlns:android="http://schemas.android.com/apk/res/android"
    android:duration="5000"
    android:fromDegrees="0.0"                                   ①
    android:pivotX="50%"                                        ②
    android:pivotY="50%"                                        ③
    android:toDegrees="360" />                                  ④
```

rotate 描述旋转动画，上述代码第①行属性是设置动画开始时的角度。代码第②行是轴心点 x 轴的相对位置。代码第③行是轴心点 y 轴的相对位置。第④行属性是设置动画结束时的角度。

20.4.3 动画插值器

在实际的动画实现过程中，经常要求动画是非线性播放的，例如：要求动画一开始缓慢播放，然后播放越来越快，这样就可以使用插值器（interpolator）实现这一效果。

interpolator 是一个接口，主要是对动画播放速度和时间进行控制。

旋转动画添加插值器代码如下：

```
<rotate xmlns:android = "http://schemas.android.com/apk/res/android"
    android:interpolator = "@android:anim/accelerate_interpolator"          ①
    android:fromDegrees = "0.0"
    android:toDegrees = "360"
    android:pivotX = "50 %"
    android:pivotY = "50 %"
    android:duration = "5000" />
```

代码第①行的 android:interpolator="@android:anim/accelerate_interpolator"属性就是设置 accelerate_interpolator 插值器，accelerate_interpolator 是加速播放插值器。

目前，插值器主要有 10 种：

- LinearInterpolator。线程插值器(默认)，控制动画线性播放即匀速播放。
- AccelerateInterpolator。加速插值器，控制动画加速播放。
- DecelerateInterpolator。减速插值器，控制动画减速播放。
- AccelerateDecelerateInterpolator。先加速后减速播放。
- CycleInterpolator。重复播放。
- PathInterpolator。路径插值器。
- BounceInterpolator。
- OvershootInterpolator。
- AnticipateInterpolator。
- AnticipateOvershootInterpolator。

后面这 4 个插值器控制的动画比较复杂，动画效果无法用语言表达，需要读者自己运行实例，体会动画效果。

使用插值器在 XML 动画文件中添加属性 android:interpolator 指定具体的插值器 XML 就可以了。但是，CycleInterpolator 插值器很特殊，需要单独的插值器 XML，cycle.xml 代码如下：

```
<cycleInterpolator xmlns:android = "http://schemas.android.com/apk/res/android"
    android:cycles = "10" />
```

android:cycles="10"是重复播放动画 10 次。那么，在动画 XML 文件中，添加内容如下：

```
<alpha xmlns:android = "http://schemas.android.com/apk/res/android"
    android:duration = "5000"
    android:fromAlpha = "1.0"
    android:interpolator = "@anim/cycle"          ①
    android:toAlpha = "0.0" />
```

代码第①行是添加插值器，指向资源目录/res/anim/下的 cycle.xml 文件。

20.4.4 使用动画集

动画集 AnimationSet 是 Animation 子类，可以将各种动画合并在一起。使用动画集

AnimationSet 也可以通过程序代码和 XML 两种方式实现。

XML 实现方法参考动画文件 animset_anim. xml 代码如下：

```
<?xml version = "1.0" encoding = "utf - 8"?>
< set xmlns:android = "http://schemas.android.com/apk/res/android">
    < alpha xmlns:android = "http://schemas.android.com/apk/res/android"
        android:duration = "5000"
        android:fromAlpha = "0.0"
        android:toAlpha = "1.0" />

    < rotate xmlns:android = "http://schemas.android.com/apk/res/android"
        android:duration = "5000"
        android:fromDegrees = "0.0"
        android:interpolator = "@android:anim/anticipate_overshoot_interpolator"
        android:pivotX = "50 % "
        android:pivotY = "50 % "
        android:toDegrees = "360" />
</set >
```

动画集是用 set 描述的，上述实例包含了一个透明度渐变动画和一个旋转动画。

20.4.5 帧动画

帧动画来源于电影行业，一组有序图片按照一定时间快速播放，这时的每一张图片称为“帧”，一般 GIF 和 Flash 动画就属于帧动画。Android 目前不支持 GIF 动画，只能是通过帧动画实现。

帧动画中的一组有序图片，应该放到 res/drawable 目录下，如图 20-13 所示，有 4 帧图片。

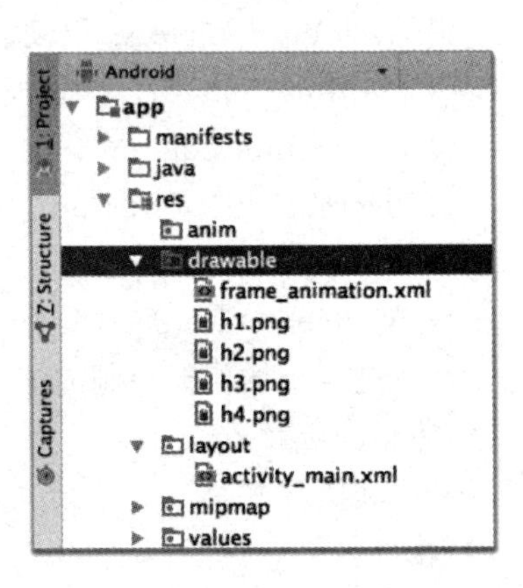

图 20-13 帧动画资源

另外，还需要一个 XML 文件（frame_animation.xml）描述指定动画中帧的播放顺序和延迟时间，frame_animation. xml 也要放在/res/drawable 目录下面，frame_animation. xml 代码如下：

```
< animation - list xmlns:android = "http://schemas.android.com/apk/res/android"
    android:oneshot = "false">
    < item
        android:drawable = "@drawable/h1"
        android:duration = "150" />
    < item
        android:drawable = "@drawable/h2"
        android:duration = "150" />
    < item
        android:drawable = "@drawable/h3"
        android:duration = "150" />
    < item
        android:drawable = "@drawable/h4"
        android:duration = "150" />
</animation - list >
```

从 XML 可见，每一帧持续的时间是 150 毫秒。

活动 MainActivity. java 代码如下：

```
public class MainActivity extends AppCompatActivity {

    @Override
    protected void onCreate(Bundle savedInstanceState) {
        super.onCreate(savedInstanceState);
        setContentView(R.layout.activity_main);

        Button button = (Button) findViewById(R.id.button);
        button.setOnClickListener(new View.OnClickListener() {
            @Override
            public void onClick(View v) {
                ImageView imgView = (ImageView) findViewById(R.id.imageView);
                imgView.setBackgroundResource(R.drawable.frame_animation);          ①

                AnimationDrawable frameAnimation = (AnimationDrawable) imgView
                        .getBackground();                                           ②

                if (frameAnimation.isRunning()) {                                   ③
                    frameAnimation.stop();                                          ④
                } else {
                    frameAnimation.stop();
                    frameAnimation.start();                                         ⑤
                }
            }

        });
    }
}
```

上述代码第①行设置视图的背景资源，参数 R. drawable. frame_animation 是帧动画资源文件 id。代码第②行是创建 AnimationDrawable 对象，AnimationDrawable 可以控制动画开始和停止。代码第③行是判断动画正在运行。代码第④行是设置动画停止。代码第⑤行是设置动画开始。

布局文件 activity_main. xml 主要代码如下：

```
<LinearLayout xmlns:android = "http://schemas.android.com/apk/res/android"
    android:layout_width = "match_parent"
    android:layout_height = "match_parent"
    android:gravity = "center_horizontal"
    android:orientation = "vertical">

    <ToggleButton
        android:id = "@ + id/button"
        android:layout_width = "match_parent"
        android:layout_height = "wrap_content"
        android:textOff = "开始"
        android:textOn = "停止" />

    <ImageView
```

```
        android:id = "@ + id/imageView"
        android:layout_width = "wrap_content"
        android:layout_height = "wrap_content"
        android:background = "@drawable/h1" />                    ①

</LinearLayout>
```

在动画还没有开始之前，界面中也会有一张图片实现，在设置图片视图时，不要设置android:src属性，而是设置android:background指向资源id。

本章总结

本章重点介绍了Android平台的2D图形技术与动画技术，其中2D图形技术介绍了如何绘制点、线、矩形、弧形和位图等，此外还介绍了位图变化，如何调用照相机。最后介绍了动画技术，其中包括了渐变动画和帧动画。

本章练习题

1. 请简述Android渐变动画有哪些，并解释说明。

2. 位图变换有哪些？(　　)

A. 平移　　B. 旋转　　C. 映射　　D. 缩放

3. 判断对错。画布(Canvas)是Android的2D图形绘制的中枢，绘制方法的参数中通常包含一个画笔(Paint)对象，画笔可以设定要绘制的图形、图像和文本的样式和颜色。(　　)

第 21 章

手机功能开发

电话和短信是移动电话都应该具有的功能，本章将介绍 Android 的通信应用开发，包括电话应用和短信应用开发。

21.1 电话应用开发

无论手机如何变化，电话功能是手机必备的功能之一，因此有关电话的应用开发是一些最为基础的开发。

21.1.1 拨打电话功能

谷歌提倡使用 Intent 调用 Android 系统内置的拨打电话界面。拨打内置电话有两种形式：

- 调出拨打电话界面；
- 直接呼叫电话号码。

1. 调出拨打电话界面

如图 21-1 所示，调出 Android 系统自带的拨打电话界面，电话号码会传递过来，会显示在电话号码输入框中，用户需要自己单击呼叫键，才会拨打电话了。

调出拨打电话界面代码如下：

```
Uri telUri = Uri.parse("tel:100861");
Intent it = new Intent(Intent.ACTION_DIAL, telUri);
startActivity(it);
```

2. 直接呼叫电话号码

如图 21-2 所示，调出 Android 系统自带直接呼叫电话号码界面，此时界面已经把电话拨出了，不需要再有单击呼叫键。

直接呼叫电话号码代码如下：

```
Uri telUri = Uri.parse("tel:100861");
Intent it = new Intent(Intent.ACTION_CALL, telUri);
startActivity(it);
```

由于能够直接在程序中呼叫电话，而不需要用户拨号干预，因此直接呼叫电话号码方式需要授权。所需要的权限是 android. permission. CALL_PHONE，该权限有一定的危险性，它属于运行时权限。

图 21-1 调出拨打电话界面

图 21-2 直接呼叫电话号码界面

呼叫电话授权首先需要在清单文件 AndroidManifest. xml 中注册代码：

```
<uses-permission android:name="android.permission.CALL_PHONE" />
```

其次，需要请求授权，通过 ActivityCompat. checkSelfPermission()判断是否授权，如果没有授权再调用 ActivityCompat. requestPermissions()方法请求授权。

21.1.2 实例：拨打电话

下面通过一个实例介绍上述两种拨打电话功能。该实例运行界面如图 21-3 所示。

实例活动 MainActivity. java 代码如下：

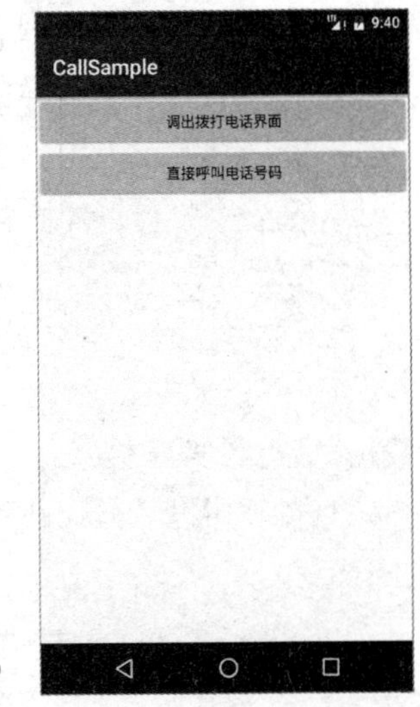

图 21-3 拨打电话运行界面

```
public class MainActivity extends AppCompatActivity {

    private final static String TAG = "callsample";
    //授权请求编码
    private static final int PERMISSION_REQUEST_CODE = 9;

    @Override
    protected void onCreate(Bundle savedInstanceState) {
        super.onCreate(savedInstanceState);
        setContentView(R.layout.activity_main);

        Button buttonDial = (Button) findViewById(R.id.buttonDial);
        buttonDial.setOnClickListener(new View.OnClickListener() {
            @Override
            public void onClick(View v) {                                ①
                Log.i(TAG, " ACTION_DIAL ... ");
                Uri telUri = Uri.parse("tel:100861");
```

```
            Intent it = new Intent(Intent.ACTION_DIAL, telUri);                    ②
            startActivity(it);
        }
    });

    Button buttonCall = (Button) findViewById(R.id.buttonCall);
    buttonCall.setOnClickListener(new View.OnClickListener() {
        @Override
        public void onClick(View v) {                                              ③
            //判断是否授权
            if (ActivityCompat.checkSelfPermission(MainActivity.this,
                    Manifest.permission.CALL_PHONE)
                    != PackageManager.PERMISSION_GRANTED) {                        ④
                //请求授权
                ActivityCompat.requestPermissions(MainActivity.this,
                        new String[]{Manifest.permission.CALL_PHONE},
                        PERMISSION_REQUEST_CODE);                                  ⑤
            } else {
                //已经授权
                Log.i(TAG, " ACTION_CALL ... ");
                Uri callUri = Uri.parse("tel:100861");
                Intent it = new Intent(Intent.ACTION_CALL, callUri);               ⑥
                startActivity(it);
            }
        }
    });
}

@Override
public void onRequestPermissionsResult(int requestCode,
                                       String permissions[], int[] grantResults) { ⑦

    switch (requestCode) {
        case PERMISSION_REQUEST_CODE: {
            if (grantResults.length > 0
                    && grantResults[0] == PackageManager.PERMISSION_GRANTED) {     ⑧
                //授权成功
                Log.i(TAG, " ACTION_CALL ... ");
                Uri callUri = Uri.parse("tel:100861");
                Intent it = new Intent(Intent.ACTION_CALL, callUri);
                startActivity(it);
            }
        }
    }
}

}
```

上述代码第①行是用户单击“调出拨打电话界面”按钮触发事件。这里只需要设置代码第②行的动作 Intent. ACTION_DIAL 的意图，启动意图就可以了。

代码第③行是用户单击“直接呼叫电话号码”按钮触发事件。这里需要通过代码第④行判断是否已经授权了 CALL_PHONE 权限，如果没有授权，需要通过代码第⑤行请求授予 CALL_PHONE 权限。如果已经授权，则通过代码第⑥行启设置动作为 Intent. ACTION_

CALL 的意图,然后启动意图。

代码第⑦行是请求授权之后返回,在此方法中需要判断授权是否成功,见代码第⑧行,判断是否已经授予了 CALL_PHONE 权限,如果是,则设置动作为 Intent. ACTION_CALL 的意图,然后启动意图。

21.1.3 呼入电话状态

电话功能的很多应用是与呼入电话有关的,例如:可以监听呼入的电话号码,判断是否是黑名单中的电话;如果是,手机不振铃。

这样的电话应用开发涉及几个问题:

- ❑ 获得电话服务;
- ❑ 开放相关权限;
- ❑ 设定监听状态;
- ❑ 注册监听器。

1. 获得电话服务

在 Android 中,很多 API 都是基于系统服务的,如用到过的定位服务、音频服务等。获得电话服务可参考如下代码:

```
TelephonyManager mTelephonyManager;
mTelephonyManager = (TelephonyManager) getSystemService(Context.TELEPHONY_SERVICE);
```

它与定位服务用法很相似,区别在于 getSystemService()方法的参数是 Context. TELEPHONY_SERVICE。TelephonyManager 是电话服务器。

2. 开放相关权限

与定位服务一样,要清单文件 AndroidManifest. xml 文件开放相应的权限,在电话服务中相关权限很多,开放什么样的权限要看你的应用是什么,例如只是读取电话状态,需要开放如下权限:

```
<uses-permission android:name="android.permission.READ_PHONE_STATE" />
<uses-permission android:name="android.permission.ACCESS_COARSE_LOCATION" />
```

这两个权限都是运行时权限需要,需要运行时授权,或者在系统设置中授权。具体过程参考 21.1.2 节的实例。

3. 设定监听状态

TelephonyManager 对象有一个 listen 方法可以设定监听状态。Android 电话监听状态参考如下代码:

```
mTelephonyManager.listen(mPhoneStateListener,
PhoneStateListener.LISTEN_CALL_FORWARDING_INDICATOR
          | PhoneStateListener.LISTEN_CALL_STATE
          | PhoneStateListener.LISTEN_CELL_LOCATION
          | PhoneStateListener.LISTEN_DATA_ACTIVITY
          | PhoneStateListener.LISTEN_DATA_CONNECTION_STATE
          | PhoneStateListener.LISTEN_MESSAGE_WAITING_INDICATOR
          | PhoneStateListener.LISTEN_SERVICE_STATE
          | PhoneStateListener.LISTEN_SIGNAL_STRENGTH);
```

PhoneStateListener 类提供了很多状态常量，这些常量包括电话状态（振铃、挂断等）、位置变化、数据传输（语音邮箱等）、服务状态和服务信号强弱。它们都是十六进制的整数，可以进行位或运算，运算的结果是监听这种状态。例如，下面的写法就是电话状态变化的监听（PhoneStateListener.LISTEN_CALL_STATE）和位置（PhoneStateListener.LISTEN_CELL_LOCATION）变化的监听：

```
PhoneStateListener.LISTEN_CALL_STATE | PhoneStateListener.LISTEN_CELL_LOCATION
```

4. 注册监听器

在 listen 方法中的参数 mPhoneStateListener 是一个监听器 PhoneStateListener 的接口：

```
mTelephonyManager.listen(mPhoneStateListener, … );
```

mPhoneStateListener 实现了 PhoneStateListener 接口。

21.1.4　实例：电话黑名单

下面通过一个实例介绍如何监听电话呼入状态，该实例是电话黑名单应用，如图 21-4 所示，用户可以单击界面中的按钮开启或停止监听，在开始状态下，如果有电话呼入，应判断电话号码是否在黑名单中，如果在黑名单中，则将振铃状态设置为静音。

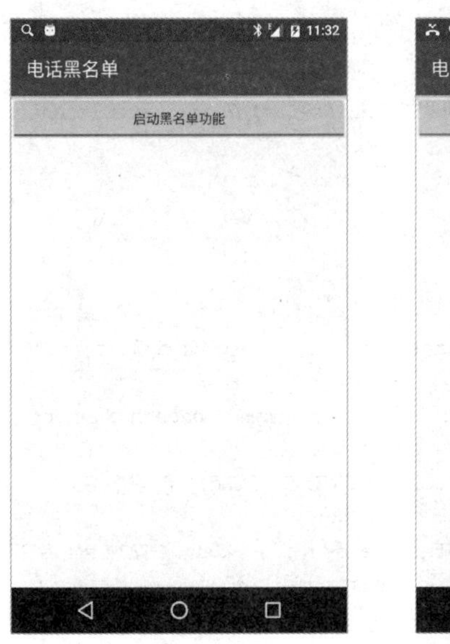

图 21-4　电话黑名单应用

实例活动 MainActivity.java 代码如下：

```
public class MainActivity extends AppCompatActivity {

    private static String TAG = "phonestatesample";
    private AudioManager mAudioManager;
    private TelephonyManager mTelephonyManager;
```

```
@Override
public void onCreate(Bundle savedInstanceState) {
    super.onCreate(savedInstanceState);
    setContentView(R.layout.activity_main);

    mAudioManager = (AudioManager) getSystemService(Context.AUDIO_SERVICE);              ①
    mTelephonyManager
        = (TelephonyManager) getSystemService(Context.TELEPHONY_SERVICE);                ②

    final int listenedState = PhoneStateListener.LISTEN_CALL_FORWARDING_INDICATOR
            | PhoneStateListener.LISTEN_CALL_STATE
            | PhoneStateListener.LISTEN_CELL_LOCATION
            | PhoneStateListener.LISTEN_DATA_ACTIVITY
            | PhoneStateListener.LISTEN_DATA_CONNECTION_STATE
            | PhoneStateListener.LISTEN_MESSAGE_WAITING_INDICATOR
            | PhoneStateListener.LISTEN_SERVICE_STATE;                                   ③

    final ToggleButton button = (ToggleButton) findViewById(R.id.button);
    button.setOnClickListener(new OnClickListener() {
        @Override
        public void onClick(View view) {
            if (button.isChecked()) {
                mTelephonyManager
                        .listen(mPhoneStateListener, listenedState);                     ④
            } else {
                //没有监听
                mTelephonyManager
                    .listen(mPhoneStateListener, PhoneStateListener.LISTEN_NONE);        ⑤
            }

        }
    });
}

private PhoneStateListener mPhoneStateListener = new PhoneStateListener() {              ⑥
    @Override
    public void onCallStateChanged(int state, String incomingNumber) {
        switch (state) {
            case TelephonyManager.CALL_STATE_RINGING:                                    ⑦
                Log.i(TAG,
                        "onCallStateChanged() -> CALL_STATE_RINGING "
                                + incomingNumber);

                if (incomingNumber.equals("123")) {                                      ⑧
                    mAudioManager
                            .setRingerMode(AudioManager.RINGER_MODE_SILENT);             ⑨
                } else {
                    mAudioManager
                            .setRingerMode(AudioManager.RINGER_MODE_NORMAL);             ⑩
                }
                break;
            case TelephonyManager.CALL_STATE_IDLE:
                Log.i(TAG,
                    "onCallStateChanged() -> CALL_STATE_IDLE " + incomingNumber);
```

```
                    mAudioManager.setRingerMode(AudioManager.RINGER_MODE_NORMAL);
                    break;
                case TelephonyManager.CALL_STATE_OFFHOOK:
                    Log.i(TAG,
                            "onCallStateChanged() -> CALL_STATE_OFFHOOK "
                                    + incomingNumber);
                    mAudioManager.setRingerMode(AudioManager.RINGER_MODE_NORMAL);

                    break;
                default:
                    Log.i(TAG,
                            "onCallStateChanged() -> default -> "
                                    + Integer.toString(state));
                    mAudioManager.setRingerMode(AudioManager.RINGER_MODE_NORMAL);
            }

        }

        public void onDataActivity(int direction) {
        }

        public void onDataConnectionStateChanged(int state) {
        }

        public void onMessageWaitingIndicatorChanged(boolean mwi) {
        }

        public void onServiceStateChanged(ServiceState serviceState) {
        }

    };
}
```

上述代码第①行是获得音频服务器 AudioManager，作为音频服务器可以管理控制音频，还可以调整音量大小，设定振铃模式等。其中的振铃模式有三种：

- AudioManager.RINGER_MODE_NORMAL。设置为正常振铃模式。
- AudioManager.RINGER_MODE_VIBRATE。设置为振动模式。
- AudioManager.RINGER_MODE_SILENT。设置为静音模式。

代码第②行是获得电话服务器 TelephonyManager。代码第③行是设置要监听的各种状态。代码第④行是用户开启电话黑名单功能时，开始监听电话呼入状态。代码第⑤行是用户停止电话黑名单功能时，停止监听电话呼入状态；其中，状态设置为 PhoneStateListener.LISTEN_NONE，则不再监听。

代码第⑥行是声明一个 PhoneStateListener 状态监听器，然后重写 PhoneStateListener 中方法，其中 onCallStateChanged(int state, String incomingNumber)方法是呼入电话状态发生变化时回调的方法，参数 state 是电话状态，电话状态还可以细分为：

- 空闲状态。常量是 TelephonyManager.CALL_STATE_IDLE，即没有电话呼入和呼出。
- 振铃状态。常量是 TelephonyManager.CALL_STATE_RINGING，当有一个新的呼叫到来时，开始振铃(响铃或者振动)。

- 挂断状态。常量是 CALL_STATE_OFFHOOK,在拨号或者振铃的状态时退出。

代码第⑦行是当有一个新的呼叫到来时进行处理,这里是实现黑名单功能的核心。代码第⑧行是判断呼入电话号码(incomingNumber)是否在黑名单中。如果在,则通过代码第⑨行设置将振铃状态设置为静音;如果不在黑名单中,则通过代码第⑩行将振铃状态设置为正常。

另外,电话处于其他的状态下——空闲状态和挂断状态时,也要把振铃状态设定为正常,这样才能保证当黑名单的电话挂断之后,电话振铃状态回到正常状态,否则黑名单电话挂断之后,电话振铃状态就始终处于静音状态了。

注意 本例中需要注意黑名单数据库,目前本例中是没有黑名单数据库,只是硬编码一个黑名单号码,作为测试使用。但对一个完整的应用而言,这里应该有一个数据库,而且还要有相应的维护功能(增加、删除和修改等),这些数据有可能是来源于 Android 本身的联系人,也可能是自己输入的,然后在电话呼入的时候查询这个黑名单数据库。

21.2 短信和彩信应用开发

与电话功能一样,短信(SMS)和彩信(MMS)是现在手机必不可少的功能,它与电话功能互补,已经成为现代生活的一部分,是电话功能无法替代的。

21.2.1 发送短信功能

在 Android 平台中,发送短信可以采用内置意图发送,并用它的内置客户端接收。Android 调用内置的短信功能,发送方是通过意图实现的,打开如图 21-5 所示的内置短信界面,接收方也是 Android 系统提供的内置短信界面。

发送短信代码如下:

```
Intent smsIntent = new Intent(Intent.ACTION_SENDTO,
        Uri.fromParts("smsto", "5556", null));
smsIntent.putExtra("sms_body", "Ths message is SMS.");
startActivity(smsIntent);
```

图 21-5 内置收发短信界面

发送短信使用意图动作 Intent.ACTION_SENDTO 实现,通过指定 SENDTO 说明这是要发送一个短信,Uri.fromParts("smsto","5556",null)是指定发送短信的 URI。发送的短信内容是放置在意图的附加字段中传递的,sms_body 作为"键名"。

21.2.2 发送彩信功能

在 Android 平台中,发送彩信界面与发送短信界面是一样的,调用代码也是类似的,只是意图有所不同,发送彩信代码如下:

```
//发生彩信意图
Intent mmsIntent = new Intent(Intent.ACTION_SEND,
        Uri.fromParts("mmsto", "5556", null));
mmsIntent.putExtra("sms_body", "The message is MMS. Please see attached image. ");

//获得要发送的媒体文件的 URI
Uri attached_Uri = Uri.parse("content://media/external/images/media/1");
//Uri.fromFile(new File("/mnt/sdcard/test.jpg"));
mmsIntent.putExtra(Intent.EXTRA_STREAM, attached_Uri);
mmsIntent.setType("image/*");
startActivity(mmsIntent);
```

发送彩信使用的意图活动是 Intent.ACTION_SEND，通过指定 SEND 说明这是要调用发送功能应用，所以如果你的系统安装了多个能够接收意图活动 Intent.ACTION_SEND 的应用，则会弹出选择应用界面。

Uri.fromParts("mmsto","5556",null)发送发送彩信 URL。sms_body 指定彩信文本内容，发送的文字内容是放置在意图的附加字段中传递。此外，Intent.EXTRA_STREAM 指定要发送的媒体文件“键”，“值”是指向媒体文件的 URI。mmsIntent.setType("image/*")方法指定图片文件类型。

提示 如何在模拟器上测试发送和接收短信呢？一般情况下，应用开发者使用一个模拟器就够了，但是有时会在两个模拟器之间发送数据，这样的应用需要启动多个模拟器实例，第一个启动的模拟器端口是 5554(在屏幕的左上角)，再启动一个模拟器端口 5556,5558 等，在短信发送程序中，接收方的电话号码就是它的端口 555X，如图 21-6 所示。

(a) 模拟器端口是5554

(b) 模拟器端口是5556

图 21-6 两个模拟器之间发送短信

本章总结

本章介绍了 Android 平台的电话应用开发 API、发送短信和彩信功能。

本章练习题

1. 请编写直接呼叫电话号码核心代码。
2. 请编写发送短信核心代码。

实 战 篇

第 22 章　分层架构设计与重构健康助手应用
第 23 章　内容提供者重构健康助手应用

第 22 章 分层架构设计与重构健康助手应用

设计模式只是解决某一特定问题的策略，是面向局部的。而一个架构设计是宏观地、全面地、有机地将这些设计模式组织起来解决整个应用系统的方案。衡量一个软件架构设计好坏的原则是：可复用性和可扩展性。因为可复用性和可扩展性强的软件系统能够满足用户不断变化的需求。为了能够使我们的软件系统具有可复用性和可扩展性，笔者主张采用分层架构设计，层(Layer)就是具有相似功能的类或组件的集合。例如，表示层就是在应用中负责与用户交互的类和组件的集合。

22.1 分层架构设计

在讨论 Android 平台上的应用分层设计之前，先讨论一下一个企业级系统是如何进行分层设计的。

22.1.1 低耦合企业级系统架构设计

首先，来了解一下企业级系统架构设计。软件设计的原则是提高软件系统的“可复用性”和“可扩展性”，系统架构设计采用层次划分方式，这些层次之间是松耦合的，层次内部是高内聚的。图 22-1 是通用低耦合的企业级系统架构图。

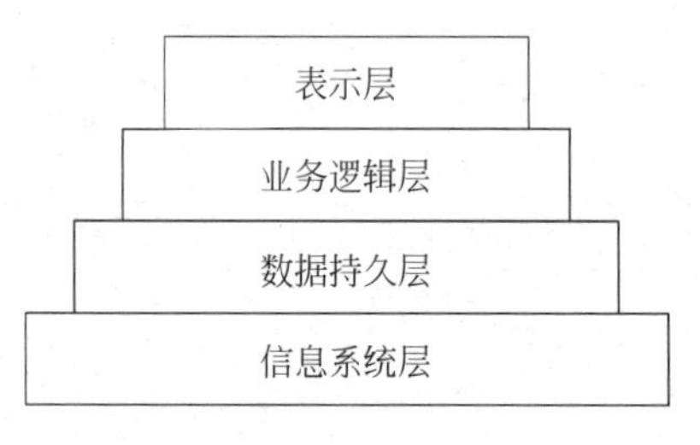

图 22-1　通用低耦合的企业级系统架构

- 表示层。用户与系统交互的组件集合。用户通过这一层向系统提交请求或发出指令，系统通过这一层接收用户请求或指令，待指令消化吸收后再调用下一层，接着将调用结果展现到这一层。表示层应该是轻薄的，不应该具有业务逻辑。
- 业务逻辑层。系统的核心业务处理层。负责接收表示层的指令和数据，待指令和数据消化吸收后，再进行组织业务逻辑的处理，并将结果返回给表示层。
- 数据持久层。数据持久层用于访问信息系统层，即访问数据库或文件操作的代码应该只能放到数据持久层中，而不能出现在其他层中。
- 信息系统层。系统的数据来源，可以是数据库、文件、遗留系统或者网络数据。

图 22-1 看起来像一个多层“蛋糕”，蛋糕师们在制作多层“蛋糕”的时候先做下层再做上层，最后做顶层。没有下层就没有上层，这叫作“上层依赖于下层”。图 22-1 说明了信息系统层是最底层，它是所有层的基础，没有信息系统层就没有其他层。其次是数据持久层，没有数据持久层就没有业务逻辑层和表示层。再次是逻辑层，没有逻辑层就没有表示层，最后是表示层。也就是说，开发一个应用的顺序是：先是信息层，其次是数据持久层，再次是业务逻辑层，最后是表示层。

22.1.2　Android 平台分层架构设计

Android 平台应用也需要架构设计吗？答案是肯定的，但是并不一定采用分层架构设计，一般有关信息处理的应用应该采用分层架构设计。而游戏等应用一般不会采用这种分层架构设计。

提示　游戏开发一般都会采用某个引擎，游戏引擎事实上包含了架构设计解决方案，游戏引擎的架构一般不是分层的而是树形结构的。

图 22-2 所示是 Android 平台分层架构设计，其中各层内容说明如下：

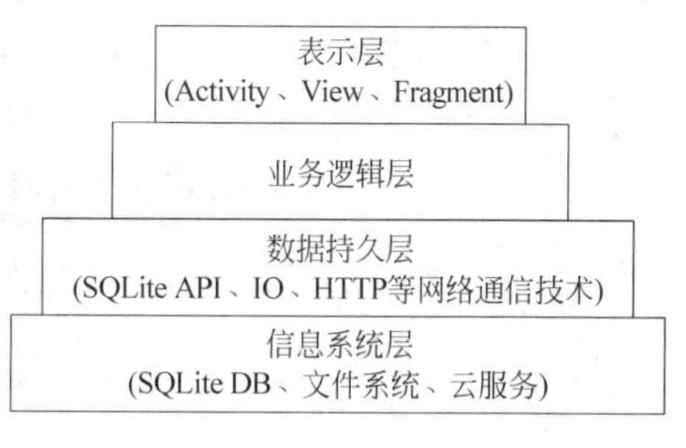

图 22-2　Android 平台分层架构设计

- 表示层。它由 Activity、View 和 Fragment 等构成，包括前面学习的控件和事件处理等内容。
- 业务逻辑层。采用什么框架要根据具体的业务而定，但一般是具有一定业务处理功能的 Java 类。
- 数据持久层。提供本地或网络数据访问，它可能是访问 SQLite 数据的 API 函数，或是 Java IO 技术，或是网络通信技术。采用什么方式要看信息系统层是什么。
- 信息系统层。它的信息来源分为本地和网络。本地数据可以放入文件中，也可以放在数据库中，目前 Android 本地数据库采用 SQLite3。网络可以是某个云服务，也可以是一般的 Web 服务。

22.2　健康助手应用架构设计

分层架构设计听起来很多抽象，下面将第 12 章介绍的健康助手应用采用分层架构设计重构。

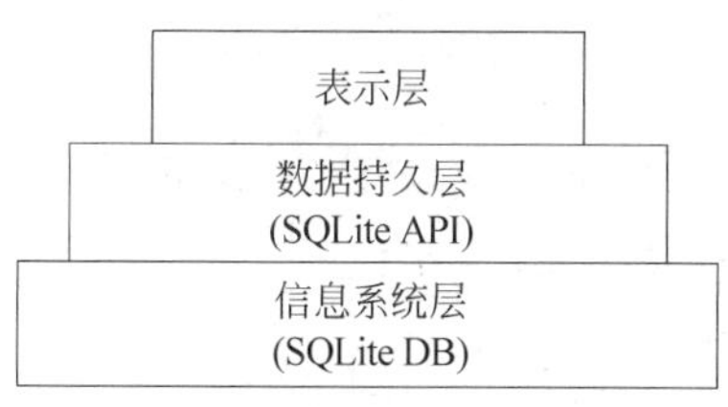

图 22-3　健康助手应用架构设计

分层架构设计并非一成不变的，它是一个基本架构，实际开发时会有多种变换形式，在健康助手应用中由于业务逻辑层比较简单，可以简化成为三层架构，图 22-3 是健康助手应用三层架构。

在健康助手应用三层架构中，三层内容具体如下：

1. 信息系统层

信息系统层采用本地 SQLite 数据库，在这一层中只需要创建一个健康表 Health，并且修改表结构，修改内容如表 22-1 所示。

表 22-1 健康(Health)表

字段名称中文	字段名称英文	数据类型	主键
日期	_id	long	是
摄入热量	input	float	否
消耗热量	output	float	否
体重	weight	float	否
运动情况	amountExercise	float	否

2. 数据持久层

数据持久层有很多的修改，主要采用 DAO(数据访问对象)设计模式，DAO 设计模式为每个数据访问对象提供一个接口，通过使用接口可以屏蔽底层数据存储细节。

3. 表示层

分层之后表示层得到了很大的简化，这是因为业务逻辑和数据持久化逻辑从表示层中剥离出来。这样，表示层的重点在于展示数据和屏幕适配。

图 22-4 是 Android Studio 创建的健康助手工程。

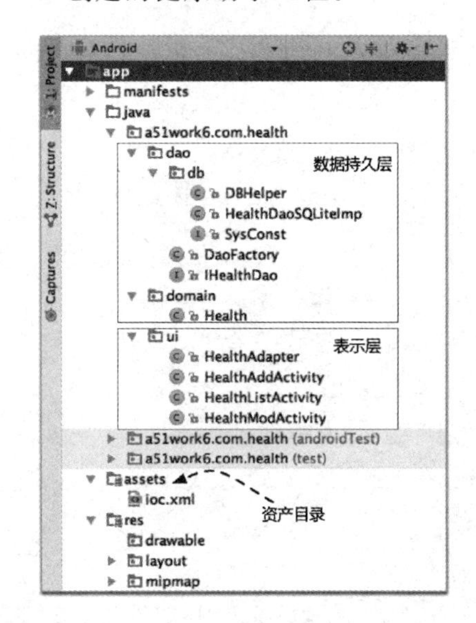

图 22-4 Android Studio 创建的健康助手

22.3 重构健康助手数据持久层

数据持久层采用 DAO(数据访问对象)设计模式，为了降低耦合度，采用依赖注入(Dependency Injection，简称 DI)①设计方式，需要使用工厂设计模式。

① 依赖注入(Dependency Injection，DI)，是一个重要的面向对象编程的法则，用来削减计算机程序的耦合问题，也是轻量级的 Spring 框架的核心。

从图 22-4 可见，数据持久层的类和接口如表 22-2 所示。

表 22-2　数据持久层类和接口

类和接口	类型	备　注
IHealthDao	接口	Health 表的 DAO 接口
HealthDaoSQLiteImp	类	HealthDAO 接口 SQLite 实现类
DaoFactory	类	DAO 工厂，通过该工厂可以帮助创建 DAO 对象
DBHelper	类	访问 SQLite 数据帮助类
SysConst	接口	定义数据持久层常量
Health	类	Health 实体类

22.3.1　DAO 设计模式

DAO 设计模式可以实现表示层（或者业务逻辑层）和数据访问层的分离。简单地说，这个模式是：每个数据库表都有一个 DAO 接口和实现这个接口的类，这样就可以使用不同的技术来实现 DAO。图 22-5 是 DAO 类图，IHealthDao 是接口，它有三个实现类 HealthDaoSQLiteImp（基于 SQLite 实现）、HealthDaoFileImp（基于本地文件实现）和 HealthDaoContentProviderImp（基于内容提供者实现）。IHealthDao 是接口中声明访问数据库的 CRUD 四类方法。另外，Health 是实体类，实体是应用中的"人""事""物"等。

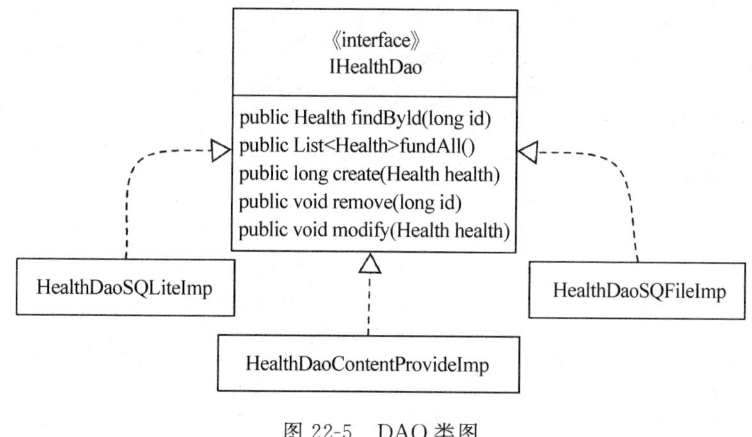

图 22-5　DAO 类图

提示　CRUD 方法是访问数据的 4 个方法——增加、删除、修改和查询。C 为 Create，表示增加数据；R 是 Read，表示查询数据；U 是 Update，表示修改数据；D 是 Delete，表示删除数据。

DAO 接口 IHealthDao.java 代码如下：

```
public interface IHealthDao {
    /**
     * 按照主键进行删除
     * @param id 主键
     * @return 返回符合条件 Health
     */
    public Health findById(long id);
```

```
    /**
     * 查询所有 Health
     * @return
     */
    public List<Health> findAll();
    /**
     * 插入 Health
     * @param health
     * @return rowID 新插入的行号, -1 表示错误发送
     */
    public long create(Health health);
    /**
     * 按照主键删除 Health
     * @param id
     */
    public void remove(long id);
    /**
     * 修个 Health
     * @param health
     */
    public void modify(Health health);
}
```

实体类 Health.java 代码如下：

```
public class Health implements Serializable {                          ①
    //日期
    private long id;
    //摄入热量
    private float input;
    //消耗热量
    private float output;
    //体重
    private float weight;
    //运动情况
    private float amountExercise;
    public long getId() {
        return id;
    }
    public void setId(long id) {
        this.id = id;
    }
    public float getInput() {
        return input;
    }
    public void setInput(float input) {
        this.input = input;
    }

    public float getOutput() {
        return output;
    }
    public void setOutput(float output) {
        this.output = output;
```

```
    }
    public float getWeight() {
        return weight;
    }
    public void setWeight(float weight) {
        this.weight = weight;
    }
    public float getAmountExercise() {
        return amountExercise;
    }
    public void setAmountExercise(float amountExercise) {
        this.amountExercise = amountExercise;
    }
}
```

上述代码在声明 Health 类时需要实现 Serializable 接口，见代码第①行，实现 Serializable 接口可以保证该类具有可序列化能力，即可以放到意图中在各组件之间传递。

由于本章重点是介绍通过信息系统层采用 SQLite 实现，所以在图 22-5 所示的类图中，本章只是实现了 HealthDaoSQLiteImp，HealthDaoSQLiteImp.java 代码如下：

```
public class HealthDaoSQLiteImp implements IHealthDao {
    private static final String TAG = "HealthDaoSQLiteImp";
    private DBHelper mDBHelper;                                                  ①
    public HealthDaoSQLiteImp(Context ctx) {                                     ②
        mDBHelper = new DBHelper(ctx);                                           ③
    }
    @Override
    public long create(Health health) {
        SQLiteDatabase db = mDBHelper.getWritableDatabase();
        ContentValues values = new ContentValues();
        values.put(SysConst.TABLE_FIELD_DATE, health.getId());
        values.put(SysConst.TABLE_FIELD_INPUT, health.getInput());
        values.put(SysConst.TABLE_FIELD_OUTPUT, health.getOutput());
        values.put(SysConst.TABLE_FIELD_WEIGHT, health.getWeight());
        values.put(SysConst.TABLE_FIELD_AMOUNTEXERCISE, health.getAmountExercise());
        long rowId = db.insert(SysConst.TABLE_NAME, null, values);               ④
        return rowId;
    }
    @Override
    public void remove(long id) {

        SQLiteDatabase db = mDBHelper.getWritableDatabase();
        String whereClause = SysConst.TABLE_FIELD_DATE + " = " + id;
        db.delete(SysConst.TABLE_NAME, whereClause, null);                       ⑤
    }
    @Override
    public List<Health> findAll() {
        SQLiteDatabase db = mDBHelper.getReadableDatabase();
        Cursor cursor = db.query(SysConst.TABLE_NAME, new String[]{
                        SysConst.TABLE_FIELD_DATE, SysConst.TABLE_FIELD_INPUT,
                        SysConst.TABLE_FIELD_OUTPUT, SysConst.TABLE_FIELD_WEIGHT,
                        SysConst.TABLE_FIELD_AMOUNTEXERCISE}, null, null, null, null,
                SysConst.TABLE_FIELD_DATE + " asc");                             ⑥
```

```
        List<Health> list = new ArrayList<>();
        Health health;
        while (cursor.moveToNext()) {
            health = new Health();
            health.setId(cursor.getLong(cursor.getColumnIndex(SysConst.TABLE_FIELD_DATE)));
            health.setId(cursor.getLong(cursor.getColumnIndex(SysConst.TABLE_FIELD_DATE)));
            health.setInput(cursor.getFloat(cursor.getColumnIndex(SysConst.TABLE_FIELD_INPUT)));
            health.setOutput(cursor.getFloat(cursor
                        .getColumnIndex(SysConst.TABLE_FIELD_OUTPUT)));
            health.setWeight(cursor.getFloat(cursor
                        .getColumnIndex(SysConst.TABLE_FIELD_WEIGHT)));
            health.setAmountExercise(cursor.getFloat(cursor
                        .getColumnIndex(SysConst.TABLE_FIELD_AMOUNTEXERCISE)));
            list.add(health);
        }
        return list;
    }
    @Override
    public Health findById(long id) {
        SQLiteDatabase db = mDBHelper.getReadableDatabase();
        String whereClause = SysConst.TABLE_FIELD_DATE + " = " + id;
        Cursor cursor = db.query(SysConst.TABLE_NAME, new String[]{
                        SysConst.TABLE_FIELD_DATE, SysConst.TABLE_FIELD_INPUT,
                        SysConst.TABLE_FIELD_OUTPUT, SysConst.TABLE_FIELD_WEIGHT,
                        SysConst.TABLE_FIELD_AMOUNTEXERCISE},
                whereClause, null, null, null, null);                          ⑦

        Health health = null;

        if (cursor.moveToNext()) {
            health = new Health();
            health.setId(cursor.getLong(cursor.getColumnIndex(SysConst.TABLE_FIELD_DATE)));
            health.setId(cursor.getLong(cursor.getColumnIndex(SysConst.TABLE_FIELD_DATE)));
            health.setInput(cursor.getFloat(cursor.getColumnIndex(SysConst.TABLE_FIELD_INPUT)));
            health.setOutput(cursor.getFloat(cursor
                        .getColumnIndex(SysConst.TABLE_FIELD_OUTPUT)));
            health.setWeight(cursor.getFloat(cursor
                        .getColumnIndex(SysConst.TABLE_FIELD_WEIGHT)));
            health.setAmountExercise(cursor.getFloat(cursor
                        .getColumnIndex(SysConst.TABLE_FIELD_AMOUNTEXERCISE)));
        }
        return health;
    }
    @Override
    public void modify(Health health) {
        SQLiteDatabase db = mDBHelper.getWritableDatabase();
        String whereClause = SysConst.TABLE_FIELD_DATE + " = " + health.getId();
        ContentValues values = new ContentValues();
        values.put(SysConst.TABLE_FIELD_INPUT, health.getInput());
        values.put(SysConst.TABLE_FIELD_OUTPUT, health.getOutput());
        values.put(SysConst.TABLE_FIELD_WEIGHT, health.getWeight());
        values.put(SysConst.TABLE_FIELD_AMOUNTEXERCISE, health.getAmountExercise());
        long rowId = db.update(SysConst.TABLE_NAME, values, whereClause, null);     ⑧
    }
}
```

代码第①行是创建 DBHelper 对象 mDBHelper，DBHelper 是数据库帮助类继承 SQLiteOpenHelper 类。代码第②行是构造方法，参数 ctx 是一个 Context(上下文)对象，它是从表示层传递过来的，通过 Context 对象可以创建 DBHelper 对象 mDBHelper，见代码第③行。

代码第④行是插入数据 create()方法中实现数据插入的核心方法。代码第⑤行是删除数据 remove()方法中实现数据删除的核心方法。

代码第⑥行是查询所有数据 findAll()方法中实现查询的核心方法。代码第⑦行与第⑥行类似，都是查询方法，只是代码第⑦行是有条件查询，查询条件是 whereClause。

代码第⑧行是修改数据 modify()方法中实现数据修改的核心方法。

SQLiteDatabase 的具体方法的含义在 12.4 节已经介绍了，这里不再赘述。

22.3.2　工厂设计模式

DAO 接口实现类可能会有多个，设计良好的 DAO 应该使上层(表示层)调用者不用关心具体是哪个 DAO 实现类。使得上层(表示层)调用者与 DAO 实现类之间的依赖关系，在运行期动态注入进来，这就是依赖注入。笔者提供一个工厂类实现依赖注入。

没有实现依赖注入时调用代码：

```
HealthDao dao = new HealthDaoSQLiteImp();
```

采用工厂之后调用代码：

```
HealthDao dao = DaoFactory.newInstance(this,"HealthDao");
```

其中，this 是一个上下文 Context 对象，"HealthDao"是在一个 XML 文件(ioc.xml)中定义的 ID，ioc.xml 代码如下：

```
<?xml version = "1.0" encoding = "UTF - 8" ?>
<beans>
    <bean id = "HealthDao"
        class = "com.a51work6.health.dao.db.HealthDaoSQLiteImp" />
</beans>
```

class 属性是可以配置 DAO 类名，id 属性是在工厂中调用的 ID，开发人员可以在 <beans>标签中配置多个<bean>标签，每一个<bean>标签描述一个 DAO，注意他们的 id 属性不能重复。

工厂类 DaoFactory.java 代码如下：

```
public class DaoFactory {
    //默认构造方法是私有的
    private DaoFactory() {                                                        ①
    }
    public static IHealthDao newInstance(Context ctx, String beanId) {            ②
        //管理 Android 资产目录
        AssetManager am = ctx.getAssets();                                        ③
        try {
            DocumentBuilderFactory dbf = DocumentBuilderFactory.newInstance();
            DocumentBuilder db = dbf.newDocumentBuilder();
```

```
                //打开资产目录中的 ioc.xml 文件输入流
                InputStream is = am.open("ioc.xml");                                    ④
                Document doc = db.parse(is);                                            ⑤
                //解析找到所有的 bean 节点
                NodeList beans = doc.getElementsByTagName("bean");
                //循环遍历所有 bean 节点
                for (int i = 0; i < beans.getLength(); i++) {
                    Node bean = beans.item(i);
                    //从 bean 中取出 id 属性值
                    String id = bean.getAttributes().getNamedItem("id").getNodeValue();
                    //从 bean 中取出 class 属性值
                    String classname = bean.getAttributes().getNamedItem("class").getNodeValue();
                    //根据 id 查找 class
                    if (id.equals(beanId)) {
                        //通过类名字符串创建类
                        Class daoclass = Class.forName(classname);                      ⑥
                        Constructor constructor = daoclass
                            .getConstructor(new Class[]{android.content.Context.class});  ⑦
                        IHealthDao dao = (IHealthDao) constructor.newInstance(ctx);      ⑧
                        return dao;
                    }
                }
                return null;
            } catch (Exception e) {
                return null;
            }
        }
    }
```

在上述代码中，DaoFactory 类的构造方法被定义为私有的，见代码第①行，这是为了防止有人通过构造方法实例化工厂，工厂设计模式不允许调用者实例化，它一般只是提供一些帮助创建其他对象的静态方法。

代码第②行定义的 newInstance(Context ctx, String beanId)方法是用来创建 DAO 对象，它是一个静态方法，工厂不需要实例化就可以调用该方法创建 DAO 对象。代码第③行是获得管理 Android 资产(assets)目录的 AssetManager 对象，Android 资产目录是与 res 同级目录，如图 22-6 所示，资产目录中的文件不会被系统编译，不需要通过 R.＊.＊方式访问。

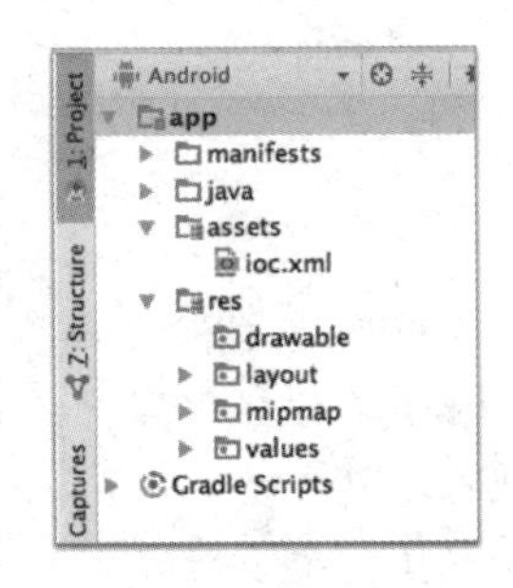

图 22-6　资产目录

提示　默认情况下，Android Studio 工具不会创建该目录，需要自己在资源管理器或在 Android Studio 创建该目录。

那么，如何访问资产目录下的文件呢？可以通过代码第④行的 AssetManager 的 open()方法打开文件输入流。代码第⑤行是将输入流传递给 DocumentBuilder 解析 XML 文档。具体的 XML 解析过程不再介绍，读者可以参考 18.4 节。

代码第⑥行～第⑧行是 Java 反射机制通过字符串的类名实例化对象，代码第⑥行通过字符串类名加载这个类，代码第⑦行是创建构造方法对象，有参数的构造方法是一个 Context 类型。代码第⑧行是调用构造方法创建该对象。Class 和 Constructor 这些类都属于 Java 反射机制常用的类。

22.4 表示层开发

从客观上讲，表示层开发的工作量是很大，不仅有很多细节工作，而且还要考虑屏幕视频等问题。

从图 22-4 可见，表示层中的类和布局文件如表 22-3 所示。

表 22-3 表示层中的类和布局文件说明

文件	类型	备注
HealthListActivity.java	类	Health 列表界面活动
HealthAddActivity.java	类	Health 添加界面活动
HealthModActivity.java	类	Health 修改界面活动
HealthAdapter.java	类	从数据持久层返回 List 数据与列表界面 ListVew 之间的适配器
activity_main.xml	布局文件	Health 列表界面布局文件
listitem.xml	布局文件	Health 列表界面每一个列表项布局文件
add_mod.xml	布局文件	Health 添加和修改界面布局文件

22.4.1 Health 列表界面

Health 列表界面涉及 HealthListActivity.java 活动，布局文件 activity_main.xml 和 listitem.xml。下面看看 HealthListActivity.java 活动代码：

```
public class HealthListActivity extends AppCompatActivity {
    //数据传输 Weight 的 Key
    public static final String KEY_WEIGHT = "select_weight";
    //添加菜单项
    public static final int ADD_MENU_ID = Menu.FIRST;
    public static final int CONF_MENU_ID = Menu.FIRST + 1;
    private ListView mListView;                       //活动中列表视图
    private List<Health> mHealthList;                 //列表所需数据
    private IHealthDao mDao;                          //DAO 对象

    @Override
    public void onCreate(Bundle savedInstanceState) {
        super.onCreate(savedInstanceState);
        setContentView(R.layout.activity_main);
        mDao = DaoFactory.newInstance(this, "HealthDao");                    ①

        mListView = (ListView) findViewById(R.id.listview);
        mListView.setOnItemLongClickListener(new AdapterView.OnItemLongClickListener() {
            @Override
            public boolean onItemLongClick(AdapterView<?> parent, View v, int pos, long id) {
                showListDialog(pos);                                          ②
                return false;
            }
        });
    }
```

```
@Override
protected void onResume() {
    super.onResume();
    findAll();                                                                      ③
}
...
@Override
public boolean onCreateOptionsMenu(Menu menu) {
    super.onCreateOptionsMenu(menu);
    menu.add(0, ADD_MENU_ID, 1, R.string.add).setIcon(
            android.R.drawable.ic_menu_add);
    menu.add(0, CONF_MENU_ID, 2, R.string.conf).setIcon(
            android.R.drawable.ic_menu_compass);
    return true;
}
@Override
public boolean onOptionsItemSelected(MenuItem item) {
    switch (item.getItemId()) {
        case ADD_MENU_ID:
            Intent itadd = new Intent(this, HealthAddActivity.class);
            startActivity(itadd);
            return true;
        case CONF_MENU_ID:
            //TODO 待定
    }
    return super.onOptionsItemSelected(item);
}
private void findAll() {
    mHealthList = mDao.findAll();                                                   ④
    ListAdapter adapter = new HealthAdapter(this, R.layout.listitem, mHealthList);  ⑤
    mListView.setAdapter(adapter);
}
void showListDialog(int pos) {
    final Health selectedHealth = mHealthList.get(pos);                             ⑥
    DateFormat dateFormat = new SimpleDateFormat("yyyy-MM-dd HH:mm:ss");
    String date = dateFormat.format(selectedHealth.getId());
    new AlertDialog.Builder(HealthListActivity.this)
            .setTitle(date).setItems(
            R.array.select_dialog_items,
            new DialogInterface.OnClickListener() {
                @Override
                public void onClick(DialogInterface dialog, int which) {
                    if (which == 0) {          //修改                               ⑦
                        Intent it = new Intent(HealthListActivity.this,
                                HealthModActivity.class);
                        it.putExtra(KEY_WEIGHT, selectedHealth);                     ⑧
                        startActivity(it);
                    } else if (which == 1) {   //删除                               ⑨
                        mDao.remove(selectedHealth.getId());                         ⑩
                        //重新绑定查询
                        findAll();
                    }
                }
            }).show();
```

```
        }
    }
```

上述代码第①行是通过DaoFactory工厂实例化HealthDao对象。代码第②行是用户长按列表项调用showListDialog(pos)方法，showListDialog(pos)会弹出对话框。代码第③行是onResume()方法调用findAll()方法，onResume()是在列表界面显示时的回调方法。

在findAll()方法中，代码第④行是调用HealthDao的查询所有方法。代码第⑤行是创建HealthAdapter对象，HealthAdapter是自定义适配器，稍后将介绍HealthAdapter对象。

showListDialog()方法显示对话框，其中代码第⑥行mHealthList.get(pos)语句根据选中索引，从mHealthList集合中返回Health数据。代码第⑦行是用户单击修改数据后的处理，代码第⑨行是用户单击删除数据后的处理，代码第⑧行it.putExtra(KEY_WEIGHT,selectedHealth)将选中的Health数据放到意图中，这需要Health实现可序列化接口(Serializable)，代码第⑩行是根据Health的id删除数据。

自定义适配器HealthAdapter.java代码如下：

```
public class HealthAdapter extends BaseAdapter {                                          ①
    DateFormat mDateFormat = null;
    private LayoutInflater mInflater;                          //布局填充器
    private List<Health> mDataSource;                          //数据源数组
    private int mResource;                                     //列表项布局文件
    private Context mContext;                                  //所在上下文

    public HealthAdapter(Context context, int resource, List<Health> dataSource) {
        mContext = context;
        mResource = resource;
        mDataSource = dataSource;
        //通过上下文对象创建布局填充器
        mInflater = LayoutInflater.from(context);

        mDateFormat = new SimpleDateFormat("yyyy-MM-dd HH:mm:ss");
    }
    //返回总数据源中总的记录数
    @Override
    public int getCount() {
        return mDataSource.size();
    }
    //根据选择列表项位置,返回列表项所需数据
    @Override
    public Object getItem(int position) {
        return mDataSource.get(position);
    }
    //根据选择列表项位置,返回列表项 id
    @Override
    public long getItemId(int position) {
        return position;
    }
    //返回列表项所在视图对象
    @Override
    public View getView(int position, View convertView, ViewGroup parent) {
        ViewHolder holder;
```

```
        if (convertView == null) {
            convertView = mInflater.inflate(mResource, null);
            holder = new ViewHolder();
            holder.textViewId
                    = (TextView) convertView.findViewById(R.id.date);
            holder.textViewInput
                    = (TextView) convertView.findViewById(R.id.input);
            holder.textViewOutput
                    = (TextView) convertView.findViewById(R.id.output);
            holder.textViewWeight
                    = (TextView) convertView.findViewById(R.id.weight);
            holder.textViewAmountExercise
                    = (TextView) convertView.findViewById(R.id.amountExercise);
            convertView.setTag(holder);
        } else {
            holder = (ViewHolder) convertView.getTag();
        }
        Health health = mDataSource.get(position);

        Date date = new Date(health.getId());
        holder.textViewId.setText(mDateFormat.format(date));
        holder.textViewInput.setText(String.valueOf(health.getInput()) + "卡");
        holder.textViewOutput.setText(String.valueOf(health.getOutput()) + "卡");
        holder.textViewWeight.setText(String.valueOf(health.getWeight()) + "公斤");
        holder.textViewAmountExercise.setText(String.valueOf(health.getAmountExercise()) +
"公里");

        return convertView;
    }
    //封装列表项中控件的封装类
    static class ViewHolder {
        TextView textViewId;                    //列表项中显示日期控件
        TextView textViewInput;                 //列表项中显示摄入热量控件
        TextView textViewOutput;                //列表项中显示消耗热量控件
        TextView textViewWeight;                //列表项中显示体重控件
        TextView textViewAmountExercise;        //列表项中显示运动情况控件
    }
}
```

代码第①行是声明继承 BaseAdapter 父类，BaseAdapter 适配器在 8.1.6 节已经介绍过，这里不再赘述。

列表布局文件 activity_main.xml 代码如下：

```
<LinearLayout xmlns:android="http://schemas.android.com/apk/res/android"
    android:layout_width="match_parent"
    android:layout_height="match_parent"
    android:orientation="vertical">
    <ListView
        android:id="@+id/listview"
        android:layout_width="match_parent"
        android:layout_height="wrap_content"></ListView>
</LinearLayout>
```

列表项布局文件 listitem.xml 代码如下：

```
<?xml version = "1.0" encoding = "utf - 8"?>
<LinearLayout xmlns:android = "http://schemas.android.com/apk/res/android"
    android:layout_width = "match_parent"
    android:layout_height = "wrap_content"
    android:orientation = "vertical">
    <TextView
        android:id = "@ + id/date"
        android:layout_width = "fill_parent"
        android:layout_height = "wrap_content"
        android:layout_marginStart = "10dp"
        android:layout_marginTop = "10dp"
        android:textSize = "20sp" />
    <GridLayout
        android:layout_width = "match_parent"
        android:layout_height = "match_parent"
        android:layout_margin = "10dp"
        android:columnCount = "4"
        android:orientation = "horizontal"
        android:rowCount = "1">
        <TextView
            android:id = "@ + id/input"
            android:layout_width = "wrap_content"
            android:layout_height = "wrap_content" />
        <TextView
            android:id = "@ + id/output"
            android:layout_width = "wrap_content"
            android:layout_height = "wrap_content"
            android:layout_marginStart = "10dp" />
        <TextView
            android:id = "@ + id/weight"
            android:layout_width = "wrap_content"
            android:layout_height = "wrap_content"
            android:layout_marginStart = "10dp" />
        <TextView
            android:id = "@ + id/amountExercise"
            android:layout_width = "wrap_content"
            android:layout_height = "wrap_content"
            android:layout_marginStart = "10dp" />
    </GridLayout>
</LinearLayout>
```

这两个布局文件在前面章节中都已经介绍过，这里不再赘述。

22.4.2 Health 添加界面

添加界面涉及 HealthAddActivity.java 活动，布局文件 add_mod.xml。下面先看看 HealthAddActivity.java 活动代码如下：

```
public class HealthAddActivity extends AppCompatActivity {
    private EditText txtInput;
    private EditText txtOutput;
    private EditText txtWeight;
    private EditText txtAmountExercise;
    private IHealthDao mDao;
```

```
    public void onCreate(Bundle savedInstanceState) {
        super.onCreate(savedInstanceState);
        setContentView(R.layout.add_mod);

        mDao = DaoFactory.newInstance(this, "HealthDao");                    ①
        txtInput = (EditText) findViewById(R.id.txtinput);
        txtOutput = (EditText) findViewById(R.id.txtoutput);
        txtWeight = (EditText) findViewById(R.id.txtweight);
        txtAmountExercise = (EditText) findViewById(R.id.txtamountExercise);

        Button btnOk = (Button) findViewById(R.id.btnok);
        btnOk.setOnClickListener(new View.OnClickListener() {
            @Override
            public void onClick(View v) {                                    ②
                Health health = new Health();
                Date date = new Date();
                health.setId(date.getTime());
                //非空验证
                if (!TextUtils.isEmpty(txtInput.getText().toString())) {    ③
                    health.setInput(Float.valueOf(txtInput.getText().toString()));
                } else {
                    health.setInput(0);
                }
                if (!TextUtils.isEmpty(txtOutput.getText().toString())) {
                    health.setOutput(Float.valueOf(txtOutput.getText().toString()));
                } else {
                    health.setOutput(0);
                }
                if (!TextUtils.isEmpty(txtWeight.getText().toString())) {
                    health.setWeight(Float.valueOf(txtWeight.getText().toString()));
                } else {
                    health.setWeight(0);
                }
                if (!TextUtils.isEmpty(txtAmountExercise.getText().toString())) {
                    health.setAmountExercise(Float.valueOf(txtAmountExercise.
                        getText().toString()));
                } else {
                    health.setAmountExercise(0);
                }
                mDao.create(health);                                         ④
                finish();
            }
        });
        Button btnCancel = (Button) findViewById(R.id.btncancel);
        btnCancel.setOnClickListener(new View.OnClickListener() {
            @Override
            public void onClick(View v) {
                finish();
            }
        });
    }
}
```

上述代码第①行是通过 DaoFactory.newInstance(this, "HealthDao")创建 HealthDao 对象。代码第②行是用户单击 OK 按钮时的调用方法,代码第③行 TextUtils.isEmpty()可以判断参数是否为空,这个方法是由 Android 提供的。代码第④行 mDao.create(health)语句是调用 DAO 插入数据。

添加和修改界面布局文件 add_mod.xml 代码如下:

```
<?xml version = "1.0" encoding = "utf - 8"?>
<LinearLayout xmlns:android = "http://schemas.android.com/apk/res/android"
    android:layout_width = "match_parent"
    android:layout_height = "match_parent"
    android:orientation = "vertical">
    <TextView
        android:layout_width = "match_parent"
        android:layout_height = "wrap_content"
        android:text = "@string/input" />
    <EditText
        android:id = "@ + id/txtinput"
        android:layout_width = "match_parent"
        android:layout_height = "wrap_content"
        android:inputType = "numberDecimal"
        android:textSize = "18sp" />
    <TextView
        android:layout_width = "match_parent"
        android:layout_height = "wrap_content"
        android:text = "@string/output" />
    <EditText
        android:id = "@ + id/txtoutput"
        android:layout_width = "match_parent"
        android:layout_height = "wrap_content"
        android:inputType = "numberDecimal"
        android:textSize = "18sp" />
    <TextView
        android:layout_width = "match_parent"
        android:layout_height = "wrap_content"
        android:text = "@string/weight" />
    <EditText
        android:id = "@ + id/txtweight"
        android:layout_width = "match_parent"
        android:layout_height = "wrap_content"
        android:inputType = "numberDecimal"
        android:textSize = "18sp" />
    <TextView
        android:layout_width = "match_parent"
        android:layout_height = "wrap_content"
        android:text = "@string/amountExercise" />
    <EditText
        android:id = "@ + id/txtamountExercise"
        android:layout_width = "match_parent"
        android:layout_height = "wrap_content"
        android:inputType = "numberDecimal"
        android:textSize = "18sp" />
    <LinearLayout
        android:layout_width = "wrap_content"
```

```
        android:layout_height = "wrap_content"
        android:layout_gravity = "center_horizontal">
        <Button
            android:id = "@ + id/btnok"
            android:layout_width = "wrap_content"
            android:layout_height = "wrap_content"
            android:layout_marginRight = "10px"
            android:text = "@string/ok" />
        <Button
            android:id = "@ + id/btncancel"
            android:layout_width = "wrap_content"
            android:layout_height = "wrap_content"
            android:layout_marginLeft = "10px"
            android:text = "@string/cancel" />
    </LinearLayout>
</LinearLayout>
```

22.4.3 Health 修改界面

修改界面涉及 HealthModActivity.java 活动，布局文件 add_mod.xml。下面先看看 HealthModActivity.java 活动代码：

```
public class HealthModActivity extends AppCompatActivity {
    //数据传输 Weight 的 Key
    public static final String KEY_WEIGHT = "select_weight";
    private EditText txtInput;
    private EditText txtOutput;
    private EditText txtWeight;
    private EditText txtAmountExercise;
    private IHealthDao mDao;
    //List 选中的 Weigth
    private Health mHealth;

    public void onCreate(Bundle savedInstanceState) {
        super.onCreate(savedInstanceState);
        setContentView(R.layout.add_mod);
        mDao = DaoFactory.newInstance(this, "HealthDao");

        txtInput = (EditText) findViewById(R.id.txtinput);
        txtOutput = (EditText) findViewById(R.id.txtoutput);
        txtWeight = (EditText) findViewById(R.id.txtweight);
        txtAmountExercise = (EditText) findViewById(R.id.txtamountExercise);

        Bundle bundle = this.getIntent().getExtras();
        mHealth = (Health) bundle.getSerializable(KEY_WEIGHT);

        txtInput.setText(String.valueOf(mHealth.getInput()));
        txtOutput.setText(String.valueOf(mHealth.getOutput()));
        txtWeight.setText(String.valueOf(mHealth.getWeight()));
        txtAmountExercise.setText(String.valueOf(mHealth.getAmountExercise()));
```

```java
        Button btnOk = (Button) findViewById(R.id.btnok);
        btnOk.setOnClickListener(new View.OnClickListener() {
            @Override
            public void onClick(View v) {
                //非空验证
                if (!TextUtils.isEmpty(txtInput.getText().toString())) {
                    mHealth.setInput(Float.valueOf(txtInput.getText().toString()));
                } else {
                    mHealth.setInput(0);
                }
                if (!TextUtils.isEmpty(txtOutput.getText().toString())) {
                    mHealth.setOutput(Float.valueOf(txtOutput.getText().toString()));
                } else {
                    mHealth.setOutput(0);
                }
                if (!TextUtils.isEmpty(txtWeight.getText().toString())) {
                    mHealth.setWeight(Float.valueOf(txtWeight.getText().toString()));
                } else {
                    mHealth.setWeight(0);
                }
                if (!TextUtils.isEmpty(txtAmountExercise.getText().toString())) {
                    mHealth.setAmountExercise(Float.valueOf(
                                        txtAmountExercise.getText().toString()));
                } else {
                    mHealth.setAmountExercise(0);
                }
                mDao.modify(mHealth);
                finish();
            }
        });
        Button btnCancel = (Button) findViewById(R.id.btncancel);
        btnCancel.setOnClickListener(new View.OnClickListener() {
            @Override
            public void onClick(View v) {
                finish();
            }
        });
    }
}
```

修改界面活动类似于添加界面活动，这里不再赘述；而布局文件 add_mod.xml 与添加界面布局共用。

本章总结

本章重点介绍了 Android 平台分层架构设计，并重构健康助手应用。分层架构是大道之理，架构设计来源于开发实践的经验总结，并用于指导实际的应用开发。

重构健康助手应用可以使得读者能够进一步理解 Android 平台采用分层架构的必要性。

本章练习题

1. 请简述 DAO 设计模式。
2. 请简述工厂设计模式。
3. 请简述 Android 平台分层架构设计。
4. 编程：参考本书通过分层架构设计重构健康助手应用。

第23章 内容提供者——重构健康助手应用

第13章介绍了Android内容提供者，但是仅主要介绍了Android系统提供的内容提供者，没有介绍自定义内容提供者。事实上，自定义内容提供者非常复杂，而且不是很常用。如果是在应用程序内部访问数据库，可以不使用内容提供者，而直接使用SQLite API访问数据库。但是，如果是应用程序间共享数据，就必须使用自定义内容提供者了。

23.1 分层架构与内容提供者

如果采用分层架构设计，那么内容提供者可以作为数据信息系统层，如图23-1所示。应用2中定义的内容提供者可以为应用1提供数据来源，应用2作为应用1的信息系统层。在应用1中，数据持久层技术就不再采用SQLite API了，而是通过内容解析器(Content Resolver)调用，寻找并调用内容提供者(Content Provider)。

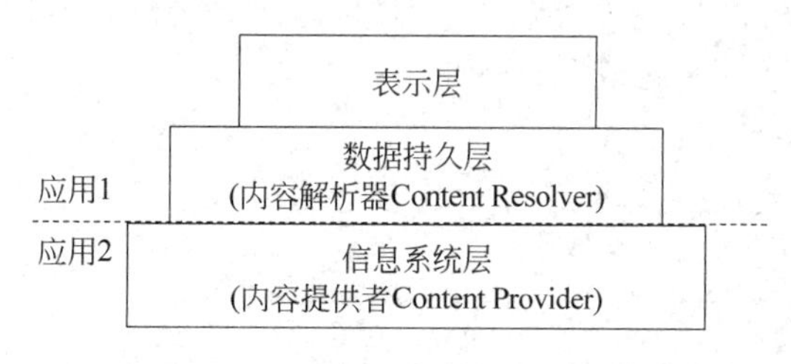

图23-1 分层架构与内容提供者

分层架构设计并不适用于应用2(内容提供者应用)，而是适用于应用1(调用内容提供者)。

23.2 自定义内容提供者访问数据库

本节先介绍自定义内容提供者实现访问健康助手数据库。

23.2.1 编写内容提供者

首先要编写一个Healths表元数据类，这个类与联系人中ContactsContract.Contacts和通话记录中的CallLog.Call角色是一样的。它里面要包含访问的Content URI和字段常量信息。

Healths 表元数据类 Healths.java 代码如下：

```
public final class Healths implements BaseColumns {                                    ①

    private Healths() {
    }

    //单条数据 MIME 类型
    public static final String MIME_TYPE_SINGLE
            = "vnd.android.cursor.item/vnd.com.a51work6.health";                         ②
    //多条数据 MIME 类型
    public static final String MIME_TYPE_MULTIPLE
            = "vnd.android.cursor.dir/vnd.com.a51work6.health";                          ③

    //单条数据路径
    public static final String PATH_SINGLE = "health/#";                                 ④
    //多条数据路径
    public static final String PATH_MULTIPLE = "health";                                 ⑤

    //单条数据标识
    public static final int FLAG_SINGLE = 0;                                             ⑥
    //多条数据标识
    public static final int FLAG_MULTIPLE = 1;                                           ⑦

    //应用的数据版本
    public static final int DATABASE_VERSION = 1;
    //文件名
    public static final String DATABASE_NAME = "HealthDB.db";
    //健康表名
    public static final String TABLE_NAME = "Health";
    //日期 Healths._ID
    //摄入热量
    public static final String TABLE_FIELD_INPUT = "input";
    //消耗热量
    public static final String TABLE_FIELD_OUTPUT = "output";
    //体重
    public static final String TABLE_FIELD_WEIGHT = "weight";
    //运动情况
    public static final String TABLE_FIELD_AMOUNTEXERCISE = "amountExercise";

    //权限
    public static final String AUTHORITY = "com.a51work6.health.provider.HealthProvider";  ⑧
    //定义访问 health 表的 CONTENT_URI
    public static final Uri CONTENT_URI = Uri.parse("content://"
            + AUTHORITY + "/health");                                                    ⑨
}
```

代码第①行 Healths 继承实现 BaseColumns 接口，这个接口本身没有什么方法需要实现，只是有两个常量。

```
public static final String _ID = "_id";
public static final _COUNT = "_count";
```

因为有了_ID字段，就不用自己写主键了。

代码第②行的MIME_TYPE_MULTIPLE和第③行的MIME_TYPE_SINGLE是用来定义数据的MIME类型。每一个表的数据分为单条数据和多条数据，这些数据类型又与URI有关系。一般情况下，如果返回的是单条数据，就可以写成下面的形式：

```
vnd.android.cursor.item/vnd.com.a51work6.health
```

vnd.android.cursor.item前缀表示单条数据，后面的形式自己定义。多条数据表示形式如下：

```
vnd.android.cursor.dir/vnd.com.a51work6.health
```

vnd.android.cursor.dir前缀表示多条数据，后面的形式自己定义，一般情况下多条和单条数据的MIME类型差别只是在前缀。

代码第④行的PATH_SINGLE和代码第⑤行的PATH_MULTIPLE用于表示访问单数据路径和多条数据路径，单条数据路径一般是"health/#"，#代表匹配一条数据。去掉#行"health"表示多条数据路径。

代码第⑥行的FLAG_SINGLE和第⑦行的FLAG_MULTIPLE是定义的标识，在程序中判断使用。

代码第⑧行的AUTHORITY定义了标识内容提供者的字符串，这个字符串是在AndroidManifest.xml注册内容提供者时指定。

代码第⑨行的CONTENT_URI定义一个URI用于标识内容提供者中的表和数据，这个功能与AUTHORITY一样。事实上，AUTHORITY是组成CONTENT_URI的一部分。

下面编写内容提供者类，内容提供者类必须继承抽象类ContentProvider，本例内容提供者类是HealthProvider.java，主要的初始化相关代码如下：

```
public class HealthProvider extends ContentProvider {                  ①
    private SQLiteOpenHelper mDBHepler;                                ②
    private static UriMatcher URI_MATCHER = null;                      ③

    static {                                                           ④
        URI_MATCHER = new UriMatcher(UriMatcher.NO_MATCH);
        URI_MATCHER.addURI(Healths.AUTHORITY,
                Healths.PATH_SINGLE,
                Healths.FLAG_SINGLE);
        URI_MATCHER.addURI(Healths.AUTHORITY,
                Healths.PATH_MULTIPLE,
                Healths.FLAG_MULTIPLE);
    }                                                                  ⑤
    ...
    private static class DBHelper extends SQLiteOpenHelper {           ⑥

        private static final String TAG = "DBHelper";

        public DBHelper(Context context) {
            super(context, Healths.DATABASE_NAME, null,
                    Healths.DATABASE_VERSION);
```

```
        }

        @Override
        public void onCreate(SQLiteDatabase db) {
            try {
                StringBuffer sql = new StringBuffer();
                sql.append("CREATE TABLE ");
                sql.append(Healths.TABLE_NAME);
                sql.append(" (");
                sql.append(Healths._ID);
                sql.append(" NUMERIC(13) PRIMARY KEY ,");
                sql.append(Healths.TABLE_FIELD_INPUT);
                sql.append(" int,");
                sql.append(Healths.TABLE_FIELD_OUTPUT);
                sql.append(" int,");
                sql.append(Healths.TABLE_FIELD_WEIGHT);
                sql.append(" int ,");
                sql.append(Healths.TABLE_FIELD_AMOUNTEXERCISE);
                sql.append(" int");
                sql.append(");");

                Log.i(TAG, sql.toString());
                db.execSQL(sql.toString());

            } catch (Exception e) {
                Log.e(TAG, e.getMessage());
            }
        }
        @Override
        public void onUpgrade(SQLiteDatabase db, int oldVersion, int newVersion) {
            db.execSQL("DROP TABLE IF EXISTS " + Healths.TABLE_NAME);
            onCreate(db);
        }
    }                                                                    ⑦
}
```

代码第①行声明 HealthProvider 继承 ContentProvider 类，ContentProvider 类是一个抽象类，要求实现其中 6 个方法，稍后再详细介绍。代码第②行是声明成员变量 mDBHepler 是 SQLiteOpenHelper 类型，是方式数据的帮助类。

代码第③行～第⑤行是一个 static 代码块，用来初始化 UriMatcher 类，UriMatcher 类有点像 Map，把内容提供者中用到的所有 URI 通过 addURI()方法添加进来，然后给每个 URI 一个整数标识，用于在 getType()、insert()、delete()、query()和 update()方法处理时判断是哪一个 URI 的请求，addURI()方法声明如下：

```
addURI(String authority,String path,int code);
```

addURI()方法第一个参数是 authority 授权，第二个参数是 path 与 URI 对应，第三个参数是 code 用于标识 path，也就是与 URI 对应匹配。

代码第⑥行～第⑦行是声明一个数据库帮助类，它是一个内部类，该类在 12.4 节已经详细介绍过了，这里不再赘述。

ContentProvider 作为抽象类，它要求实现如下 6 个方法：

- onCreate()
- query(Uri,String[],String,String[],String)
- insert(Uri,ContentValues)
- update(Uri,ContentValues,String,String[])
- delete(Uri,String,String[])
- getType(Uri)

1. onCreate()方法

onCreate()用来初始化 ContentProvider 类，实例化 DBHelper 对象。DBHelper 是一个 SQLiteOpenHelper 类型的数据操作类。代码如下：

```
@Override
public boolean onCreate() {
    mDBHepler = new DBHelper(getContext());
    return true;
}
```

2. query()方法

查询方法(query()方法)如下：

```
@Override
public Cursor query(Uri uri, String[] projection, String selection,
                    String[] selectionArgs, String sortOrder) {

    SQLiteDatabase db = mDBHepler.getReadableDatabase();
    String whereClause = "";
    String columns[] = new String[]{Healths._ID,
            Healths.TABLE_FIELD_INPUT,
            Healths.TABLE_FIELD_OUTPUT,
            Healths.TABLE_FIELD_WEIGHT,
            Healths.TABLE_FIELD_AMOUNTEXERCISE};

    switch (URI_MATCHER.match(uri)) {
        case Healths.FLAG_MULTIPLE:
            return db.query(Healths.TABLE_NAME,
                    columns, selection, selectionArgs, null, null, Healths._ID + " asc");

        case Healths.FLAG_SINGLE:
            String segment = uri.getPathSegments().get(1);
            whereClause = Healths._ID
                    + " = "
                    + segment
                    + ((!TextUtils.isEmpty(selection) ? " AND (" + selection
                    + ")" : ""));
            return db.query(Healths.TABLE_NAME,
                    columns, whereClause, selectionArgs, null, null, Healths._ID + " asc");
        default:
            throw new IllegalArgumentException("Unknown URI " + uri);
    }
}
```

Healths.FLAG_SINGLE(单条记录)情况，Healths.FLAG_MULTIPLE(多条记录)

情况。

3. insert()方法

insert()方法实现数据插入,代码如下:

```
public Uri insert(Uri uri, ContentValues values) {

    SQLiteDatabase db = mDBHepler.getWritableDatabase();

    long rowId = 0;
    switch (URI_MATCHER.match(uri)) {
        case Healths.FLAG_MULTIPLE:
            rowId = db.insert(Healths.TABLE_NAME,
                    null, values);
            break;
        default:
            throw new IllegalArgumentException("Unknown URI " + uri);
    }

    if (rowId > 0) {
        //插入成功
        Uri _uri = ContentUris.withAppendedId(uri, rowId);
        //通知 uri 对应存储数据的变化
        getContext().getContentResolver().notifyChange(_uri, null);
        return _uri;
    } else {
        //插入失败
        throw new SQLException("Failed to insert row into " + uri);                    ①
    }
}
```

插入数据当成多条数据情况处理,所以只有一个 case,它的值是 Healths. FLAG_MULTIPLE。在插入成功之后,把 rowId 构建成为一个 URI 通过 getContentResolver().notifyChange()方法通知给一个观察者程序,为了获知数据的变化还要编写相应的观察者程序。

注意 代码第①行是在插入失败请求下,抛出 SQLException 异常,SQLException 是谷歌提供的 android. database. SQLException 异常类,而非 Java 中的 java. sql. SQLException 异常类,android. database. SQLException 是运行期异常,不需要捕获处理。

---

4. update()方法

更新数据方法 update()是根据调用者传递不同的 URI,分为单条数据和多条数据的处理。代码如下:

```
@Override
public int update(Uri uri, ContentValues values, String selection, String[] selectionArgs) {

    SQLiteDatabase db = mDBHepler.getWritableDatabase();

    String whereClause = "";
    int count;
```

```
        switch (URI_MATCHER.match(uri)) {
            case Healths.FLAG_MULTIPLE:
                count = db.update(Healths.TABLE_NAME, values, whereClause, null);
                break;
            case Healths.FLAG_SINGLE:
                String segment = uri.getPathSegments().get(1);                          ①
                whereClause = Healths._ID
                        + " = "
                        + segment
                        + ((!TextUtils.isEmpty(selection) ? " AND (" + selection
                        + ")" : ""));
                count = db.update(Healths.TABLE_NAME, values, whereClause, null);
                break;
            default:
                throw new IllegalArgumentException("Unknown URI " + uri);
        }
        //通知uri对应存储数据的变化
        getContext().getContentResolver().notifyChange(uri, null);
        return count;
    }
```

Healths.FLAG_MULTIPLE(多条记录)情况下,直接把传递过了的条件和条件参数拿过来调用db.delete()就可以了。Healths.FLAG_MULTIPLE(多条记录)情况下(见代码第①行),把uri中的标识id路径中的id取出来,uri.getPathSegments().get(1)可以实现这个目的,然后再把id与参数where拼接成为一个新的where条件子句,然后调用db.update()就可以更新了。

5. delete()方法

删除数据方法(delete())的代码如下:

```
    @Override
    public int delete(Uri uri, String selection, String[] selectionArgs) {
        SQLiteDatabase db = mDBHepler.getWritableDatabase();

        String whereClause = "";
        int count;
        switch (URI_MATCHER.match(uri)) {
            case Healths.FLAG_MULTIPLE:
                count = db.delete(Healths.TABLE_NAME, selection, selectionArgs);
                break;
            case Healths.FLAG_SINGLE:
                String segment = uri.getPathSegments().get(1);
                if (!TextUtils.isEmpty(selection)) {
                    whereClause = " AND (" + selection + ")";
                }
                count = db.delete(Healths.TABLE_NAME, "_id = " + segment
                        + whereClause, selectionArgs);
                break;
            default:
                throw new IllegalArgumentException("Unknown URI " + uri);
        }
        //通知uri对应存储数据的变化
        getContext().getContentResolver().notifyChange(uri, null);
```

```
    return count;
}
```

删除与更新类似，这里不再解释了。

6. getType()方法

getType(Uri uri)方法就是根据 URI 返回数据的 MIME 类型，URI_MATCHER.match(uri)方法返回的是一个整数，这个整数在 static 代码块 addURI()方法中的 code 参数。代码如下：

```
@Override
public String getType(Uri uri) {
    switch (URI_MATCHER.match(uri)) {
        case Healths.FLAG_SINGLE:
            return Healths.MIME_TYPE_SINGLE;
        case Healths.FLAG_MULTIPLE:
            return Healths.MIME_TYPE_MULTIPLE;
        default:
            throw new IllegalArgumentException("Unknown URI " + uri);
    }
}
```

23.2.2 注册内容提供者

编写完成 HealthProvider 后，不要忘记在 AndroidManifest.xml 文件中注册内容提供者。AndroidManifest.xml 相关代码如下：

```
<?xml version = "1.0" encoding = "utf - 8"?>
<manifest xmlns:android = "http://schemas.android.com/apk/res/android"
    package = "com.a51work6.health">

    <application
        android:allowBackup = "true"
        android:icon = "@mipmap/ic_launcher"
        android:label = "@string/app_name"
        android:supportsRtl = "true"
        android:theme = "@style/AppTheme">
        <activity android:name = ".ui.HealthListActivity">
            <intent - filter>
                <action android:name = "android.intent.action.MAIN" />

                <category android:name = "android.intent.category.LAUNCHER" />
            </intent - filter>
        </activity>
        <activity android:name = ".ui.HealthAddActivity" />
        <activity android:name = ".ui.HealthModActivity" />

        <provider
            android:name = ".provider.HealthProvider"
            android:authorities = "com.a51work6.health.provider.HealthProvider" />
    </application>
</manifest>
```

注册标签是<provider>中，它的属性很多，其中几个重要属性如下：

- android:name。内容提供者类名。
- android:authorities。指定 AUTHORITY 名，这个名字要与程序中定义的 AUTHORITY 名一致。
- android:syncable="true"。内容提供者与要访问资源进行同步。
- android:multiprocess="true"。调用客户端是否与内容提供者在同一个进程，true 表示在不同的进程中，false 表示是在相同的进程中，false 是默认值。
- android:permission。可以自定义访问限制，当前他的应用访问这个内容提供者时，要在它的应用中开放这个限制。这就像访问联系人时开放 android. permission .READ_CONTACTS 限制一样。

23.3 重构健康助手数据持久层

由于采用了低耦合的分层架构设计，信息系统层变化后，只是影响了数据持久层，而表示层不需要修改。

数据访问层的 DAO 在 12.4 节已经实现了数据库访问 HealthDaoSQLiteImp，那么本章是基于内容提供者实现的 DAO——HealthDaoContentProviderImp 类。HealthDaoContentProviderImp. java 代码如下：

```
public class HealthDaoContentProviderImp implements IHealthDao {
    private static final String TAG = "HealthDaoContentProviderImp";
    private Context context;
    public HealthDaoContentProviderImp(Context ctx) {                              ①
        context = ctx;
    }

    @Override
    public long create(Health health) {

        ContentValues values = new ContentValues();
        values.put(Healths._ID, health.getId());
        values.put(Healths.TABLE_FIELD_INPUT, health.getInput());
        values.put(Healths.TABLE_FIELD_OUTPUT, health.getOutput());
        values.put(Healths.TABLE_FIELD_WEIGHT, health.getWeight());
        values.put(Healths.TABLE_FIELD_AMOUNTEXERCISE, health.getAmountExercise());
        try {
            context.getContentResolver().insert(Healths.CONTENT_URI, values);       ②
            return 1;                                                               ③
        } catch (Exception e) {
            return -1;
        }
    }

    @Override
    public void remove(long id) {
        Uri uri = ContentUris.withAppendedId(Healths.CONTENT_URI, id);             ④
        context.getContentResolver().delete(uri, null, null);                      ⑤
    }
```

```
@Override
public List<Health> findAll() {

    Cursor cursor = context.getContentResolver().query(Healths.CONTENT_URI, null,
            null, null, null);                                                      ⑥

    List<Health> list = new ArrayList<>();
    Health health;

    while (cursor.moveToNext()) {
        health = new Health();
        health.setId(cursor.getLong(cursor.getColumnIndex(Healths._ID)));
        health.setInput(cursor.getFloat(cursor
                .getColumnIndex(Healths.TABLE_FIELD_INPUT)));
        health.setOutput(cursor.getFloat(cursor
                .getColumnIndex(Healths.TABLE_FIELD_OUTPUT)));
        health.setWeight(cursor.getFloat(cursor
                .getColumnIndex(Healths.TABLE_FIELD_WEIGHT)));
        health.setAmountExercise(cursor.getFloat(cursor
                .getColumnIndex(Healths.TABLE_FIELD_AMOUNTEXERCISE)));
        list.add(health);
    }

    return list;
}

@Override
public Health findById(long id) {

    Uri uri = ContentUris.withAppendedId(Healths.CONTENT_URI, id);                  ⑦
    Cursor cursor = context.getContentResolver().query(uri, null, null, null, null); ⑧

    Health health = null;

    if (cursor.moveToNext()) {
        health = new Health();
        health.setId(cursor.getLong(cursor.getColumnIndex(Healths._ID)));
        health.setInput(cursor.getFloat(cursor
                .getColumnIndex(Healths.TABLE_FIELD_INPUT)));
        health.setOutput(cursor.getFloat(cursor
                .getColumnIndex(Healths.TABLE_FIELD_OUTPUT)));
        health.setWeight(cursor.getFloat(cursor
                .getColumnIndex(Healths.TABLE_FIELD_WEIGHT)));
        health.setAmountExercise(cursor.getFloat(cursor
                .getColumnIndex(Healths.TABLE_FIELD_AMOUNTEXERCISE)));
    }

    return health;
}

@Override
public void modify(Health health) {
    Uri uri = ContentUris.withAppendedId(Healths.CONTENT_URI, health.getId());     ⑨
    ContentValues values = new ContentValues();
```

```
            values.put(Healths.TABLE_FIELD_INPUT, health.getInput());
            values.put(Healths.TABLE_FIELD_OUTPUT, health.getOutput());
            values.put(Healths.TABLE_FIELD_WEIGHT, health.getWeight());
            values.put(Healths.TABLE_FIELD_AMOUNTEXERCISE, health.getAmountExercise());
            context.getContentResolver().update(uri, values, null, null);          ⑩
        }
    }
```

上述代码第①行是 HealthDaoContentProviderImp 的构造方法，其中参数是 Context（上下文）对象，Context 对象在 HealthDaoContentProviderImp 中非常重要，通过 Context 对象的 getContentResolver()方法可以获得内容解析器（ContentResolver），见代码第②、⑤、⑥、⑧和⑩行。内容解析器（ContentResolver）是访问内容提供者（ContentProvider）代理，在应用 1（HealthDaoContentProviderImp）中不能直接调用应用 2 的内容提供者（HealthProvider），而是通过自己的内容解析器访问。

代码第③行是在 create()方法中返回 1，1 表示成功，−1 表示失败，由于代码第②行 context.getContentResolver().insert(Healths.CONTENT_URI,values)方法返回值不是整数，插入失败情况下抛出异常，因此在这里需要捕获异常返回−1，没有捕获到异常则返回 1。

代码第④、⑦和⑨行 uri = ContentUris.withAppendedId(Healths.CONTENT_URI, id)是在 Healths.CONTENT_URI 基础增加 id 路径，如果 id 为 12345，那么新的 URI 如下：

```
content://com.a51work6.health.provider.HealthProvider/health/12345
```

这种带有 id 的 UIR 就是请求单条数据时使用的 URI；如果请求多条，例如 create()和 findAll()方法中使用的 URI 如下：

```
content://com.a51work6.health.provider.HealthProvider/health
```

最后，还需要通过/assets/ioc.xml 文件修改 DAO 依赖关系，修改代码如下：

```
<?xml version = "1.0" encoding = "UTF - 8" ?>
<beans>
    <bean id = "HealthDao"
        class = "com.a51work6.health.dao.provider.HealthDaoContentProviderImp" />
</beans>
```

表示层通过 DaoFactory 工厂动态查找并建立 DAO 依赖关系，不需要修改表示层代码。

本章总结

本章重点介绍了自定义 Android 内容提供者，创建一个访问健康助手应用数据的内容提供者，然后采用分层架构设计，将数据持久层重构为内容解析器方式实现。

本章练习题

编程：参考本书通过内容提供者重构健康助手应用。

附录A 课程设计参考——Android播放器应用开发

本附录通过一个实际的应用，介绍设计到开发过程，使读者能够将本书前面讲过的知识点串联起来，了解Android应用开发的一般流程，了解当下最为流行的开发方法学——敏捷开发。在Android应用开发过程中，会发现敏捷方法是非常适合于Android应用的开发。

A.1 应用分析与设计

本节从计划开发这个应用开始，进行分析和设计，设计过程包括了原型设计和架构设计。

A.1.1 应用概述

在Android平台不乏有很多音乐播放器应用，但是自己开发一个播放器，安装到自己手机上是件很酷的事情。

从市场层面看，开发一个音乐播放器应用不一定有好的前景，也不一定有什么市场收益。从技术层面看，音乐播放器是每一个致力于Android开发的初学者，都应该动手完成的一个应用，这会涉及80%的Android技术点，包括四大组件、UI控件、多线程等方面知识。

A.1.2 需求分析

我的音乐播放器应用用例图，如图A-1所示。

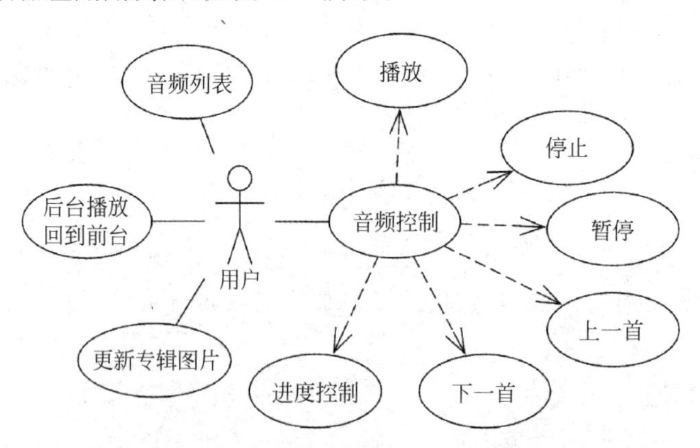

图A-1 我的音乐播放器应用用例图

从图 A-1 可见，应用目前主要有 4 个大的用例（功能），而音乐控制比较复杂，它有 6 个用例（功能）。

A.1.3　原型设计

原型设计如图 A-2 所示，原型设计图对于参与应用开发的设计人员、开发人员、测试人员、UI 设计人员以及用户都是非常重要的。

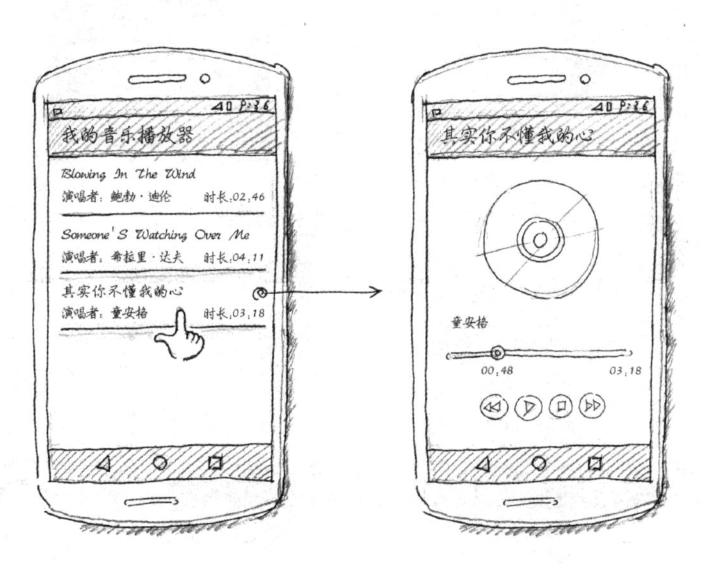

图 A-2　我的音乐播放器应用原型设计

A.1.4　界面设计

根据原型设计，美工帮助设计出了界面。

（1）音频列表界面如图 A-3 所示。

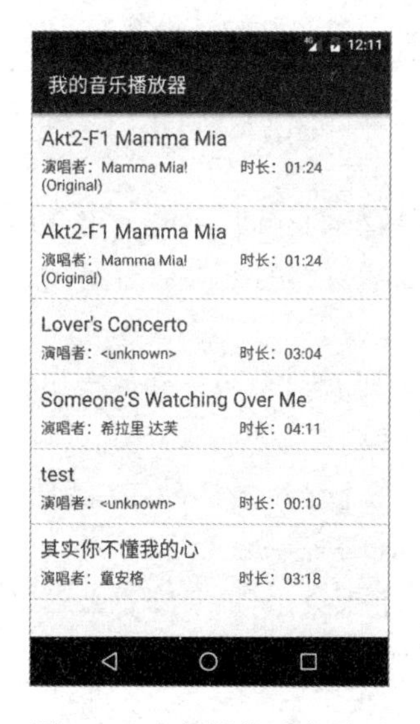

图 A-3　音频播放列表界面

(2) 音频播放界面如图 A-4 所示，其中图 A-4(a)是没有专辑图片的音频文件播放，会显示默认图片，图 A-4(b)是有专辑图片的音频文件播放界面，会显示专辑图片。

(a) (b)

图 A-4 音频播放界面

提示 有些 MP3 文件本身带有专辑图片，有些不带有专辑图片，这是音像出版机构在制作 MP3 时制作的，这表明该音乐是隶属于作者的哪个专辑，就好像书的封面。为了学习和测试方便，读者可以在本书代码资源目录下找到书中用到的 MP3 文件。并把这些 MP3 文件导入模拟设备的 SD 卡中，然后重新启动模拟设备。

A.1.5 架构设计

我的音乐播放器应用不涉及数据的存储，不能采用前面介绍的分层架构设计。但是，基本的架构一定是有的，考虑到音乐播放器需要在后台播放，并且在前台还要有效地控制后台播放过程。

图 A-5 是架构设计图，应用主要有前台组件和后台组件。前台组件包括：

- AudioListActivity。显示音频播放列表的活动。
- AudioPlayerActivity。播放音频界面活动，该活动本身不播放音频，而是通过调用 AudioService 实现对音频播放控制。

后台组件 AudioService 是一个服务组件，负责播放音频，AudioService 既是启动类型服务又是绑定类型服务，通过 Bind 接口能够使 AudioPlayerActivity 有效管理控制 AudioService。

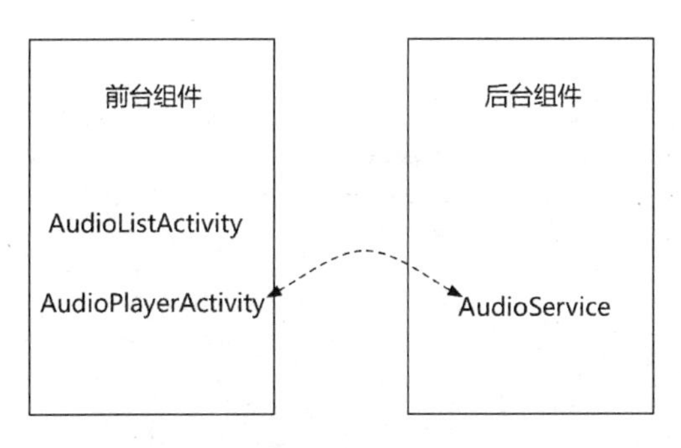

图 A-5 架构设计

A.2 任务 1：创建工程

首先，使用 Android Studio 工具创建一个工程，工程名为 MyAudioPlayer，具体步骤是选择 Android Studio 菜单 File→New→New Project…，创建一个空的工程。具体步骤请参考 3.1 节。

A.3 任务 2：音频列表功能

音频列表功能设计到界面布局、AudioListActivity 活动和列表所需适配器。

A.3.1 任务 2.1：界面布局

音频列表界面就是一个 ListView 视图，布局 activity_main. xml 文件代码如下：

```
<?xml version = "1.0" encoding = "utf - 8"?>
< LinearLayout xmlns:android = "http://schemas.android.com/apk/res/android"
    android:layout_width = "match_parent"
    android:layout_height = "match_parent"
    android:orientation = "vertical">

    < ListView
        android:id = "@ + id/listView1"
        android:layout_width = "match_parent"
        android:layout_height = "match_parent" />

    < TextView
        android:layout_width = "match_parent"
        android:layout_height = "wrap_content" />
</LinearLayout >
```

ListView 中每一个列表项也需要布局的，布局文件 songs_list. xml 代码如下：

```
<?xml version = "1.0" encoding = "utf - 8"?>
< RelativeLayout xmlns:android = "http://schemas.android.com/apk/res/android"
    android:layout_width = "match_parent"
    android:layout_height = "wrap_content"
    android:padding = "10dp">
```

```
    <TextView
        android:id="@+id/title"
        android:layout_width="match_parent"
        android:layout_height="wrap_content"
        android:layout_marginBottom="5dp"
        android:textSize="20sp" />

    <TextView
        android:id="@+id/artist"
        android:layout_width="200dip"
        android:layout_height="wrap_content"
        android:layout_below="@id/title"
        android:textSize="15sp" />

    <TextView
        android:id="@+id/duration"
        android:layout_width="200dip"
        android:layout_height="wrap_content"
        android:layout_alignTop="@id/artist"
        android:layout_toRightOf="@id/artist"
        android:textSize="15sp" />

</RelativeLayout>
```

A.3.2 任务 2.2：AudioListActivity

音频列表界面对应的活动 AudioListActivity.java 文件代码如下：

```
public class AudioListActivity extends AppCompatActivity
        implements AdapterView.OnItemClickListener, LoaderManager.LoaderCallbacks<Cursor>{    ①
    //游标适配器
    private CursorAdapter mCursorAdapter;
    @Override
    protected void onCreate(Bundle savedInstanceState) {
        super.onCreate(savedInstanceState);
        setContentView(R.layout.activity_main);

        //创建 AudioCursorAdapter 游标适配器对象
        mCursorAdapter = new AudioCursorAdapter(this, R.layout.songs_list);              ②
        ListView listView = (ListView) findViewById(R.id.listView1);
        listView.setAdapter(mCursorAdapter);
        listView.setOnItemClickListener(this);

        //从活动中获得 LoaderManager 对象
        LoaderManager loaderManager = getLoaderManager();                                ③
        //LoaderManager 初始化
        loaderManager.initLoader(0, null, this);
    }

    //创建 CursorLoader 时调用
    @Override
    public Loader<Cursor> onCreateLoader(int id, Bundle args) {
        //创建 CursorLoader 对象
```

```
        return new CursorLoader(this, MediaStore.Audio.Media.EXTERNAL_CONTENT_URI,
                null, null, null, MediaStore.Audio.Media.DEFAULT_SORT_ORDER);        ④
    }

    //加载数据完成时调用
    @Override
    public void onLoadFinished(Loader<Cursor> loader, Cursor c) {
        //采用新的游标与老游标交换,老游标不关闭
        mCursorAdapter.swapCursor(c);
    }

    //CursorLoader 对象被重置时调用
    @Override
    public void onLoaderReset(Loader<Cursor> loader) {
        //采用新的游标与老游标交换,老游标不关闭
        mCursorAdapter.swapCursor(null);
    }

    @Override
    public void onItemClick(AdapterView<?> parent, View view, int position, long id) {
        Intent intent = new Intent(this, AudioPlayerActivity.class);
        intent.putExtra("position", position);
        this.startActivity(intent);
    }
}
```

代码第①行声明活动组件实现 LoaderManager. LoaderCallbacks <Cursor>接口，是为了实现游标适配器 mCursorAdapter 数据的异步加载。

代码第②行是创建 AudioCursorAdapter 游标适配器对象 mCursorAdapter，AudioCursorAdapter 是自定义的游标适配器，本质上还是游标适配器，需要异步加载，代码第③行的 LoaderManager 可以管理 CursorLoader，而 CursorLoader 可以帮助实现异步加载数据。更多解释请参考 13.3 节。

在回调方法 onCreateLoader(int id,Bundle args)中，代码第④行是创建 CursorLoader 对象，其中 MediaStore. Audio. Media. EXTERNAL_CONTENT_UR 是查找 SD 卡中的音频文件，MediaStore. Audio. Media. DEFAULT_SORT_ORDER 是指定默认排序规则。

提示 有些开发人员试图通过 Java IO 流技术访问 SD 卡中的音频文件，这种做法不是谷歌推荐的，谷歌希望对系统资源访问都是通过内容提供者进行。这样，一方面很安全，另一方面使用 URI 接口很方便。如果直接访问 SD 卡，而 SD 卡中又有很多目录，把目录中的所有音频文件全部找到是很费事的事情，而且还会有很多限制。

A.3.3 任务 2.3：AudioCursorAdapter

AudioCursorAdapter 是自定义游标适配器，AudioCursorAdapter. java 代码如下：

```
public class AudioCursorAdapter extends CursorAdapter {                              ①

    private int layout;
    private LayoutInflater inflater;
```

```
    public AudioCursorAdapter(Context context, int layout) {                    ②
        super(context, null, CursorAdapter.FLAG_REGISTER_CONTENT_OBSERVER);     ③
        inflater = LayoutInflater.from(context);
        this.layout = layout;
    }

    @Override
    public void bindView(View view, Context context, Cursor cursor) {           ④

        //设置 Title
        String title = cursor.getString(cursor
                .getColumnIndex(MediaStore.Audio.Media.TITLE));
        TextView titletview = (TextView) view.findViewById(R.id.title);
        titletview.setText(title);

        //设置 ARTIST
        String artist = cursor.getString(cursor
                .getColumnIndex(MediaStore.Audio.Media.ARTIST));
        TextView artistview = (TextView) view.findViewById(R.id.artist);
        artistview.setText("演唱者: " + artist);
        //设置时间
        long duration = cursor.getLong(cursor
                .getColumnIndex(MediaStore.Audio.Media.DURATION));
        String time = Util.timeToString(duration);
        TextView durationview = (TextView) view.findViewById(R.id.duration);
        //格式化时间
        durationview.setText("时长: " + time);
    }

    @Override
    public View newView(Context context, Cursor cursor, ViewGroup parent) {     ⑤
        final View view = inflater.inflate(layout, parent, false);
        return view;
    }
}
```

上述代码第①行声明继承 CursorAdapter 父类，CursorAdapter 是游标适配器抽象类，它要求实现代码第④行和⑤行的两个方法。

在代码第②行的构造方法中初始化游标适配器，代码第③行 super(context, null, CursorAdapter.FLAG_REGISTER_CONTENT_OBSERVER)是调用父类构造方法，CursorAdapter.FLAG_REGISTER_CONTENT_OBSERVER 是注册内容监听器，监听游标内容变化。

有关自定义游标适配器可参考 13.4 节。

A.4 任务 3：音频控制功能

音频控制功能主要包含播放、暂停、停止、上一首、下一首和进度控制等功能。下面先介绍界面。

A.4.1 任务 3.1：界面布局

音频控制界面布局 activity_audio_player.xml 文件代码如下：

```
<?xml version="1.0" encoding="utf-8"?>
<LinearLayout xmlns:android="http://schemas.android.com/apk/res/android"
    android:layout_width="match_parent"
    android:layout_height="match_parent"
    android:orientation="vertical">

    <LinearLayout
        android:layout_width="match_parent"
        android:layout_height="wrap_content"
        android:gravity="center_horizontal">                                    ①

        <ImageView
            android:id="@+id/album_iamge"
            android:layout_width="243dp"
            android:layout_height="223dp"
            android:src="@mipmap/disc1" />
    </LinearLayout>

    <TextView
        android:id="@+id/artist"
        android:layout_width="wrap_content"
        android:layout_height="wrap_content"
        android:paddingBottom="5dp"
        android:paddingTop="5dp"
        android:textSize="18sp" />

    <TextView
        android:id="@+id/album"
        android:layout_width="wrap_content"
        android:layout_height="wrap_content"
        android:ellipsize="marquee"
        android:marqueeRepeatLimit="marquee_forever"
        android:padding="5dp"
        android:scrollHorizontally="true"
        android:textSize="18sp" />

    <RelativeLayout
        android:id="@+id/bar"
        android:layout_width="match_parent"
        android:layout_height="80dp"
        android:paddingLeft="5dp"
        android:paddingRight="5dp"
        android:paddingTop="20dp">

        <SeekBar
            android:id="@+id/progress"
            style="?android:attr/progressBarStyleHorizontal"
            android:layout_width="match_parent"
            android:layout_height="20dp"
```

```
            android:layout_alignParentStart = "true" />                          ②

        <TextView
            android:id = "@ + id/current"
            android:layout_width = "wrap_content"
            android:layout_height = "wrap_content"
            android:layout_alignParentBottom = "true"
            android:layout_alignParentStart = "true"
            android:layout_below = "@ + id/progress"
            android:padding = "2dp" />                                           ③

        <TextView
            android:id = "@ + id/total"
            android:layout_width = "wrap_content"
            android:layout_height = "wrap_content"
            android:layout_alignParentBottom = "true"
            android:layout_alignParentEnd = "true"
            android:padding = "2dp" />                                           ④
    </RelativeLayout>

    <LinearLayout
        android:layout_width = "match_parent"
        android:layout_height = "wrap_content"
        android:gravity = "center_horizontal">                                   ⑤

        <ImageButton
            android:id = "@ + id/pre"
            android:layout_width = "wrap_content"
            android:layout_height = "wrap_content"
            android:src = "@mipmap/pre" />

        <ImageButton
            android:id = "@ + id/play"
            android:layout_width = "wrap_content"
            android:layout_height = "wrap_content"
            android:src = "@mipmap/play" />

        <ImageButton
            android:id = "@ + id/stop"
            android:layout_width = "wrap_content"
            android:layout_height = "wrap_content"
            android:src = "@mipmap/stop" />

        <ImageButton
            android:id = "@ + id/next"
            android:layout_width = "wrap_content"
            android:layout_height = "wrap_content"
            android:src = "@mipmap/next" />
    </LinearLayout>
</LinearLayout>
```

代码第①行声明的线性布局中有一个 ImageViw 视图，它的作用是在界面中显示一个专辑图片。代码第②行是声明进度栏，代码第③行的 TextView 是显示当前的播放进度，代码第④行 TextView 是显示歌曲总的播放时间。

代码第⑤行声明的线性布局中有四个图片按钮,这对应于界面上的四个播放按钮(上一首、播放\暂停、停止和下一首)。

A.4.2　任务 3.2:初始化 AudioPlayerActivity 活动

初始化 AudioPlayerActivity 活动相关代码如下:

```
public class AudioPlayerActivity extends AppCompatActivity {
    //播放控制按钮
    private ImageButton play;
    private ImageButton stop;
    private ImageButton pre;
    private ImageButton next;

    //播放进度栏
    private SeekBar bar;

    private TextView currentTextView;
    private TextView totalTextView;
    private TextView artistTextView;
    private TextView albumTextView;

    //绑定的服务
    private AudioService mService;
    //绑定状态
    private boolean mBound = false;
    //子线程运行状态
    private boolean isRunning = true;

    @Override
    protected void onCreate(Bundle savedInstanceState) {
        super.onCreate(savedInstanceState);
        setContentView(R.layout.activity_audio_player);

        //初始化播放按钮
        play = (ImageButton) findViewById(R.id.play);
        play.setOnClickListener(new Button.OnClickListener() {
            public void onClick(View v) {
                ...
            }
        });

        //初始化停止按钮
        stop = (ImageButton) findViewById(R.id.stop);
        stop.setOnClickListener(new Button.OnClickListener() {
            public void onClick(View v) {
                ...
            }
        });
        //初始化上一首按钮
        pre = (ImageButton) findViewById(R.id.pre);
        pre.setOnClickListener(new Button.OnClickListener() {
            public void onClick(View v) {
                ...
```

```
            }
        });
        //初始化下一首按钮
        next = (ImageButton) findViewById(R.id.next);
        next.setOnClickListener(new Button.OnClickListener() {
            public void onClick(View v) {
                ...
            }
        });
        //设置进度栏
        bar = (SeekBar) findViewById(R.id.progress);
        bar.setMax(1000);
        bar.setProgress(0);
        bar.setOnSeekBarChangeListener(seekListener);

        currentTextView = (TextView) findViewById(R.id.current);
        totalTextView = (TextView) findViewById(R.id.total);

        artistTextView = (TextView) findViewById(R.id.artist);
        albumTextView = (TextView) findViewById(R.id.album);

        if (mService == null) {                                                    ①
            Intent intent = new Intent(this, AudioService.class);                 ②
            intent.putExtra("position", position);                                ③
            startService(intent);                                                 ④
            bindService(intent, mConnection, Context.BIND_AUTO_CREATE);           ⑤
        }
    }

    @Override
    protected void onDestroy() {
        super.onDestroy();
        //解除绑定 BinderService
        if (mBound) {
            unbindService(mConnection);                                           ⑥
            mBound = false;
        }
        ...
    }
    //服务连接
    private ServiceConnection mConnection = new ServiceConnection() {

        @Override
        public void onServiceConnected(ComponentName className,
                                       IBinder service) {
            //强制类型转换 IBinder→BinderService
            AudioService.LocalBinder binder = (AudioService.LocalBinder) service;
            mService = binder.getService();
            mBound = true;
            ...
        }

        @Override
        public void onServiceDisconnected(ComponentName componentName) {
```

```
            mBound = false;
        }
    };
    ...
}
```

代码第①行～第⑤行是启动和绑定 AudioService 服务，其中代码第②行是创建启动 AudioService 意图，代码第③行是将用户在播放列表中选中记录索引 position 放到意图中，传递给服务。代码第④行是启动服务，代码第⑤行是绑定服务。代码第⑥行 unbindService (mConnection)语句是解除绑定服务。

A.4.3 任务3.3：初始化 AudioService 服务

初始化 AudioService 服务相关代码如下：

```
public class AudioService extends Service {
    //查询出的音乐库游标
    private Cursor mCursor;
    //播放器
    private MediaPlayer mMediaPlayer;
    //播放状态
    private int mState = STOP;
    //音乐播放中
    public static final int PLAYING = 0;
    //音乐暂停播放
    public static final int PAUSE = 1;
    //音乐播放停止
    public static final int STOP = 2;
    //Binder 对象
    private final IBinder mBinder = new LocalBinder();
    //Binder 类
    public class LocalBinder extends Binder {
        public AudioService getService() {
            return AudioService.this;
        }
    }
    @Override
    public void onCreate() {
        //从 Content Provider 中读取音乐列表
        ContentResolver resolver = getContentResolver();                                ①
        mCursor = resolver.query(MediaStore.Audio.Media.EXTERNAL_CONTENT_URI,
                null, null, null, MediaStore.Audio.Media.DEFAULT_SORT_ORDER);           ②
    }

    @Override
    public int onStartCommand(Intent intent, int flags, int startId) {                 ③
            int position = intent.getIntExtra("position", -1);                          ④
            if (position != -1) {
                    mCursor.moveToPosition(position);                                   ⑤
            ...
        }
        return super.onStartCommand(intent, flags, startId);
    }
```

```
        @Override
        public IBinder onBind(Intent intent) {
            return mBinder;
        }

        @Override
        public void onDestroy() {
            ...
        }
        //预处理监听器 OnPreparedListener
        //MediaPlayer 进入 prepared 状态开始播放
        private OnPreparedListener mPreparedListener = new OnPreparedListener() {
            public void onPrepared(MediaPlayer mp) {
                ...
            }
        };
        //播放接收监听器
        //当前歌曲播放结束后,播放下一首歌曲
        private OnCompletionListener mCompletionListener = new OnCompletionListener() {
            public void onCompletion(MediaPlayer mp) {
                ...
            }
        };
        ...
    }
```

上述代码第①行是获得内容解析器,通过内容解析器和指定 URI,可以查询出所有 SD 卡中 MP3 文件等。代码第③行是启动服务器时调用方法,其中代码第④行是取出从前台活动传递过来的 position 参数,position 是用户在播放列表中选中记录索引。代码第⑤行 mCursor.moveToPosition(position)是将游标指针移动到 position 位置。

A.4.4 任务 3.4:播放控制

播放控制是通过 AudioPlayerActivity 活动和 AudioService 服务共同作用完成的,活动负责界面显示,响应用户事件。服务负责播放音频,提供一些公有方法给活动调用。

1. AudioPlayerActivity 活动中相关代码

```
public class AudioPlayerActivity extends AppCompatActivity {
    ...
    @Override
    protected void onCreate(Bundle savedInstanceState) {
        super.onCreate(savedInstanceState);
        setContentView(R.layout.activity_audio_player);

        //初始化播放按钮
        play = (ImageButton) findViewById(R.id.play);
        play.setOnClickListener(new Button.OnClickListener() {                    ①
            public void onClick(View v) {
                if (mService.getSong().getState() == AudioService.PLAYING) {      ②
                    mService.pause();
                    play.setImageResource(R.mipmap.pause);
```

```
            } else {
                mService.start();
                play.setImageResource(R.mipmap.play);
            }
        }
    });

    //初始化停止按钮
    stop = (ImageButton) findViewById(R.id.stop);
    stop.setOnClickListener(new Button.OnClickListener() {                    ③
        public void onClick(View v) {
            mService.stop();
            bar.setProgress(0);
            play.setImageResource(R.mipmap.play);
        }
    });
    //初始化上一首按钮
    pre = (ImageButton) findViewById(R.id.pre);
    pre.setOnClickListener(new Button.OnClickListener() {                     ④
        public void onClick(View v) {
            mService.previous();
        }
    });
    //初始化下一首按钮
    next = (ImageButton) findViewById(R.id.next);
    next.setOnClickListener(new Button.OnClickListener() {                    ⑤
        public void onClick(View v) {
            mService.next();
        }
    });
    ...
  }
  ...
}
```

代码第①行是用户单击播放(或暂停)按钮事件处理,代码第②行是判断当前正在播放音乐,如果播放则通过 mService.pause()语句调用服务暂停播放,否则调用 mService.start()语句开始播放。

代码第③行是用户单击停止按钮事件处理,其中 mService.stop()调用服务开始播放,bar.setProgress(0)语句是将进度栏设置为初始值。

代码第④行是用户单击上一首按钮事件处理,其中 mService.previous()调用服务播放上一首。

代码第⑤行是用户单击下一首按钮事件处理,其中 mService.next()调用服务播放下一首。

2. AudioService 服务相关代码

```
public class AudioService extends Service {
    ...
    @Override
    public int onStartCommand(Intent intent, int flags, int startId) {        ①
        int position = intent.getIntExtra("position", -1);
```

```
        if (position != -1) {
            mCursor.moveToPosition(position);
            play();
        }
        return super.onStartCommand(intent, flags, startId);
    }

    //预处理监听器 OnPreparedListener
    //MediaPlayer 进入 prepared 状态开始播放
    private OnPreparedListener mPreparedListener = new OnPreparedListener() {
        public void onPrepared(MediaPlayer mp) {                                    ②
            mMediaPlayer.start();
            mState = PLAYING;
            ...
        }
    };

    //播放结束监听器
    //当前歌曲播放结束后,播放下一首歌曲
    private OnCompletionListener mCompletionListener = new OnCompletionListener() {
        public void onCompletion(MediaPlayer mp) {                                  ③
            mState = STOP;
            if (!mCursor.moveToNext())
                mCursor.moveToFirst();
            play();
        }
    };

    //播放方法
    private void play() {                                                           ④
        String path = mCursor.getString(mCursor
                .getColumnIndexOrThrow(MediaStore.Audio.Media.DATA));
        try {
            if (mMediaPlayer == null) {
                //创建 MediaPlayer 对象并设置 Listener
                mMediaPlayer = new MediaPlayer();
                mMediaPlayer.setOnPreparedListener(mPreparedListener);
                mMediaPlayer.setOnCompletionListener(mCompletionListener);
            } else {
                //复用 MediaPlayer 对象
                mMediaPlayer.reset();
            }
            mMediaPlayer.setDataSource(path);
            mMediaPlayer.prepare();
        } catch (Exception e) {
            e.printStackTrace();
        }
    }

    /************
     * 服务中的公有方法 start
     *************/
    public void next() {                                                            ⑤
        mState = STOP;
```

```
        if (!mCursor.moveToNext())
            mCursor.moveToFirst();
        play();
    }

    public void pause() {                                    ⑥
        if (mMediaPlayer.isPlaying()) {
            mMediaPlayer.pause();
            mState = PAUSE;
        }
    }

    public void previous() {                                 ⑦
        mState = STOP;
        if (!mCursor.moveToPrevious())
            mCursor.moveToLast();
        play();
    }

    public void release() {                                  ⑧
        mMediaPlayer.release();
    }

    public void start() {                                    ⑨
        if (mState == STOP) {
            play();
        } else if (mState == PAUSE) {
            mMediaPlayer.start();
            mState = PLAYING;
        }
    }

    public void stop() {                                     ⑩
        mMediaPlayer.stop();
        mState = STOP;
        ...
    }
    ...
    /*************
     * 服务中的公有方法 end
     **************/
}
```

上述代码第①行 onStartCommand 方法是服务启动时调用方法,在该方法中调用 play()方法播放音频,play()方法是在代码第④行声明的,是通过 MediaPlayer 播放音频。

代码第②行是播放预处理完成时触发的方法,在该方法中通过调用 mMediaPlayer.start()语句开始播放音频。代码第③行是播放结束触发的方法,当前歌曲播放结束后,调用 mCursor.moveToFirst()将游标指针向下移动,然后开始播放,注意如果已经播放到最后一首,则从头开始播放。

代码第⑤行～第⑩行是服务中定义的公有方法,给活动组件调用。代码第⑤行是播放下一首,代码第⑥行是暂停播放,代码第⑦行播放上一首,代码第⑧行是释放资源,代码第⑨

行是开始播放，代码第⑩行是停止播放。

A.4.5 任务3.5：进度控制

播放进度是通过进度栏显示的，随着播放的进行，进度栏的滑块会向前推进，用户也可以拖曳滑块改变播放进度。进度控制也是通过AudioPlayerActivity活动和AudioService服务的共同作用完成，活动负责界面显示，响应进度栏事件。服务负责控制音频。

1. AudioPlayerActivity活动中相关代码

```
public class AudioPlayerActivity extends AppCompatActivity {
    ...
    @Override
    protected void onCreate(Bundle savedInstanceState) {
        super.onCreate(savedInstanceState);
        setContentView(R.layout.activity_audio_player);
        ...
        //设置进度栏
        bar = (SeekBar) findViewById(R.id.progress);                          ①
        bar.setMax(1000);                                                     ②
        bar.setProgress(0);                                                   ③
        bar.setOnSeekBarChangeListener(seekListener);                         ④

    }
    ...
    //进度栏事件监听器
    private SeekBar.OnSeekBarChangeListener seekListener
                    = new SeekBar.OnSeekBarChangeListener() {                 ⑤

        @Override
        public void onProgressChanged(SeekBar seekBar, int progress, boolean fromTouch) {  ⑥
            if (fromTouch) {
                mService.seek(progress);
            }
        }

        @Override
        public void onStartTrackingTouch(SeekBar seekBar) { }
        @Override
        public void onStopTrackingTouch(SeekBar seekBar) { }
    };

    //线程负责100毫秒发送一次消息
    private Thread thread = new Thread() {                                    ⑦
        @Override
        public void run() {
            while (isRunning) {
                try {
                    sleep(100);
                    handler.sendEmptyMessage(0);
                } catch (InterruptedException e) {
                    e.printStackTrace();
                }
            }
```

```
        }
    };

    //消息处理器
    private Handler handler = new Handler() {
        //更新主线程的UI界面,100毫秒刷新一次
        @Override
        public void handleMessage(Message msg) {                                    ⑧

            if (mService.getSong().getState() == AudioService.PLAYING) {           ⑨
                //歌曲的总长度
                long duration = mService.getSong().getDuration();
                //歌曲的当前时间
                long pos = mService.getSong().getCurrentPosition();
                //更新进度栏
                bar.setProgress((int) (1000 * pos / duration));

                currentTextView.setText(Util.timeToString(pos));
                totalTextView.setText(Util.timeToString(duration));
                artistTextView
                        .setText(mService.getSong().getArtist());
                albumTextView.setText(mService.getSong().getAlbum());
                setTitle(mService.getSong().getTitle());
                //更新播放按钮图标→暂停图标
                play.setImageResource(R.mipmap.pause);
            } else if (mService.getSong().getState() == AudioService.PAUSE) {
                //更新暂停按钮→按钮图标
                play.setImageResource(R.mipmap.play);
            }
            ...
        }
    };
    ...
}
```

上述代码第①行是获得进度栏 SeekBar 对象；代码第②行是设置进度栏的最多值，注意这里设置的是 1000；代码第③行是设置进度栏当前位置；代码第④行是注册进度栏的事件监听器 seekListener，seekListener 是在代码第⑤行实例化的。在 seekListener 监听器中，代码第⑥行的 onProgressChanged 方法是在进度栏进度变化时触发，一般是用户拖曳滑块时触发，触发后调用服务 mService.seek(progress)方法继续播放。

随着播放进行，进度栏的滑块自动向前推进，这个功能的实现需要一个线程不断地刷新界面。代码第⑦行是创建一个子线程，该线程每 100 毫秒给主线程发送一次消息，handler.sendEmptyMessage(0)是发送不带参数的消息。由于在子线程中不能直接更新 UI，所以需要重写 Handler handleMessage 方法，见代码第⑧行。代码第⑨行是判断处于播放状态时，更新进度栏，其中 1000 * pos / duration 表达式可以计算播放进度，乘以 1000 是因为进度栏取值为 0～1000。

2. AudioService 服务相关代码

```
public class AudioService extends Service {
    ...
```

```
    /************
     * 服务中的公有方法 start
     *************/
    ...
    public void seek(int time) {                                              ①
        int media = mMediaPlayer.getDuration() * time / 1000;                 ②
        mMediaPlayer.seekTo(media);                                           ③
    }
    ...
    public Song getSong() {                                                   ④

        Song song = new Song();
        String album = mCursor.getString(mCursor
                .getColumnIndexOrThrow(MediaStore.Audio.Media.ALBUM));
        song.setAlbum(album);
        String artist = mCursor.getString(mCursor
                .getColumnIndexOrThrow(MediaStore.Audio.Media.ARTIST));
        song.setArtist(artist);
        song.setDuration(mMediaPlayer.getDuration());
        song.setCurrentPosition(mMediaPlayer.getCurrentPosition());
        String songname = mCursor.getString(mCursor
                .getColumnIndexOrThrow(MediaStore.Audio.Media.TITLE));
        song.setTitle(songname);
        song.setState(mState);

        return song;
    }
    /************
     * 服务中的公有方法 end
     *************/
}
```

上述代码第①行定义 seek 方法用来改变播放进度，当前台活动调用。代码第②行是 mMediaPlayer.getDuration()播放进度，mMediaPlayer.getDuration() * time / 1000 可以计算出播放时间，代码第③行 mMediaPlayer.seekTo(media)是跳到 media 所指的时间开始播放。

代码第④行是获得当前播放歌曲的信息，这些信息被封装到一个实体类 Song 中。

3. 实体类 Song 代码

```
public class Song implements Parcelable {                                     ①

    String title;
    String artist;
    String album;
    int duration;
    int currentPosition;
    int state;

    public static final Creator<Song> CREATOR = new Creator<Song>() {        ②
        public Song createFromParcel(Parcel in) {                             ③
            return new Song(in);
        }
```

```
        public Song[ ] newArray(int size) {                              ④
            return new Song[size];
        }
    };

    public static Creator<Song> getCreator() {                           ⑤
        return CREATOR;
    }

    public Song() {
    }

    private Song(Parcel in) {
        title = in.readString();
        artist = in.readString();
        album = in.readString();
        duration = in.readInt();
        currentPosition = in.readInt();
        state = in.readInt();
    }

    @Override
    public int describeContents() {                                      ⑥
        return CONTENTS_FILE_DESCRIPTOR;
    }

    @Override
    public void writeToParcel(Parcel dest, int flags) {                  ⑦
        dest.writeString(title);
        dest.writeString(artist);
        dest.writeString(album);
        dest.writeInt(duration);
        dest.writeInt(currentPosition);
        dest.writeInt(state);
    }

    public String getTitle() {
        return title;
    }

    public void setTitle(String title) {
        this.title = title;
    }

    public String getArtist() {
        return artist;
    }

    public void setArtist(String artist) {
        this.artist = artist;
    }

    public String getAlbum() {
        return album;
```

```
    }

    public void setAlbum(String album) {
        this.album = album;
    }

    public int getDuration() {
        return duration;
    }

    public void setDuration(int duration) {
        this.duration = duration;
    }

    public int getCurrentPosition() {
        return currentPosition;
    }

    public void setCurrentPosition(int currentPosition) {
        this.currentPosition = currentPosition;
    }

    public int getState() {
        return state;
    }

    public void setState(int state) {
        this.state = state;
    }

}
```

代码第①行是实现 android. os. Parcelable 接口。在进程间和网络上传递的参数，要求数据是可以序列化的。基本数据类型如 int、long、double 和 String 类型都是可序列化的。如果自己要封装一个 Java 对象，就必须要实现 java. io. Serializable 接口或者 android. os . Parcelable 接口。Android 提供的 Parcelable 在性能和效率上要高于 Serializable。

提示 为什么数据必须是可以序列化才能够传递呢？"序列化"的过程是将对象转换成为计算机能够存储的二进制数据，能够存储在介质中或者能够在网络间传输。从这些二进制数据恢复成为对象的过程称为"反序列化"过程。

Parcelable 必须实现的方法有：

- void writeToParcel(Parcel dest,int flags)，在 writeToParcel 方法中需要将要序列化的值写入 Parcel 对象，见代码第⑥行。
- int describeContents()，描述包含数据类型，由于 File Descriptor(文件描述)是进程管理的，在进程间通信并传递 File Descriptor 时会使用这个方法。该方法一般返回 0 或 CONTENTS_FILE_DESCRIPTOR，见代码第⑦行。

在类中必须有一个静态常量，见代码第②行，常量名必须是 CREATOR，而且 CREATOR 常量的数据类型必须是 Parcelable. Creator。代码第⑤行是获得 Creator < Song >对象。

代码第③行是从 Parcel 对象中获取 Song 数据。代码第④行方法是创建一个新的 Song 数组。

A.5　任务 4：后台播放回到前台功能

后台播放回到前台的功能如图 A-6 所示。当用户单击通知时，界面跳转到播放界面，从后台回到前台。

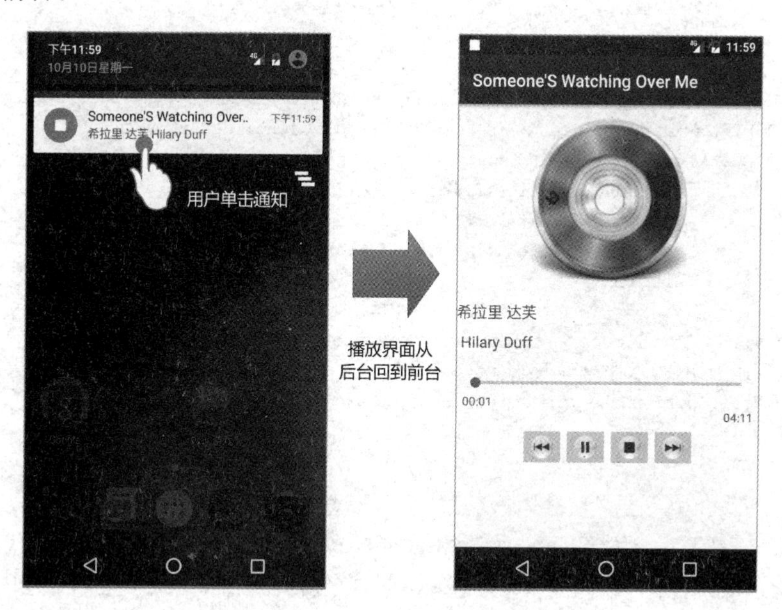

图 A-6　后台播放回到前台功能

这个过程主要是在 AudioService 服务中发送通知实现的，AudioService 相关代码如下：

```
public class AudioService extends Service {
    ...
    @Override
    public void onDestroy() {
        mMediaPlayer.release();
        mState = STOP;
        //清除通知
        mNotificationManager.cancel(notificationRef);                    ①
    }

    //预处理监听器 OnPreparedListener
    //MediaPlayer 进入 prepared 状态开始播放
    private OnPreparedListener mPreparedListener = new OnPreparedListener() {
        public void onPrepared(MediaPlayer mp) {
            mMediaPlayer.start();
            mState = PLAYING;
            sendNotification();                                          ②
        }
    };
```

```
    //发出通知
    private void sendNotification() {

        String title = mCursor.getString(mCursor
                .getColumnIndexOrThrow(MediaStore.Audio.Media.TITLE));
        String message = mCursor.getString(mCursor
                .getColumnIndexOrThrow(MediaStore.Audio.Media.ARTIST))
                + "\n"
                + mCursor.getString(mCursor
                .getColumnIndexOrThrow(MediaStore.Audio.Media.ALBUM));

        Intent intent = new Intent(this, AudioPlayerActivity.class);
        PendingIntent pendingIntent = PendingIntent.getActivity(this, 0,intent, 0);        ③
        Notification notification = new Notification.Builder(this)                        ④
                .setSmallIcon(R.mipmap.stat_notify_musicplayer)
                .setContentTitle(title)
                .setContentText(message)
                .setContentIntent(pendingIntent)
                .build();

        mNotificationManager = (NotificationManager) getSystemService(NOTIFICATION_SERVICE); ⑤
        //通知用户,歌曲已经开始播放
        mNotificationManager.notify(notificationRef, notification);                         ⑥
    }
    …
}
```

代码第②行是开发播放音频之前调用 sendNotification()方法发送通知，代码第③行是准备 PendingIntent 意图，他是定义用户单击通知之后的处理，代码第④行是创建通知对象，代码⑤行是获得通知管理器对象，然后通过代码第⑥行发送通知。

通知在不使用的情况下需要清除，代码第①行就是清除通知。

A.6 任务 5：更新专辑图片功能

有的歌曲有专辑图片，这种有专辑图片的音频在播放时，需要将专辑图片显示在界面上。

更新专辑图片功能是通过 AudioPlayerActivity 活动和 AudioService 服务共同作用完成的。

AudioPlayerActivity 活动中相关代码如下：

```
public class AudioPlayerActivity extends AppCompatActivity {
    …
    //消息处理器
    private Handler handler = new Handler() {
        //更新主线程的 UI 界面,100 毫秒刷新一次
        @Override
        public void handleMessage(Message msg) {
            …
            //调用该方法更新专辑图片
            updateAlbumIamge();                                                           ①
```

```
            }
        };

        //更新专辑图片
        private void updateAlbumIamge() {                                                    ②
            ImageView albumIamge = (ImageView) findViewById(R.id.album_iamge);
            try {
                //从歌曲中获得专辑图片 URI
                Uri uri = mService.getAlbumImage();                                          ③
                if (uri == null) {
                    return;
                }
                //获得当前的内容解析器
                ContentResolver resolver = getContentResolver();
                //获得输出流
                InputStream in = resolver.openInputStream(uri);
                //获得位图图片
                Bitmap bitmap = BitmapFactory.decodeStream(in);
                //设置专辑图片到界面上
                albumIamge.setImageBitmap(bitmap);                                           ④
            } catch (Exception e) {
                //没有专辑图片情况,界面还是使用默认图片
                albumIamge.setImageResource(R.mipmap.disc1);                                 ⑤
            }
        }
    }
```

更新专辑图片与更新进度栏类似,都需要一个子线程,然后在 Handler 的 handleMessage 接收消息,并更新 UI,见代码第①行 updateAlbumIamge()方法。

代码第②行是定义 updateAlbumIamge()方法,在该方法中通过代码第③行 mService.getAlbumImage()语句调用服务的 getAlbumImage()方法,返回正在播放音频的 URI。代码④行是更新专辑图片,如果发生错误,可以通过代码⑤行恢复初始化的图片。

附录 B 把应用发布到 Google play 应用商店

当你阅读到这里的时候,恭喜你已经学习了本书的大部分知识,已经开发和测试了一款应用,然后应该考虑在各个应用商店发布这款应用了。

Android 应用可以发布的应用商店很多,Google play 应用商店是谷歌的官方应用商店。本附录就介绍将我的音乐播放器应用发布到 Google play 应用商店。

B.1 谷歌 Android 应用商店 Google play

Google play 应用商店的前身是 Android Market,开发人员可以利用 Google play 应用商店的后台网站(https://play.google.com/apps/publish/)发布自己的应用,然后可通过内置在 Android 设备中的 Google play 应用商店购买下载应用、音乐、杂志、书籍、电影和电视节目。或通过 Google play 应用商店网站(https://play.google.com/)购买下载这些内容,图 B-1 是针对用户的 Google play 应用商店网站。

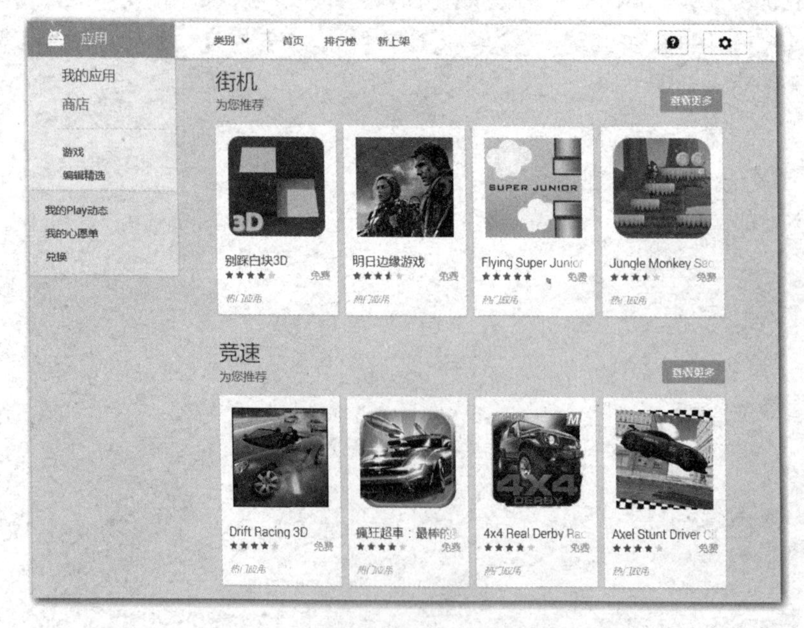

图 B-1 Google play 应用商店用户网站

B.2　Android设备测试

作为Android程序员，最不幸的是Android设备碎片化很严重，有上千种不同的硬件和系统版本。但是无论多么“贫穷”，至少要拿出一个Android设备测试要发布的应用，因为模拟器无论如何也是无法替代真实的设备。也有第三方机构提供Android等多种不同设备的测试环境，开发者若需要就可以购买这种服务。

测试时需要在设备上开启调试功能，进入设备设置，找到开发者选项，如图B-2(b)所示。开启开发者选项开关，同时还要开启打开USB调试开关，如图B-2(c)所示。

图B-2　开启设备调试功能

开启之后，用USB数据线将设备与计算机连接起来。然后在Android Studio工具中运行要测试的工程，这时会弹出如图B-3所示的选择设备对话框，在对话框中选择要连接的设备，然后单击OK按钮就可以将应用安装到设备上了。

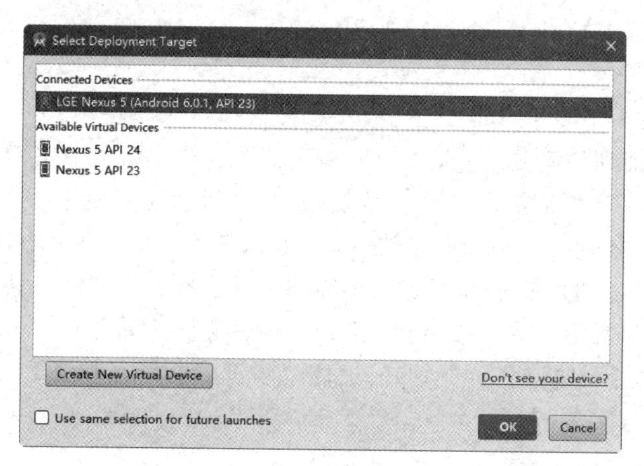

图B-3　选择设备对话框

B.3 还有“最后一公里”

应用在设备上测试完成后，在发布自己的应用之前，还有“最后一公里”的事情要做，这些事情包括添加图标和应用程序打包。

B.3.1 添加图标

用户第一眼看到的就是应用的图标。图标是应用的“着装”，给人很好的第一印象非常重要。“着装”应该大方得体，图标设计也是如此，但图标设计已经超出了本书的讨论范围，这里只介绍 Android 图标的设计规格以及如何把图标添加到应用中去。

考虑到多种设备适配，开发者应该提供 3～4 种 Android 应用规格图片：

- 32×32 像素。对应低分辨率，放在 proj. android\res\drawable-ldpi 目录下。
- 48×48 像素。对应中分辨率，放在 proj. android\res\drawable-mdpi 目录下。
- 72×72 像素。对应高分辨率，放在 proj. android\res\drawable-hdpi 目录下。
- 96×96 像素。对应 720p 高清辨率，放在\res\mipmap-xhdpi 目录下。
- 144×144 像素。对应 1080p 高清辨率，放在\res\mipmap-xxhdpi 目录下。
- 192×192 像素。对应 4K 高清辨率，放在\res\mipmap-xxxhdpi 目录下。

这些文件命名要统一，本例中统一命名为 ic_launcher. png。

B.3.2 生成数字签名文件

Android 应用程序调试或发布都需要打包，打包则需要一个数字签名文件。当调试时则由 Android SDK 生成一个用于调试的数字签名文件，开发人员不需要关心。而发布打包则必须要自己创建数字签名文件了。

生成数字签名文件可以使用 JDK 提供的 keytool 工具，可以在终端窗口中运行 keytool 命令实现创建数字签名文件，一些基于 Java 的 IDE(如 Eclipse 和 Android Studio)提供了图形界面工具。本节介绍如何在终端窗口中通过 keytool 工具创建。

在终端窗口中输入如下命令：

```
keytool - genkey - alias android. keystore - keyalg RSA - validity 20000 - keystore
android. keystore
```

keytool 文件位于 JDK 的 bin 目录下，要想在任何目录下使用 keytool 命令，则需要将 JDK 的 bin 目录添加到环境变量 PATH 中，否则需要在终端窗口中切换到 JDK 的 bin 目录下。另外，-genkey 是产生密钥；-alias 是别名(别名在后面还要使用)；-keyalg 是采用加密方式；-validity 是有效期；-keystore 是数字签名的文件名。

keytool 是一个命令工具，在执行过程中需要询问一些更详细的信息，如图 B-4 所示。

成功后在当前目录下生成一个 android. keystore 文件。

另外，生成的数字证书文件要保管好，记住刚刚设置的别名和密码，以后所有应用都可以使用该文件进行数字签名。

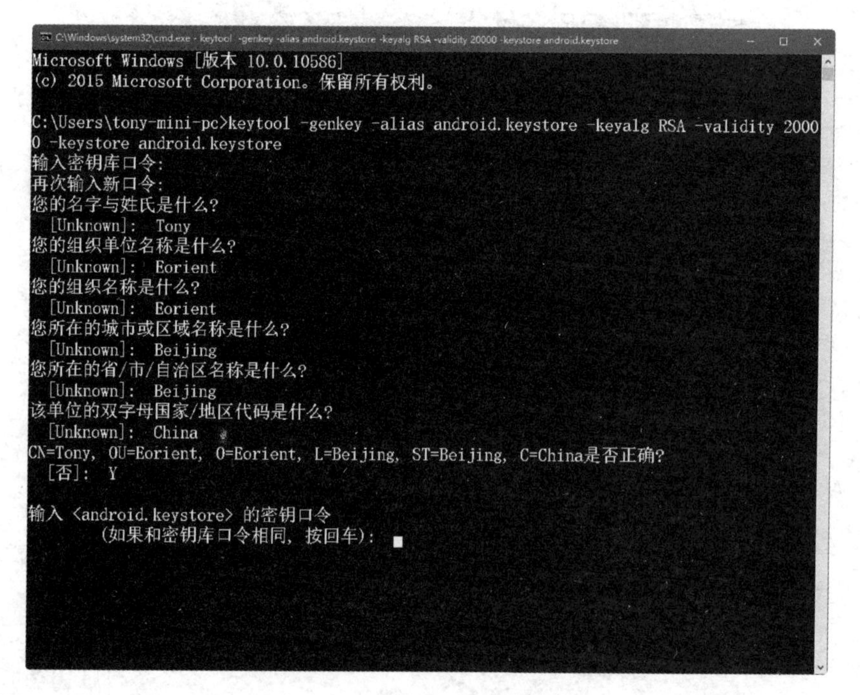

图 B-4　生成数字签名文件

B.3.3　发布打包

为了在应用商店进行发布，开发人员需要为应用打包成应用商店能够接受的 APK 包。打包可以通过开发工具(Android Studio 等)完成，打包过程需要前面生成的数字证书文件。

具体打包过程如下：

首先，选择 Android Studio 工具菜单 Build→Generate Signed APK，打开如图 B-5 所示的对话框。key store path 是数字签名文件路径，可以通过单击 Choose existing 按钮选择 B.3.2 节创建的 android.keystore 文件。如果 B.3.2 节没有创建数字签名文件，可以单击 Create new 按钮新建，如图 B-6 所示。输入各个项目内容，单击 OK 按钮就创建了数字证书文件了，这个过程相当于 B.3.2 节所做的事情。

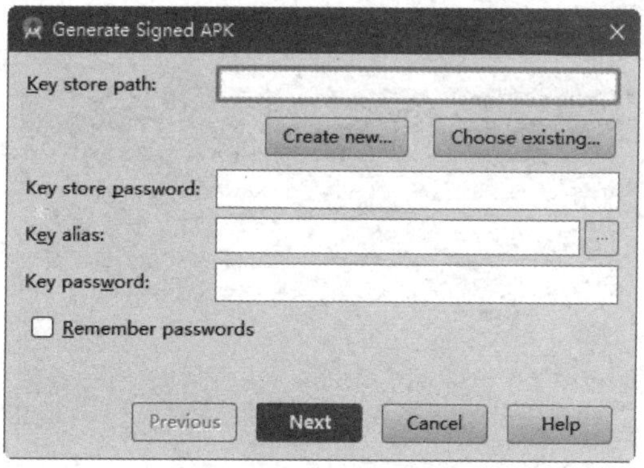

Generate Signed APK
Key store path:
Create new...　Choose existing...
Key store password:
Key alias:
Key password:
Remember passwords
Previous　Next　Cancel　Help

图 B-5　打开生成 APK 对话框

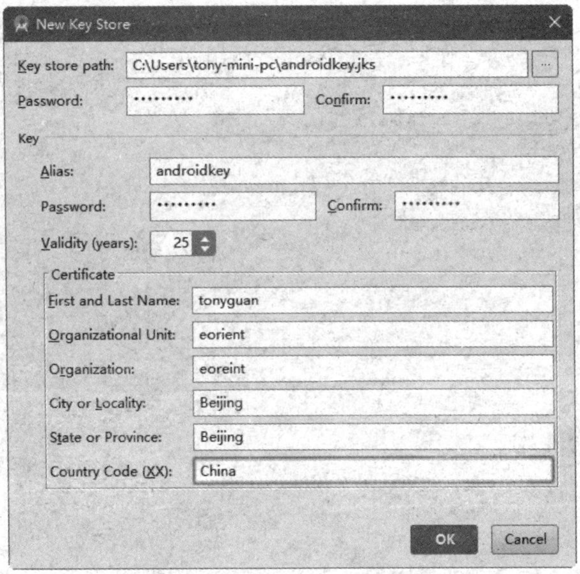

New Key Store

Key store path: C:\Users\tony-mini-pc\androidkey.jks

Password: ········· Confirm: ·········

Key

Alias: androidkey

Password: ········· Confirm: ·········

Validity (years): 25

Certificate

First and Last Name: tonyguan

Organizational Unit: eorient

Organization: eoreint

City or Locality: Beijing

State or Province: Beijing

Country Code (XX): China

OK Cancel

图 B-6　新建数字签名文件

在图 B-5 所示的对话框中输入相应的内容，其中密码是在创建数字证书时设置的密码，在 Key alias 中选择之前创建的数字证书，输入完成如图 B-7 所示，单击 Next 按钮进入如图 B-8 所示的对话框，其中 APK Destination Folder 是输出 APK 文件的位置，Build Type 是打包类型，release 是发布，然后可以单击 Finish 按钮开始打包。

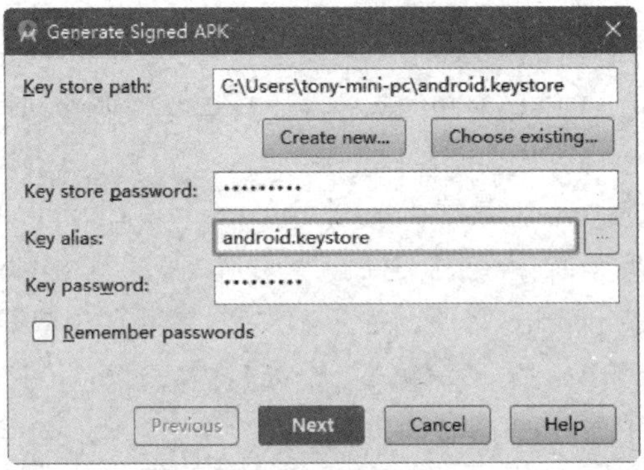

Generate Signed APK

Key store path: C:\Users\tony-mini-pc\android.keystore

Create new... Choose existing...

Key store password: ·········

Key alias: android.keystore

Key password: ·········

Remember passwords

Previous Next Cancel Help

图 B-7　输入打包内容

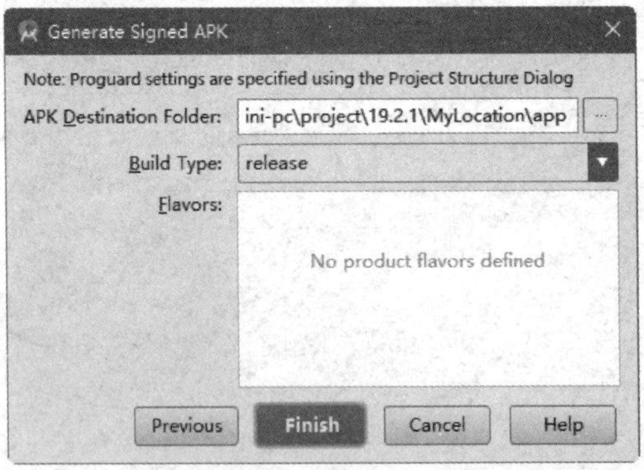

Generate Signed APK

Note: Proguard settings are specified using the Project Structure Dialog

APK Destination Folder: ini-pc\project\19.2.1\MyLocation\app

Build Type: release

Flavors:

No product flavors defined

Previous Finish Cancel Help

图 B-8　选择打包类型

打包成功会在工程的 app 目录下生成一个 APK 文件，如图 B-9 所示为 app-release. apk 文件。

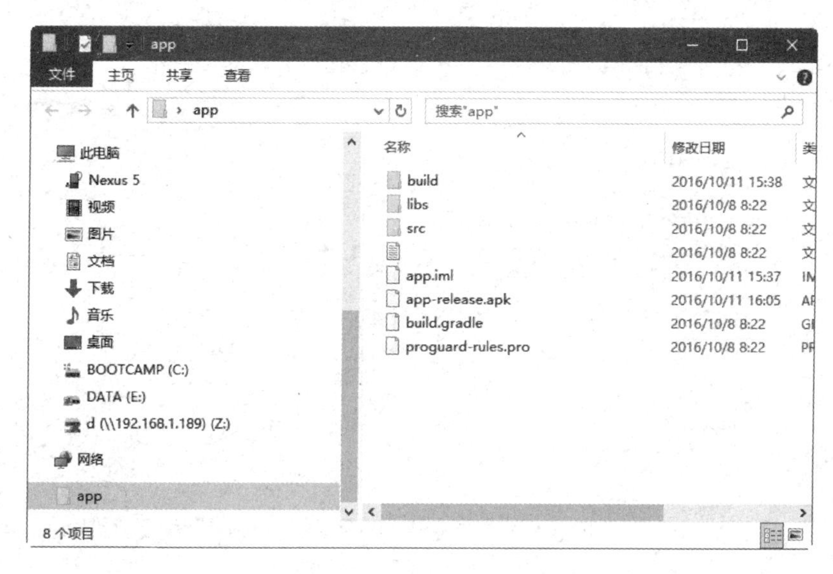

图 B-9 生成 APK 文件

B.4 发布产品

程序打包后，就可以发布应用了。发布应用在谷歌提供的 https://play. google. com/apps/publish/中完成，发布完成后等待审核，审核通过后就可以在 Google play 应用商店上销售了。详细的发布流程分为三个阶段：上传 APK、填写商品详细信息、定价和发布范围。

B.4.1 上传 APK

使用你申请的开发者账户登录 https://play. google. com/apps/publish 后，会看到如图 B-10 所示的页面，单击“添加新应用”按钮，弹出如图 B-11 所示的对话框。在对话框中选择默认的语言和名称，然后单击“上传 APK”按钮，页面会跳转到图 B-12 所示的页面。

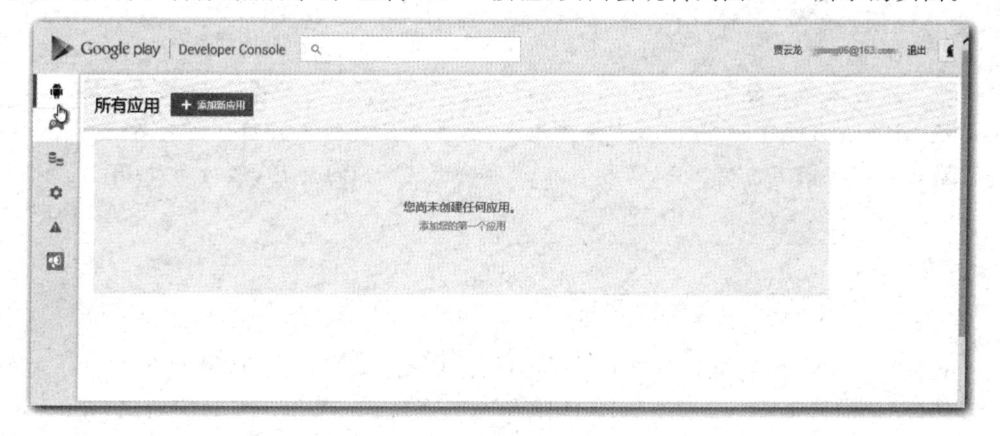

图 B-10 登录成功页面

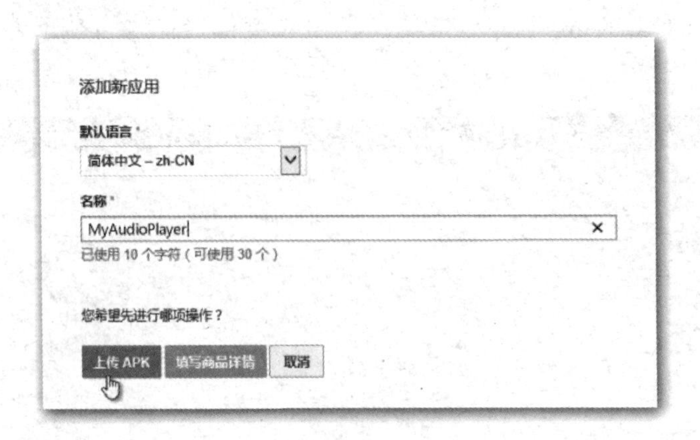

图 B-11　添加新应用对话框

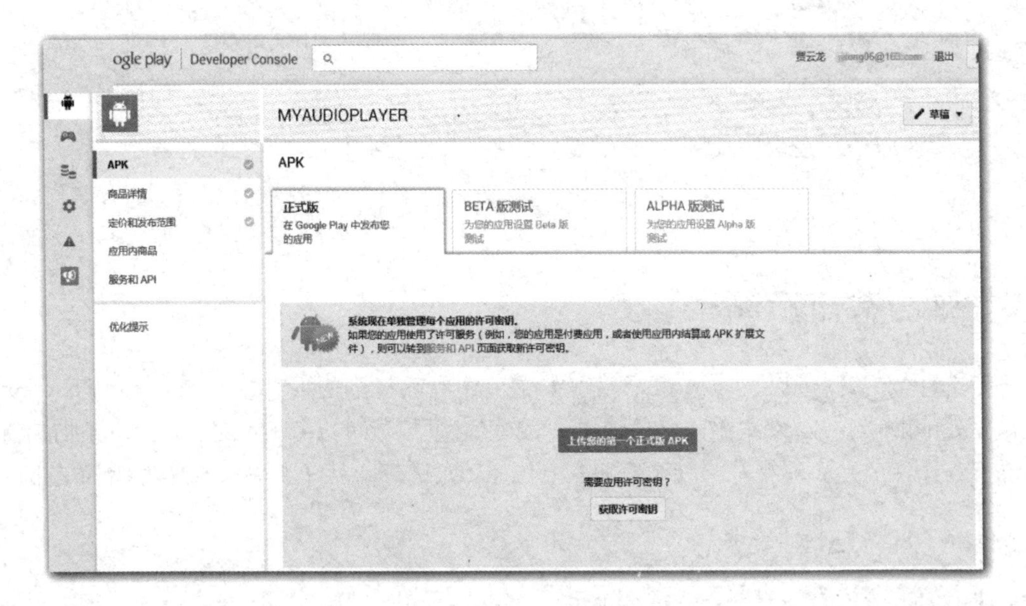

图 B-12　上传 APK 文件

在图 B-12 所示的页面中单击“上传您的第一个正式版 APK”按钮，则弹出文件选择对话框，选择刚刚创建的 APK 文件，然后上传就可以了。

提示　上传成功后会在后台对 APK 文件进行验证，这会与数字签名证书有关，如果证书有问题，或者证书过期，或者证书有效期未到，这些都是时间导致的证书问题，这可能与你制作证书时系统时间不准确有关，需要在操作系统中选择正确时区，然后通过 Internet 同步时间后，重新生成证书，生成 APK 包，再试一试。

B.4.2　填写商品详细信息

上传完成 APK 后，就可以添加商品详细信息，包括文字信息、图片信息和推广视频。单击左边的“商品详情”菜单，打开如图 B-13 所示的页面。这些输入项目中有星号是必须要输入的，这里可以输入多种不同的语言，可以单击“添加翻译”按钮实现。

图 B-13　商品基本信息

如果将页面向下拖动，会看到需要添加的图片和视频资源项目，如图 B-14 所示。从图中可见屏幕截图部分分为手机、7 英寸平板电脑和 10 英寸平板电脑。要按照页面中提示的规格提供真实的应用运行截图，不要有调试信息。在本例应用只有手机版本，因此平板电脑部分的截图没有提供。屏幕截图部分的下面是高分辨率图标、精选应用图片和宣传图片。高分辨率图标是应用商店显示必需的图标，精选应用图片和宣传图片，主要用于宣传，这里是可选的，需要按照页面中提示的规格设计提供图片。在图片的下面还有宣传视频，需要将录制好的视频上传到一些视频网站，然后视频的网址添加到这里。

如果将页面向下拖动，在页面的最下面是商品的分类等信息，如图 B-15 所示，请根据实际情况填写相关信息。

B.4.3　定价和发布范围

在添加完成商品详细信息后，就可以添加定价和发布范围，这里包括商品定价、发布国家和地区、法律协议。单击左边的“定价和发布范围”菜单，打开图 B-16 所示的页面。

“此应用是免费还是付费应用?”中选择“免费”。然后根据自己的销售策略选择发布国家和地区。最下面是三个法律协议，你应该全部选择，否则就不能发布应用了。

这些信息添加完成后，单击页面上面的“保存”按钮，保存添加的信息。如果输入的信息没有问题，就可以添加右上角的“可以发布”按钮进行发布了，如图 B-17 所示。如果发布成功，回到管理页面的首页，会看到如图 B-18 所示的已发布状态。

上述的流程完成之后，就意味着应用或游戏基本可以在 Google play 应用商店上线了。

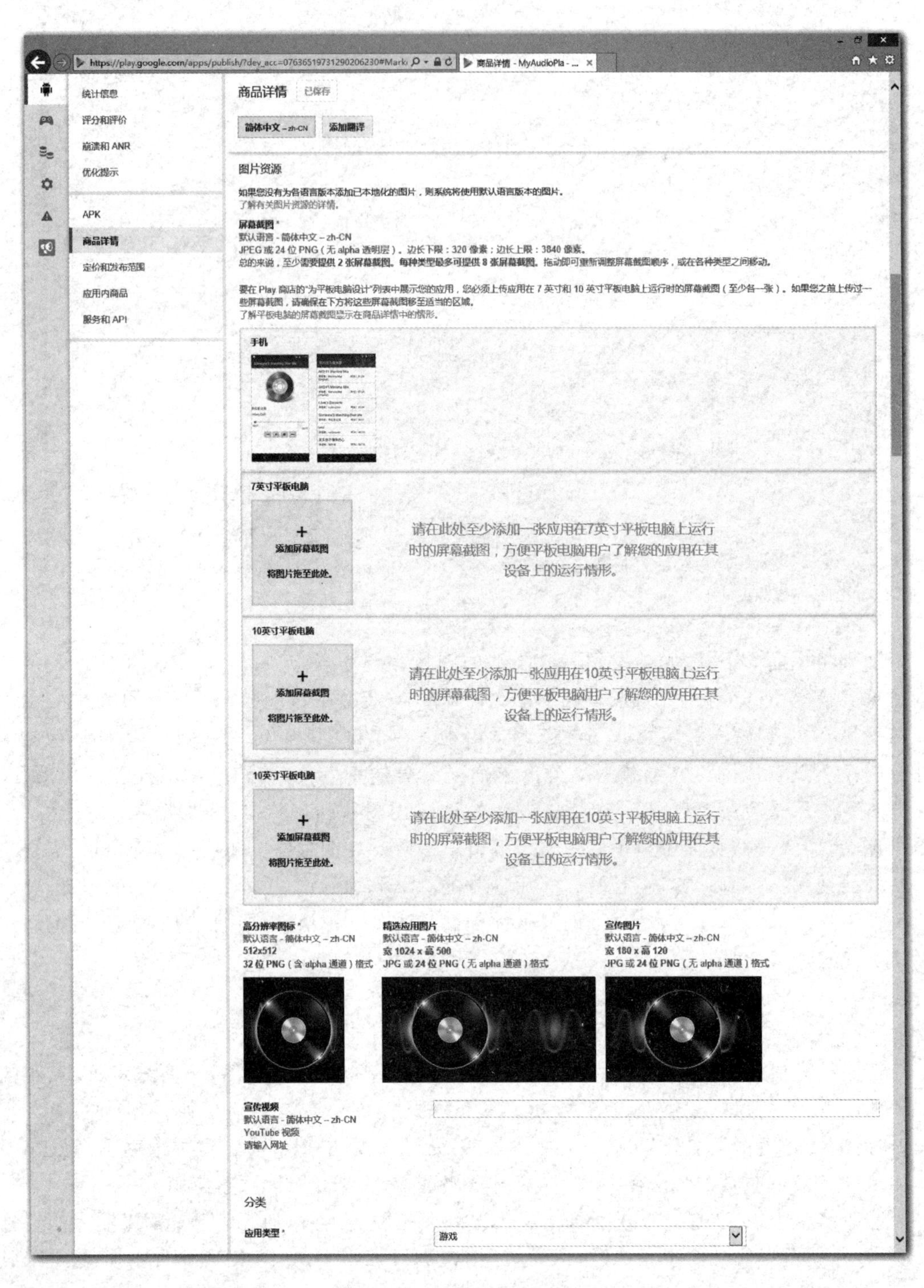

图 B-14　商品图片和视频信息

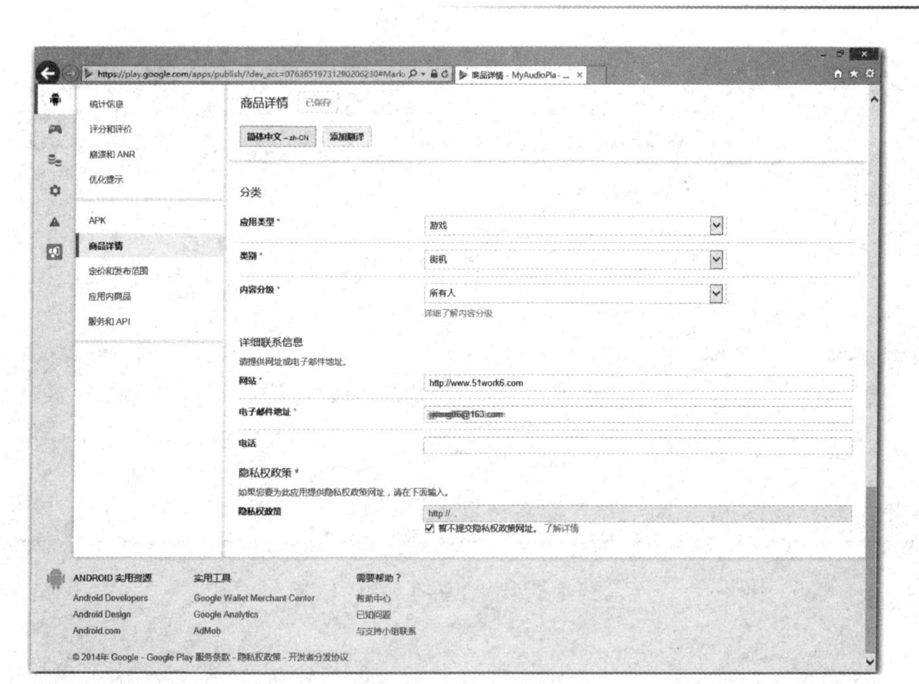

图 B-15　商品分类等信息

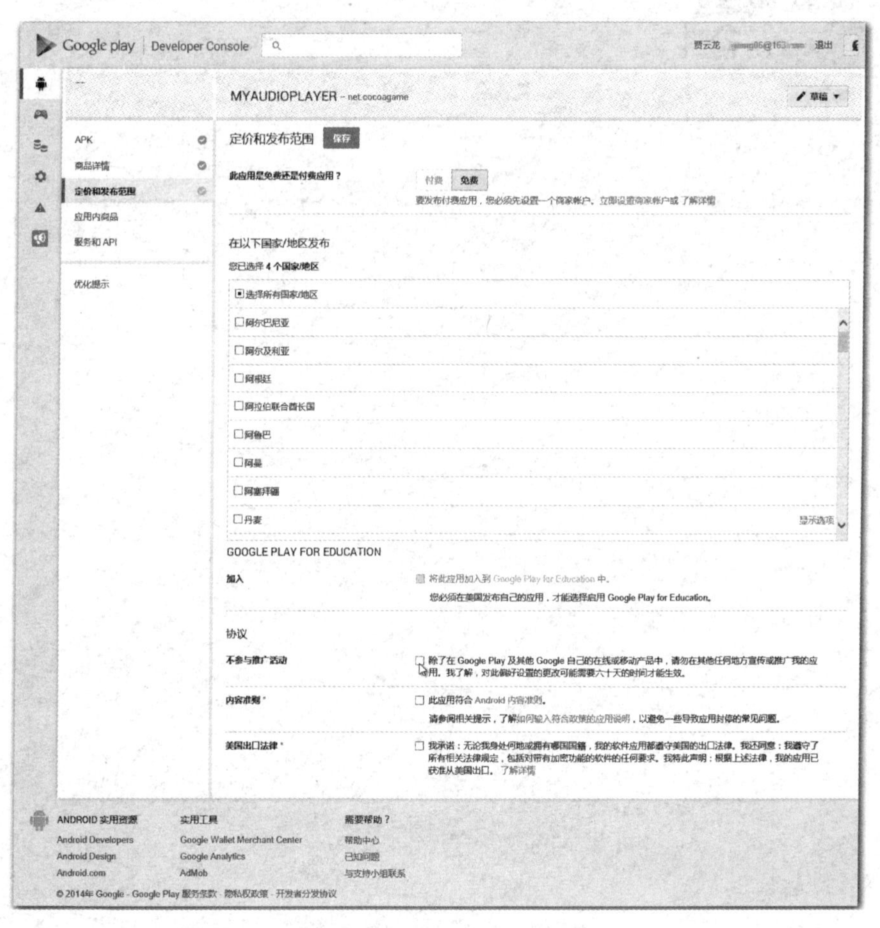

图 B-16　定价和发布范围

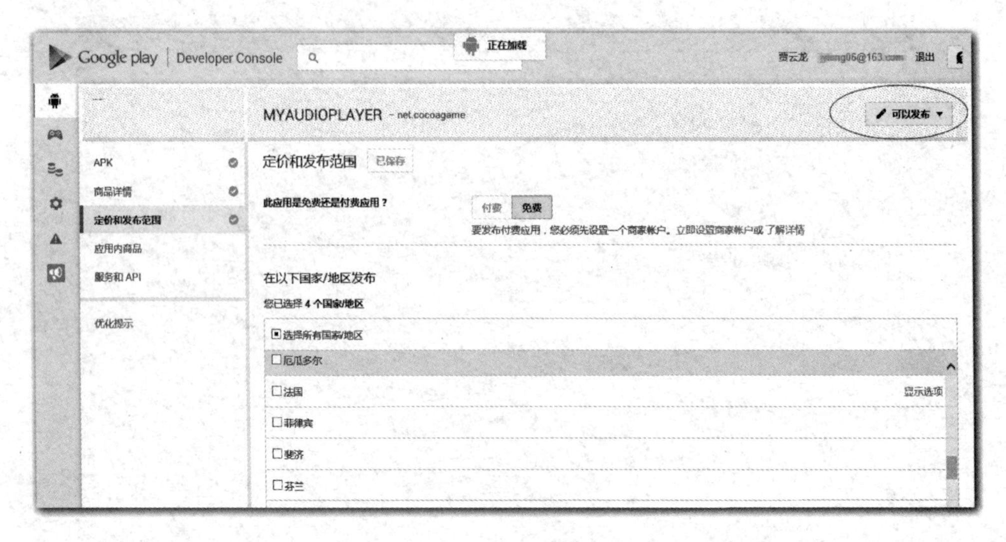

图 B-17 发布应用

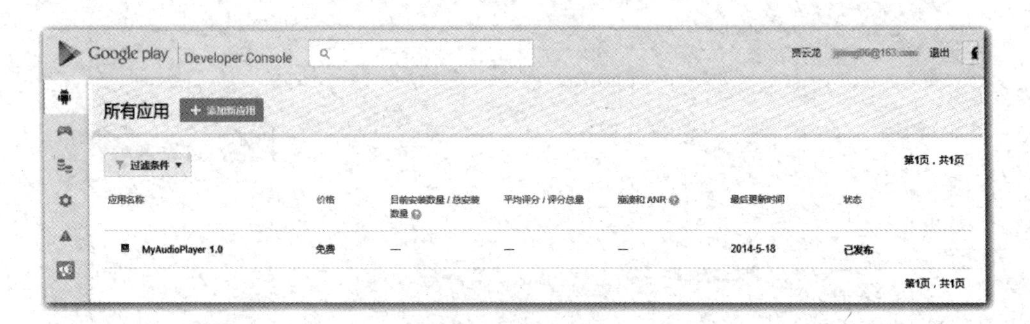

图 B-18 发布状态

附录C

练习题参考答案

为了更好地学习各章练习题,下面给出书中各章练习题参考答案或提示。

第1章　移动操作系统概论

1. 答案:
(1) 批处理操作系统;
(2) 分时操作系统;
(3) 实时操作系统;
(4) 个人计算机操作系统;
(5) 网络操作系统;
(6) 分布式操作系统;
(7) 嵌入式操作系统。
2. 答案:
(1) Linux Kernel(Linux 内核);
(2) Libraries(本地库);
(3) Android Runtime(Android 运行时);
(4) Application Framework(应用程序框架);
(5) Application(应用程序)。

第2章　Android 开发环境搭建

1. 答案:参考2.2节。
2. 答案:参考2.3节。
3. 答案:参考2.4节。

第3章　第一个 Android 应用程序

1. 答案:

- 声明应用的Java源代码包名，包名非常重要，它是应用的唯一标识符。
- 描述应用中的组件，即Activity（活动）、Service（服务）、Broadcast Receiver（广播接收器）和Content Provider（内容提供者）。
- 声明应用必须具备的权限，例如：应用中使用到的服务权限（如GPS服务、互联网服务和短信服务等）。
- 声明应用所需的最低Android API级别。
- 声明应用的安全控制和测试等信息。

2. 答案：对。

3. 答案：错。

第4章 调试Android应用程序

1. 答案：Device（设备列表）、File Explorer（文件浏览器）和LogCat（日志）。

2. 答案：Verbose、Debug、Info、Warn、Error和Assert。

3. 答案：查询模拟器实例和设备、进入shell、导入导出文件、应用程序打包和卸载、查看LogCat等。

第5章 Android界面编程

1. 答案：ABCD。

2. 答案：错。

3. 答案：对。

4. 答案：事件源、事件和事件处理者。

第6章 Android界面布局

1. 答案：表单布局模式、列表布局模式和网格布局模式。

2. 答案：帧布局、线性布局、相对布局和网格布局。

3. 答案：设备朝向常量有三个：

- Configuration.ORIENTATION_PORTRAIT，常量是设备处于竖屏状态。
- Configuration.ORIENTATION_LANDSCAPE，常量是设备处于横竖屏状态。
- Configuration.ORIENTATION_UNDEFINED，常量是设备处于未知状态。

第7章 Android简单控件

1. 答案：C。

2. 答案：D。

3. 答案：C。

4. 答案：一是多个“复选框”可以使用户通过多个选择项；二是单个“复选框”可以为用

户提供两种状态切换的控件。

第 8 章　Android 高级控件

1. 答案：AB。
2. 答案：ABC。
3. 答案：错。
4. 答案：错。
5. 答案：对。

第 9 章　活动

1. 答案：参考 9.2.1 节。
2. 答案：对。
3. 答案：
- FLAG_ACTIVITY_NEW_TASK，开始一个新的任务。
- FLAG_ACTIVITY_CLEAR_TOP，清除返回栈中活动。

第 10 章　碎片

1. 答案：对。
2. 答案：参考 10.3 节。
3. 答案：FragmentActivity、Activity、Fragment、FragmentManager 和 FragmentTransaction。

第 11 章　意图

1. 答案：错。
2. 答案：对。
3. 答案：目标组件（Component）、动作（Action）、数据（Data）、类别（Category）、附加数据（Extra）和标志（Flag）。

第 12 章　数据存储

1. 答案：ABCD。
2. 答案：对。
3. 答案：对。
4. 答案：对。
5. 答案：对。

第 13 章　使用内容提供者共享数据

1. 答案：对。
2. 答案：ABCD。
3. 答案：错。

第 14 章　Android 多线程开发

1. 答案：参考 14.1 节。
2. 答案：ABCD。
3. 答案：对。

第 15 章　服务

1. 答案：对。
2. 答案：参考 15.2 节。
3. 答案：参考 15.3 节。

第 16 章　广播接收器

1. 答案：对。
2. 答案：对。
3. 答案：BCD。

第 17 章　多媒体开发

1. 答案：BD。
2. 答案：CD。
3. 答案：错。
4. 答案：参考 17.2.2 节。

第 18 章　网络通信技术

1. 答案：对。
2. 答案：参考 18.3 节。
3. 答案：BCD。

第 19 章 百度地图与定位服务

1. 答案：对。
2. 答案：ABCD。

第 20 章 Android 2D 图形与动画技术

1. 答案：

- 透明度渐变动画，Alpha animation。通过它可以改变视图的透明度。
- 平移动画，Translate animation。通过它可以移动视图的位置。
- 缩放动画，Scale animation。通过它可以缩放视图。
- 旋转动画，Rotate animation。通过它可以旋转视图。

2. 答案：ABD。
3. 答案：对。

第 21 章 手机功能开发

1. 答案：

```
Uri telUri = Uri.parse("tel:100861");
Intent it = new Intent(Intent.ACTION_CALL, telUri);
startActivity(it);
```

2. 答案：

```
Intent smsIntent = new Intent(Intent.ACTION_SENDTO,
    Uri.fromParts("smsto", "5556", null));
smsIntent.putExtra("sms_body", "This message is SMS.");
startActivity(smsIntent);
```

第 22 章 分层架构设计与重构健康助手应用

1. 答案：参考 22.3.1 节。
2. 答案：参考 22.3.2 节。
3. 答案：参考 22.1.2 节。
4. 答案：参考 22 章。

第 23 章 内容提供者重构健康助手应用

答案：参考 23 章。